U0241343

本书作者和译者

作　　者

苏珊·泰勒（Susan M. Taylor），教授

（加拿大Saskatchewan大学兽医学院小动物临床系）

译　　者

主　　译　袁占奎　何　丹　夏兆飞

参译人员　余　芳　李越鹏　徐晓林　梁秀婷　葛　林　刘春晖

杨　蕾　郑新凌　何　丹　袁占奎　夏兆飞

Small Animal Clinical Techniques, 1/E

Susan Meric Taylor

ISBN-13: 9781416052883

ISBN-10: 1416052887

Authorized Simplified Chinese translation from English language edition published by the Proprietor.

ISBN-13: 978-981-272-749-7

ISBN-10: 981-272-749-3

Elsevier (Singapore) Pte Ltd.

3 Killiney Road

#08-01 Winsland House I

Singapore 239519

Tel: (65) 6349-0200

Fax: (65) 6733-1817

First Published 2010

2010 年初版

《世界兽医经典著作译丛》译审委员会

支持单位

《世界兽医经典著作译丛》总序

引进翻译一套经典兽医著作是很多兽医工作者的一个长期愿望。我们倡导、发起这项工作的目的很简单，也很明确，概括起来主要有三点：一是促进兽医基础教育；二是推动兽医科学研究；三是加快兽医人才培养。对这项工作的热情和动力，我想这套译丛的很多组织者和参与者与我一样，来源于“见贤思齐”。正因为了解我们在一些兽医学科、工作领域尚存在不足，所以希望多做些基础工作，促进国内兽医工作与国际兽医发展保持同步。

回顾近年来我国的兽医工作，我们取得了很多成绩。但是，对照国际相关规则标准，与很多国家相比，我国兽医事业发展水平仍然不高，需要我们博采众长、学习借鉴，积极引进、消化吸收世界兽医发展文明成果，加强基础教育、科学技术研究，进一步提高保障养殖业健康发展、保障动物卫生和兽医公共卫生安全的能力和水平。为此，农业部兽医局着眼长远、统筹规划，委托中国农业出版社组织相关专家，本着“权威、经典、系统、适用”的原则，从世界范围遴选出兽医领域优秀教科书、工具书和参考书50余部，集合形成《世界兽医经典著作译丛》，以期为我国兽医学科发展、技术进步和产业升级提供技术支撑和智力支持。

我们深知，优秀的兽医科技、学术专著需要智慧积淀和时间积累，需要实践检验和读者认可，也需要具有稳定性和连续性。为了在浩如烟海、林林总总的著作中选择出真正的经典，我们在设计《世界兽医经典著作译丛》过程中，广泛征求、听取行业专家和读者意见，从促进兽医学科发展、提高兽医服务水平的需要出发，对书目进行了严格挑选。总的来看，所选书目除了涵盖基础兽医学、预防兽医学、临床兽医学等领域以外，还包括动物福利等当前国际热点问题，基本囊括了国外兽医著作的精华。

目前，《世界兽医经典著作译丛》已被列入“十二五”国家重点图书出版规划项目，成为我国文化出版领域的重点工程。为高质量完成翻译和出版工作，我们专门组织成立了高规格的译审委员会，协调组织翻译出版工作。每部专著的翻译工作都由兽医各学科的权威专家、学者担纲，翻译稿件需经翻译质量委员会审查合格后才能定稿付梓。尽管如此，由于很多书籍涉及的知识点多、面广，难免存在理解不透彻、翻译不准确的问题。对此，译者和审校人员真诚希望广大读者予以批评指正。

我们真诚地希望这套丛书能够成为兽医科技文化建设的一个重要载体，成为兽医领域和相关行业广大学生及从业人员的有益工具，为推动兽医教育发展、技术进步和兽医人才培养发挥积极、长远的作用。

农业部兽医局局长
《世界兽医经典著作译丛》主任委员 张仲秋

献给无数亲爱的宠物们，

使我能在它们身上实践并完善这些技术。

献给兽医专业学生、实习医生、住院医生和技术员们，

教会我在教学中要精益求精。

目　录

第 1 章

静脉血采集

（Venous Blood Collection）

操作 1-1 颈静脉穿刺术

[目的]

为了获得静脉血样本进行分析。

[适应证]

采集血液样本进行临床病理学检查。

[禁忌证与注意事项]

1. 患严重凝血疾病的动物应避免颈静脉穿刺。

2. 为防止对静脉过度损伤形成血肿，合理的保定很重要。

[并发症]

1. 出血。

2. 形成皮下血肿。

[局部解剖]

颈静脉：颈外静脉是位于颈静脉沟内的浅表大静脉，颈静脉沟位于颈部两侧，气管的背外侧。

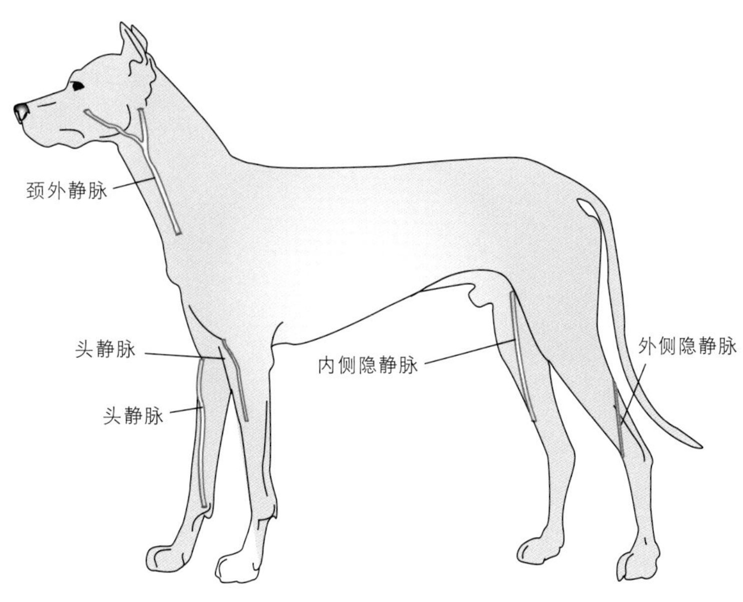

犬、猫静脉血采集可选的静脉。

[物品]

- 22～20G的2.54cm（1英寸）[1]针头。
- 注射器。
- 70%酒精。

[保定]

1. 小型犬和猫俯卧保定于桌子上，以便进行颈静脉穿刺术。紧靠腕关节上方抓住前肢，并将前肢拉出桌子边缘。伸展动物的颈部，使其鼻子朝向天花板。

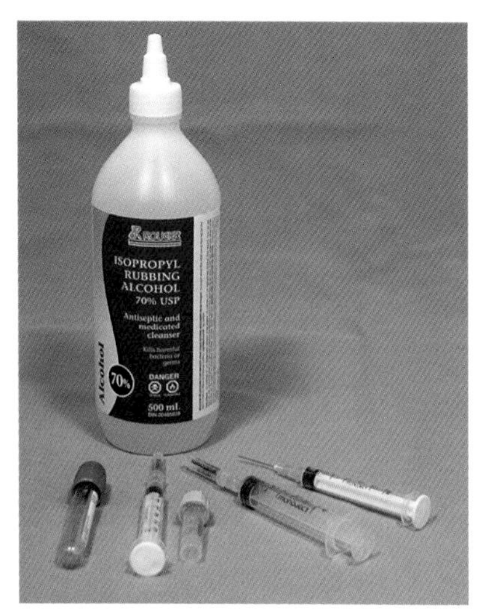

犬、猫静脉穿刺所需物品。

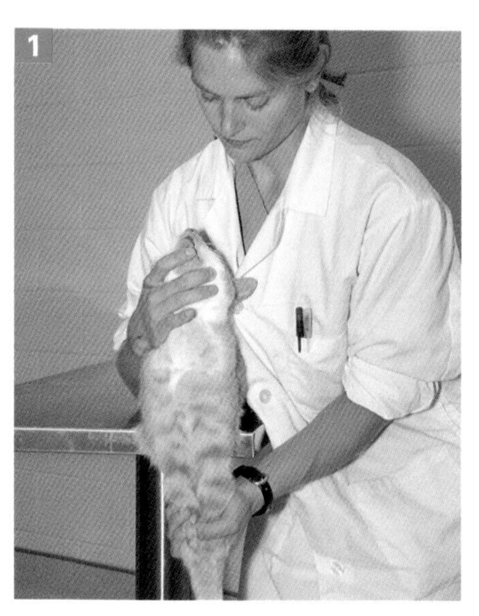

猫颈静脉穿刺的保定。

2. 中型犬可以俯卧或坐在桌子上，用一个手臂环绕犬的身体，使之贴着保定人员的身体，另一只手保定头部，将其鼻子朝向天花板。

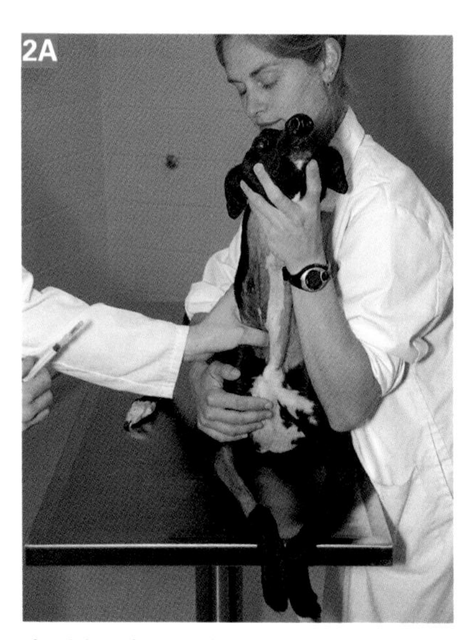

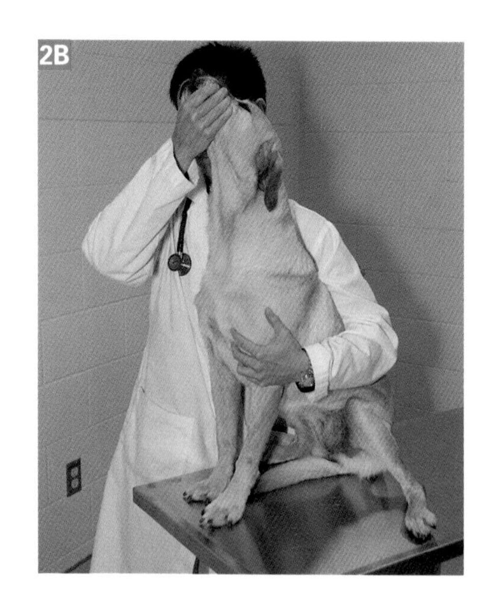

中型犬颈静脉穿刺的保定。

注：[1] G是gauge的缩写，欧美国家穿刺针等产品的单位，与我国现在使用的"mm"有较大区别。例如:我国规定数字越大针也越粗，而欧美国家穿刺针类的产品"G"越大反而越细。例如，穿刺针的规格是22G 1″，它表示的意思是针的粗细是22G，针的长短是1英寸。1英寸=2.54厘米。22G大约是0.71毫米，就是说针的粗细是0.71毫米长短是25.4毫米。总结一简单的换算公式帮助大家来理解"G"这个单位。公式为:（36–相应的G 号）/ 20≈进口穿刺针的毫米数（此公式只适用于20G～30G）。例如，22G相当于我国几号? 计算方法是:（36–22）/ 20≈0.7（mm），相当于我国7 号穿刺针的规格。
为了保持原书穿刺针数字的整体性，我们在此不作换算，只把"英寸"换算成"厘米"。

3. 大型犬可坐在地上，保定人员跨在犬身上，将其鼻子朝向天花板。

[操作方法]

1. 解剖位置图。

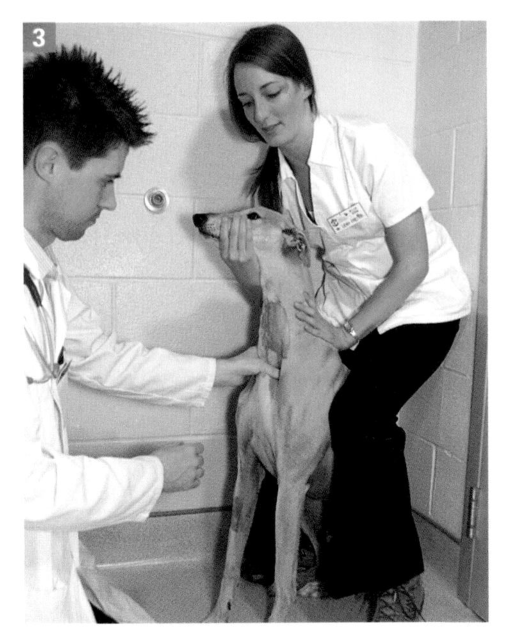

大型犬颈静脉穿刺的保定。

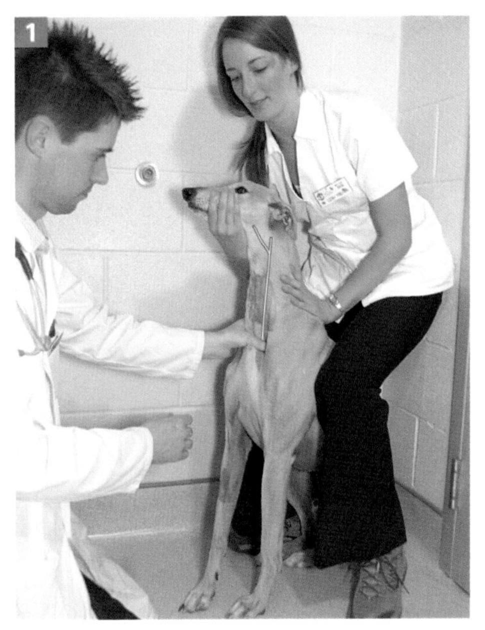

颈外静脉位于颈部两侧、气管背外侧的颈静脉沟内。

2. 在胸腔入口处按压气管外侧的颈静脉沟，使静脉充血扩张。

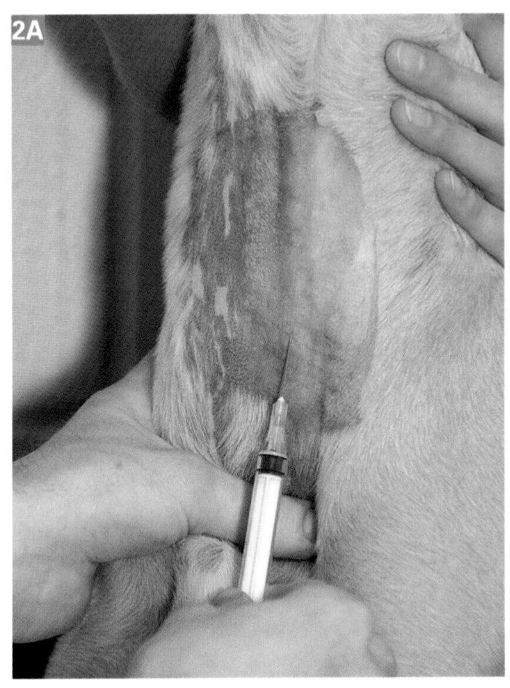

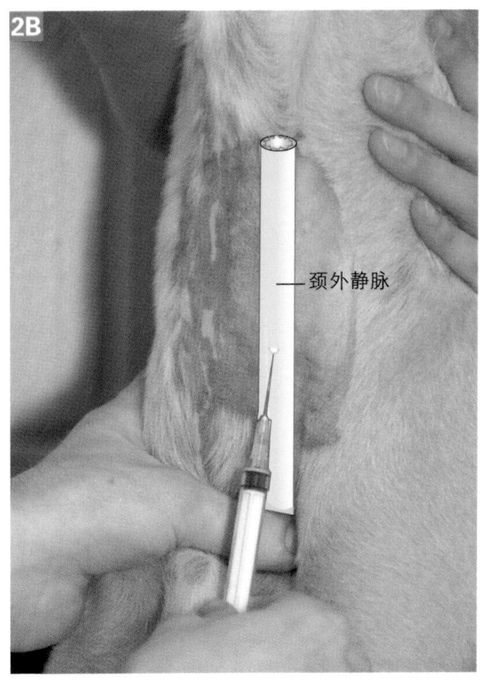

扩张的颈静脉。

3. 触摸扩张的静脉。如果未看见或触摸不到静脉，在静脉沟处小片区域剃毛。

4. 用酒精消毒，触摸扩张的静脉，摸清它从下颌角到胸腔入口处的路径。

5. 针尖斜面向上，针头与静脉成20°～30°角刺入。针尖进入静脉后，抽吸采集血液样本。如果血流停止，尝试轻微调整针头使血液重新流入。

6. 血液样本采集完后，立刻放松压迫静脉的手，停止抽吸，从静脉内拔出针头。轻轻压迫静脉穿刺点约60s。

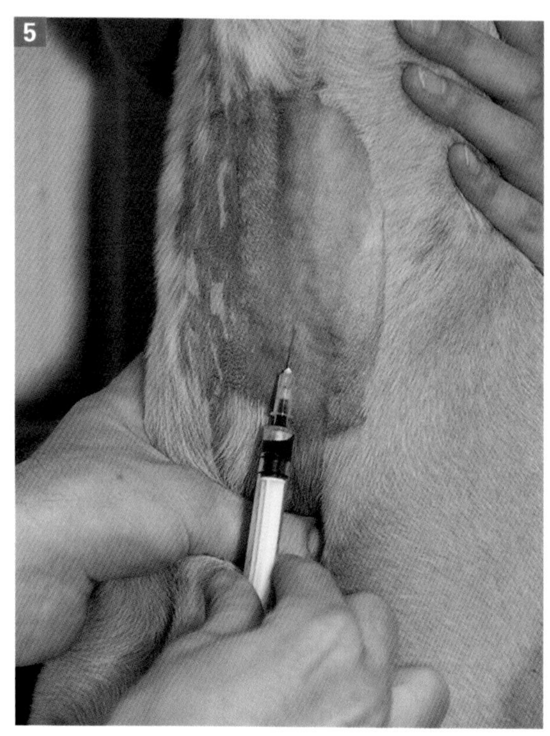

抽吸获得血液样本。

操作 1–2　颈静脉穿刺术，倒置（inverted technigue）技术

[目的]

为了获得静脉血样本进行分析。

[适应证]

采集血液样本进行临床病理学检查。

[禁忌证与注意事项]

1. 对患严重凝血疾病的动物应避免颈静脉穿刺术。

2. 为防止对静脉过度损伤形成血肿，合理的保定很重要。

[并发症]

1. 出血。

2. 形成皮下血肿。

[局部解剖]

颈静脉：颈外静脉是位于颈静脉沟内的浅表大静脉，颈静脉沟位于颈部两侧，气管的背外侧。

[物品]

- 22 ~ 20G的2.5cm针头。
- 注射器。
- 70%酒精。

[保定方法]

1. 进行常规颈静脉穿刺时，如果采用如前所述的保定方法，一些猫会强烈反抗。这些猫及一些反抗的幼猫、幼犬，通常更适合采用肢体倒置技术。

2. 把动物放进猫袋里面或者用毛巾包裹，仅露出头部和颈部（图框1–1）。

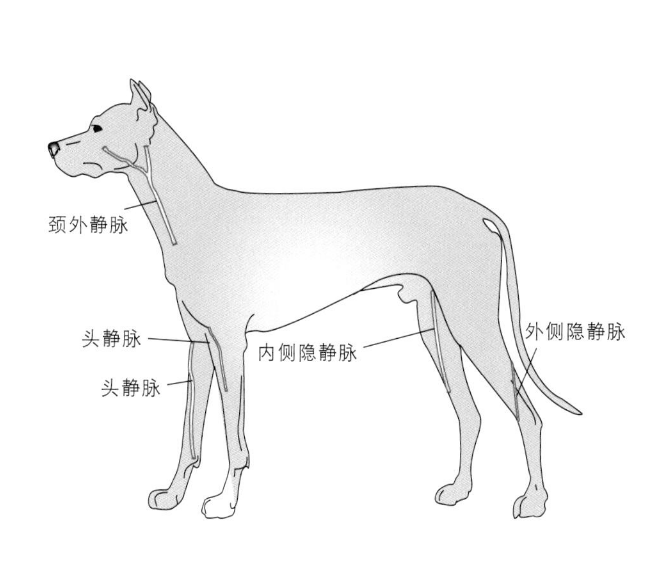

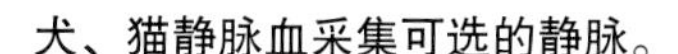
犬、猫静脉血采集可选的静脉。

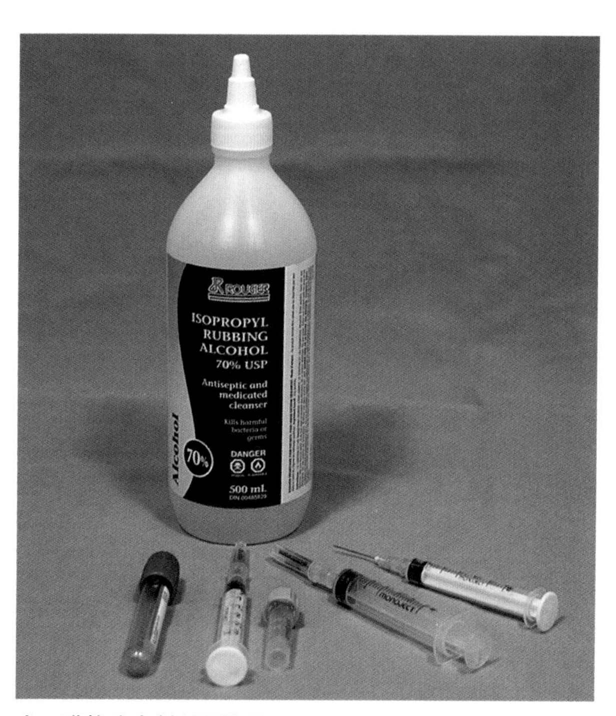

犬、猫静脉穿刺所需物品。

图框1-1　把猫放入猫袋内

A. 抓住猫的颈背部，将其放在桌上打开的猫袋上。

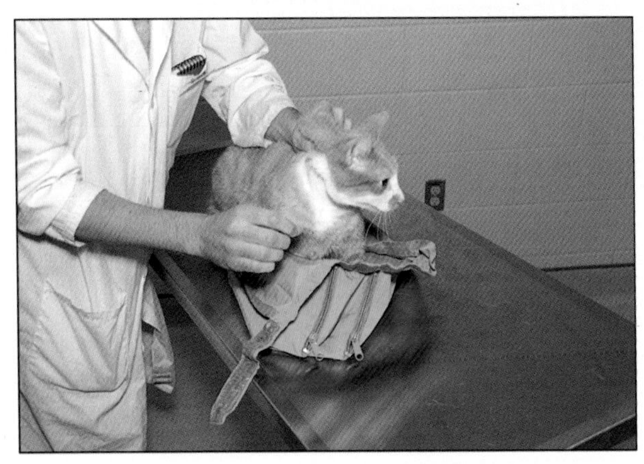

B. 将尼龙粘扣带环绕猫的颈部粘好。

C. 用一只手抓住猫的双后肢，将双后肢向前方胸部弯曲。

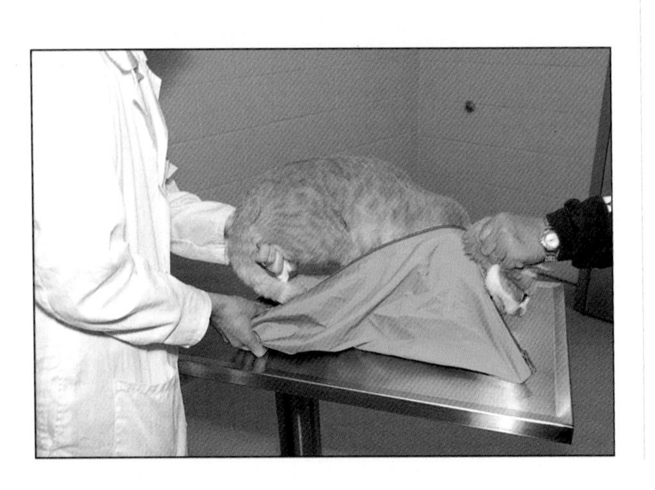

D. 拉上猫袋背面的拉锁。

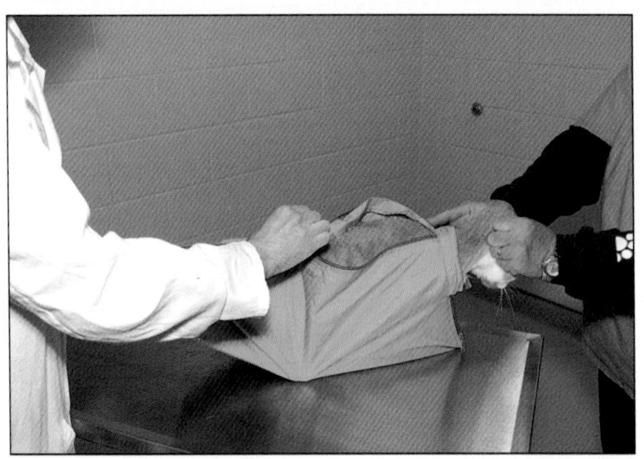

E. 装在猫袋中的猫。

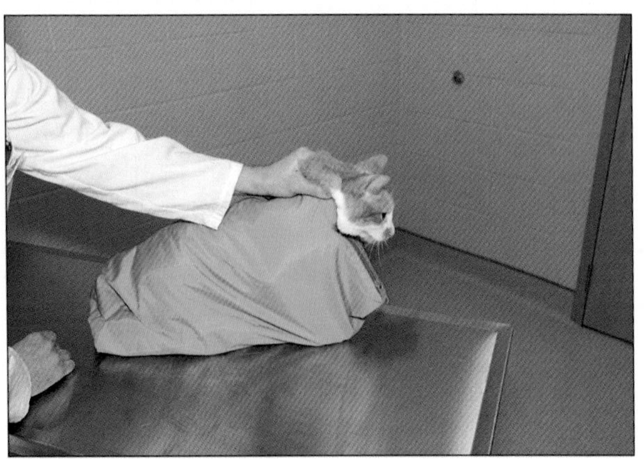

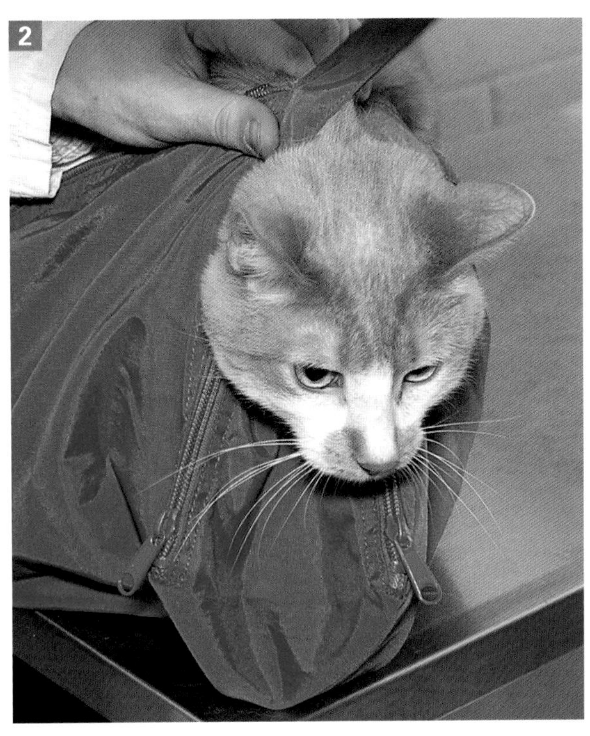

保定于猫袋中的猫。

[操作方法]

1. 将猫仰卧于桌上，保定人员用一只手臂抱住猫，使猫紧贴着人身体。之后，保定人员在猫胸腔入口处按压气管外侧颈静脉沟的基部，使颈静脉充血扩张。

2. 静脉穿刺人员用一只手抓住动物的头部，旋转或调整颈部，直到可以看见或触摸到扩张的静脉。如果需要的话，剃掉颈静脉沟的一小块毛。用酒精消毒。

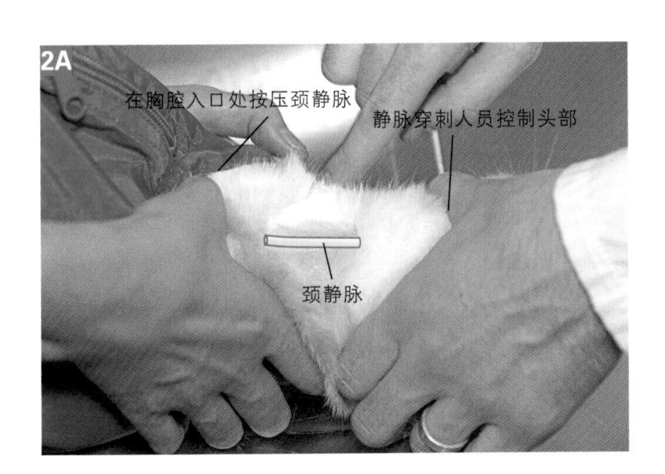

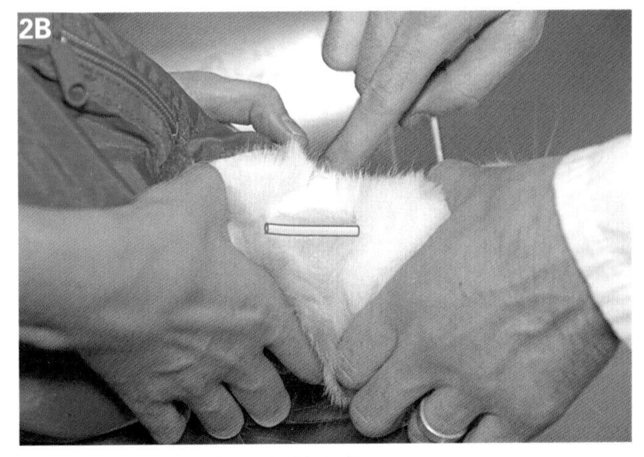

保定要进行倒置颈静脉穿刺的猫。

3. 针尖斜面向上，针头与静脉成20°～30°角刺入。如果动物挣扎，穿刺者要随着动物一起动，因为其控制着动物的头部。针尖进入静脉后，抽吸获得血样。

4. 样本采集完后，立刻放松按压静脉的手，停止抽吸，从静脉内拔出针头。轻轻按住静脉穿刺点大概60s。

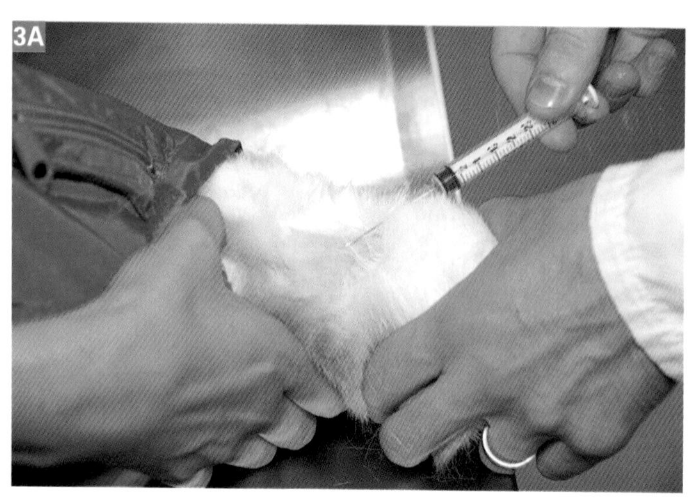

针尖斜面朝上，刺入针头，抽吸获得血样。

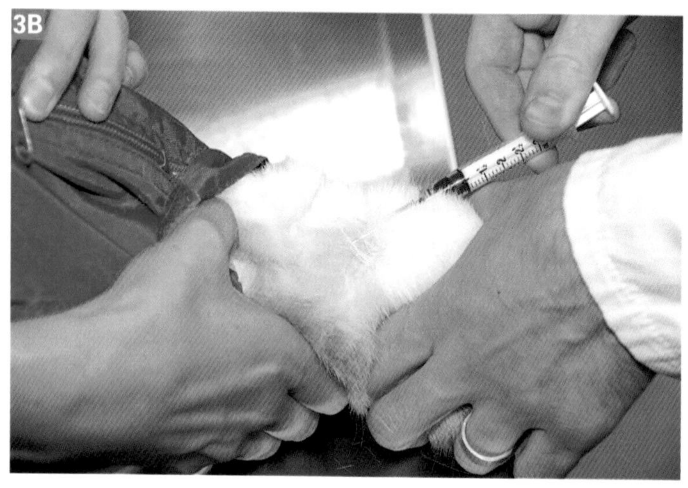

针尖斜面朝上，刺入针头，抽吸获得血样。

操作 1–3　头静脉穿刺术

[目的]

为了获得静脉血样本进行分析。

[适应证]

采集血液样本进行临床病理学检查。

[禁忌证与注意事项]

为防止对静脉过度损伤形成血肿，合理的保定很重要。

[并发症]

1. 出血。

2. 形成皮下血肿。

[局部解剖]

头静脉：左右头静脉是位于前肢头侧面的浅表静脉，很容易进行静脉穿刺。

[物品]

- 22 ~ 20G的2.5cm针头。
- 注射器。
- 70%酒精。

[保定]

1. 使动物坐在或俯卧于桌子或地板上（大型犬）。

2. 保定人员应站在将要抽血肢的对侧，用一只手臂环绕动物的颈部以保定其头部，并使其远离抽血肢。用另一只手臂抓住动物的肘部向前推，使该肢伸展。

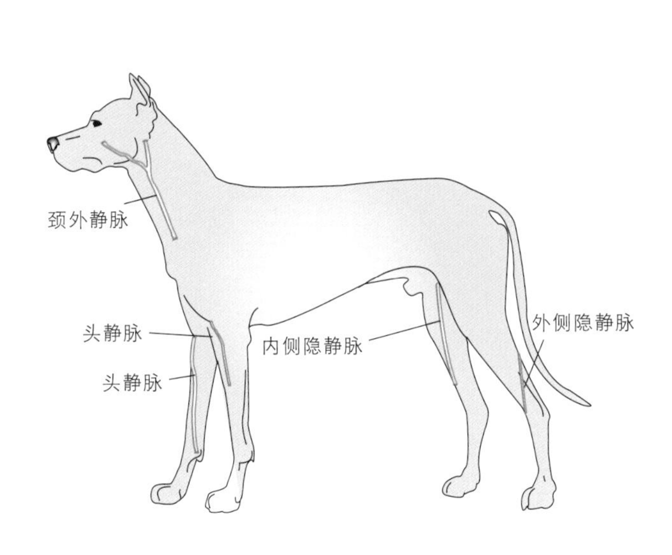

犬、猫静脉血采集可选的静脉。

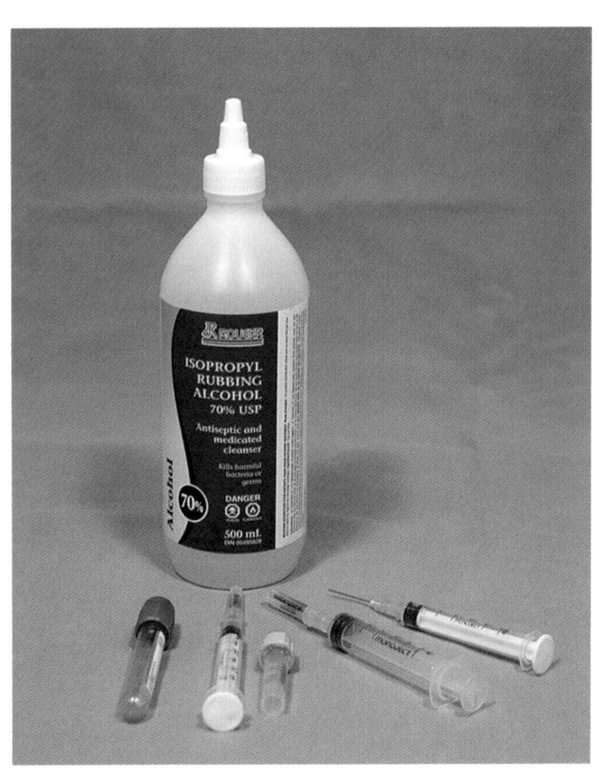

犬、猫静脉穿刺所需物品。

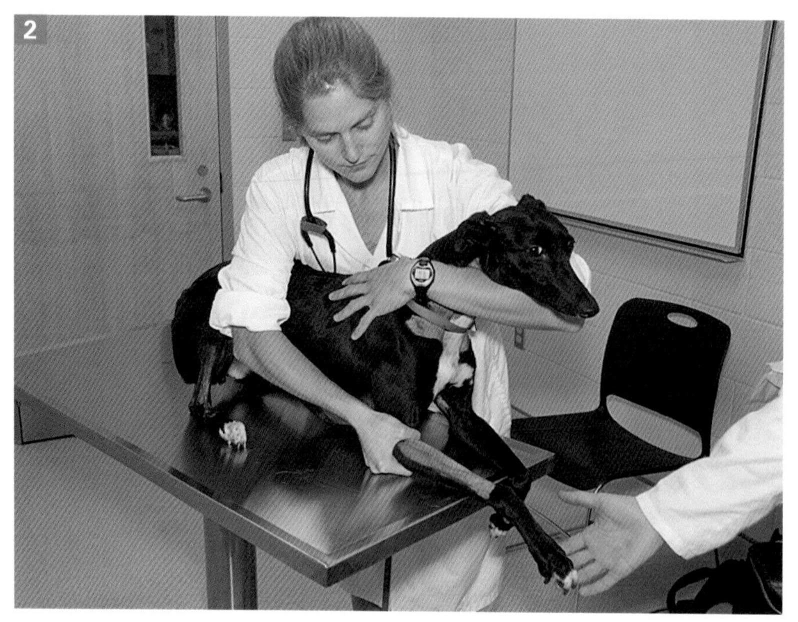

进行头静脉穿刺的合理保定。

[操作方法]

1. 向外翻转并压迫头静脉。

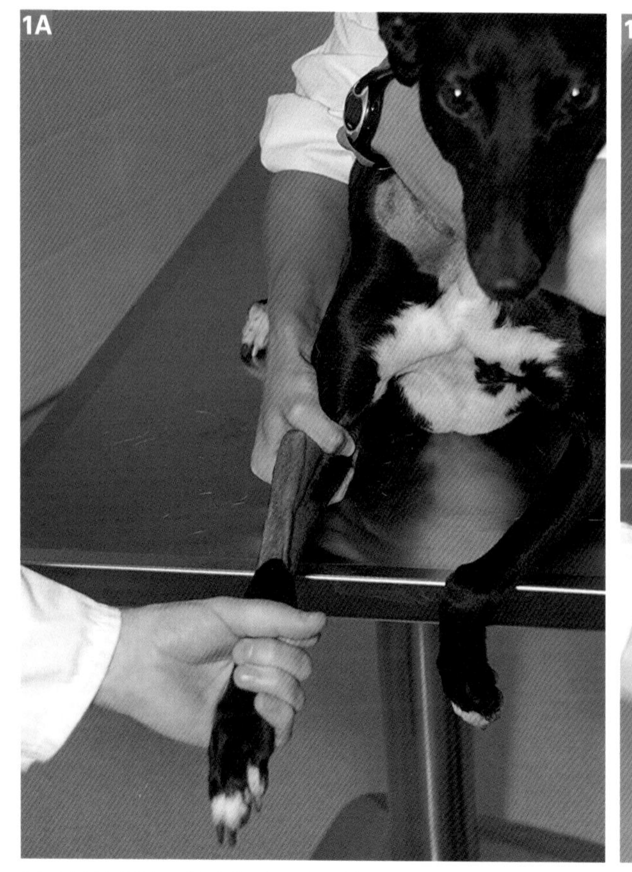

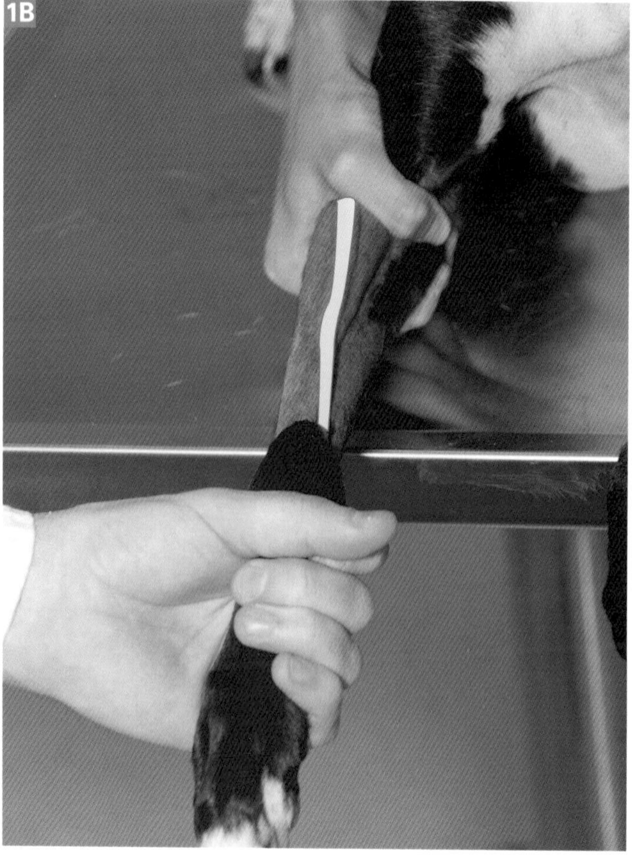

用手握住前肢，将头静脉向外翻转并压迫，使静脉充血扩张。

2. 如果未见或未触摸到头静脉，在前肢背侧剃一小块毛，酒精消毒。

3. 静脉穿刺者应抓住前爪保持肢伸展。应确定扩张的头静脉，拇指沿着静脉放置，以便在静脉穿刺时固定血管。

4. 针尖斜面向上，针头与静脉成20°～30° 角刺入。针尖进入静脉后，抽吸采集血样。

5. 血样采集完后，立刻放松压迫静脉的手，停止抽吸，从静脉内拔出针头。轻轻压住静脉穿刺点约60s。

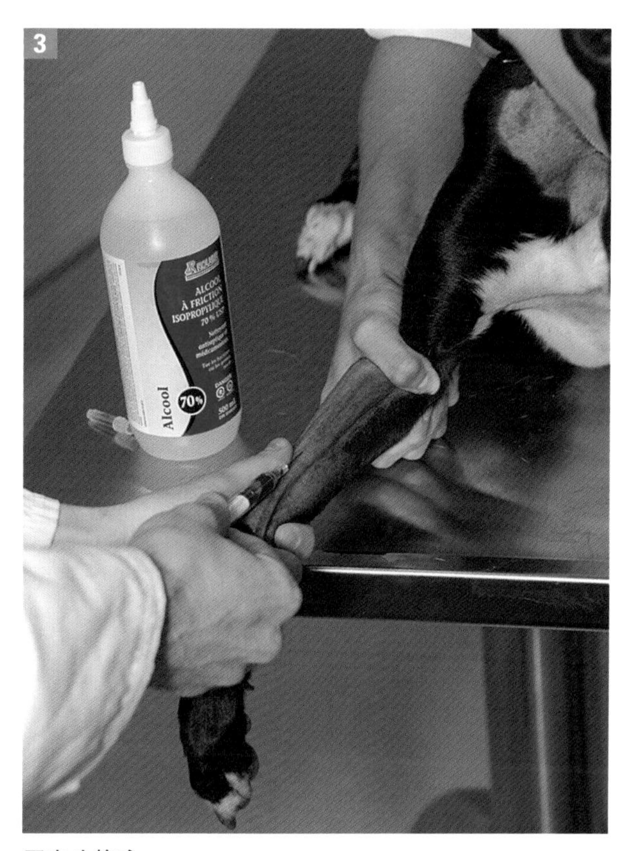

固定头静脉。

操作 1-4 外侧隐静脉穿刺术

[目的]

为了获得静脉血样本进行分析。

[适应证]

采集血液样本进行临床病理学检查。

[禁忌证和注意事项]

合理的保定对于防止静脉血管的过度创伤是很重要的，否则会形成血肿。

[并发症]

1. 出血。
2. 皮下血肿形成。

[局部解剖]

外侧隐静脉：左右后肢的隐静脉都是小的浅表静脉，斜向穿行于胫骨的外侧表面。

[物品]

- 22 ~ 20G的2.5cm针头。
- 注射器。
- 70%酒精。

[保定方法]

1. 动物侧卧保定，四肢朝向静脉穿刺者，背部靠近保定人员。

2. 保定人员用一只手抓住动物两前肢，并轻轻提起使其离开桌面，同时用同一只手的前臂对动物的颈部施压以保定动物。用另一只手抓住位于上方的后肢。

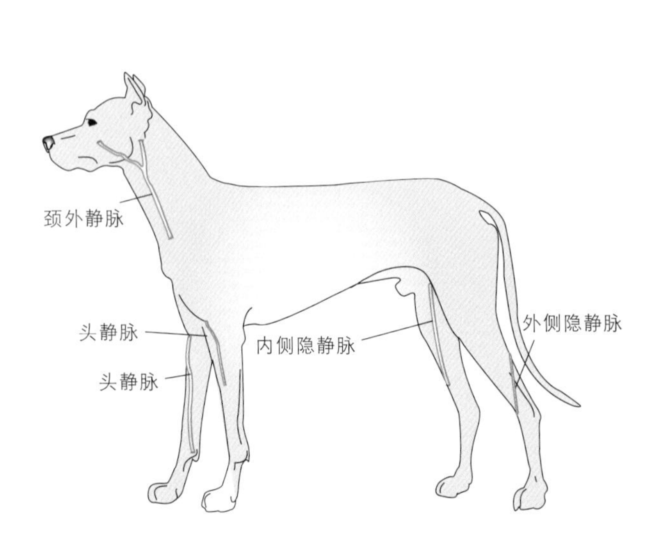

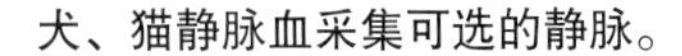
犬、猫静脉血采集可选的静脉。

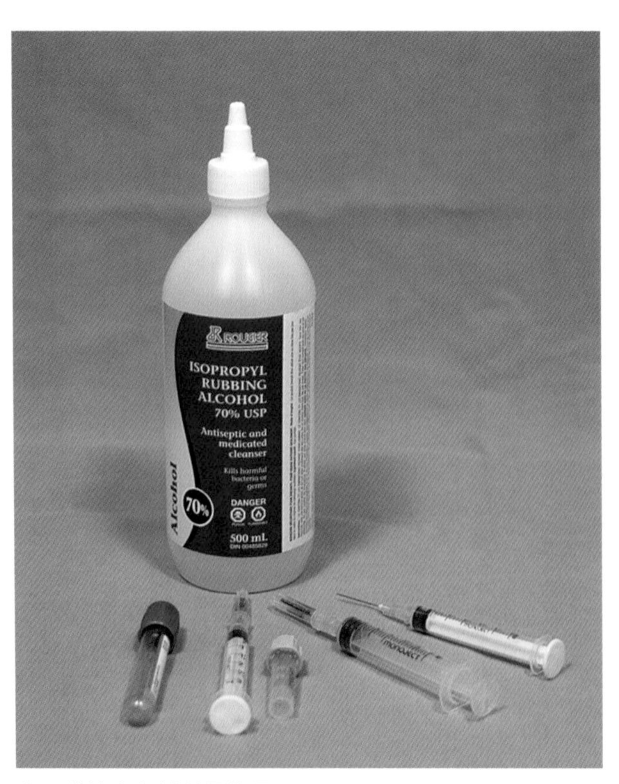

犬、猫静脉穿刺所需物品。

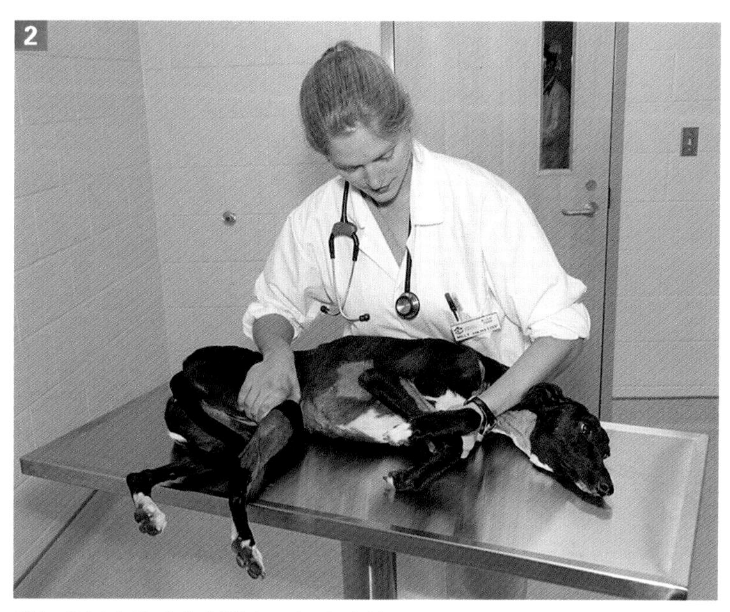

进行外侧隐静脉穿刺的合理保定姿势。

[操作方法]

1. 保定人员应环绕握紧后肢上方的尾侧，在膝关节水平施以压力，压紧外侧隐静脉使之充血扩张。

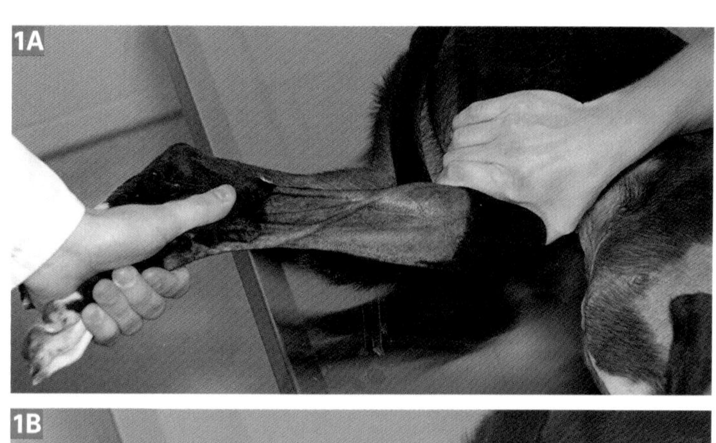

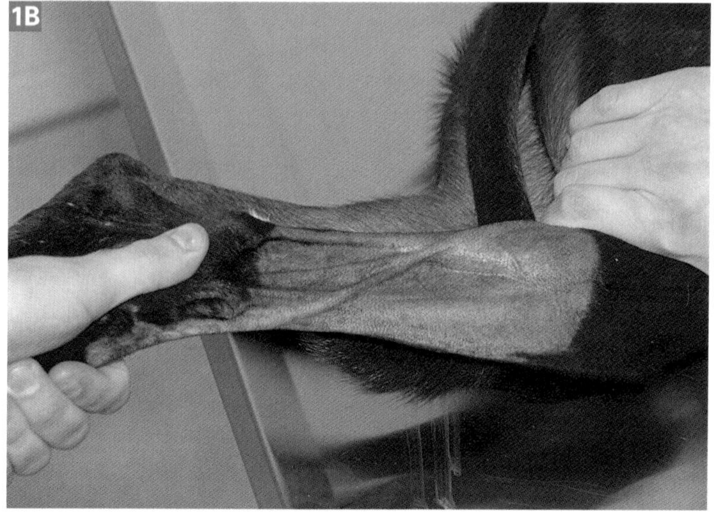

压紧外侧隐静脉使之充血扩张。

2. 静脉穿刺者要抓住后肢并触摸扩张的静脉。如果看不见或触摸不到静脉，在静脉上方小范围剃毛，涂擦酒精，同时确保保定人员压迫静脉确实。

3. 一旦确定静脉，穿刺者就要将拇指放在邻近静脉的位置加以固定，以防止穿刺时静脉移位。针尖斜面朝上，针头与静脉呈20°～30° 角刺入。一旦针尖进入静脉中，即可抽吸采集血样。

4. 一旦采集够样本，保定人员要解除对静脉的压力。停止抽吸并从静脉中拔出针头，压迫穿刺点约60s。

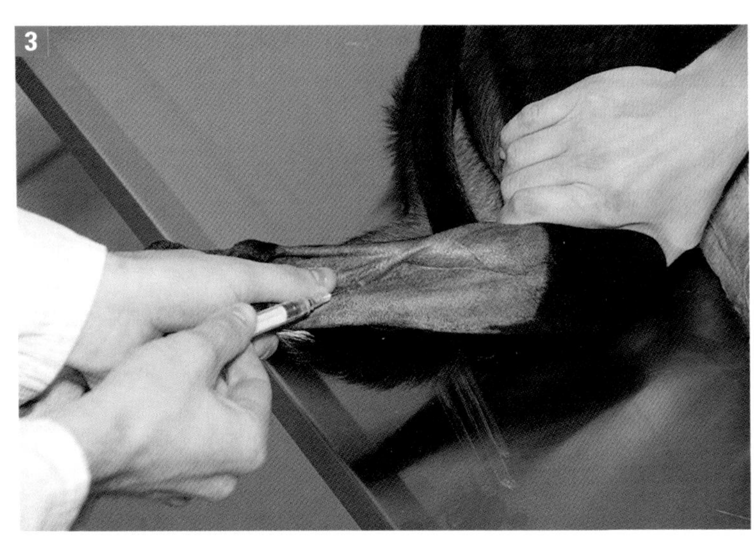

将拇指放在邻近静脉的位置以固定外侧隐静脉。

操作 1–5　内侧隐静脉穿刺术

[目的]

为了获得静脉血样本进行分析。

[适应证]

采集血液样本进行临床病理学检查。

[禁忌证和注意事项]

合理的保定对于防止静脉的过度创伤是很重要的，否则会形成血肿。

[并发症]

1. 出血。
2. 皮下血肿形成。

[局部解剖]

内侧隐静脉：左右肢内侧隐静脉是非常浅表的静脉，长而直，沿后肢内表面中线上行，这使得该部位成为猫静脉穿刺的优选位置。

[物品]

- 22 ~ 20G的2.5cm针头。
- 注射器。
- 70%酒精。

[保定方法]

1. 内侧隐静脉穿刺最常用于猫。对猫进行侧卧保定，四肢朝向穿刺者，背部朝向保定人员。
2. 保定人员用一只手伸展猫的颈背，同时用另一只手屈曲上面的后肢。
3. 穿刺者应该抓住靠近桌面的后肢跖部，并使其伸展。

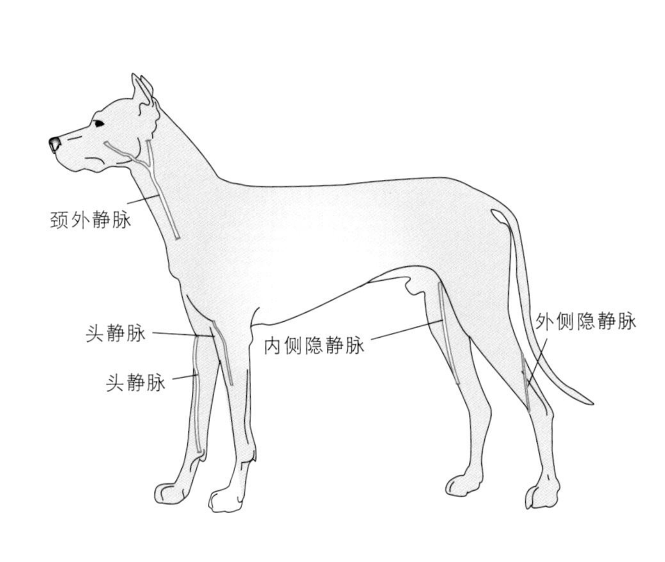

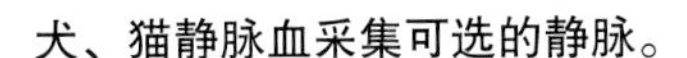
犬、猫静脉血采集可选的静脉。

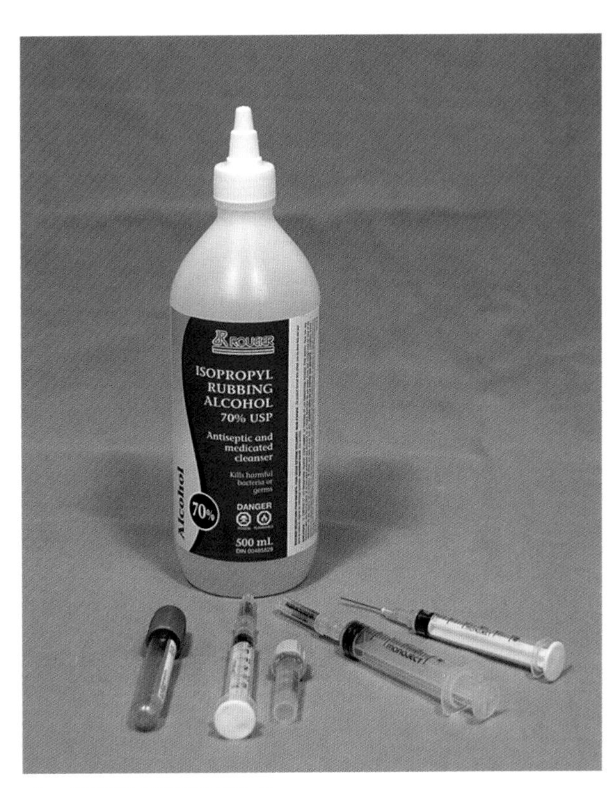

犬、猫静脉穿刺所需物品。

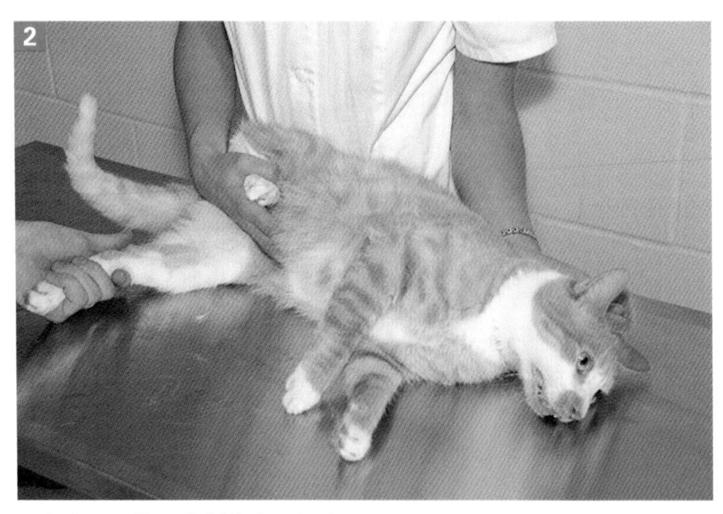
进行内侧隐静脉穿刺的合理保定。

[操作方法]

1. 保定人员应该对腹股沟部施压，压紧内侧隐静脉使之充血扩张。

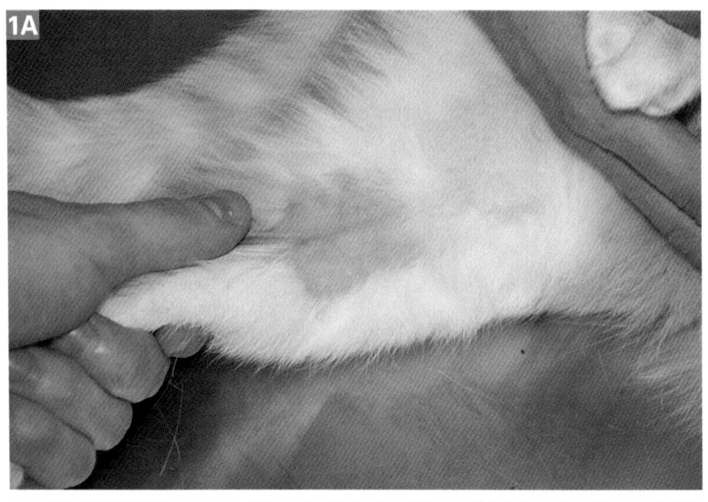
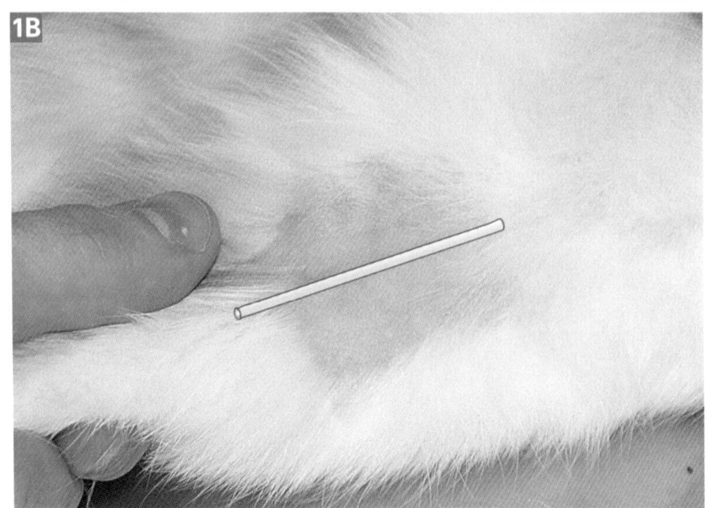
压紧内侧隐静脉使之充血扩张。

2. 穿刺者要观察并触摸扩张的静脉。如果看不到或摸不到静脉，或者后肢中段有厚的被毛，应该在静脉上方小范围剃毛并涂擦酒精，同时确保保定人员压迫确实。

3. 一旦确定静脉，穿刺者就要将拇指放在邻近静脉的地方进行固定，防止穿刺中静脉移动。

4. 进行静脉穿刺时理想的尝试应该从远端开始，以备需要进行多次穿刺。

5. 握住后肢以防止移动，并用拇指固定静脉，将针头刺入静脉，针尖斜面朝上。一旦针尖进入静脉，轻轻抽吸收集血液样本。该静脉直径较小，因此过度抽吸会导致管腔塌陷。

6. 一旦收集到所需血液样本，保定人员要解除对静脉的压力。停止抽吸并从静脉中拔出针头。轻轻按压穿刺点约60s。

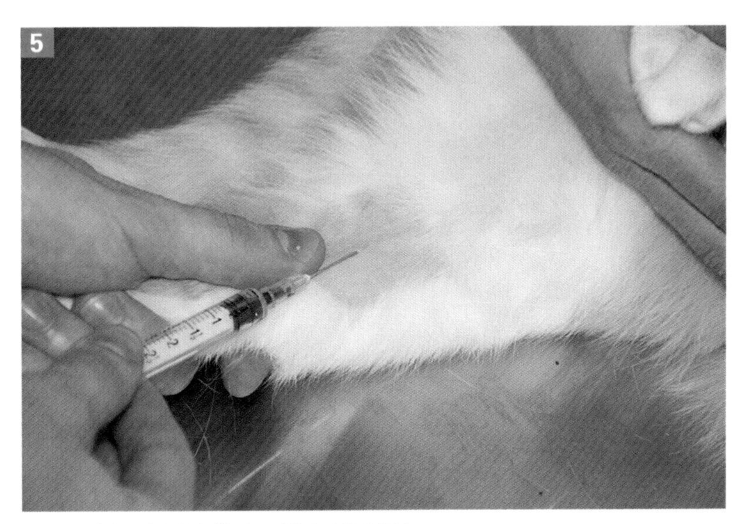

将针头刺入内侧隐静脉，针尖斜面朝上。

第 2 章

动脉血采集

（Arterial Blood Collection）

操作 2–1 股动脉血采集

[目的]

为了获得动脉血样本进行分析。

[适应证]

1. 监测呼吸功能。

2. 评估患有严重疾病动物的酸碱状况。

3. 在对红细胞增多症进行诊断性评估期间评估氧合作用。

[禁忌证和注意事项]

1. 避免对有严重凝血疾病或血小板减少症的动物进行动脉穿刺。

2. 在患低血压和灌注不良的动物，因难以触及到动脉脉搏，进行动脉血采集会比较困难。

[并发症]

1. 如果在采完动脉血样后没有进行按压，通常会出现血肿。

2. 当未将血样中的气泡排出或者样本没有密封好，血气分析将会出现变化，因为样本中混入了空气。

3. 样本中过多的肝素会使所测量的二氧化碳分压值降低。

4. 即使将样本放在冰里，超过2～4h都会产生错误的结果。

[局部解剖]

在近端股内侧中线附近可触摸到股动脉，紧贴耻骨肌的头侧。该动脉的走向从近端到远端，与股静脉伴行并在其前方。

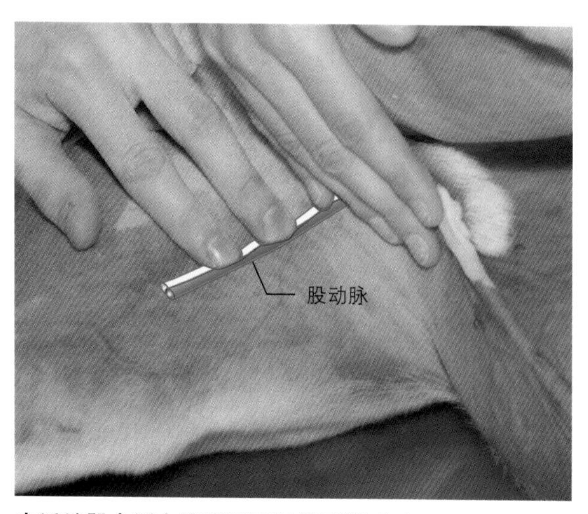

在近端股内侧中线附近可触摸到股动脉。

[物品]

- 3mL注射器。
- 25或22G针头。
- 1000 μ /mL 肝素钠。
- 含有肝素冻干片的动脉血气注射器。

[准备]

1. 如果使用的血气分析仪需要根据体温校正，要测量并记录动物的体温。

2. 如果有提前肝素化的动脉血气注射器，可直接使用；或者用3mL注射器通过25G针头抽入肝素（1000 μ /mL），湿润注射器，然后再排空注射器中的全部肝素。

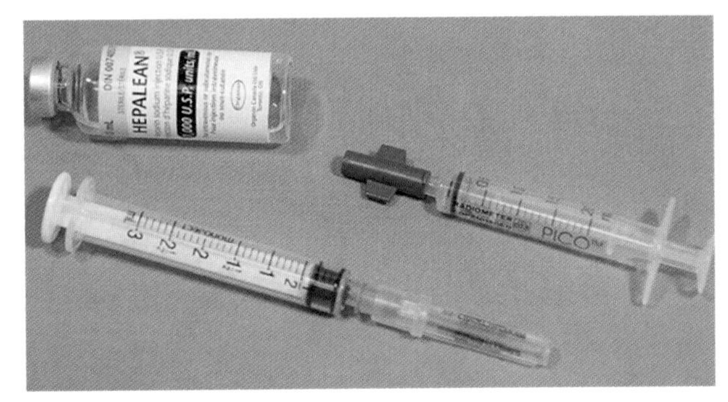

采集动脉血的所需物品。

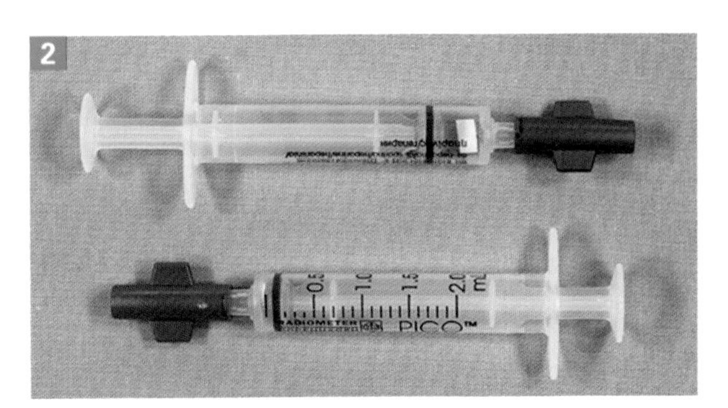

含有肝素冻干片的动脉血气注射器。

[操作方法]

1. 动物侧卧保定，外展并蜷曲上方的后肢，以便暴露出下侧肢。通过对爪部的牵引伸展下侧的肢体。需要一个助手拉平皮肤褶、后部乳腺或包皮，以方便暴露腹股沟区域。

2. 如有必要，对股动脉上方剃毛，酒精消毒。

3. 尽可能用辅助手的食指和中指触诊腹股沟处股动脉跳动最强的点。轻轻地将指尖放在动脉上，使两个指头都可以触到动脉脉搏。

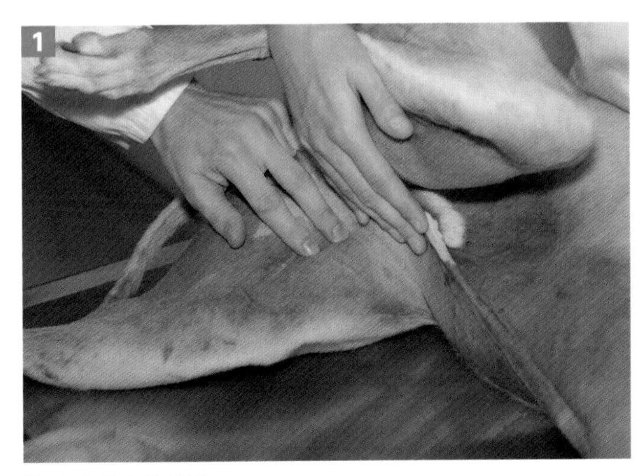

股动脉采血的保定。

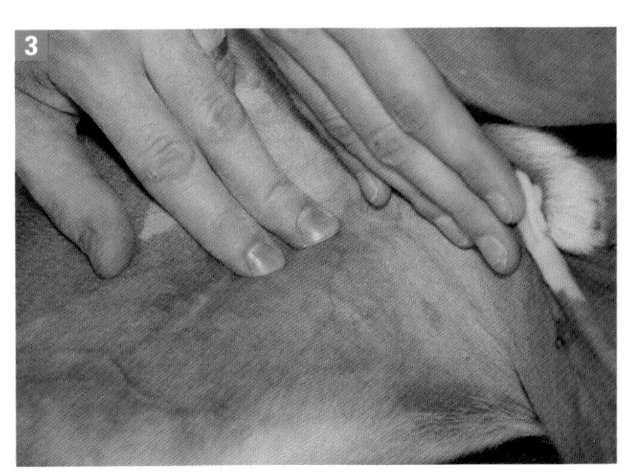

用辅助手的食指和中指触诊股动脉脉搏。

4. 在两指间跳动的动脉处刺入肝素化注射器的针头。

5. 当穿透动脉时，血流会出现在针座中。

6. 控制稳针头，并抽吸血液。

7. 一旦采集到血样，拔出针头并迅速直接压迫穿刺部位。按压3min，以防止出现血肿。

8. 推出针头和注射器中所有的气泡，盖帽密封样本。尽快分析样本。如果不能立即分析，要将样本保存在冰中。

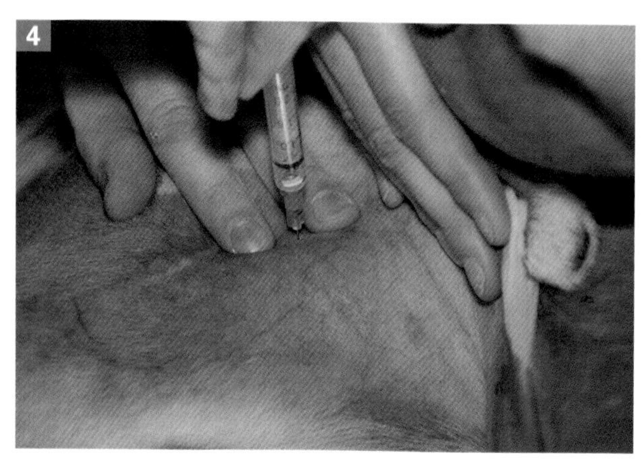
将针头刺入跳动的股动脉中。

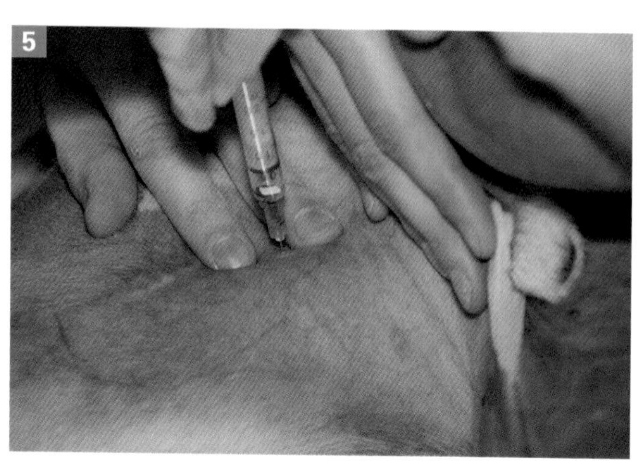
血流出现在针座中。

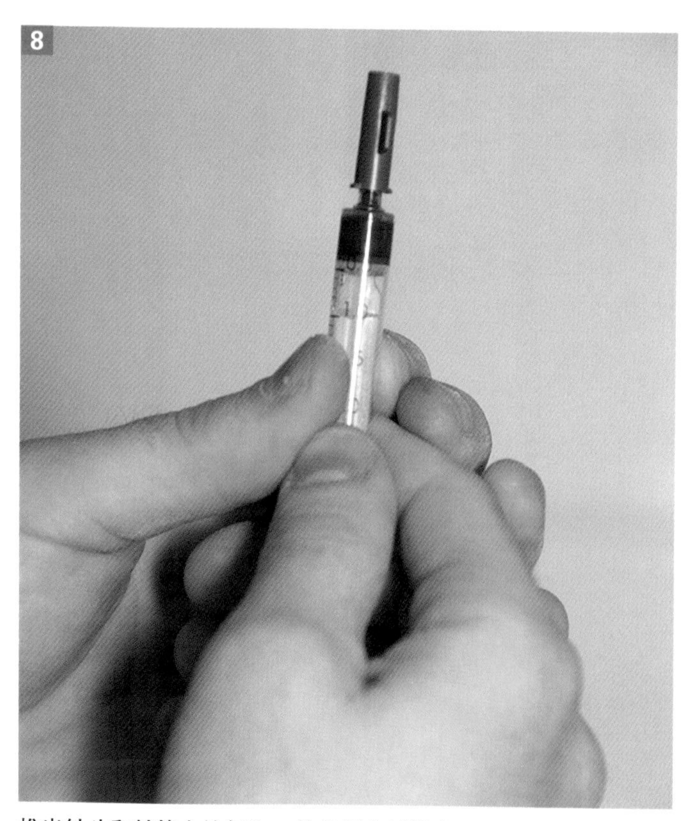
推出针头和针管中的气泡，并盖帽密封样本。

操作 2-2　爪背侧动脉血采集

[目的]

为了获得动脉血样本进行分析。

[适应证]

1. 监测呼吸功能。

2. 评估患有严重疾病动物的酸碱状况。

3. 在对红细胞增多症进行诊断性评估期间评估氧合作用。

[禁忌证和注意事项]

1. 避免对有严重凝血疾病或血小板减少症的动物进行动脉穿刺。

2. 在患低血压和灌注不良的动物，一般难以触到动脉脉搏，所以进行动脉血采集会比较困难。

[并发症]

1. 如果在采完动脉血样后没有及时按压通常会出现血肿。

2. 当未将血样中的气泡排出或者样本没有密封好，血气分析将会出现变化，因为样本中混入了空气。

3. 样本中过多的肝素会使所测量的二氧化碳分压值降低。

4. 即使样本放在冰里，超过2 ~ 4h都会产生错误的结果。

[局部解剖]

爪背侧或跖部动脉位于后肢的头侧面，略靠中线内侧，在跗部和近端跖部上方。该动脉紧贴趾长伸肌腱远端内侧，与其平行，位于第二和第三跖骨之间。

[物品]

- 3mL注射器。
- 25或22G针头。
- 1000μ/mL 肝素钠。
- 含肝素冻干片的动脉血气注射器。

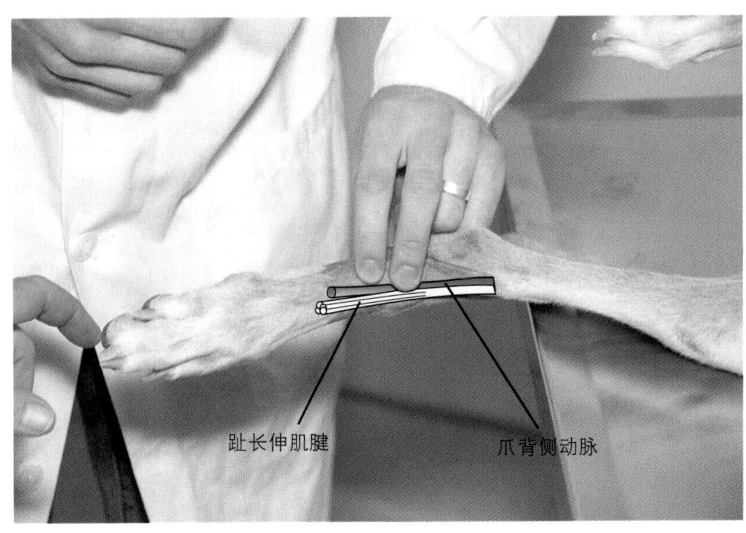

爪背侧动脉位于后肢的头侧面，略靠中线内侧，在跗部和跖骨近端上方。

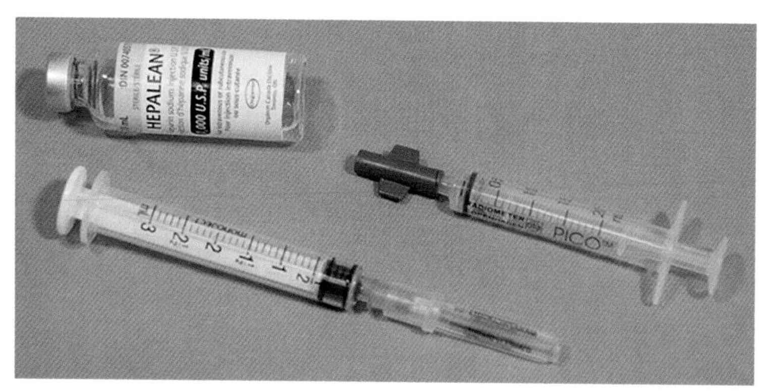

采集动脉血的所需物品。

[准备]

1. 如果使用的血气分析仪需要根据体温校正，要测量并记录动物的体温。

2. 如果有提前肝素化的动脉血气注射器，可直接使用；或者用3mL注射器通过25G针头抽入肝素（1000μ/mL），湿润注射器，然后再排空注射器中的全部肝素。

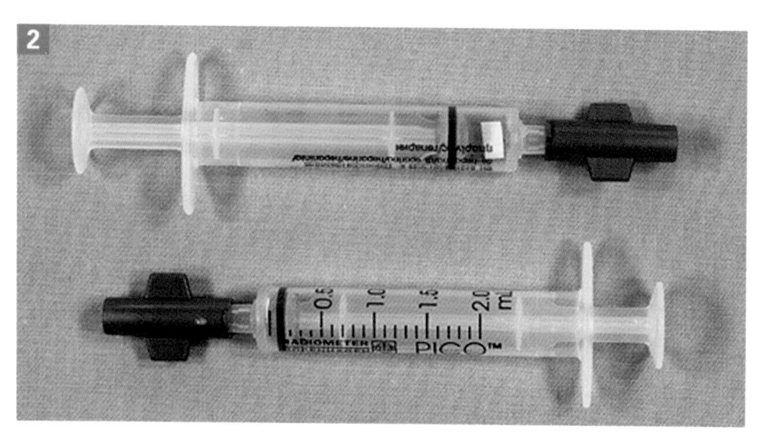

含有肝素冻干片的动脉血气注射器。

[操作方法]

1. 以合适的体位保定动物。侧卧、仰卧或架于保定者的腿上。

2. 跖部头侧和跗部剃毛，酒精消毒。

3. 通过触诊跖部头侧面与趾长伸肌腱的远端内侧伴行的爪背侧动脉来确定脉搏。

4. 用辅助手的食指和中指触诊动脉，轻轻地将指尖放在动脉上，以便两个指头都可以触及到动脉脉搏。

5. 在两指间跳动的动脉处刺入已肝素化注射器的针头。

6. 当穿透动脉时，血流会出现在针座中。

7. 控制稳针头，并抽吸血液。

8. 一旦采集到血样，拔出针头，并迅速压迫穿刺部位3min，以防止出现血肿。

9. 推出针头和注射器中所有的气泡，盖帽密封样本。尽快分析样本。如果不能立即分析，要将样本保存在冰中。

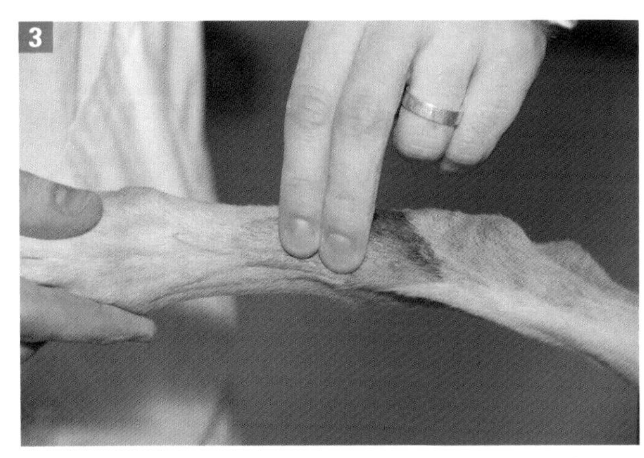

在跖部头侧面触诊位于趾长伸肌腱远端内侧的爪背侧动脉。

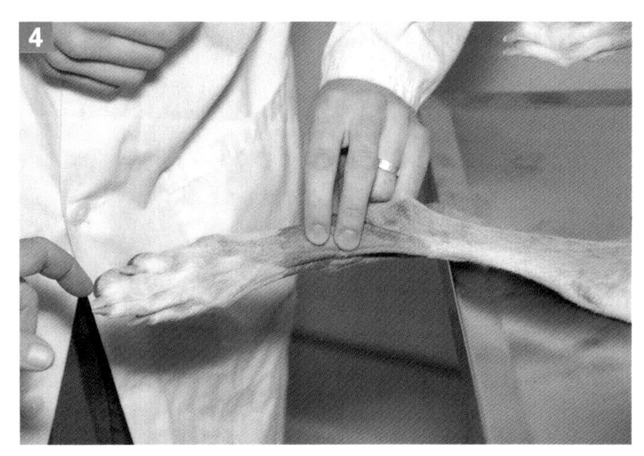

辅助手的食指和中指触诊动脉。

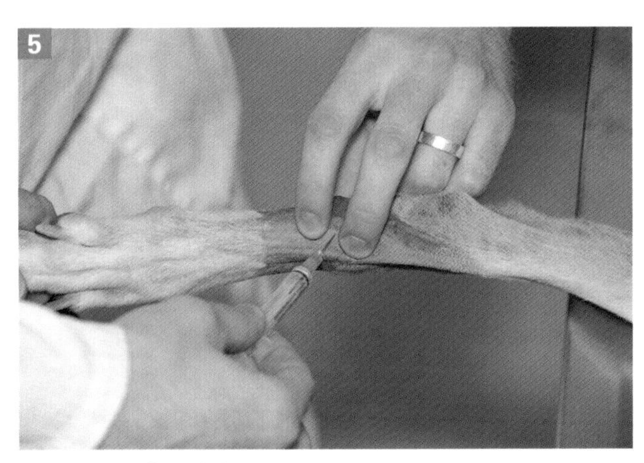

针头刺入爪背侧动脉。

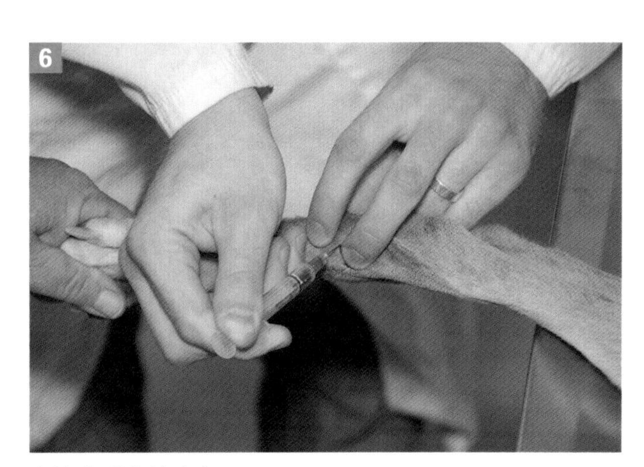

血流出现在针座中。

第 3 章

注射技术

（Injection Techniques）

操作 3-1 静脉注射

[目的]

为了通过注射给予液体、药物、生物制品或试样。

[适应证]

为进行治疗或诊断性评价，肠外给予药物、生物制品或试样。

[禁忌证和注意事项]

1. 对患严重凝血疾病的动物应避免静脉和肌肉注射。

2. 为了避免可能发生的严重的局部性或全身性反应，所有注射剂都应该按照制造商推荐的途径给药。

[局部解剖]

静脉注射的部位通常是头静脉、外侧隐静脉或内侧隐静脉。

[物品]

- 25 ~ 20G的2.5cm针头。
- 注射器。
- 70%酒精。

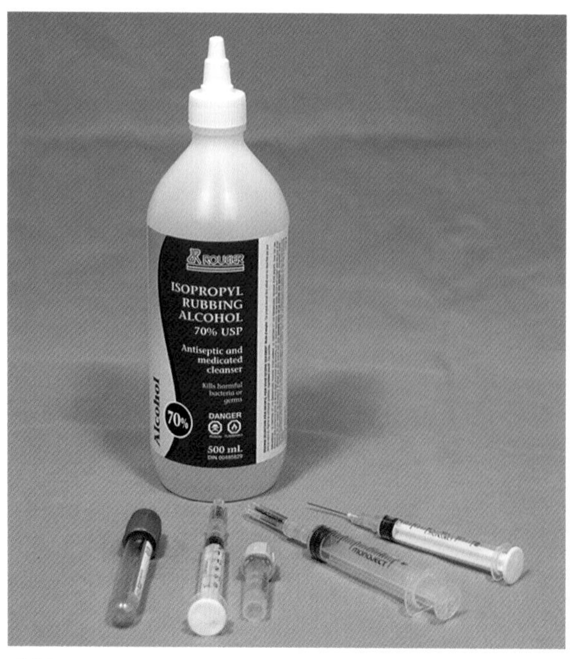

注射所需物品。

[操作方法]

1. 将要注射的物质吸入注射器内。

2. 将动物进行适当的摆位，使易于进行头静脉、外侧隐静脉或内侧隐静脉的操作，并按照静脉穿刺术中所述进行保定。

3. 按照采血的步骤确认扩张的静脉。

4. 当针头插入静脉后，抽少许血液进入针座以确定针头位于静脉内。

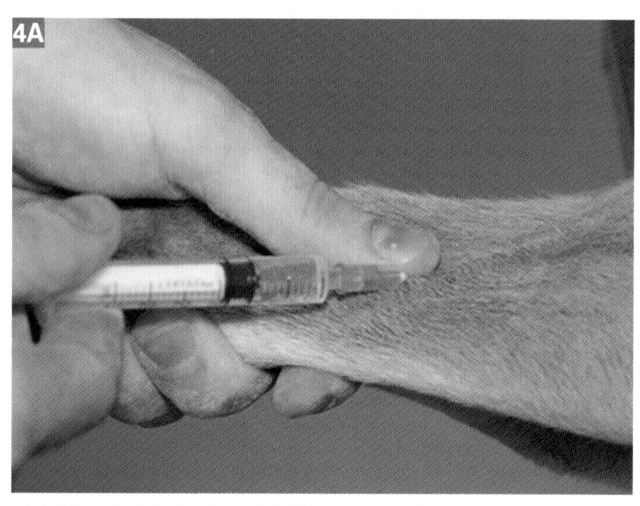

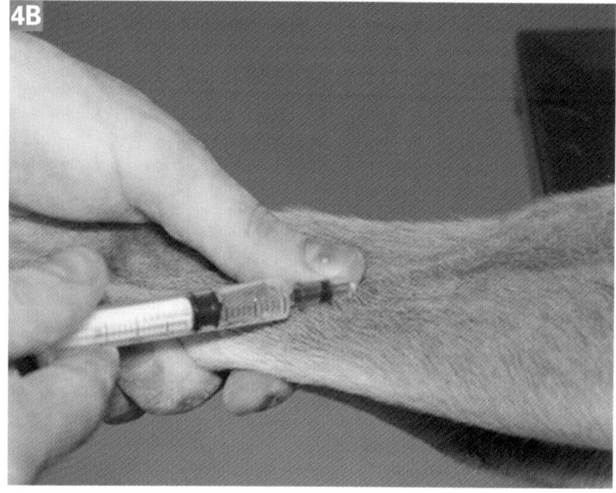

抽少许血液进入针座以确定针头位于静脉内。

5. 当确定针头位于静脉内后，保定者应解除闭塞静脉的压力，将药物注入静脉。

6. 注射完毕后，将针头拔出，并立即在针头穿刺点施压至少60s。

7. 如果需要防止出血，可在穿刺点上用绷带轻轻施压包扎。

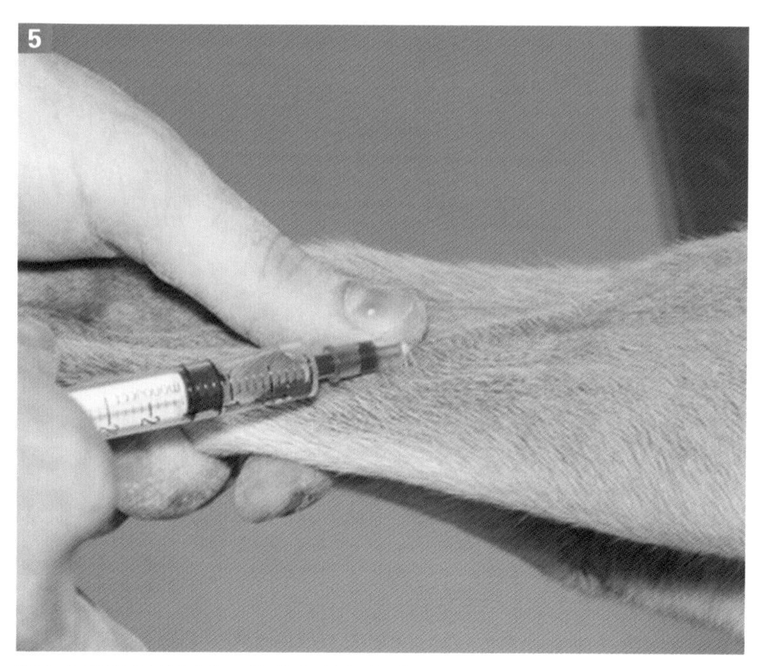

解除闭塞静脉的压力，将药物注入静脉。

操作 3-2 肌肉注射

[目的]

通过注射给予液体、药物、生物制品或试样。

[适应证]

为进行治疗或诊断性评价，肠外给予药物、生物制品或试样。

[禁忌证和注意事项]

1. 对患有严重凝血疾病的动物应避免静脉和肌肉注射。

2. 为避免潜在的严重局部性或全身性反应，所有的注射剂都应该按照厂商推荐的途径给药。

[局部解剖]

股前的股四头肌肌群、股后的半膜肌半腱肌肌群、前肢近端后侧的臂三头肌肌群，或腰椎两旁的腰背肌都是可进行肌肉注射的部位。当注射股部的肌肉时必须注意，避免针头刺入或注射到股骨后方的坐骨神经部。

[物品]

- 25 ~ 22G的2.5cm针头。
- 注射器。
- 70%酒精。

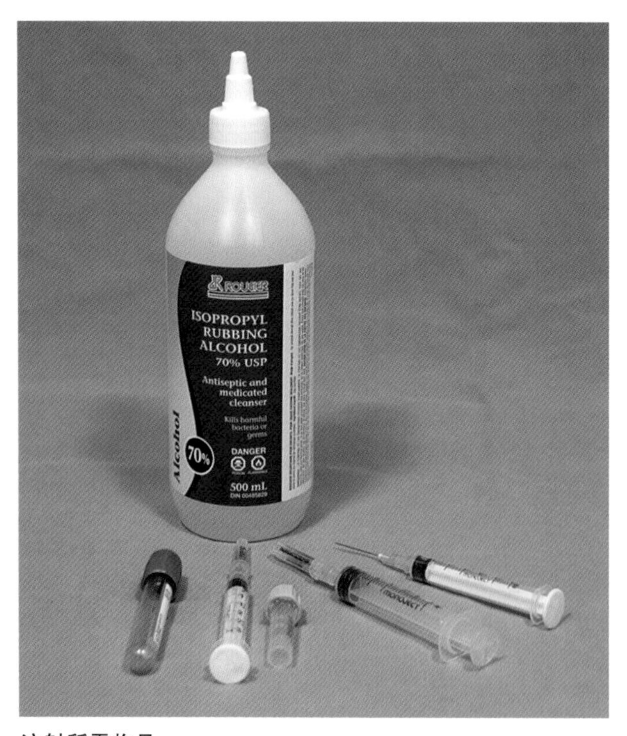

注射所需物品。

[操作方法]

1. 将要注射的物质吸入注射器内。肌肉注射最大容量，猫为2mL，犬为3 ~ 5mL。

2. 动物站立、坐式或侧卧保定。肌肉注射会导致不适，操作时控制住犬的头部和颈部很重要。在猫应按照内侧隐静脉穿刺的方式抓住颈背部并伸展。

3. 在注射部位的皮肤擦涂70%酒精。

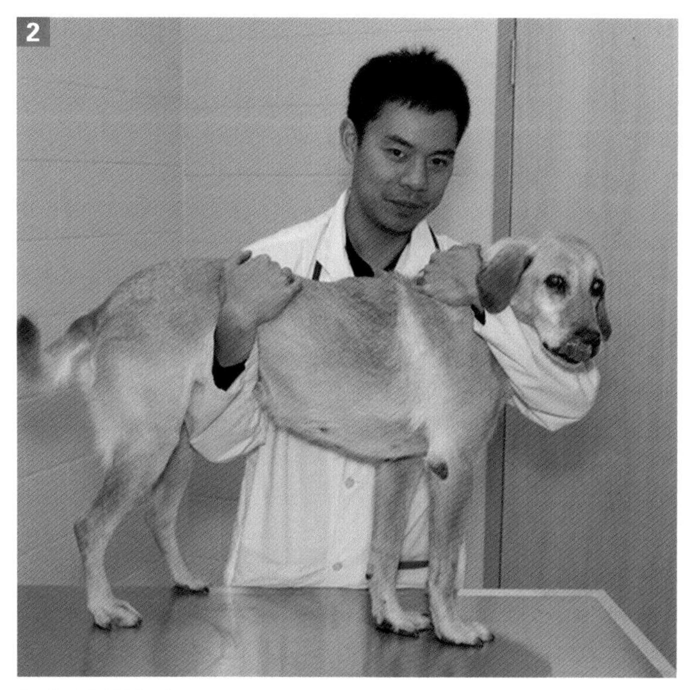

肌肉注射的保定。

4. 当要在半肌膜半肌腱肌群注射时，非注射手的大拇指应放在股后侧肌沟上，针头应刺入股骨后方，针尖指向尾侧，这样即使动物跳跃或移动都可避免伤到坐骨神经。

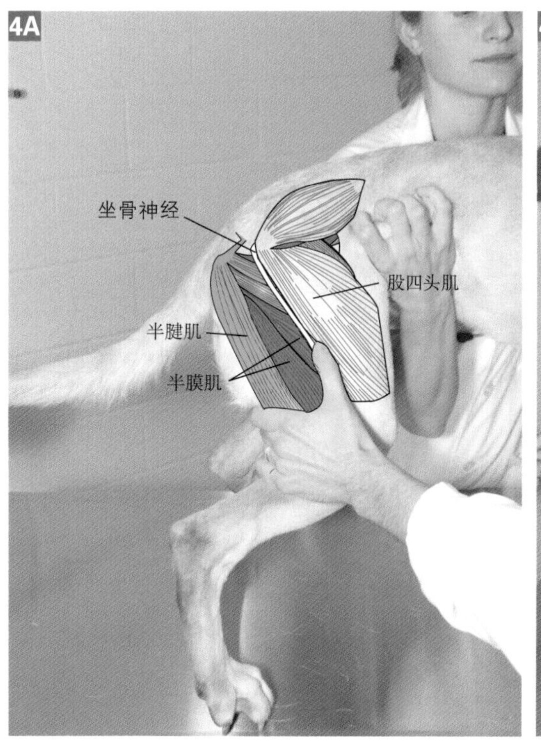

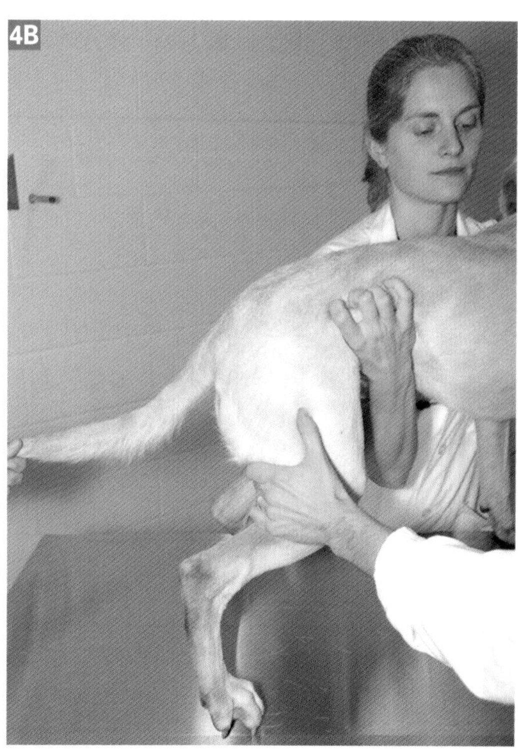

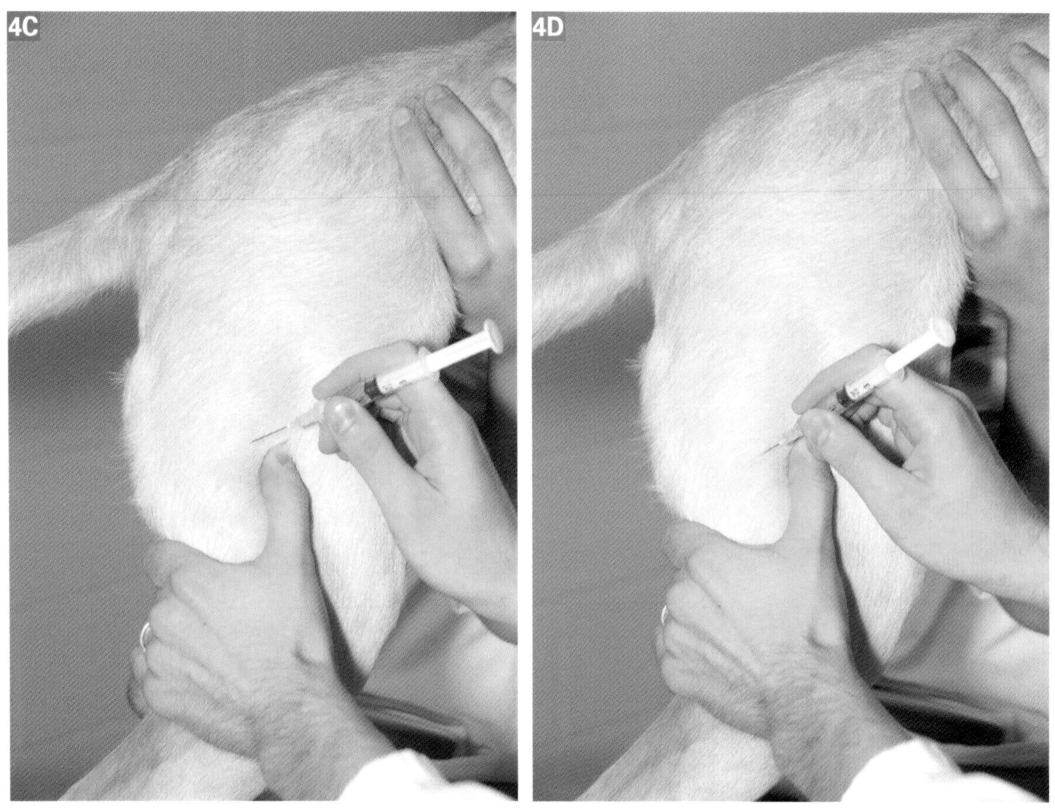

对犬进行股后肌肉注射的正确操作。

5. 当要注入股四头肌时，非注射手的大拇指应放在股骨外侧，而针头应刺入股骨前方，针尖朝向头侧。

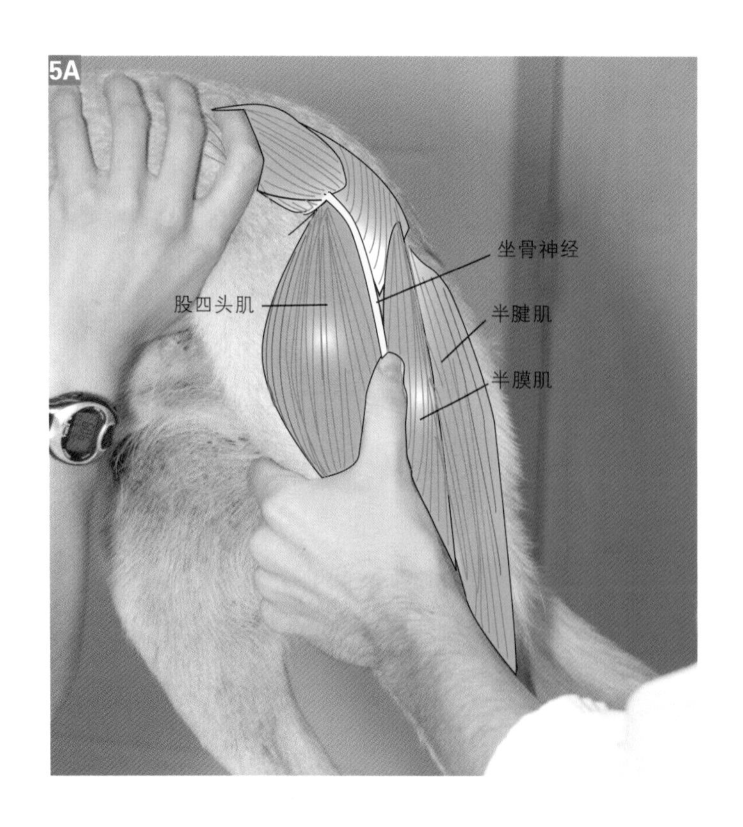

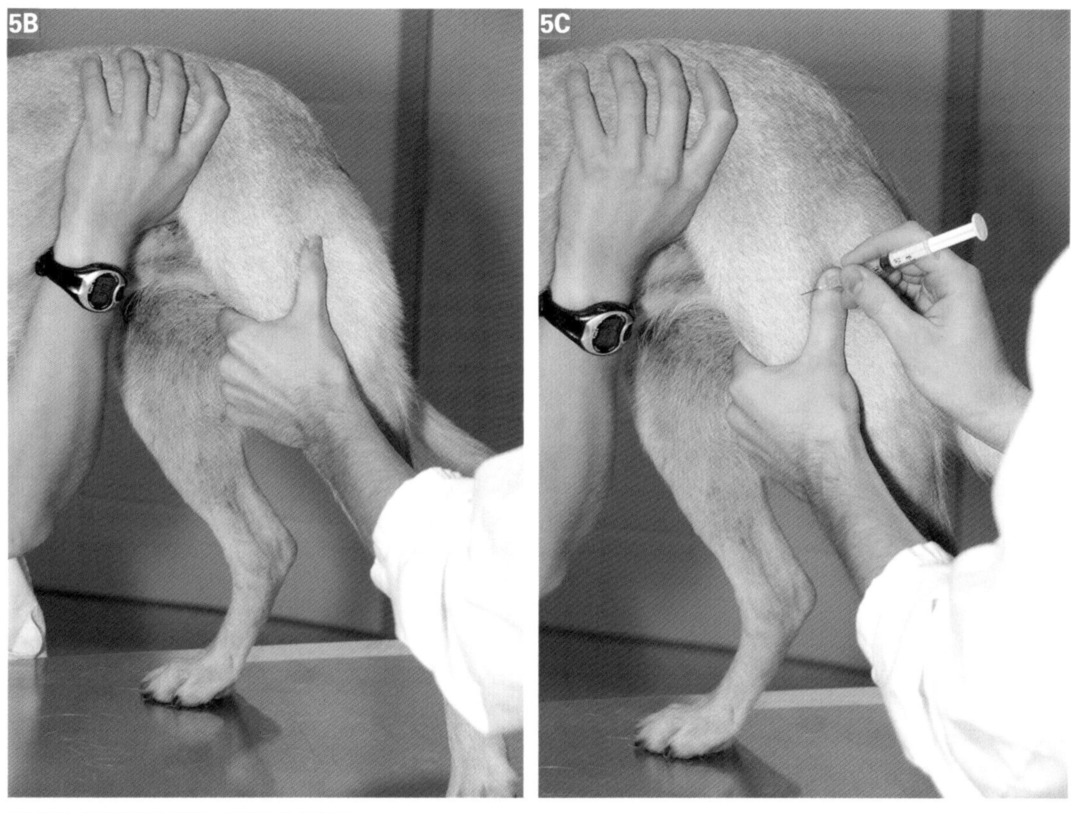

对犬进行股四头肌注射的正确操作。

6. 当要注入前肢的臂三头肌肌群时，非注射手应紧握肌腹，拇指放在肱骨上，针头刺入肱骨后方，针尖朝向尾侧。

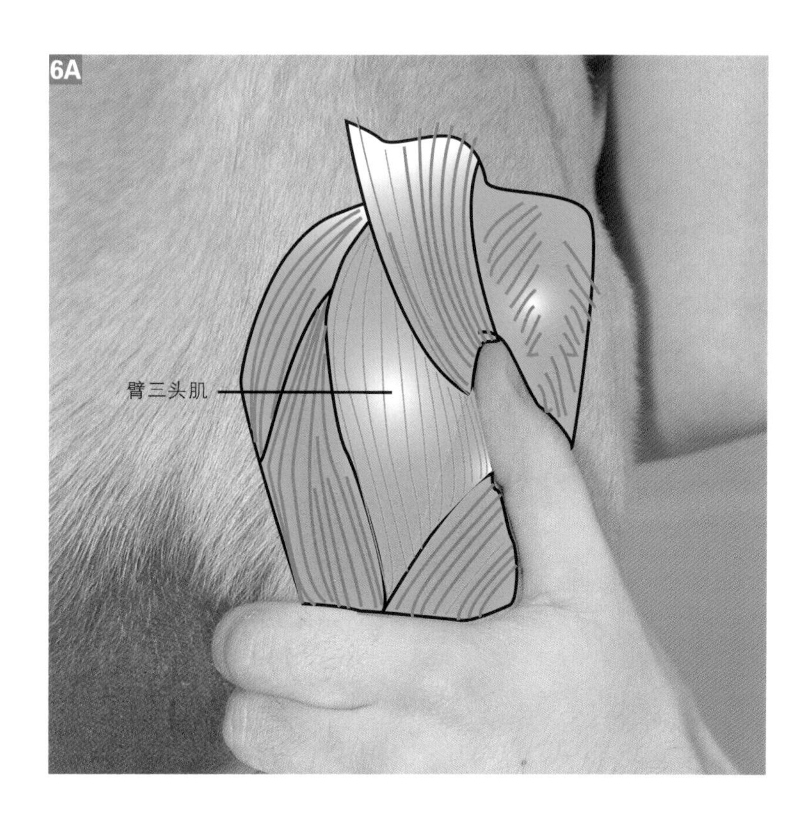

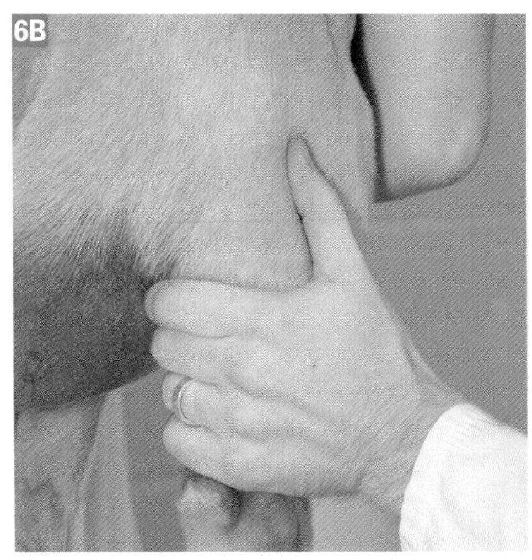
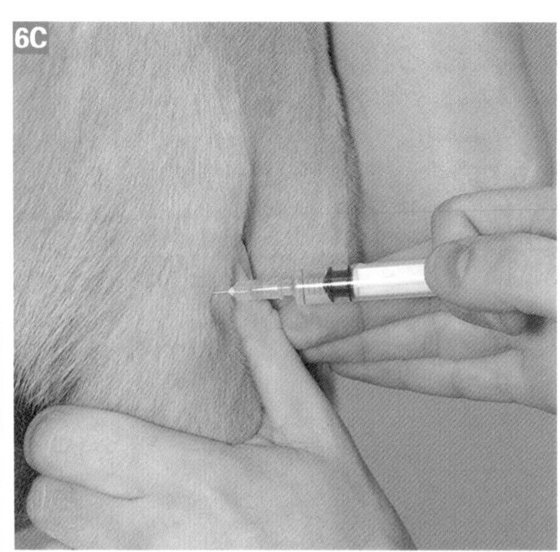

对犬进行臂三头肌注射的正确操作。

7. 当要注入腰椎肌肉时，在第13肋骨和髂骨嵴之间选择注射点。触摸背侧棘突，在正中线旁2～3cm垂直皮肤直接刺入腰部肌肉。

8. 入针后回抽注射器活塞形成负压。如果抽出血液，应拔出针头和注射器，另选部位重新刺入。

9. 形成负压时如果没有抽出血液，可进行肌肉注射。

10. 注射完毕后，拔出针头，轻轻按摩注射部位。

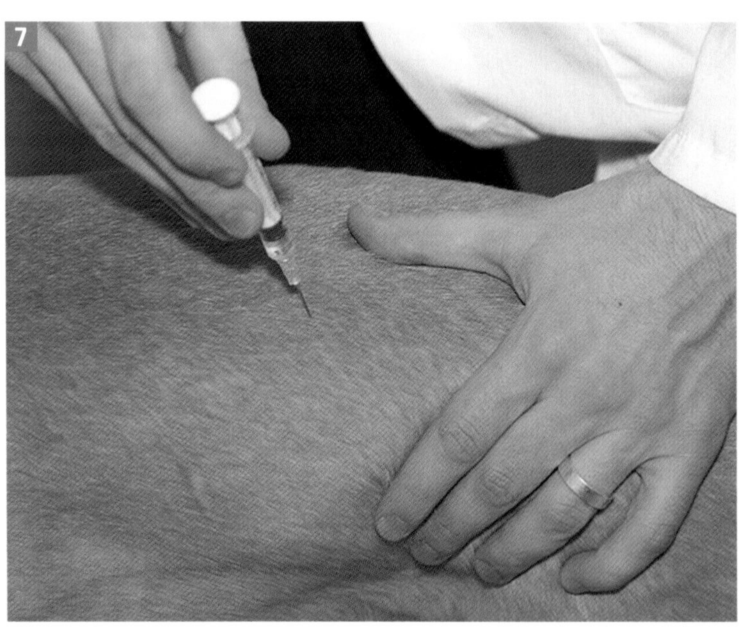

对犬进行腰部肌肉注射。

操作 3-3　皮下注射

[目的]

通过注射给予液体、药物、生物制品或试样。

[适应证]

为进行治疗或诊断性评价，肠外给予药物、生物制品或试样。

[禁忌证和注意事项]

为避免潜在的严重的局部性或全身性反应，所有的注射剂都应该按照厂商推荐的途径给药。

[局部解剖]

皮下注射通常选择颈部和背部背侧松弛的皮肤下进行。

[物品]

- 25 ~ 20G的2.5cm针头。
- 注射器。
- 70%酒精。

[操作方法]

1. 将要注射的物质吸入注射器内。犬、猫皮下空间较大，所以同一注射点可容纳相对量大的液体（30 ~ 60mL）。当要皮下注射大剂量药物时，应使用软的给药装置，例如连接针头和注射器的液体延长装置，可减少针头刺入引起的不适。

2. 轻轻地将动物站立、坐式或俯卧保定，大多数犬和猫对皮下注射有很好的忍耐力，所以只需最小限度的保定。

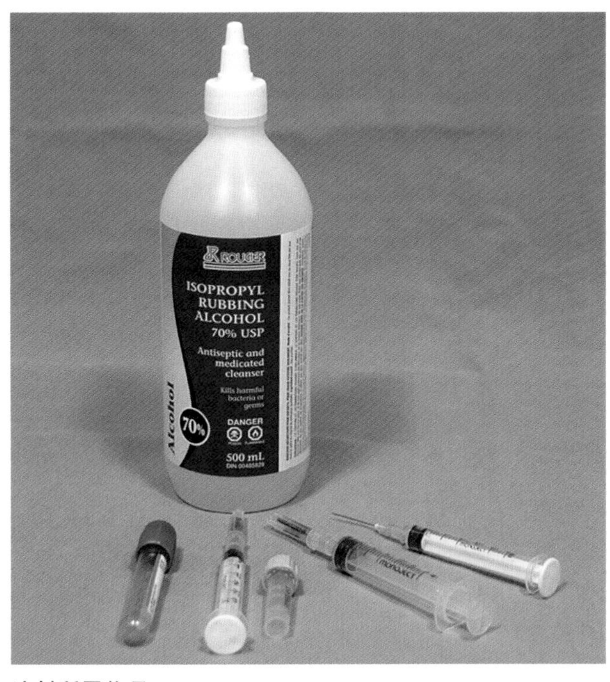

注射所需物品。

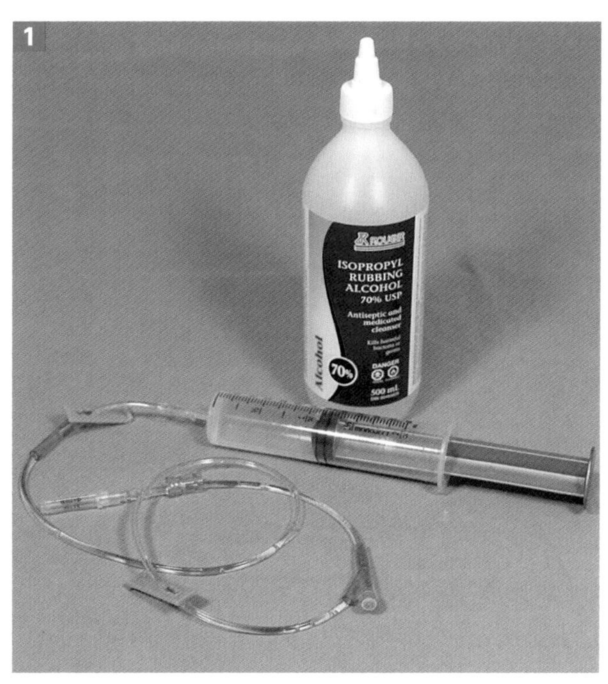

用于皮下注射大量液体的软的给药装置。

3. 提起动物颈部或背部的皮肤，垂直刺入皮褶进入皮下组织。针头应易于通过。如果有阻力，应重新调整针尖的位置，因为它很有可能在真皮内或肌肉内。

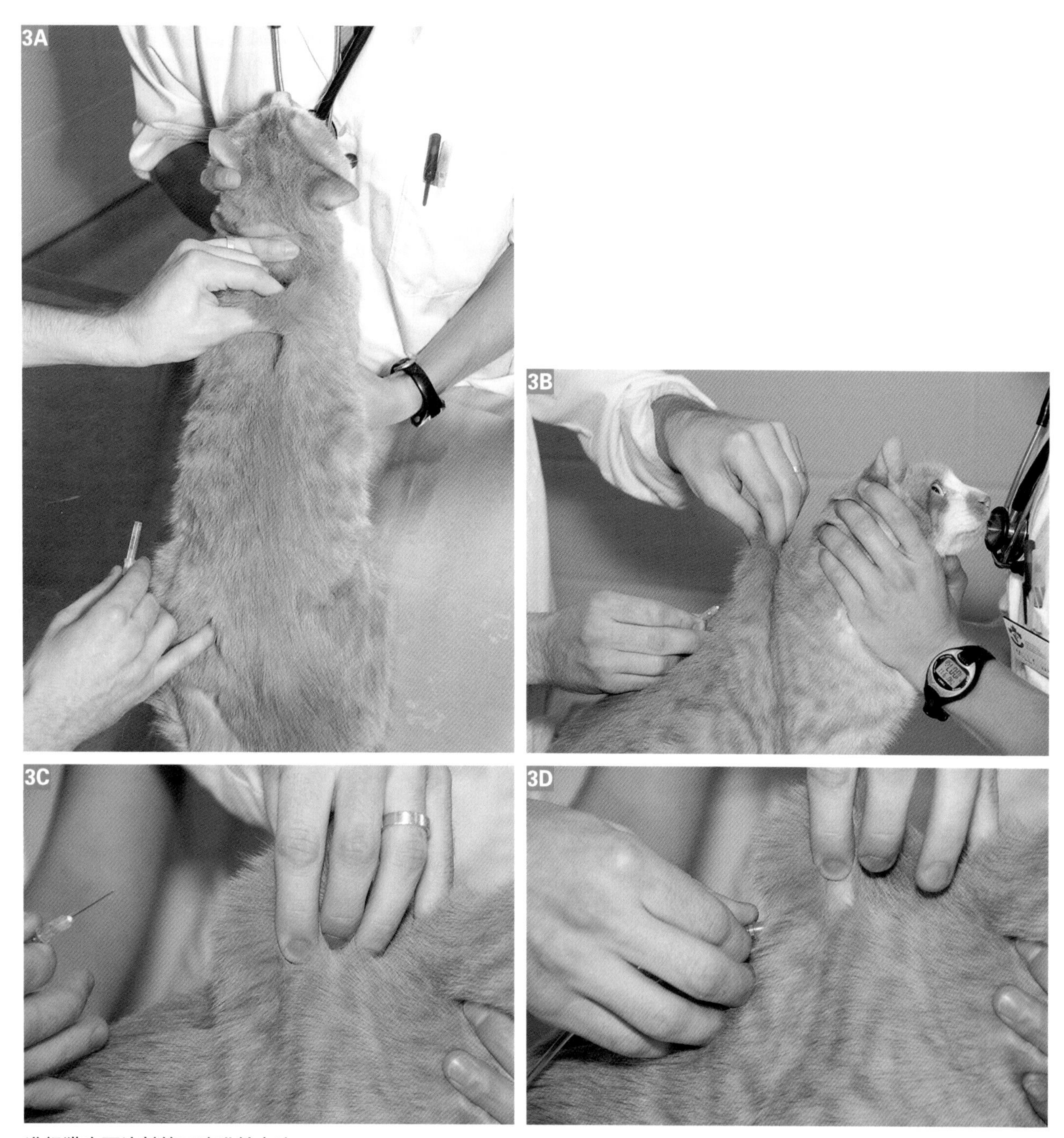

进行猫皮下注射的正确进针方法。

4. 放开皮褶使其回位。这能确认针尖没有穿透两侧的皮肤。

5. 针头刺入后将注射器的活塞回抽形成负压，如果抽出血液，应将针头和注射器拔出，另选部位重新刺入。

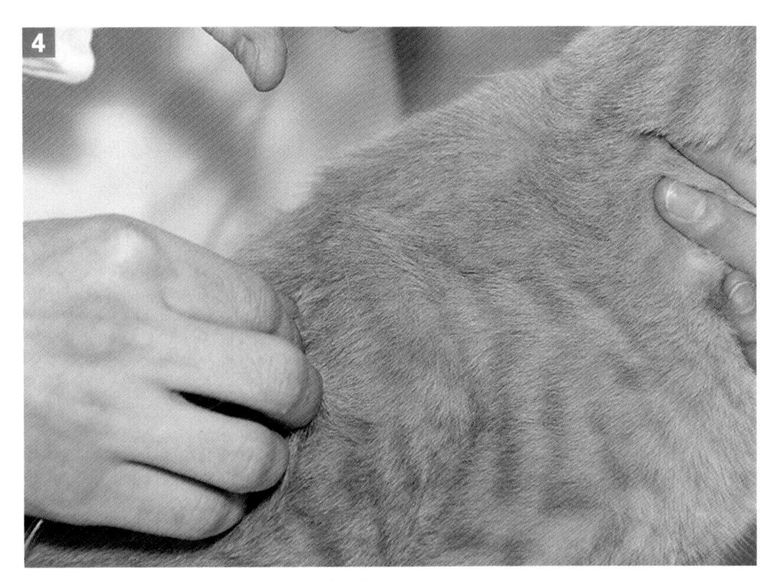

针头刺入后松开皮褶，确认注射在皮下。

6. 形成负压时如果没有抽出血液，可进行皮下注射。
7. 注射完毕后，拔出针头，轻轻按摩注射部位，使液体分散。

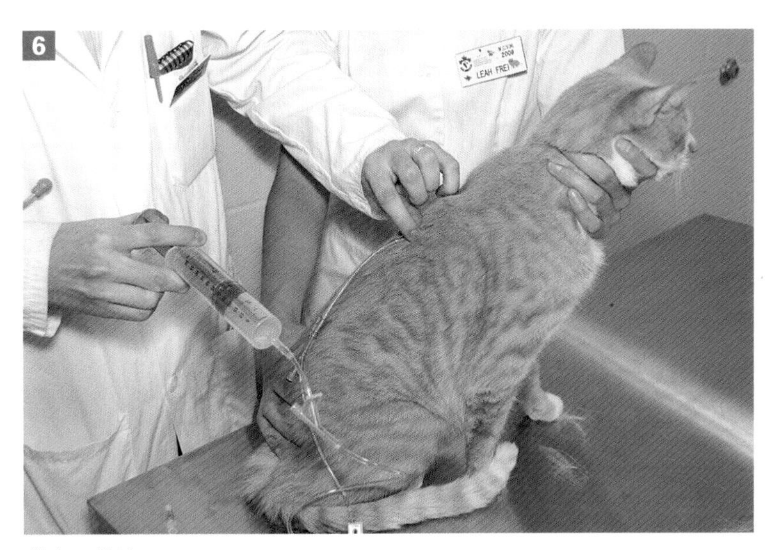

猫皮下输液。

第4章

皮肤检查技术

（Dermatologic Techniques）

操作 4-1 皮肤刮片

[目的]

为了确认皮肤上或皮肤内的螨虫。

[适应证]

出现脱毛、皮屑或瘙痒的犬或猫。

[禁忌证和注意事项]

1. 无禁忌证。

2. 皮肤刮片对于蠕形螨的诊断是一项很有效的检查，但却对其他螨虫不敏感。所以多次进行采样及评估很重要。

[体位和保定]

对动物进行充分的保定，使其不动。

[局部解剖]

1. 最理想的刮片部位由所要查找的螨虫决定。

2. 疥螨常见于身体受压的部位，如跗关节、肘关节，也见于耳缘。大多数感染犬表现出极度瘙痒。

2A 疥螨的多发部位。

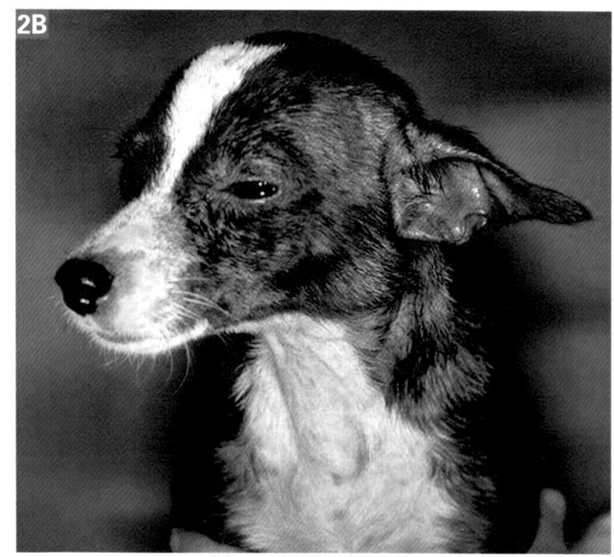

2B 犬的疥螨感染，表现为脱毛、红斑和表皮脱落。（Dr. Catherine Outerbridge惠赠，University of California-Davis）

3. 犬局灶性蠕形螨感染常见于面部或爪部，而全身性感染则可能见于任何部位。蠕形螨经常深入毛囊内，因此在刮片检查前应挤压皮肤。

蠕形螨的多发部位图示。

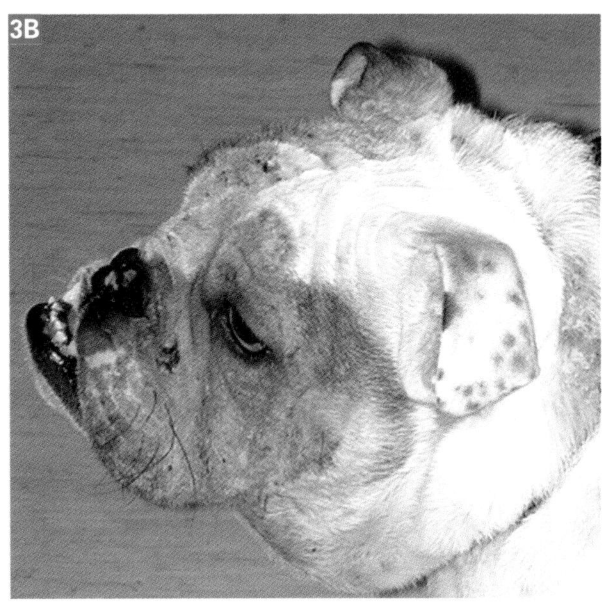

一只年轻斗牛犬蠕形螨感染，表现为面部红斑、皮屑和结痂。
（Dr. Catherine Outerbridge惠赠，University of California-Davis）

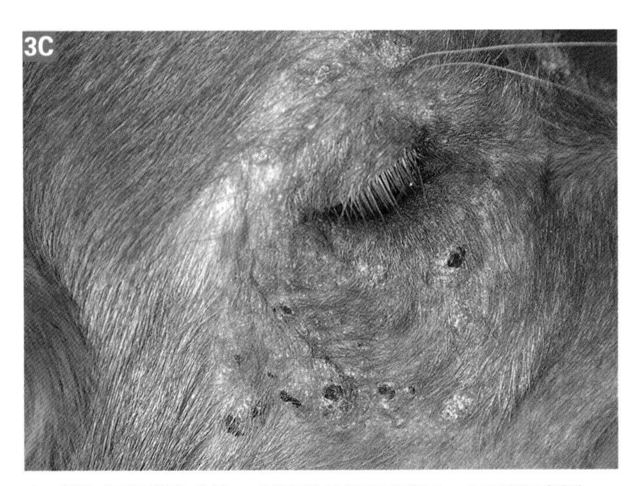

金毛猎犬蠕形螨感染，表现为眼周围脱毛、红斑和皮屑。
（Dr. Catherine Outerbridge惠赠，University of California-Davis）

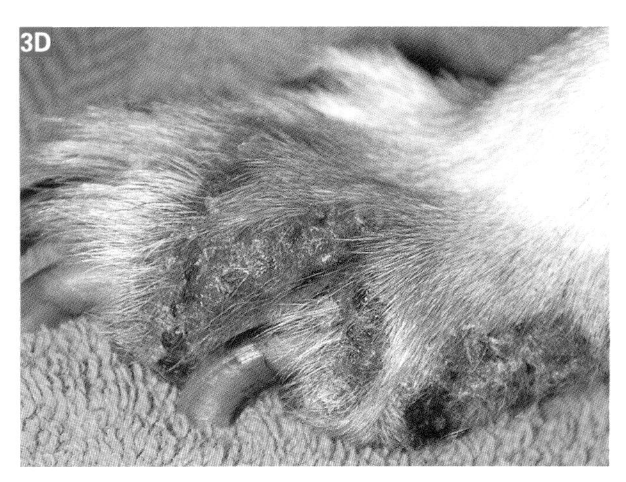

犬蠕形螨爪部皮炎。
（Dr. Catherine Outerbridge惠赠，University of California-Davis）

[物品]

- 清洁的载玻片。
- 盖玻片。
- 矿物油或甘油。
- 手术刀片（使用钝的刀尾或在使用前使刀刃变钝）。
- 显微镜：使用低倍物镜（40×）。
- 剪刀：剪掉刮片区的长毛。

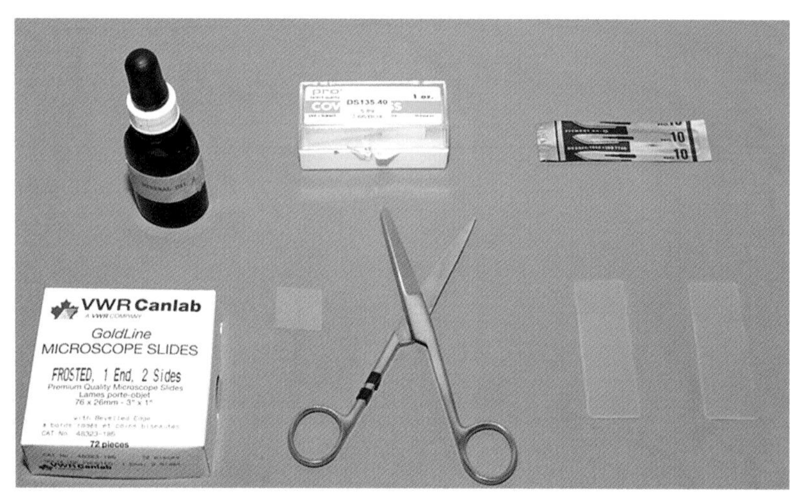

进行皮肤刮片所需的物品。

[操作方法]

1. 在刮片之前剪掉刮片部位周围的长毛。
2. 将手术刀片钝的一头浸入矿物油中。
3. 如果怀疑存在蠕形螨，在刮片前挤压皮肤。
4. 用手术刀刮皮肤，直至出现血清渗出液或毛细血管渗血为止。

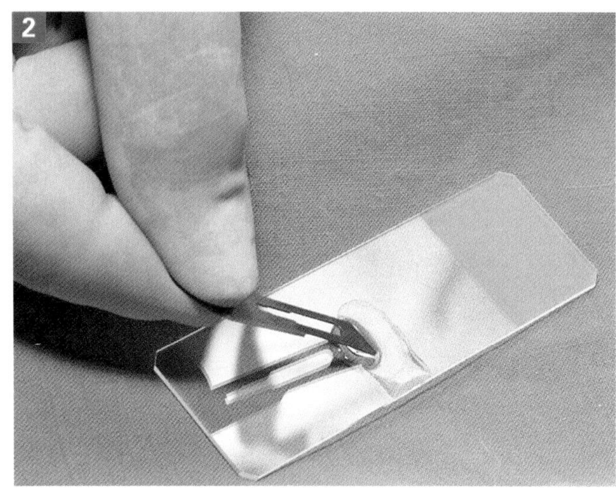

将手术刀钝的一头浸入矿物油中。

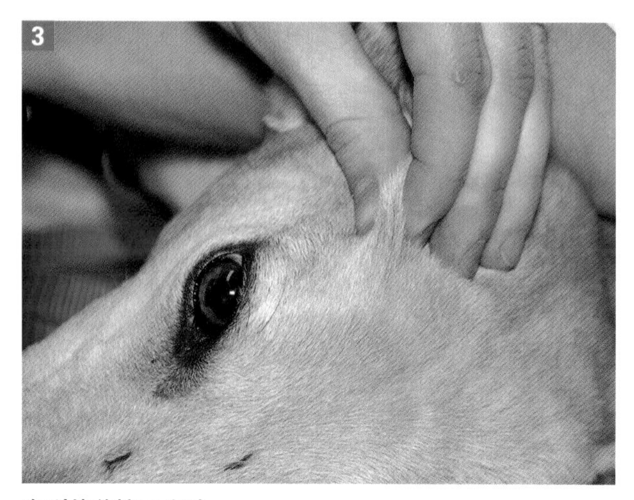

在刮片前挤压皮肤。

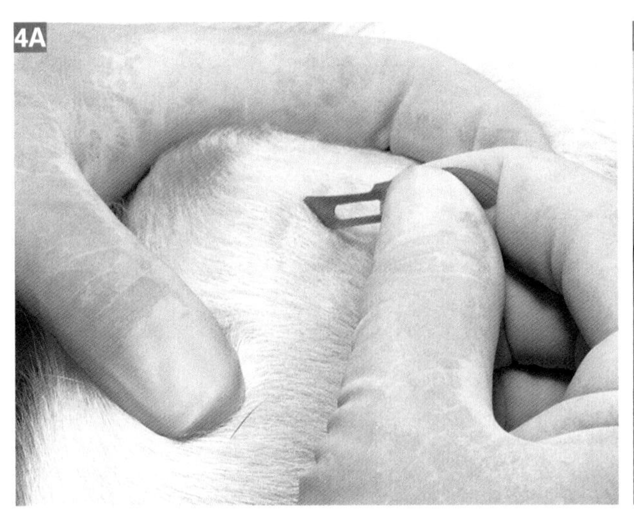

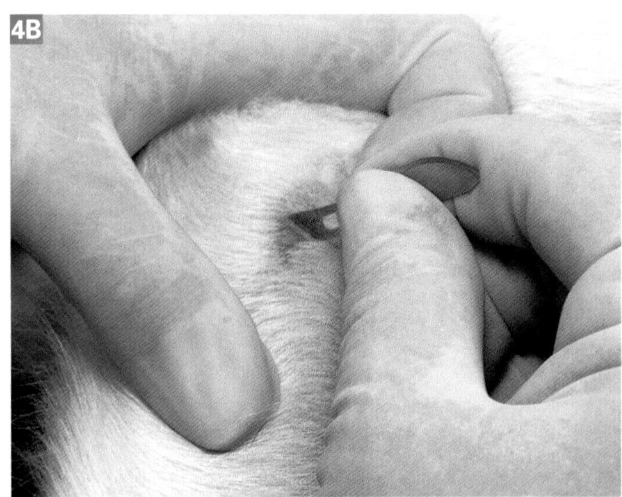

对皮肤进行刮片，直至出现血清渗出液或毛细血管渗血。

5. 将刮取的样本涂到载玻片上的矿物油中。盖上盖玻片并用显微镜进行检查。

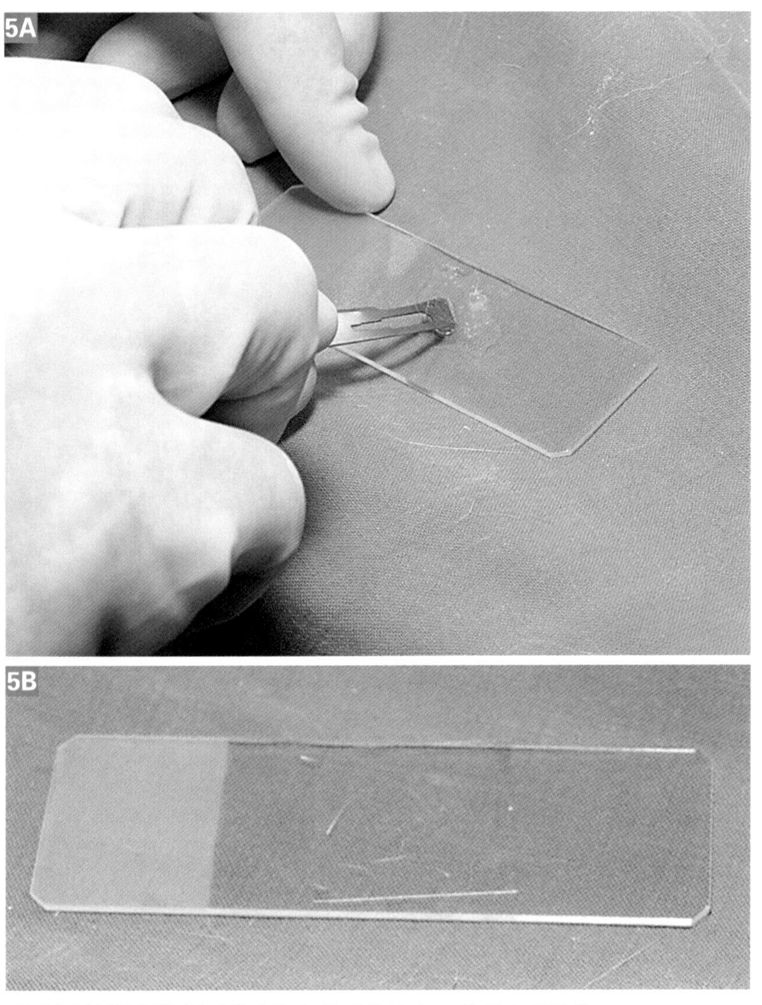

将刮取的样本涂布到载玻片上的矿物油中，并盖上盖玻片。

[结果]

1. 由于刮片检查很难检查到疥螨，所以应至少进行10次刮片。其他检测疥螨的方法包括吸尘器抽吸检查，偶尔需要进行皮肤活检。

2. 蠕形螨相对容易检测到，因此5～6次的刮片通常足够。谨记事先挤压皮肤。虽然在健康犬偶尔也能见到蠕形螨，但只要见到大量的虫体或虫体的各个阶段（幼虫、若虫和成虫），即可确诊为蠕形螨感染。

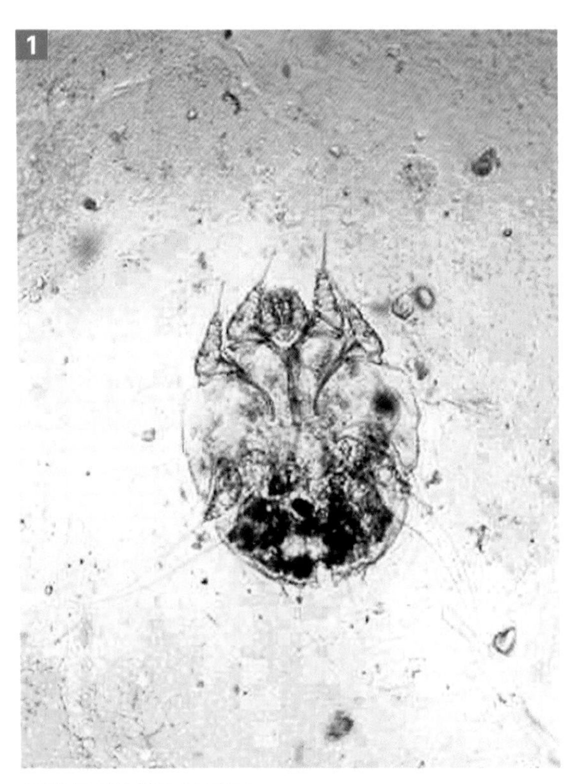

疥螨在显微镜下的形态。
（Dr. Klaas Post惠赠，University of Saskatchewan）

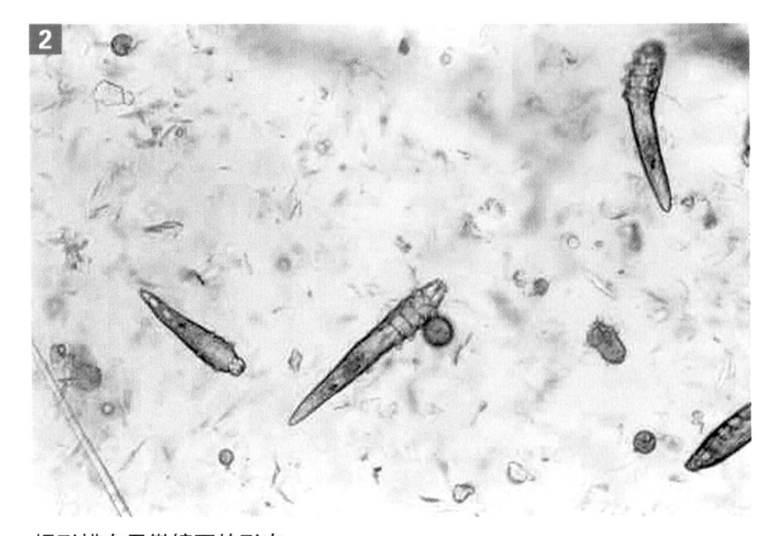

蠕形螨在显微镜下的形态。
（Dr. Klaas Post惠赠，University of Saskatchewan）

操作 4-2　透明胶带法

[目的]

为了收集寄生虫、被毛与皮肤表面的碎屑，以进行显微镜检查。

[适应证]

1. 有全身性瘙痒的动物，尤其是在被毛中或皮肤表面有可见的碎屑时。

2. 对姬螯螨、跳蚤幼虫及虱子的检查尤其有效。

3. 如果在进行显微镜检查前，对胶带进行Diff-Quick染色，也可用于皮肤马拉色菌（酵母菌）的检查。

[禁忌证和注意事项]

无。

[体位和保定]

对动物进行充分的保定，使其不动。

[物品]

- 清洁的载玻片。
- 矿物油。
- 清洁的醋酸盐透明胶带（3M产品，编号：602）。
- 显微镜。

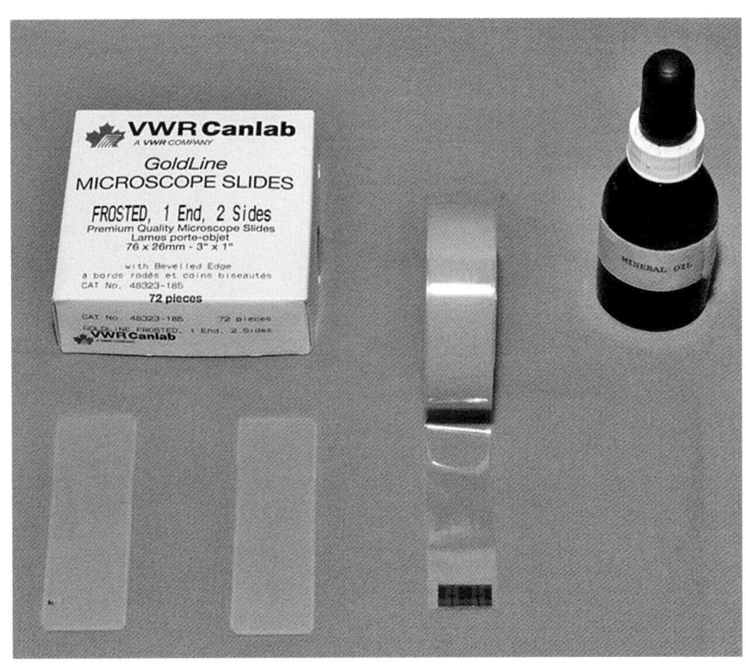

进行透明胶带粘贴检查时所需物品。

[操作方法]

1. 撕下2.5 ~ 5cm长的胶带。

2. 分开被毛，将胶带的黏面粘贴在被毛与皮肤上，收集碎屑。

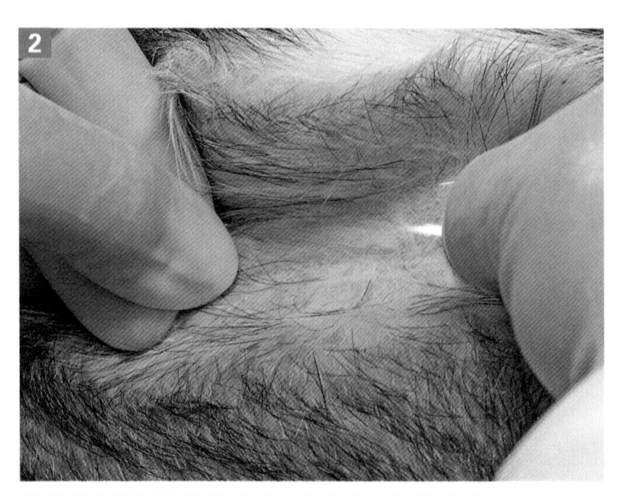

使胶带的黏面粘贴在被毛与皮肤上，收集碎屑。

3. 胶带可以黏面朝下直接粘贴在载玻片上或粘贴在滴有矿物油的载玻片上，以使活姬螯螨的可见度最大。

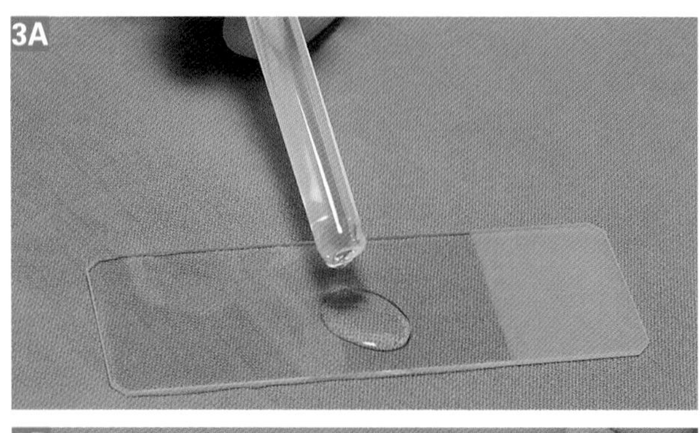

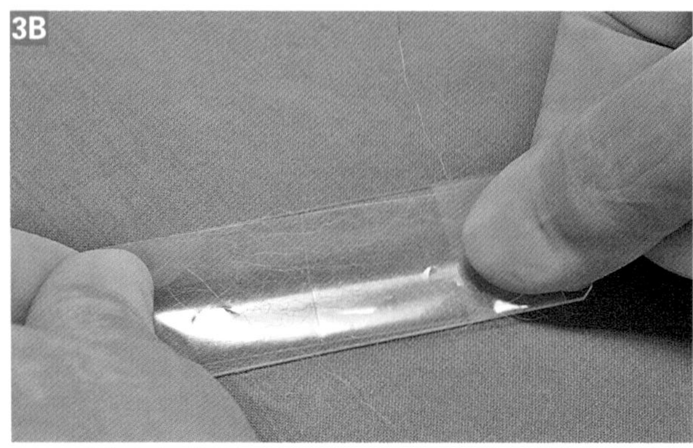

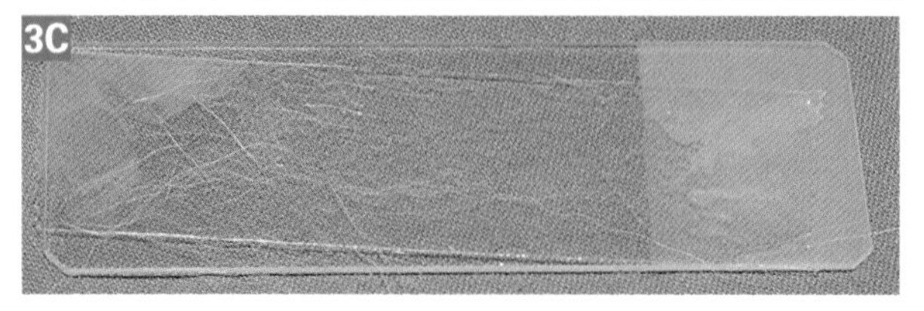

将胶带黏面朝下粘贴在滴有矿物油的载玻片上。

4. 在检查酵母菌时，在载玻片上滴1滴嗜碱性Diff-Quick染液（第三瓶染液），然后将胶带按压粘贴在载玻片上。

5. 将载玻片放在显微镜下进行检查。

[结果]

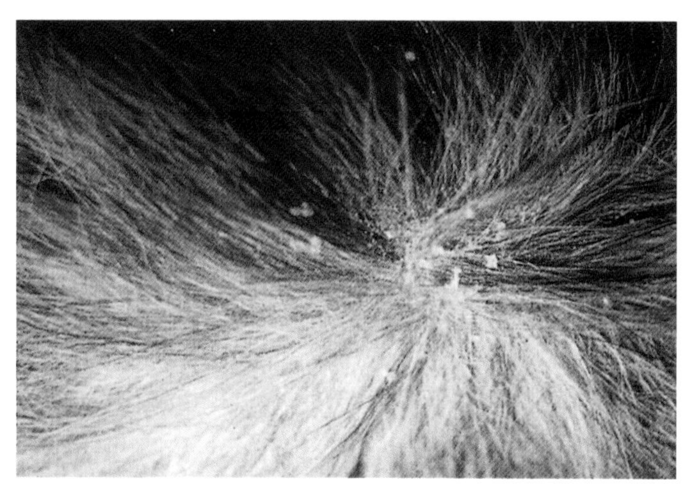

幼犬姬螯螨感染，表现为皮屑和瘙痒。
（Dr. Klaas Post惠赠，University of Saskatchewan）

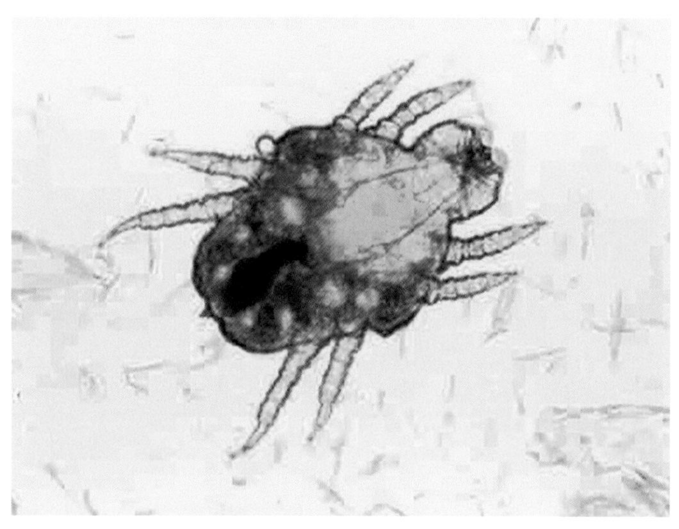

透明胶带制片显微镜检查见牙氏姬螯螨。
（Dr. Klaas Post惠赠，University of Saskatchewan）

操作 4-3 吸尘器抽吸检查

[目的]

为了收集被毛和皮肤表面的寄生虫和碎屑，以进行显微镜检查。

[适应证]

1. 出现全身性瘙痒的动物，尤其是那些被毛中或皮肤表面有可见碎屑的动物。

2. 对姬螯螨、跳蚤幼虫及虱子的检查尤其有效。

[禁忌证和注意事项]

无。

[体位和保定]

对动物进行充分的保定，使其不动。多数动物会对抽吸时的噪音有反应，因此必须谨慎地进行保定。

[物品]

- 吸尘器。
- 吸尘器接头。
- 牛奶机过滤纸。

[操作方法]

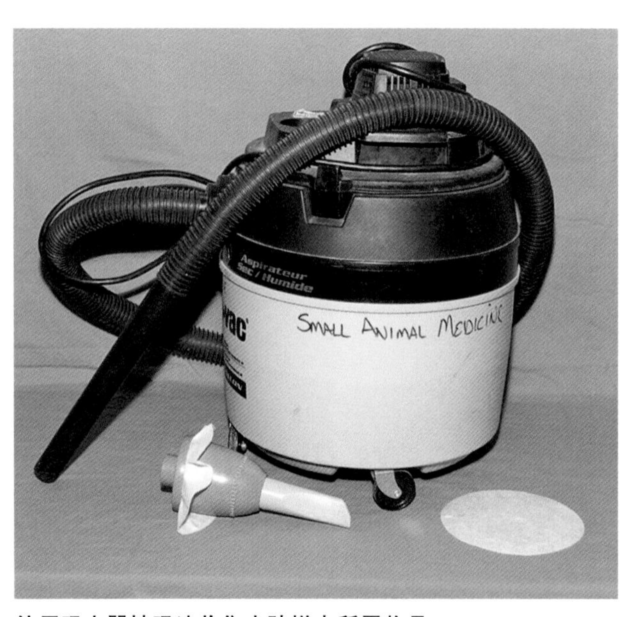

使用吸尘器抽吸法收集皮肤样本所需物品。

1. 将滤纸放在吸尘器与接头的接口处。

2. 保定动物。

3. 打开吸尘器。

4. 抽吸身体各个部位的被毛，尤其是能见到碎屑的区域。

5. 打开吸尘器与接头的接口，检查在滤纸上收集的碎屑。

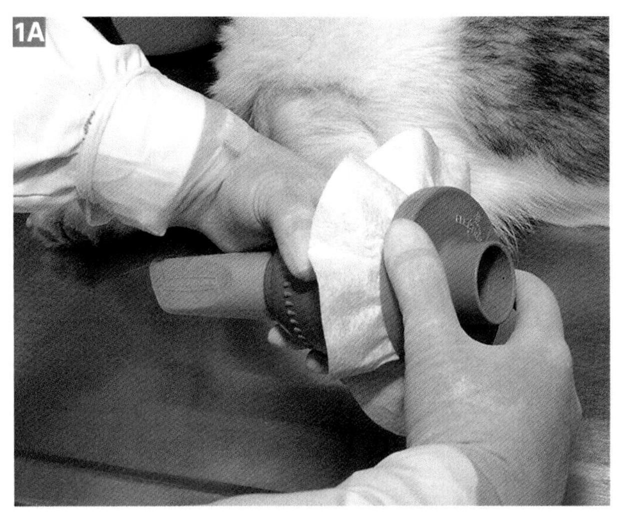

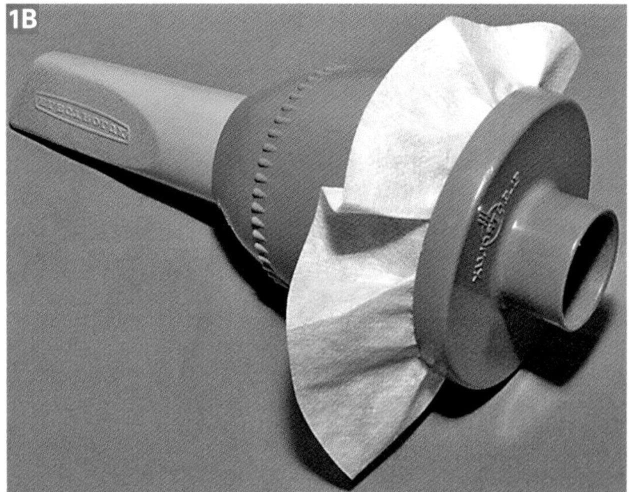

将滤纸放在接口处。

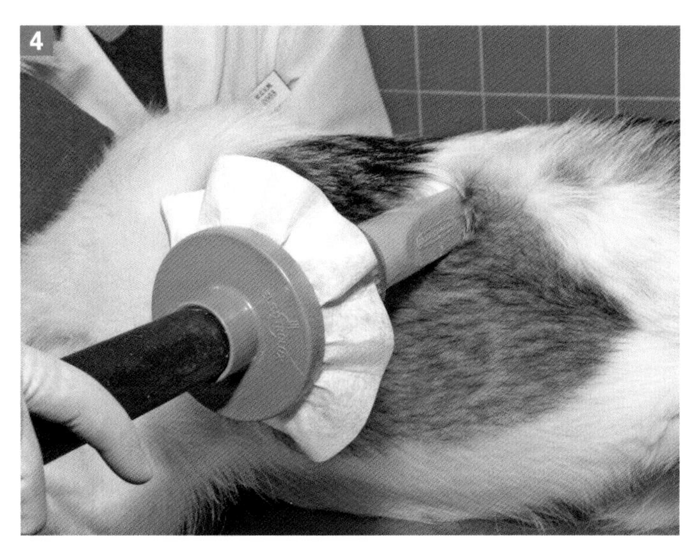

抽吸身体各个部位的被毛。

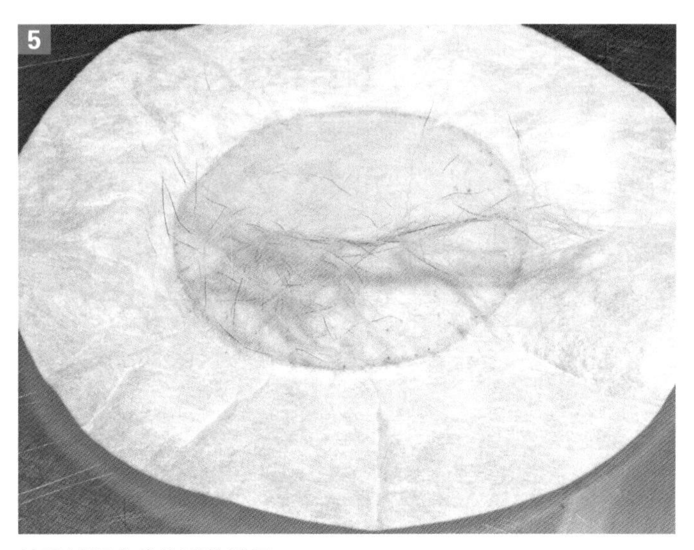

抽吸过程中收集到的碎屑。

[结果]

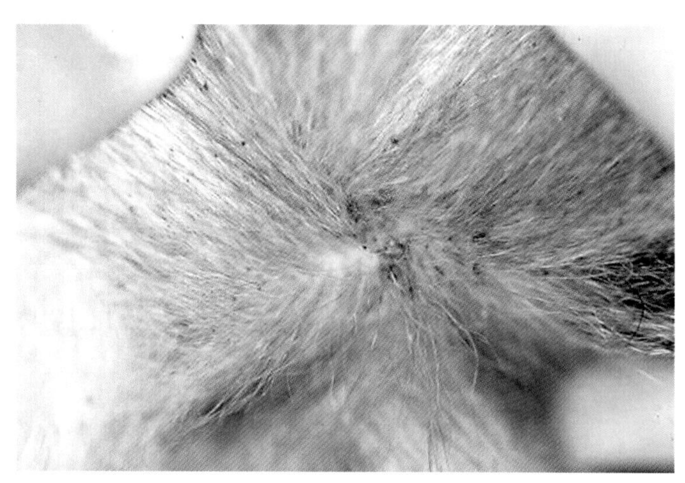

猫被毛中的黑色碎屑，提示为跳蚤粪便。

将通过吸尘器收集的样本放在白纸上，滴几滴水。血液会从碎屑中散出，可确认黑色颗粒为跳蚤粪便。

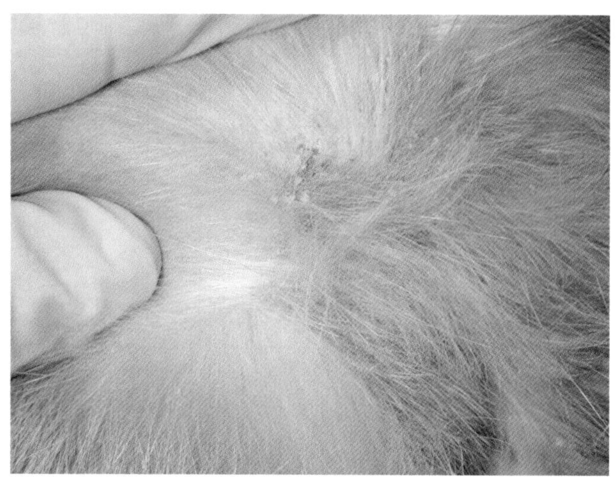

兔子的姬螯螨病。通过显微镜检查吸尘器抽吸收集的样本最易确认寄食姬螯螨。

（Dr. Catherine Outerbridge惠赠，University of California-Davis）

操作 4–4　皮肤脓疱的细菌培养

[目的]

收集脓疱的内容物，进行细胞学检查和病原菌培养。

[适应证]

1. 反复发作或使用抗生素后仍持续存在细菌性脓皮病的动物。
2. 为使细菌培养结果最可信，在之前的48h内不应使用抗生素。
3. 幼犬下颌的脓疱。

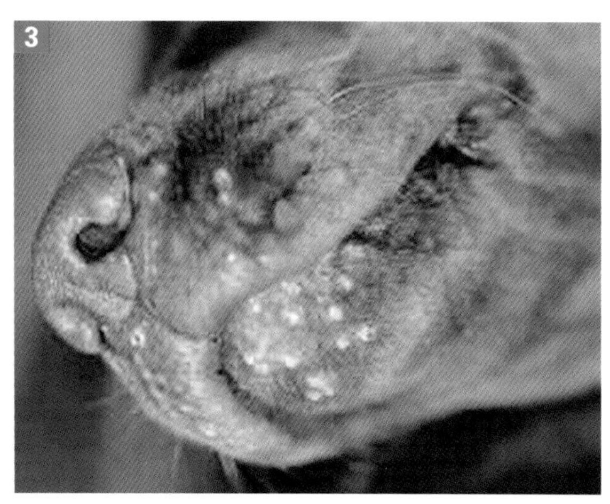

巧克力色拉布拉多幼犬下颌的大量脓疱，伴有幼年型蜂窝织炎（幼犬腺疫）。

[禁忌证和注意事项]

在犬和猫，完整的脓疱易破裂，因此应小心进行操作以获得最有效的样本。

[体位和保定]

对动物进行充分保定，使其不动。

[物品]

- 电推子或剪刀。
- 酒精。
- 22G针头。
- 棉签拭子。

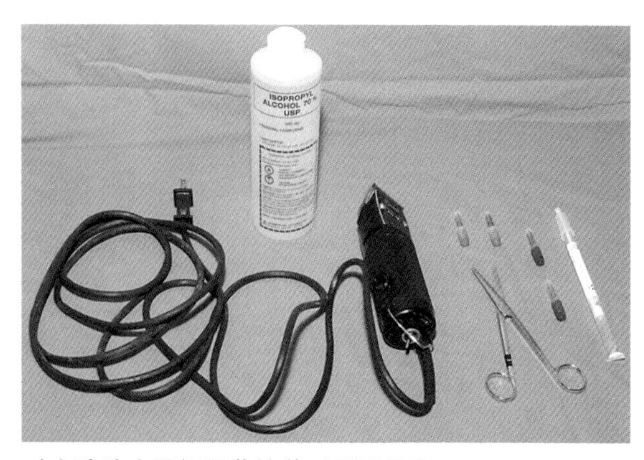

对皮肤脓疱进行细菌培养时所需物品。

[操作方法]

1. 确认脓疱。

2. 仔细地将脓疱周围的长毛剃掉，确保不碰到或弄破脓疱。

3. 用70%酒精对剃毛区域及脓疱周围皮肤进行消毒以清除污物。等待消毒区域自然风干，以免采样时混入酒精而抑制细菌的生长。

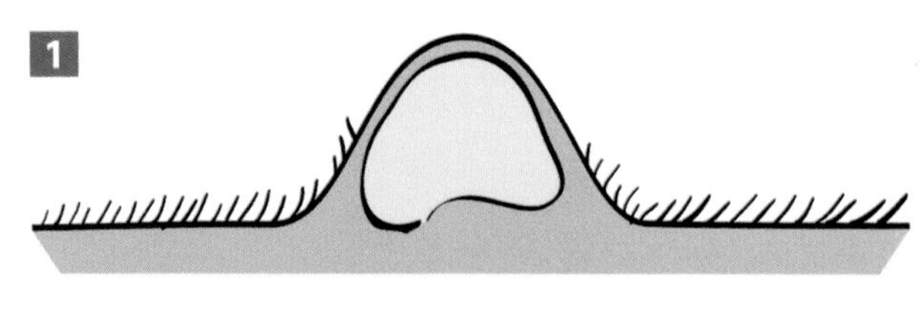

确让脓疱。

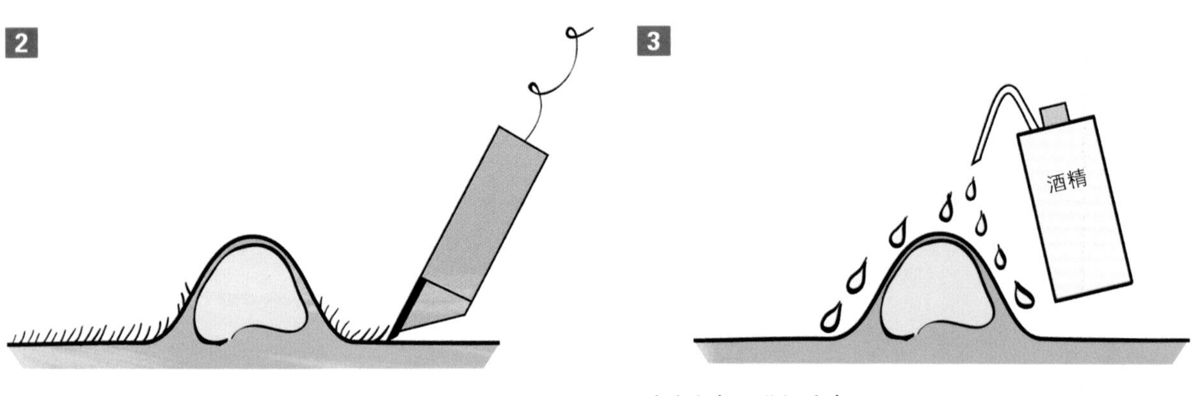

仔细剃掉脓疱周围的长毛。

对脓疱表面进行消毒。

4. 用22或25G灭菌针头穿刺脓疱，然后用灭菌棉签拭子收集脓汁。

5. 将样本移到合适的培养基中。如果样本足够多，用另一个棉签拭子再次收集，制作抹片进行细胞学检查。

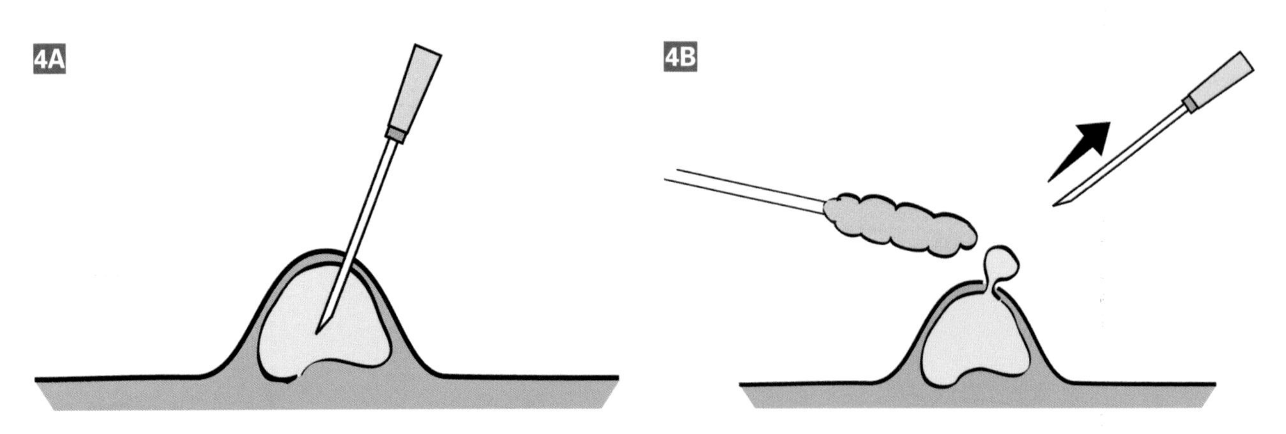

穿刺脓疱并收集脓汁。

操作 4-5 皮肤活组织检查

[目的]

为了收集皮肤样本，以进行组织病理学检查。

[适应证]

1. 适用于怀疑皮肤肿瘤的病例。小的病变可以全部切除，对于大的病变、需要特殊手术或辅助治疗的病变，需要进行切开式活组织检查以进行诊断。

2. 适用于对假定的诊断进行了合理的治疗之后未见改善的皮肤疾病（如：细菌性脓皮病），即之前的诊断不确定。

3. 怀疑为免疫介导性皮肤疾病。

4. 只有组织病理学检查才能确诊的皮肤疾病，如毛囊发育不良和皮脂腺炎。

5. 一旦寄生虫性疾病被排除，皮肤活组织检查有助于区分因吸入环境过敏原所致的瘙痒（非特异性变化）与食物过敏所引起的皮肤疾病（嗜酸性变化）。

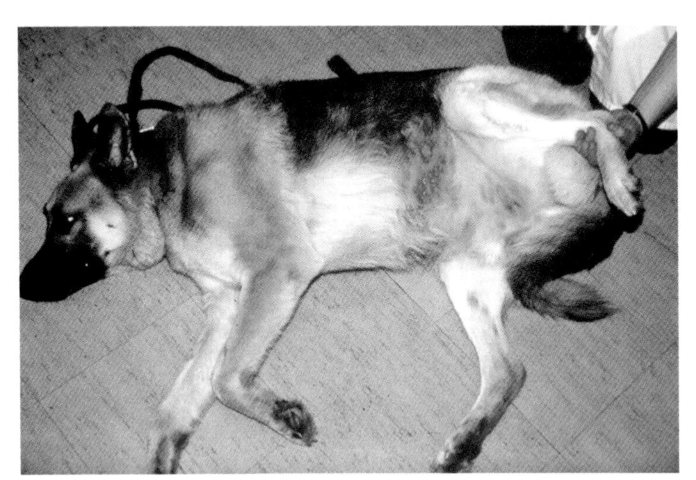

一只5岁杂种牧羊犬腹部表现为多处疼痛、溃疡性病变。皮肤活组织检查诊断为系统性红斑狼疮。

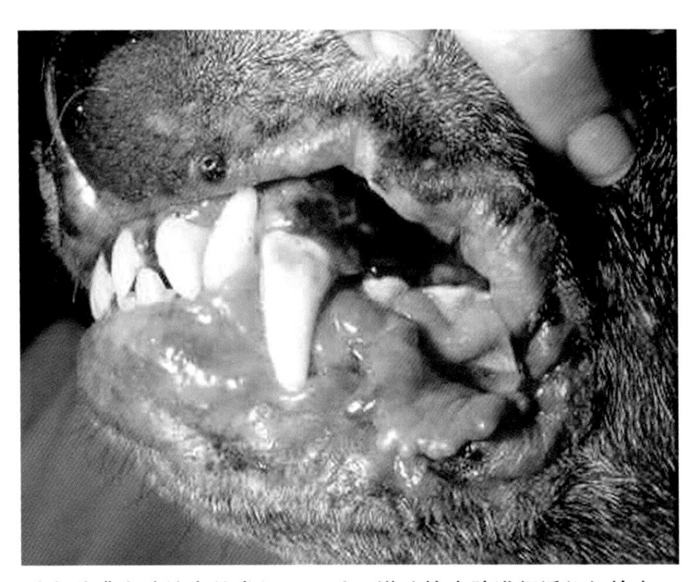

对犬黏膜皮肤结合处发红、无毛、增殖的皮肤进行活组织检查，诊断为皮肤淋巴瘤。

[禁忌证和注意事项]

1. 进行钻取活检时，避免以病变边缘为中心取样，因为这样的结果包括50%的病变皮肤和50%相邻的正常皮肤。在处理组织时存在一定的病变组织丢失或遗漏的风险。

2. 如果可能，对病变皮肤进行多次活组织检查。应对新出现的、有活性的病变组织及慢性病变组织进行采样。同样也要对正常皮肤进行采样，并都贴上相应的标签。

[体位和保定]

1. 对动物进行充分保定，使其不动。

2. 如果进行局部麻醉，活组织检查不是一项疼痛的操作。将利多卡因阻断液（2%的利多卡因与8.4%的碳酸氢钠9：1混合）注射到病变周围的皮下进行镇痛。添加的碳酸氢钠可减轻注射时的疼痛，增强局部镇痛作用。

[局部解剖]

1. 选择合适的活组织检查部位。与单纯在一个病变区域进行活检相比，对大范围的病变进行组织病理学检查会提供更多的信息。

2. 进行钻取活检时，应避免样本边缘有明显正常的皮肤，因为这可能会导致病理学家遗漏病变皮肤。应在可见的病变区域中心进行活组织检查。

3. 单独对外观正常的皮肤进行取样检查可能会有帮助，但要对样本做好标记。

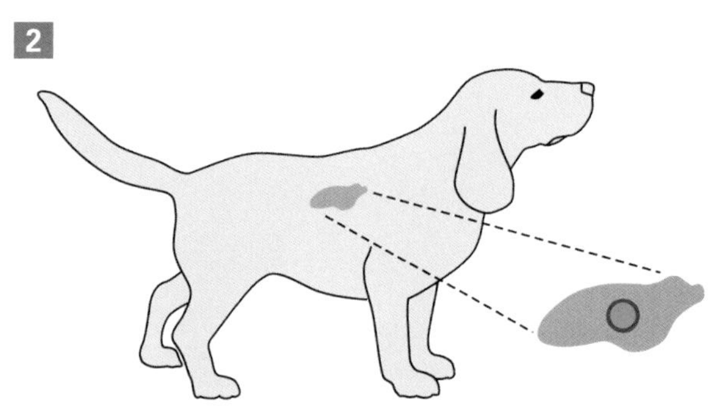

在异常组织中央进行钻取活检，避免所取样本的边缘包含明显正常的皮肤。

4. 钻取活检（4～6mm）对许多病变已足够使用。活组织取样范围尽可能小，以避免取到正常组织。

5. 使用手术刀进行切除式活组织检查适用于大的病变的切除、对深层组织进行活组织检查（深至皮下组织），以及对囊疱、大疱、脓疱进行活组织检查，因为钻取活检会破坏这些病变。

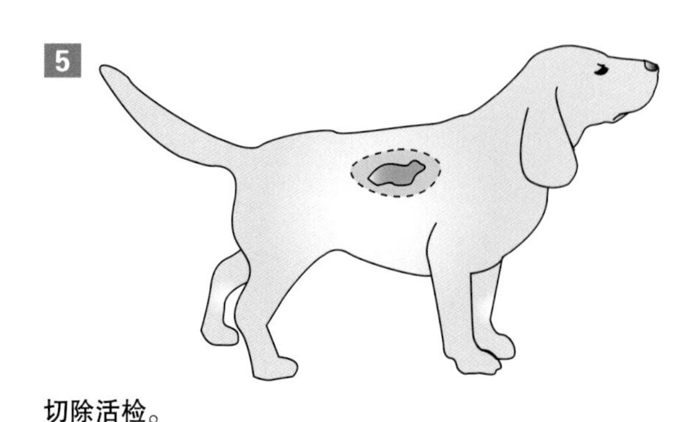

切除活检。

[物品]

- 用于长毛动物的剪刀。
- 局部麻醉剂，3mL注射器、利多卡因阻断液（2%利多卡因与8.4%碳酸氢钠9：1混合）。
- 手套。
- 4mm或6mm的皮肤活检钻。
- 手术刀片。
- 敷料海绵。
- 细齿止血钳。
- 25G针头。
- 装有10%福尔马林的容器。
- 持针器。
- 不可吸收缝线。

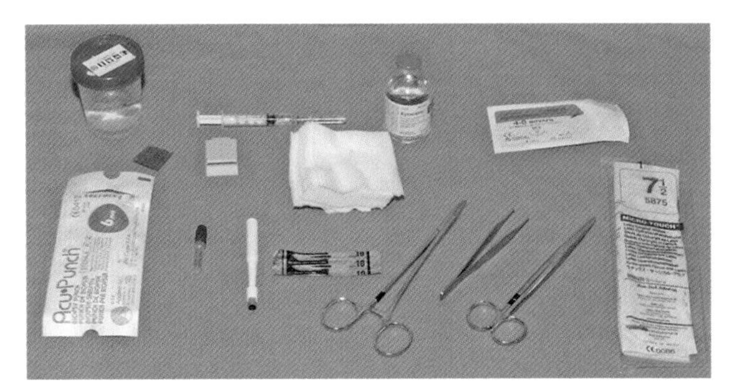

皮肤钻取活检所需物品。

[操作方法]

1. 选择合适的活组织检查部位。避开继发性创伤引起的病变。
2. 至少进行4次病变部位和1次外观正常皮肤（做好标记）的活组织检查，这点很重要。
3. 用剪刀将取样部位周围的长毛剪掉，谨慎操作，以免损伤将要进行活组织检查的部位。

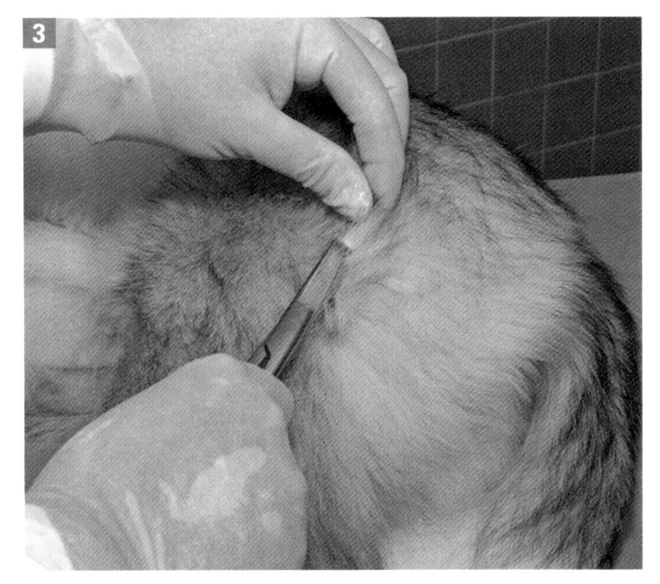

剪掉活组织检查部位周围的长毛。

4. 使用利多卡因阻断液对将要进行活组织检查的区域实施线性阻断——避免直接将利多卡因注射到活组织检查部位的下方，因为这能导致看似皮下组织水肿的组织发生病理学变化。

A. 插入针头，一边后退针头一边注射利多卡因，对针头经过的地方进行线性阻断。

B. 接下来，注射进针方向与之前的注射线垂直，一边后退针头一边注射利多卡因。

C. 重复上述操作，直至要检查区域周围的皮肤都被阻断。

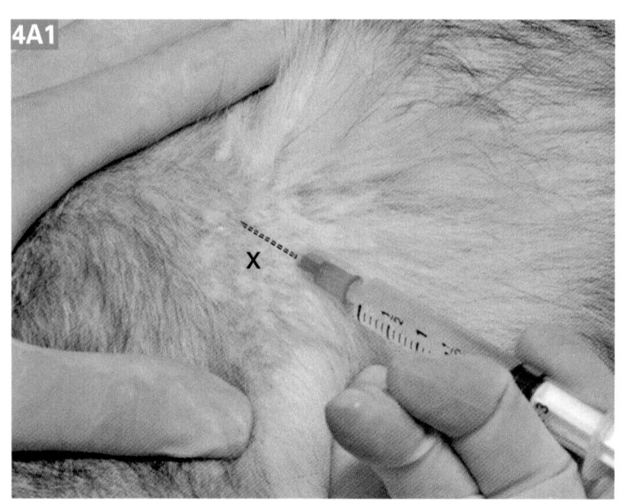

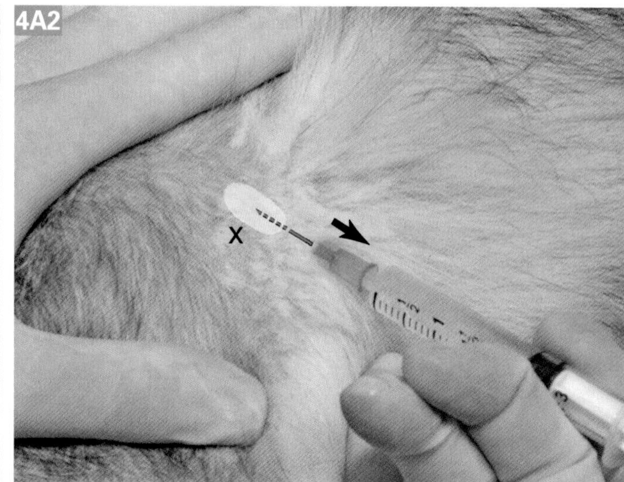

插入针头，一边后退针头一边注射利多卡因。

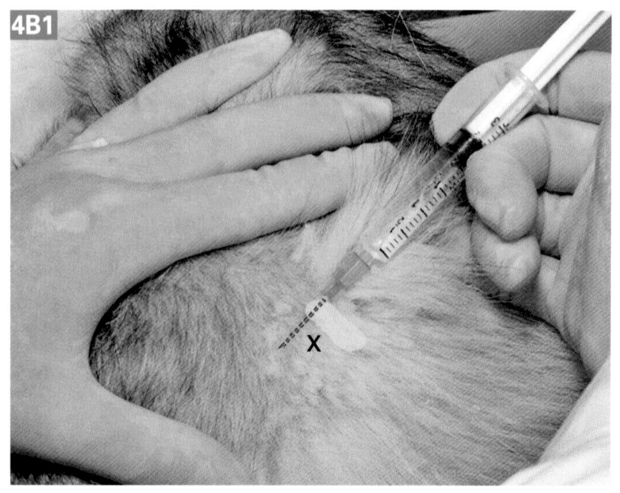

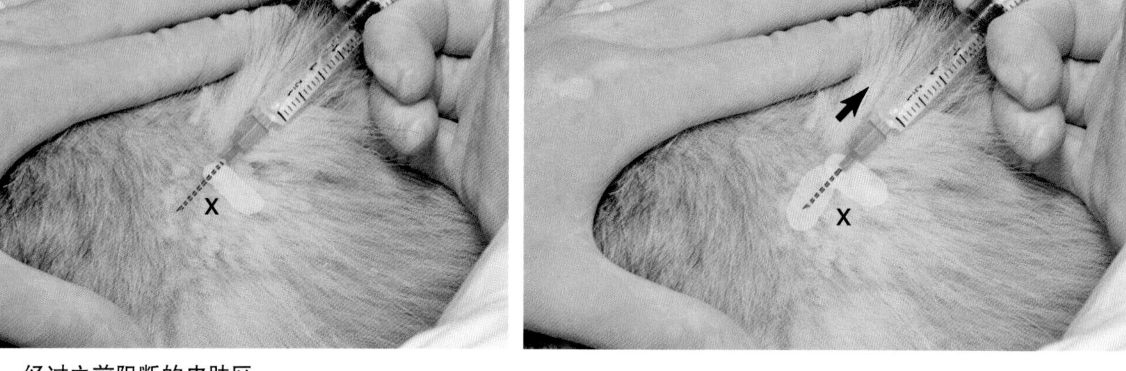

插入针头，经过之前阻断的皮肤区。

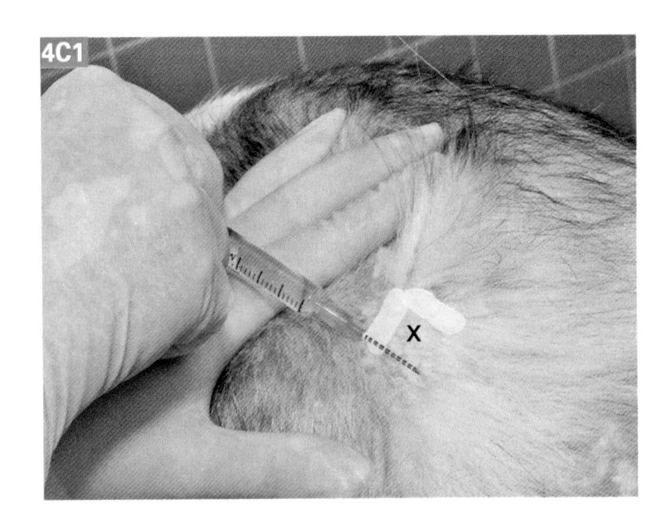
4C1
X

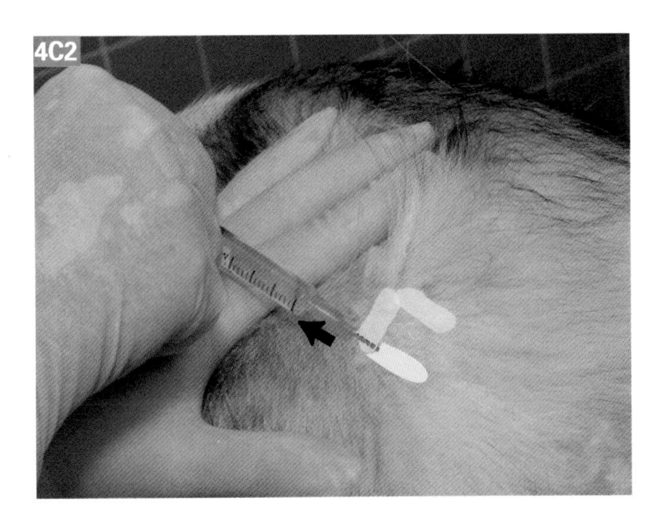
4C2

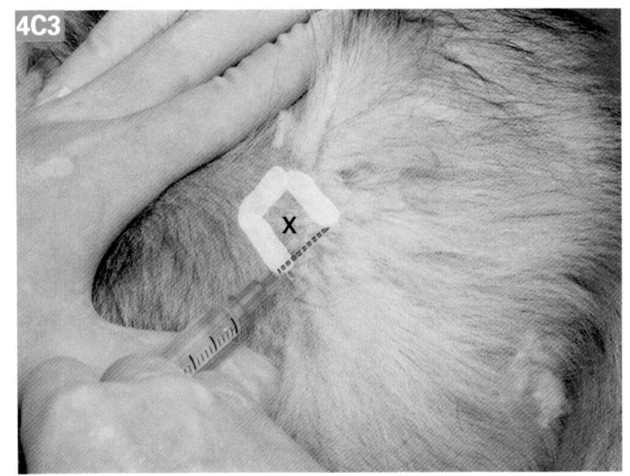
4C3
X

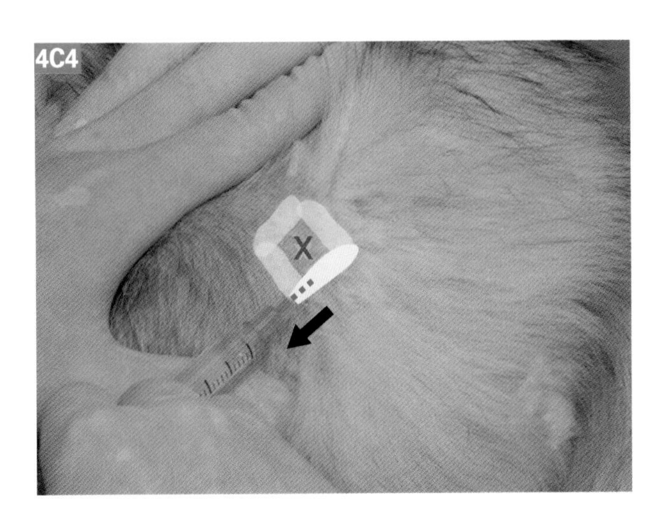
4C4
X

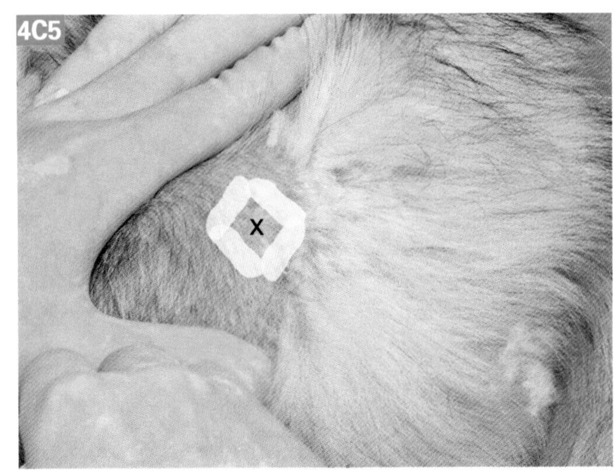
4C5
X

5. 戴手套，如果要进行组织病理学评估，对皮肤不应进行任何处理。

6. 在预选的部位用力按压下环钻，同时向同一方向旋转，直至穿透整个皮肤。

7. 用镊子或针头从下方夹住活检组织，如果有必要，用手术刀切断皮下组织。

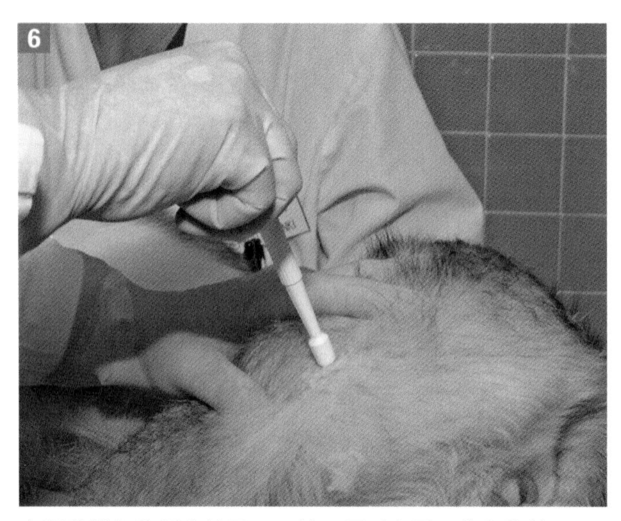

在预选的部位用力按压下环钻，同时向同一方向旋转。

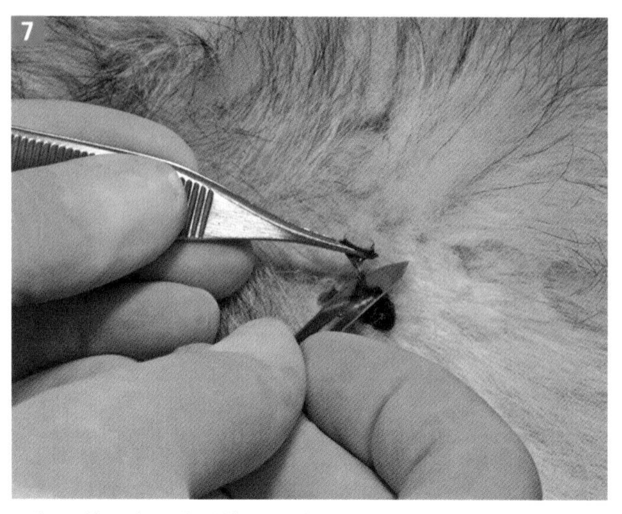

用镊子从下方固定活检组织并切断相连的皮下组织。

8. 将活检组织放在一个盒子里的纸上或者压舌板上，以维持合适的形态（皮下组织一面在下），之后将其放入福尔马林中。

9. 用敷料海绵用力按压活检部位以减少出血。

10. 用不可吸收缝线以十字缝合法缝合活检部位。

将活检组织放在一个盒子里的纸上以维持合适的形态，之后浸泡在福尔马林中。

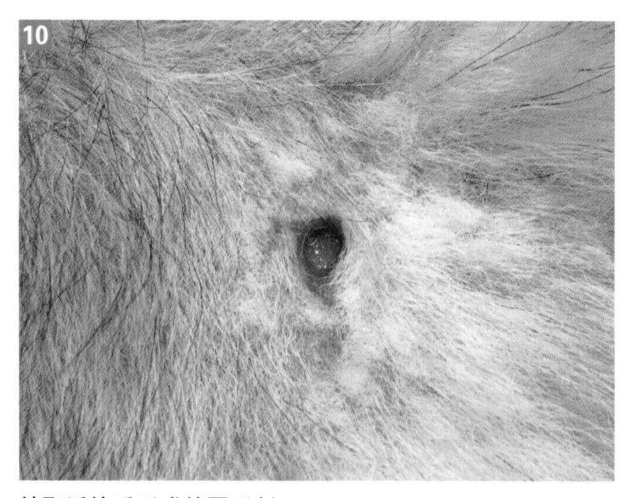

钻取活检后形成的圆形创口。

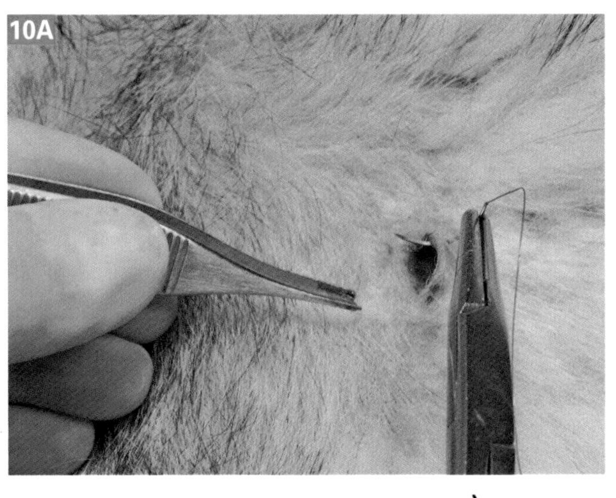

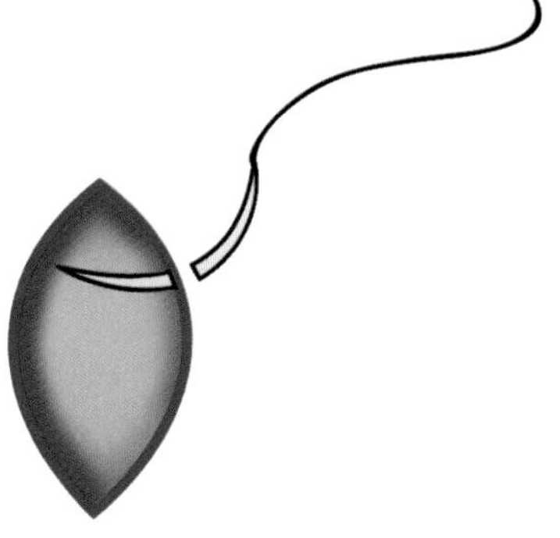

在创缘一侧距创口顶端约1/3处进针穿透皮肤及皮下组织。

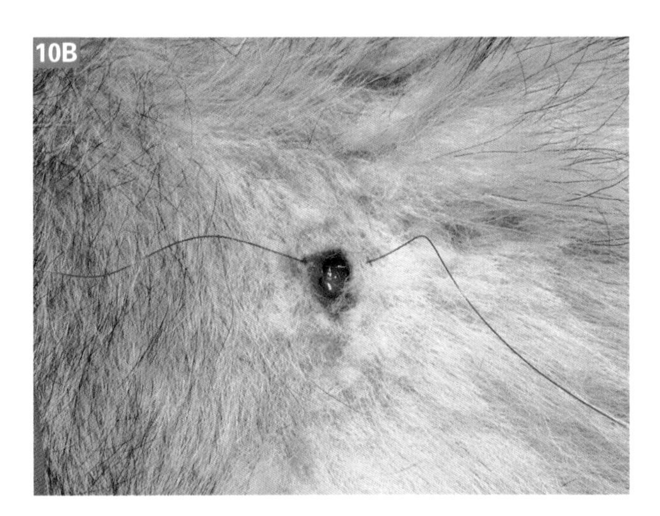

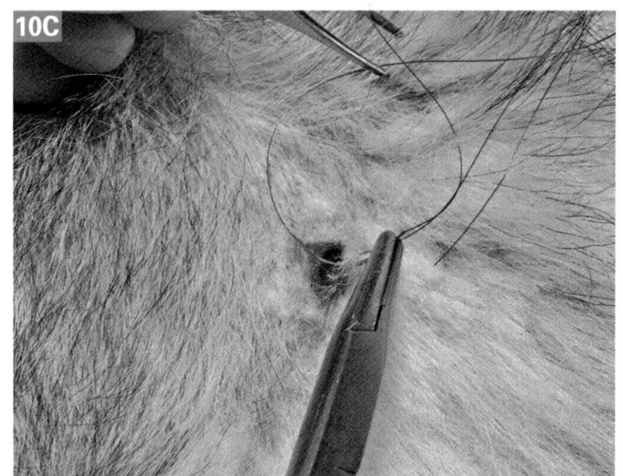

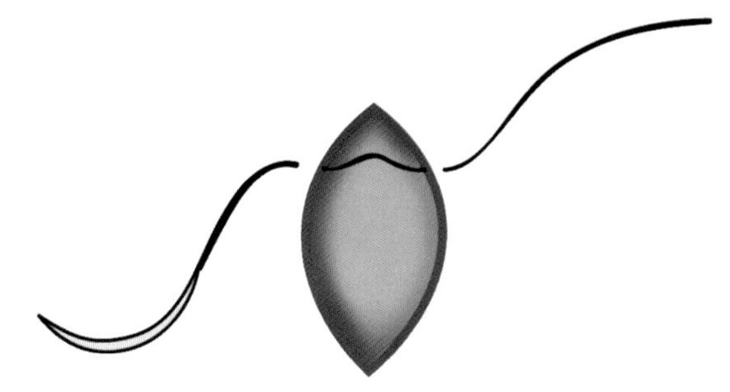

在对侧创缘对称位置出针。

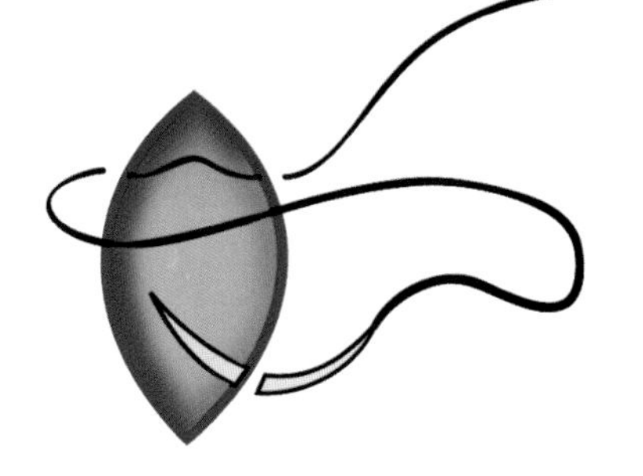

返回至起针创缘，距创口底端1/3处进针。

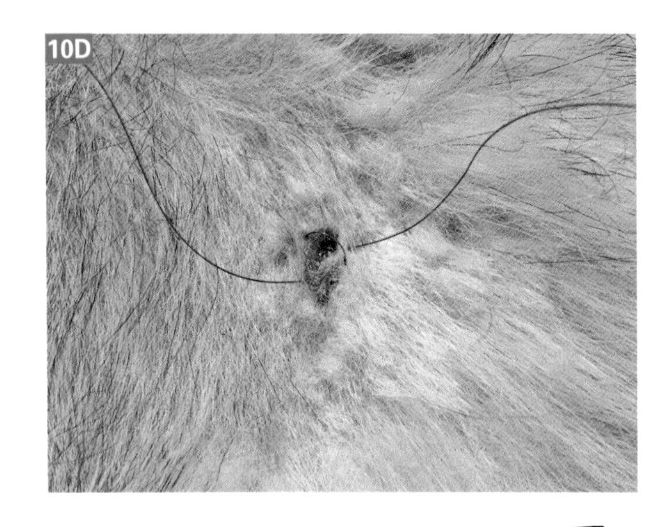

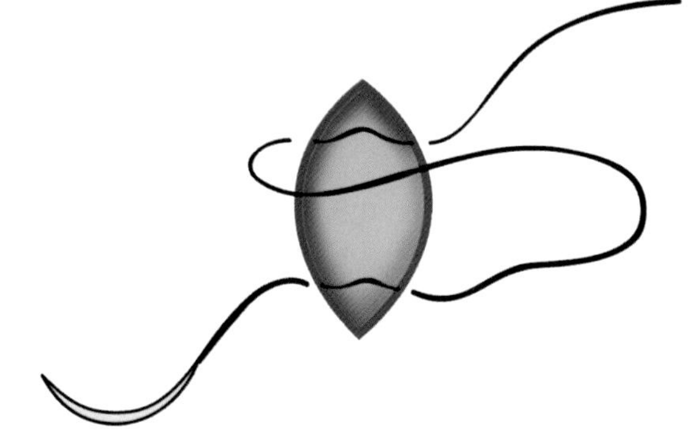

在对侧创缘对称位置出针。

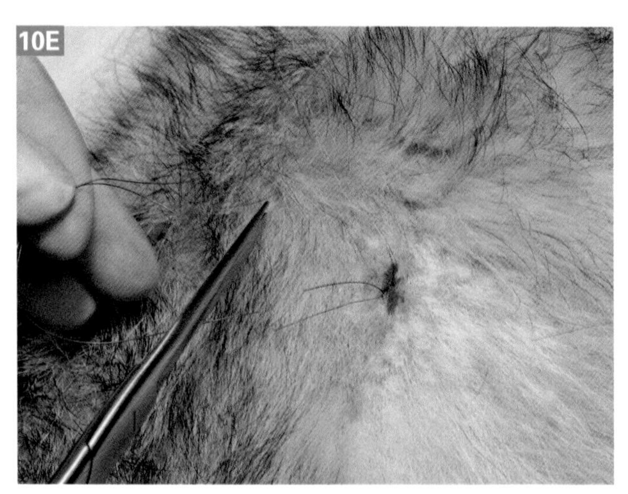

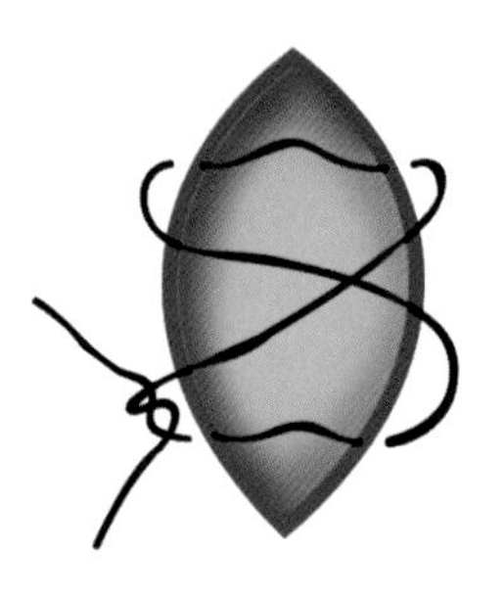

将缝线两端保持最小张力地收紧、打结，形成十字形状（十字缝合法）。

注意：如果是为了细菌培养而进行皮肤活组织检查（如对合适的抗生素治疗无反应的细菌性脓皮病），应至少在进行活组织检查前48h停用抗生素，并对活检部位进行剃毛，使用水或生理盐水冲洗液进行常规外科准备。活组织取样时必须保证无菌操作，将组织放在无菌管（红颜色帽的管，简称红头管）中送至实验室进行细菌培养。

操作 4-6　伍德氏灯检查

[目的]

对提示为皮肤癣菌感染（金钱癣）的病变进行检查。

[适应证]

1. 对表现出可能为癣菌所致病变的犬、猫进行检查。典型的病变可能表现为病灶界限清晰、结痂及瘙痒。皮肤癣菌感染时会出现不同的外观表现，因此对存在区域性或不规则的脱毛、皮屑、结痂、皮脂溢，瘙痒以及区域性毛囊炎的动物，均应考虑进行伍德氏灯检查。

[禁忌证和注意事项]

1. 必须戴手套，因为犬、猫的皮肤癣菌同样能感染人。

2. 伍德氏灯必须提前打开5 ~ 10min，因为光线的波长和强度均为温度依赖性。

3. 辨认区分痂皮、皮屑所产生的非特异性荧光反应与皮肤癣菌所产生的荧光反应很重要。痂皮、皮屑发出的为弥散性（不局限在毛干）荧光反应，呈现橄榄绿或微黄色绿光。犬小孢子菌产生的荧光反应局限在独立的被毛（经常被毛断裂），呈现典型的苹果绿（非常亮的绿光，就像透过柠檬棒棒糖的手电光）。

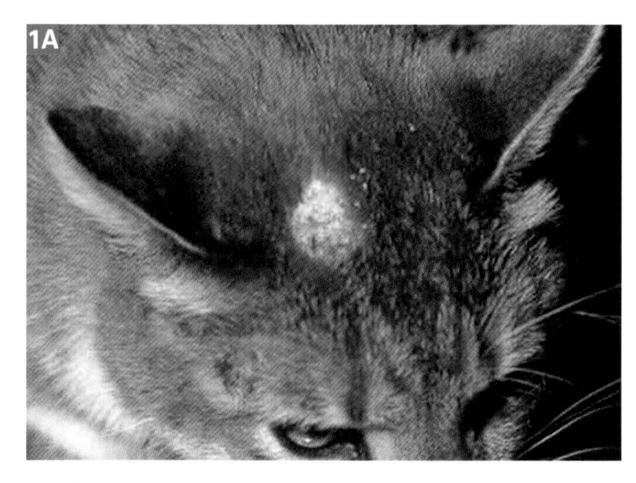

1A 患金钱癣猫头部的圆形、结痂的瘙痒性斑块。
（Dr. Klaas Post惠赠，University of Saskatchewan）

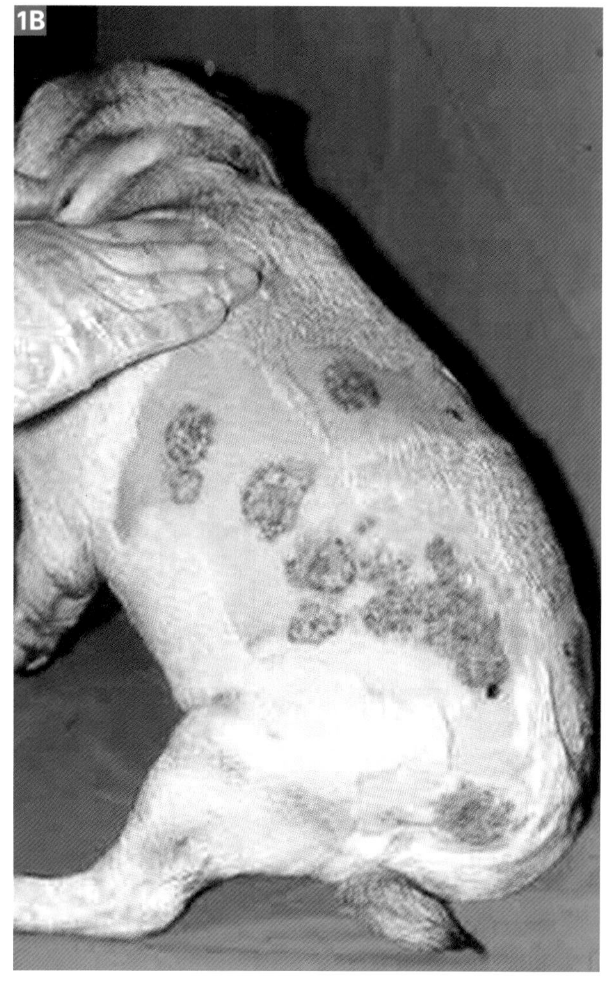

1B 一只患犬小孢子菌感染的斗牛犬出现多处圆形、结痂的斑块。
（Dr. Klaas Post惠赠，University of Saskatchewan）

4. 即使通过治疗杀灭真菌，犬小孢子菌所产生的荧光反应仍然会出现。随时间推移，被毛生长，死亡的真菌会位于毛尖而不是毛根，具有感染活性。

[体位和保定]

对动物进行充分保定，使其不动。

[物品]

伍德氏灯发出的是经过了钴或镍滤纸过滤的紫外光。由于真菌所产生的色氨酸，某些皮肤癣菌会出现绿色荧光反应。

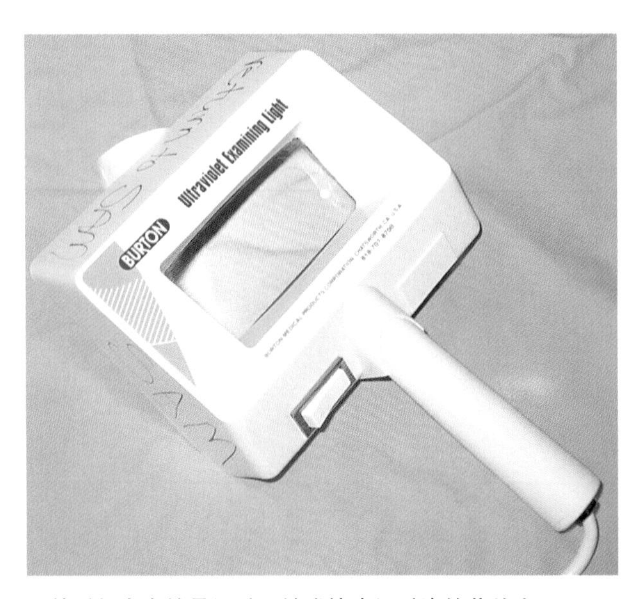

伍德氏灯发出的是经过了钴或镍滤纸过滤的紫外光。

[操作方法]

1. 在使用伍德氏灯检查时，提前打开至少5min。

2. 戴好手套，用伍德氏灯在暗室环境对动物进行检查。

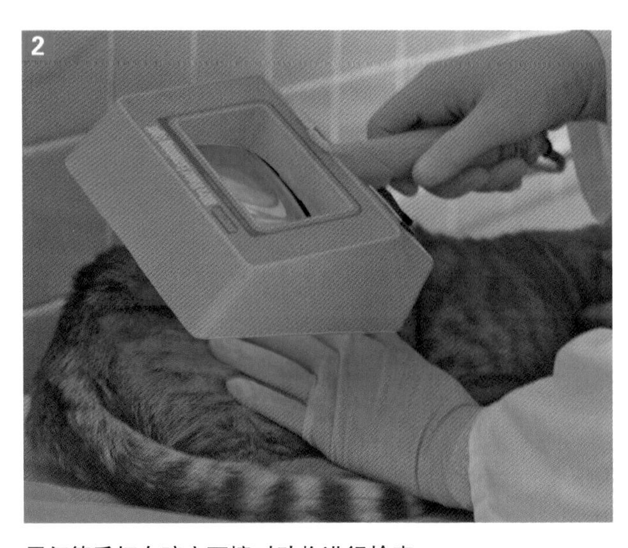

用伍德氏灯在暗室环境对动物进行检查。

3. 查找病变区域的被毛所产生的亮绿色荧光反应。

一只猫的颈部犬小孢子菌感染，病变区域被毛周围的绿色荧光反应。

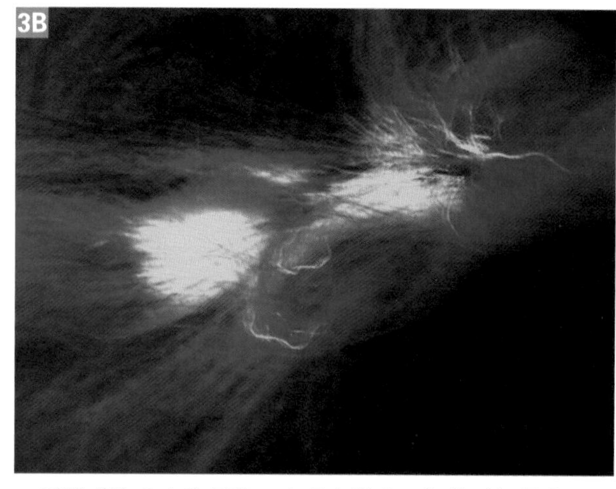

一只猫感染犬小孢子菌，出现金钱癣，伍德氏灯检查呈阳性。

（Dr. Catherine Outerbridge惠赠，University of California-Davis）

[结果]

只有犬小孢子菌显示阳性结果，且犬小孢子菌感染的病例仅有50%显示阳性结果。对可疑病变（及所有伍德氏灯检查阳性的病变），应当对被毛、结痂、通过棉签拭子所取的样本进行真菌培养，以确认皮肤癣菌的存在。犬小孢子菌感染在犬（>50%～70%）、猫（>98%）的真菌感染中占很大比例。较少见的致病性皮肤癣菌包括无荧光性的须发菌和石膏样小孢子菌。

第 5 章

耳部检查

（Ear Examination）

操作 5-1 耳部检查

[目的]

为了检查和评估外耳道。

[适应证]

1. 只要可能，外耳道检查应作为常规体检项目之一。

2. 在动物表现出甩头、抓挠耳部、耳臭或有分泌物、耳周脱毛、耳聋，头倾斜或共济失调时，详细的外耳检查尤其重要。

[禁忌证和注意事项]

1. 在患有外耳道炎性疾病的犬或猫，不进行深度镇定或全身麻醉时，几乎无法进行全面的外耳道检查。

2. 对挣扎的动物进行外耳道检查可能会导致鼓膜损伤。

3. 如果外耳道有大量渗出物或碎屑，在进行详细的外耳道检查前对耳道进行清洁，使用温生理盐水或其他非碱性、不含酒精的冲洗液对耳道进行灌洗。此项操作常需要镇定或全身麻醉。

[体位和保定]

1. 保持动物站立、坐立，或者俯卧、侧卧保定。

2. 保定人员在一只手保定动物身体的同时，另一只手必须紧握动物闭合的口鼻部。

3. 必要时进行镇定或全身麻醉。

[局部解剖]

1. 耳外面的屏障是耳廓。

2. 外耳道由长的垂直耳道及短的水平耳道组成，垂直耳道与水平耳道约呈75° 角。耳道黏膜由含有皮脂腺和耵聍腺的复层扁平上皮组成，耵聍腺分泌耵聍（耳垢）。水平耳道和垂直耳道被耳软骨包裹。而在邻近鼓膜处，水平耳道以骨为支撑。

3. 鼓膜为位于外耳和中耳交界处的一个半透明薄膜，能将声波从外耳传至内耳的听小骨。

4. 鼓膜被鼓环围绕并悬挂于其内。鼓膜半透明部上的一个大的、薄的、透明的部分称为紧张部。在鼓膜前背侧小的三角区，呈现不透明的粉红色，富含毛细血管网，称为松弛部。如果耳道存在炎症，这些“毛细血管条”会变得水肿，并像一个肿物。松弛部含有血管，对鼓膜胚上皮的健康与修复有重要作用。

5. 锤骨柄（镫骨底）附着于鼓膜纤维层上，将鼓膜拉向内侧，使正常的鼓膜从外侧看上去存在轻微的凹陷。在锤骨柄向外周延伸出去的紧张部上可见许多条纹。锤骨是背腹向的结构，游离端（腹侧）形成一轻微的弯曲或钩状弯曲，呈倒C形，末端指向动物鼻腔。

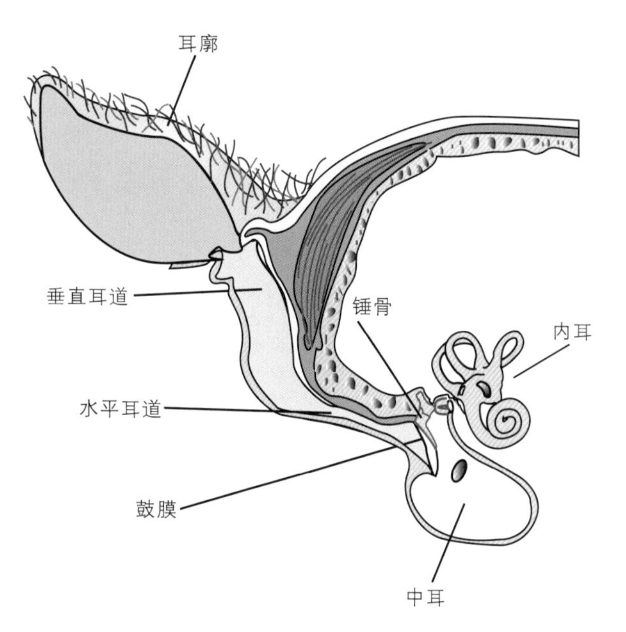

外耳道的解剖结构。

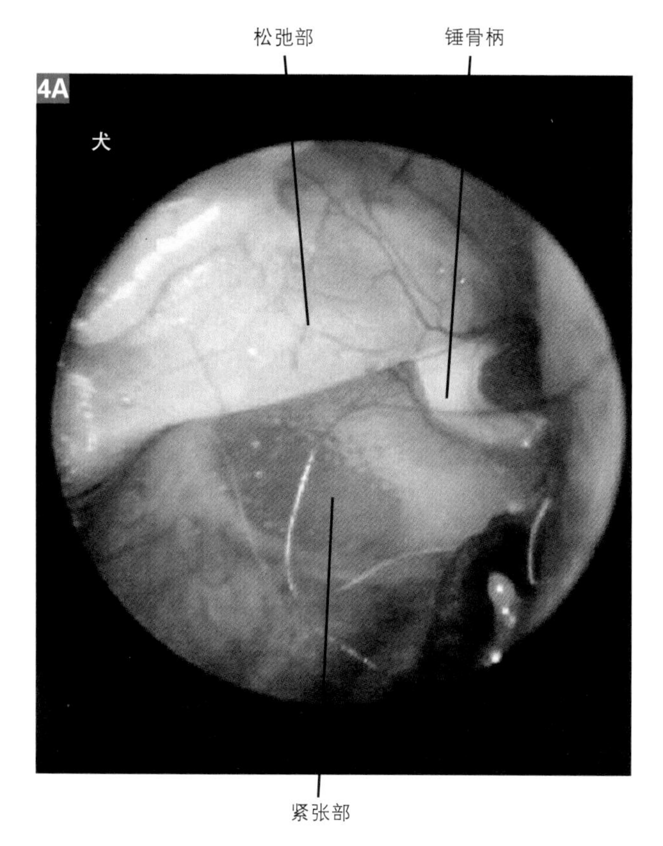

正常犬右侧鼓膜的解剖结构，鼻子在右侧。
（Dr. Louis Gotthelf惠赠，Montgomery，Alabama）

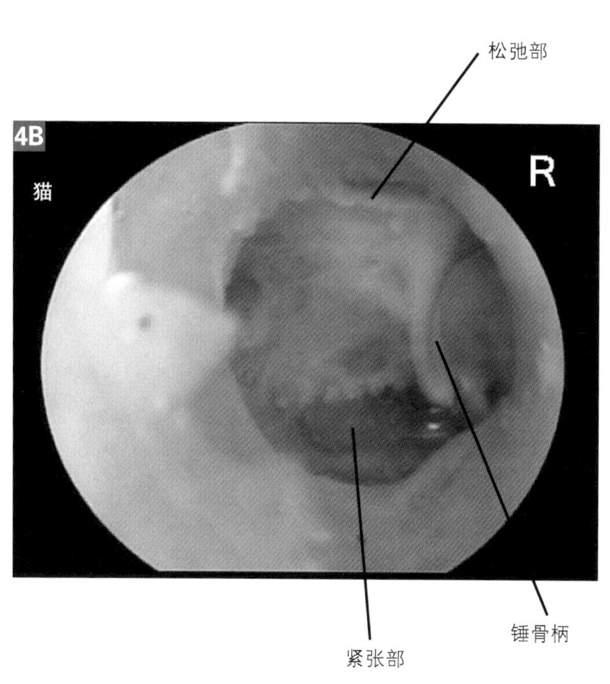

正常猫右侧鼓膜的解剖结构，鼻子在右侧。
（Dr. Louis Gotthelf惠赠，Montgomery，Alabama）

[物品]

- 检耳镜及相应型号的检耳镜锥形头。
- 在检耳镜检查时，带有冲洗、抽吸和活检功能的可视检耳镜非常有用。

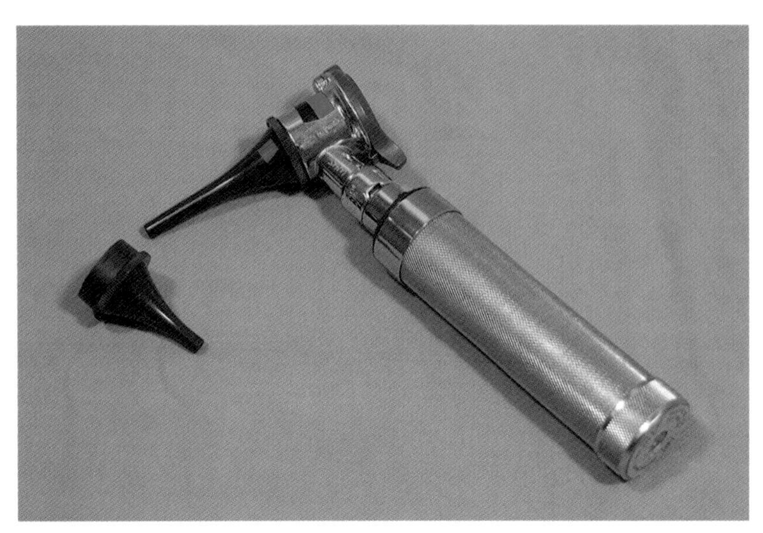

外耳道检查所需物品。

[操作方法]

1. 在进行检耳镜检查前，对耳廓进行检查，看是否存在炎症或渗出。

2. 动物站立，检查者拉开耳廓，将检耳镜伸至外耳道的垂直耳道内。

3. 一旦检耳镜到达垂直耳道与水平耳道的交界处，缓慢地将检耳镜转至水平方向，对水平耳道及鼓膜进行检查。如果动物不配合或疼痛，将无法进行检查。

4. 动物在镇定或麻醉状态下，侧卧，可进行更彻底的耳部检查。耳廓可被拉起，使耳道变直，检耳镜更易进入耳道。

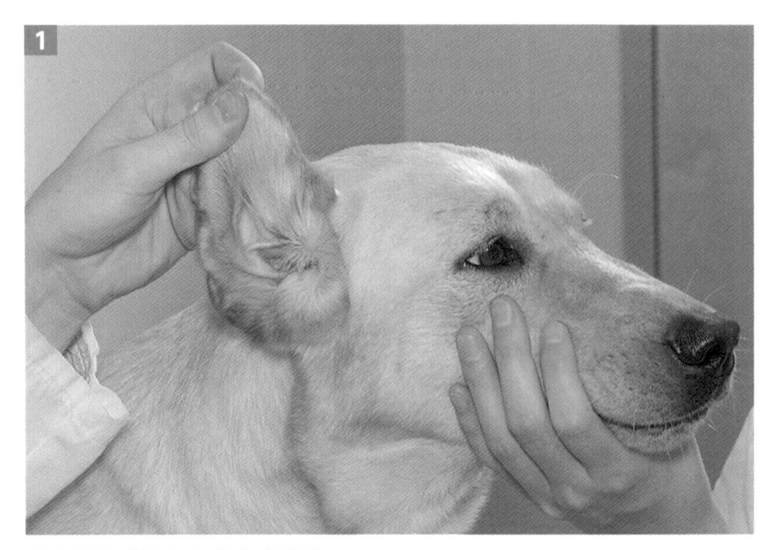

检查耳廓是否存在炎症或渗出。

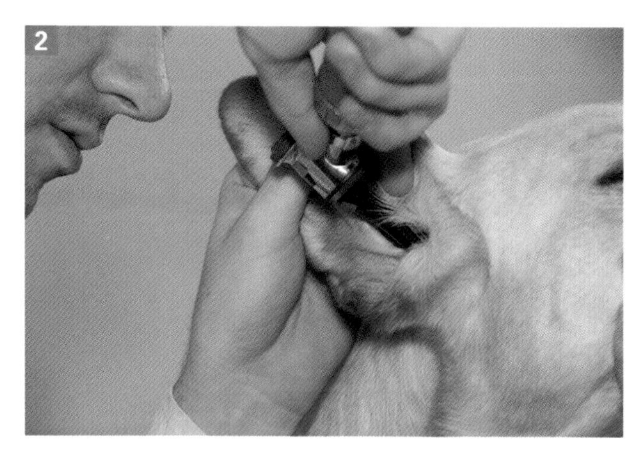

拉开耳廓，将检耳镜伸入外耳道的垂直耳道。

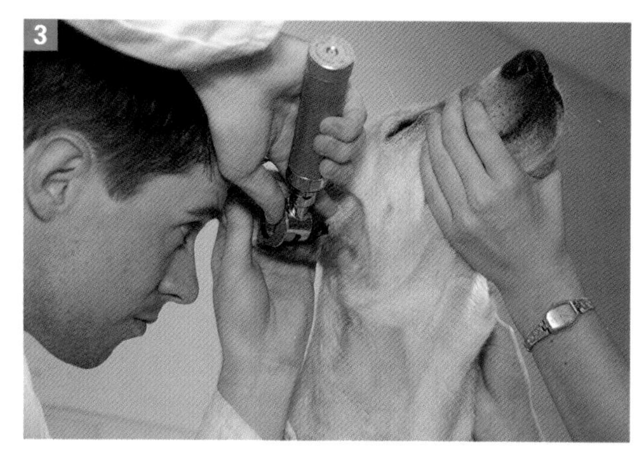

对水平耳道及鼓膜进行检查。

[结果]

1. 对耳道进行以下评估：通畅度或狭窄、增生、溃疡、渗出、异物、寄生虫、肿瘤，耳垢过多或被毛聚集。对可疑病变可进行活组织检查。

2. 只要存在耳部渗出物，应进行细胞学检查。用消毒的检耳镜对垂直耳道进行检查，检耳镜尖端可到达垂直耳道与水平耳道交界处。用棉签穿过检耳镜的锥形头进行采样，然后将棉签退出。

A. 检查螨虫时，将棉签在载玻片上的矿物油中滚动几次，盖上盖玻片，在低倍镜下进行观察（40 ~ 100 × ）。

B. 在检查细胞碎屑、细菌、酵母菌时，将棉签在干的、清洁的载玻片上滚动几次。对玻片进行热固定及染色，盖上盖玻片进行检查。在低倍镜下（40 ~ 100 × ）检查细胞碎屑，在高倍镜下（440 ~ 1000 × ）检查细菌和酵母菌。

第 6 章

眼科技术

（Ocular Techniques）

操作 6-1 Schirmer 泪液测试

[目的]

为了测量基础泪液及刺激产生的泪液中水分的含量。

[适应证]

1. 所有红眼的动物。
2. 所有眼部有黏液或脓性分泌物的动物。
3. 所有患色素性角膜炎的动物。
4. 对确诊为干燥性角膜结膜炎（干眼病）动物的治疗进行监测。
5. 对正在用可能减少泪液产生的药物（磺胺类、依托度酸等）治疗的犬进行监测。

[并发症]

1. 为了获得精确的结果，Schirmer泪液测试（Schirmer tear test，STT）应在所有眼部操作之前完成。
2. 进行STT时应避免过度按压眼睑，测量前禁用局部麻醉剂或全身用药。

[局部解剖]

角膜前的泪液膜对于维持角膜健康非常重要。泪液膜分为三层（表6-1），中层的水质层由泪腺和第三眼睑腺分泌产生。泪液为角膜提供氧和营养，冲洗组织碎屑，保持角膜和结膜的水合并抑制细菌生长。泪液通常以基础速度连续生成，角膜刺激会导致其生成增加。

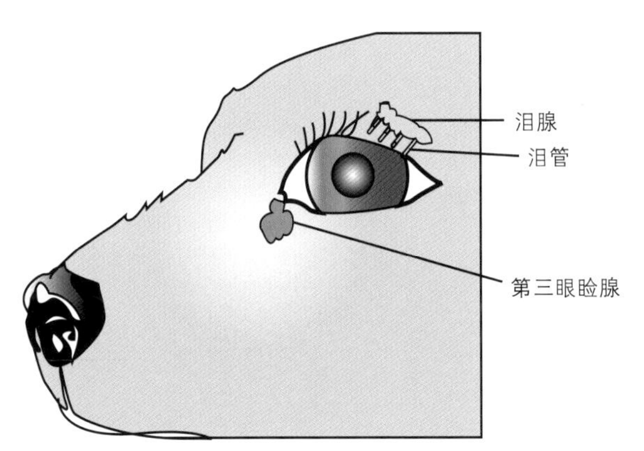

泪液由泪腺和第三眼睑腺产生。

表6-1 泪液膜的三层结构

分层	成分	来源
内层	黏蛋白	结膜杯状细胞
中层	水	泪腺，第三眼睑腺
外层	脂质	睑板（眼睑软骨）腺

[物品]

- Schirmer泪液测试试纸条。

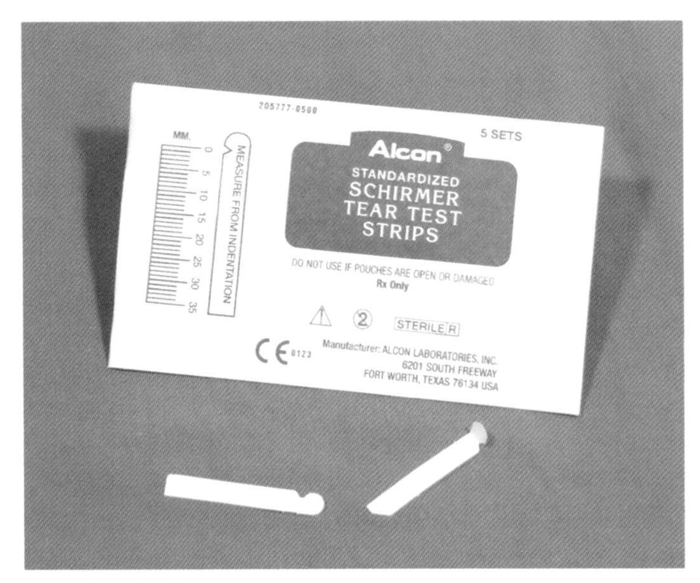

泪液测试所需物品。

[操作方法]

1. 在灭菌的包装袋内折叠试纸条的缺口端（圆端），这样可以保持试纸条缺口端的灭菌。
2. 从包装袋内取出试纸条，将折叠端放入下眼睑与角膜之间，置于下眼睑中1/3与外1/3交界处。
3. 试纸条接触角膜刺激泪液生成，可测量基础泪液和刺激产生的泪液。
4. 试纸条精确地放置1min。被检眼可以闭着或睁开。
5. 取下试纸条，对照包装袋上的毫米刻度测量缺口与湿/干交界线之间的湿润部分长度。
6. 犬的正常值为15mm以上，而猫的正常值较低（5mm/min）。
7. 对侧眼操作方法相同。

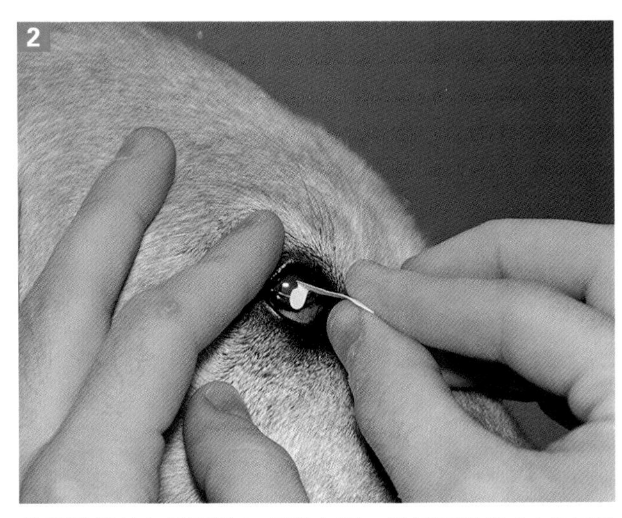

将折叠端放入下眼睑与角膜之间，置于下眼睑中1/3与外1/3交界处。

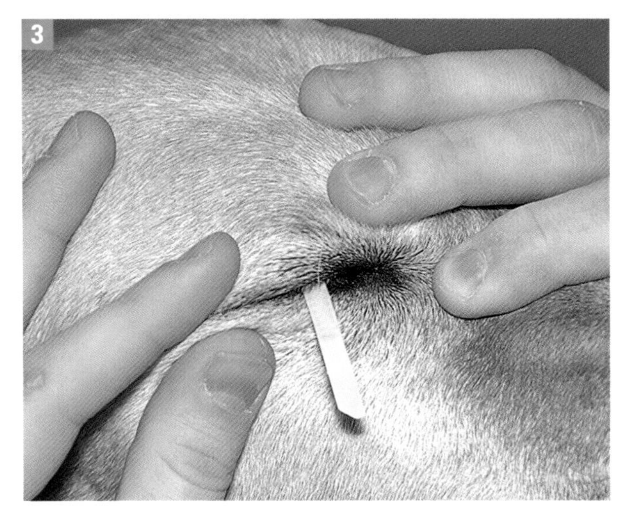

试纸条接触角膜刺激泪液生成。

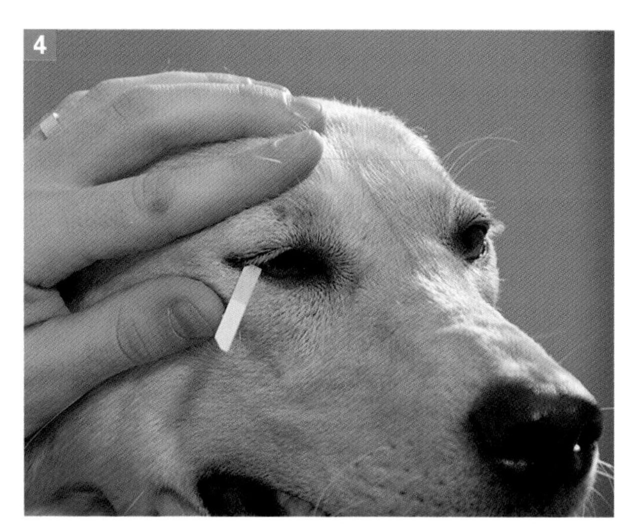

试纸条放置。

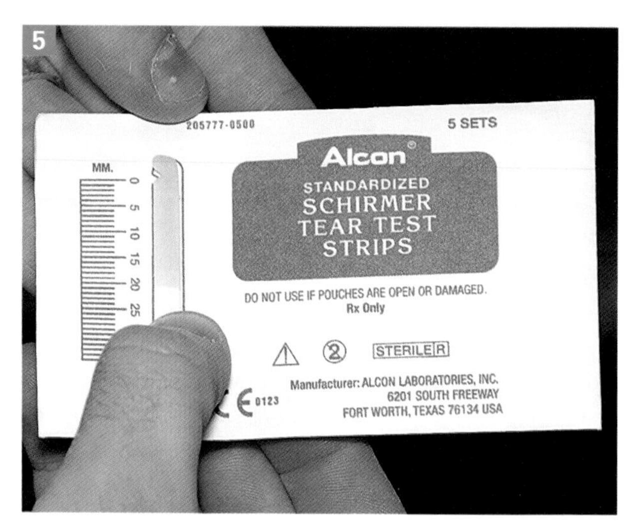

测量缺口与湿/干交界线之间的湿润部分长度。

操作 6–2 结膜微生物培养

[目的]

为了确认结膜的感染性病原。

[适应证]

根据经验使用抗生素治疗无好转的严重的慢性结膜炎。

[物品]

- 进行细菌和真菌培养的灭菌拭子。
- 转移介质。

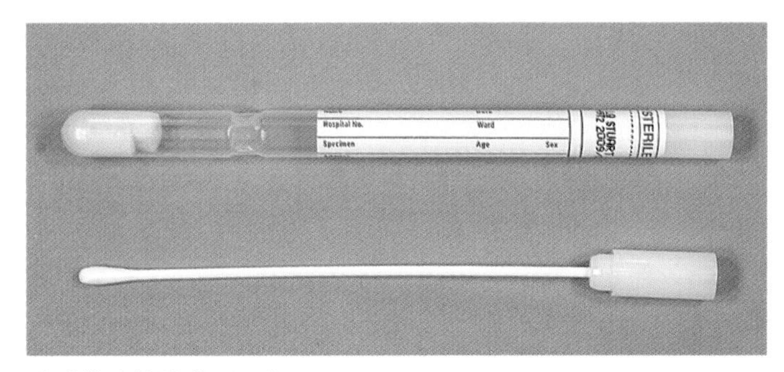

结膜微生物培养所需物品。

[禁忌证和注意事项]

原发性细菌病原体很少导致犬猫的顽固性结膜炎。如果怀疑使用的抗生素对细菌性结膜炎无效，应首先仔细评价动物眼睑、鼻泪管系统、角膜及全身的健康状况，再确定抗生素选择是否有误。理想状态下，在进行结膜微生物培养之前5天应停止局部及全身的抗生素治疗。

[操作方法]

1. 用灭菌生理盐水轻微润湿灭菌拭子头。

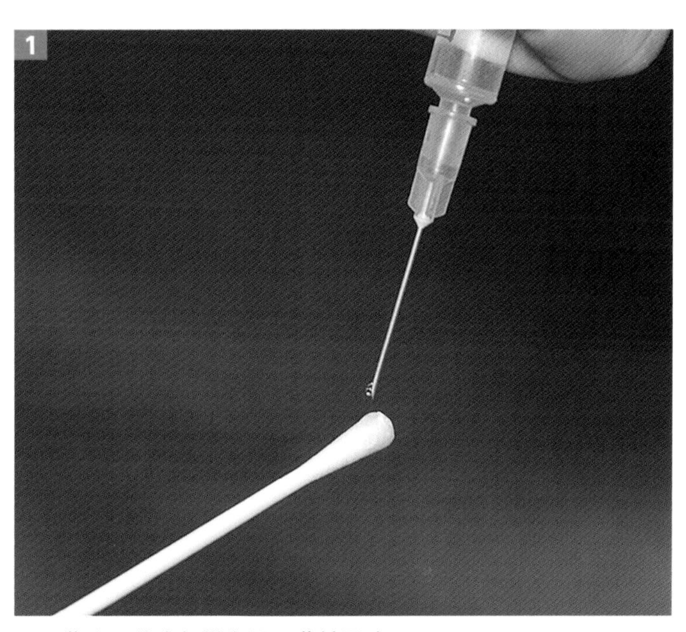

用灭菌生理盐水轻微润湿灭菌拭子头。

2. 用食指下拉下眼睑边缘下的皮肤使下眼睑外翻。

3. 轻柔地擦拭结膜囊，但要避开睑缘。

4. 将拭子放回转移试管或立即在培养基上接种。

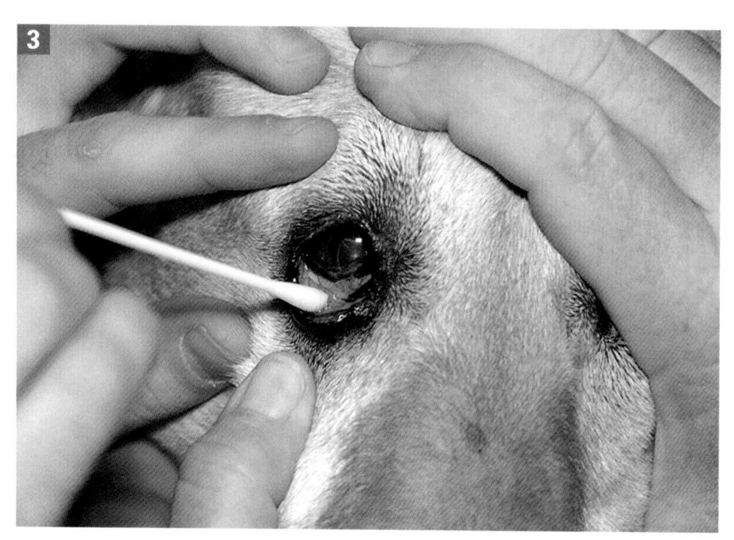

擦拭结膜囊，避开睑缘。

操作 6-3　荧光素染色

[目的]

为了检测角膜是否存在溃疡及溃疡的形态，还可以评估鼻泪管是否通畅。

[适应证]

1. 眼部疼痛或红眼的动物。

2. 角膜不光滑或浑浊的动物。

3. 眼部存在慢性水样分泌物的动物。

4. 眼部存在黏蛋白样或脓性分泌物的动物。

[局部解剖]

荧光素为水溶性，可分布于泪液膜内，呈浅橘黄色。角膜上皮为亲脂质层，可以阻止水溶性染色剂透过。当角膜上皮存在缺损（溃疡）时，荧光素染色剂可迅速弥散至角膜实质层内，而且不会被冲洗掉。角膜实质内保留的荧光素染色剂可指示出上皮缺损的区域，即溃疡或糜烂的区域。

眼部的泪液通过上、下泪点排出，开口呈椭圆形，位于上、下眼睑靠近内眦的内侧结膜面。有时泪点边缘会有环形色素沉着。泪液经泪点进入穿行于鼻腔的鼻泪管，鼻泪管开口紧贴鼻腔前部的翼状皱褶边缘。荧光素染色剂溶入泪液后也会经泪点进入鼻泪管，出现在同侧的鼻孔前。排出障碍可能由于鼻内的鼻泪管被鼻内肿物压迫堵塞，也可能因为泪点被细胞碎屑或因肿胀而堵塞（更常见）。

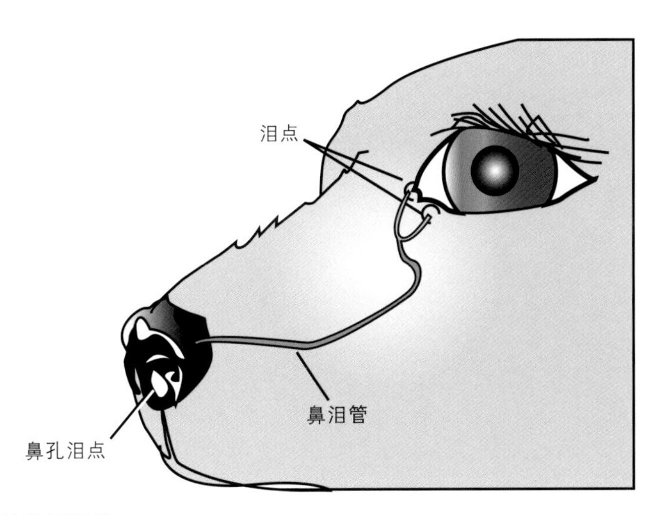

鼻泪管系统解剖结构。

[物品]

- 荧光素试纸条。
- 眼冲洗液。
- 吸水纱布。
- 光源。

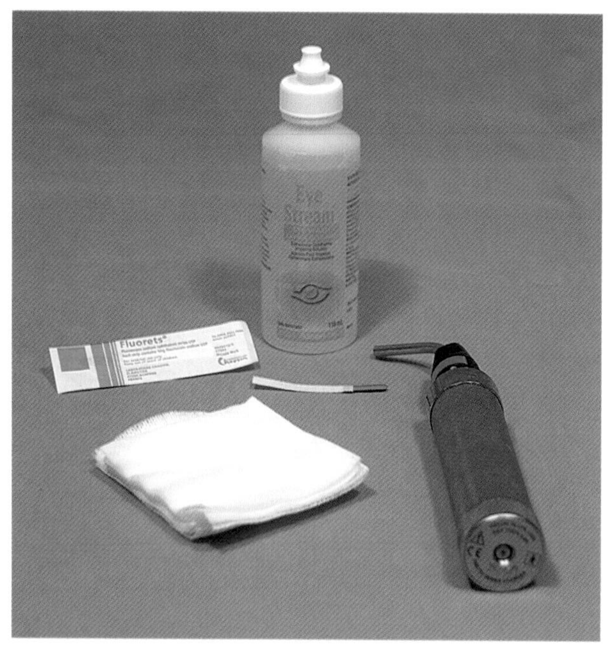

荧光素染色所需物品。

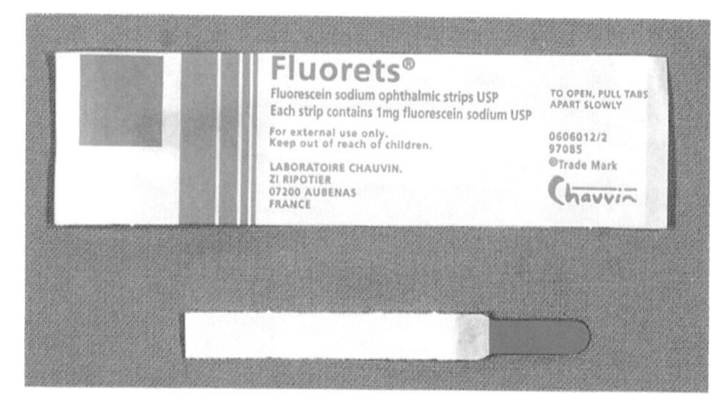

荧光素试纸条。

[操作方法]

1. 用数滴灭菌眼冲洗液润湿试纸条的荧光素部分。

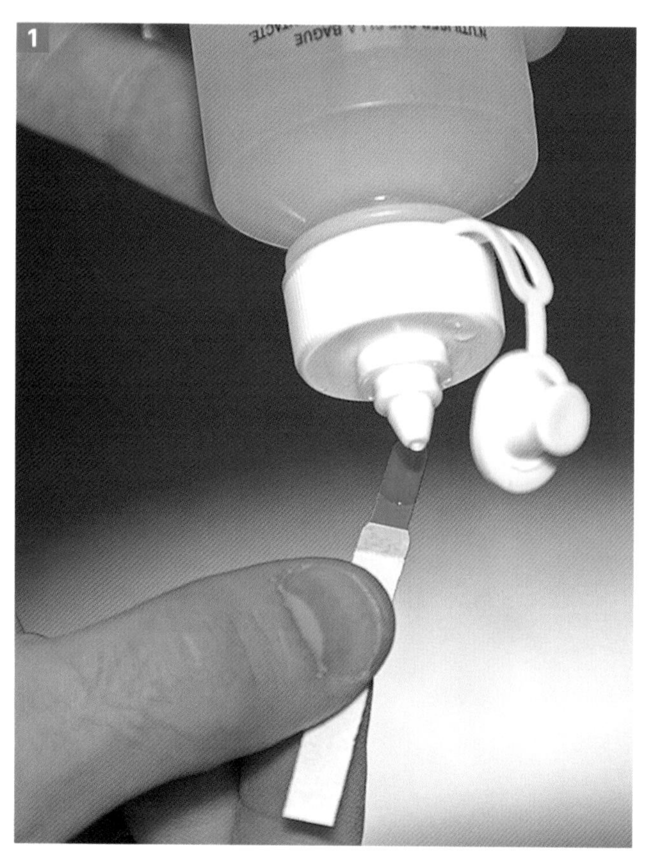

用数滴灭菌眼冲洗液润湿试纸条的荧光素部分。

2. 拉起上眼睑并用润湿的荧光素部分接触球结膜2s。

3. 移除试纸条，让被检动物眨眼以使染色剂弥散开。

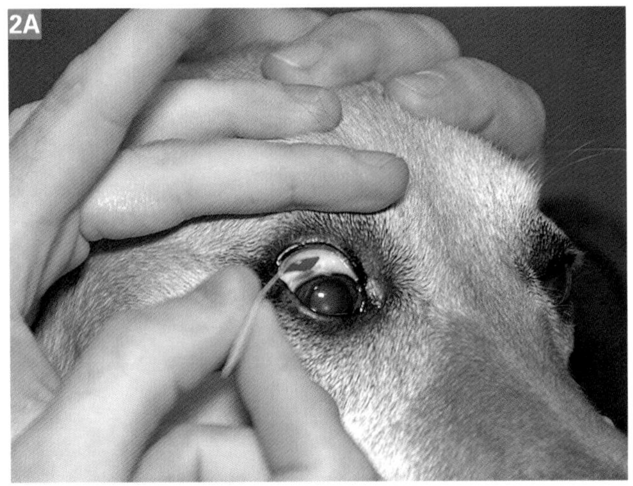

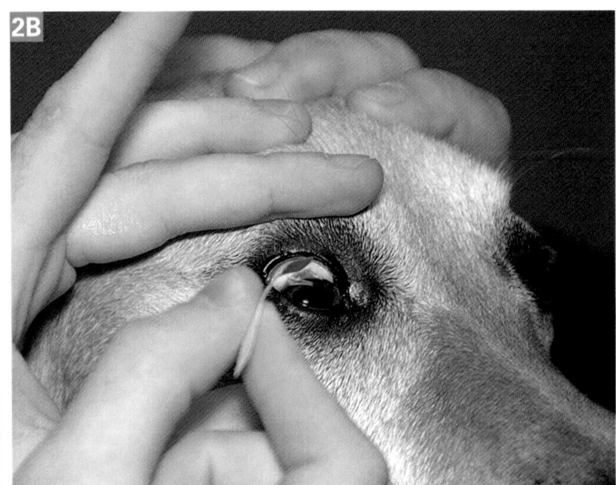

抬起上眼睑并用润湿的荧光素试纸条接触球结膜。

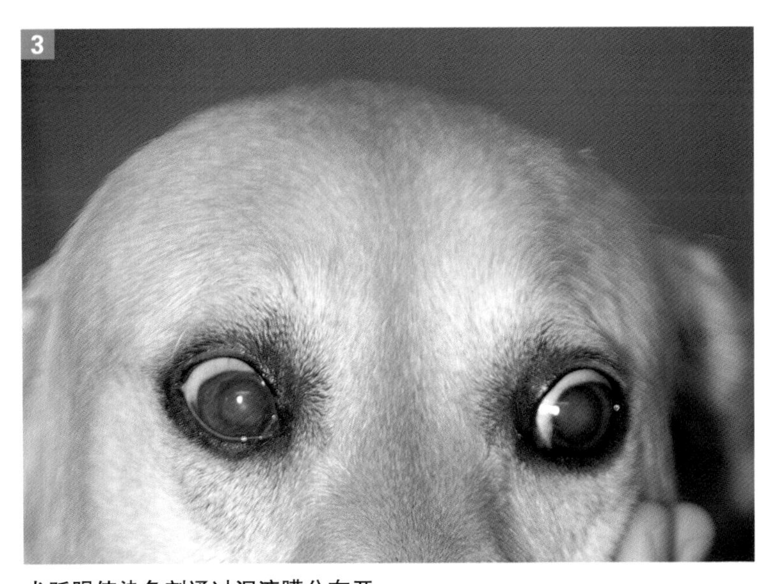

犬眨眼使染色剂通过泪液膜分布开。

4. 用眼冲洗液充分冲洗被检眼，去除多余的未结合的染色剂，增加角膜缺损处附着染色剂的可见度。

5. 在较暗的室内检查角膜，可用白色光源，也可用紫外光源或有钴蓝光滤片的手持透照灯刺激荧光素分子，使其产生绿色荧光。

6. 角膜被染色剂着色表示上皮层存在破损，提示角膜溃疡或糜烂。

7. 若在鼻孔外可观察到绿色染色剂，表示泪点和鼻泪管通畅。

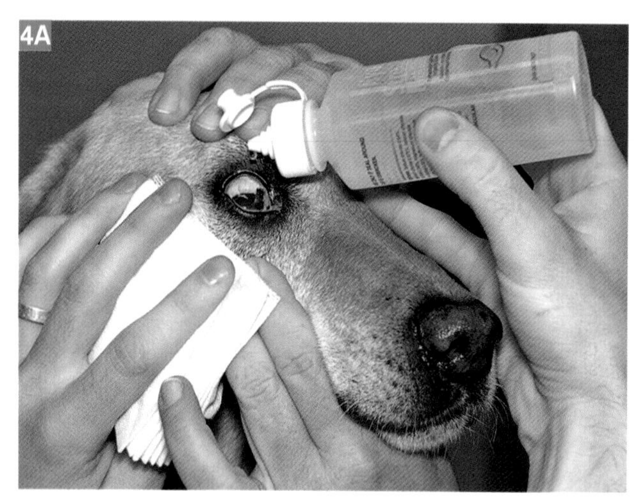

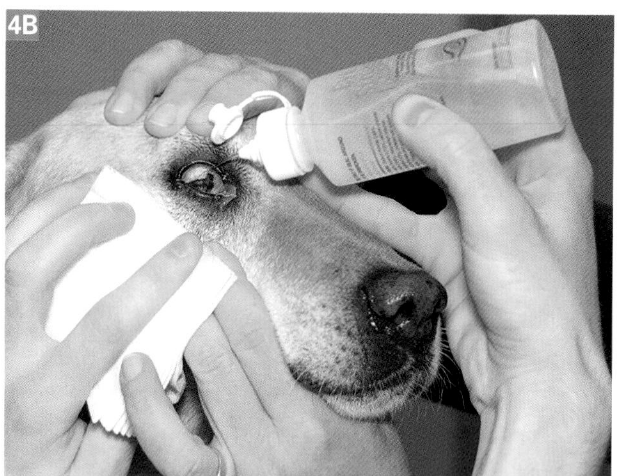

用眼冲洗液冲洗被检眼，去除未结合的染色剂。

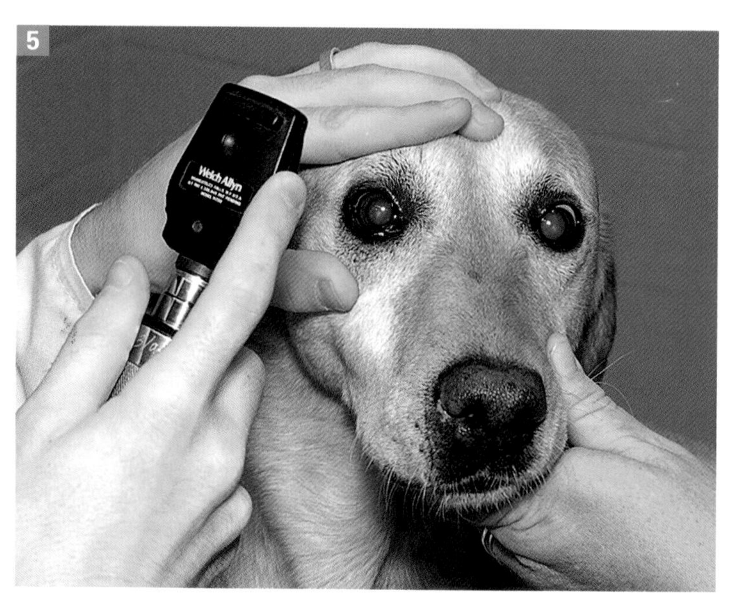

检查角膜荧光素附着情况。

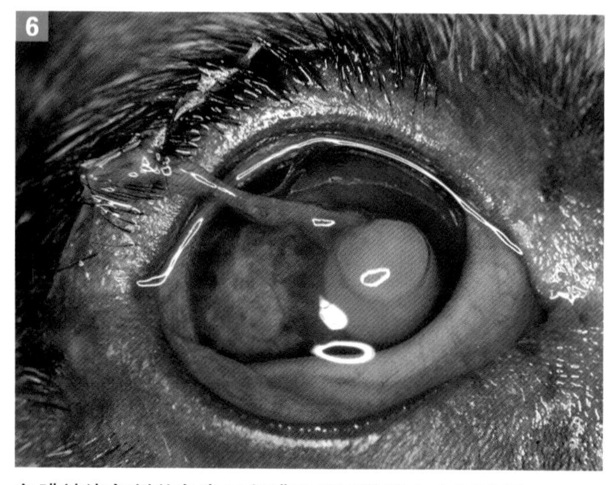

角膜被染色剂着色表示角膜溃疡导致的上皮层破损。
（Dr. Bruce Grahn惠赠，University of Saskatchewan）

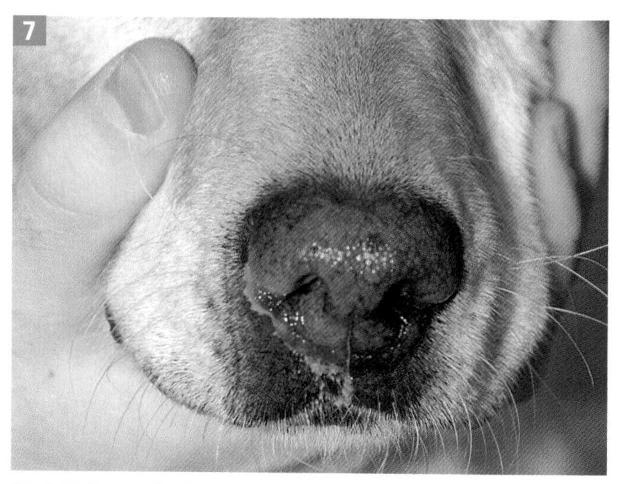

鼻孔外出现绿色染色剂说明泪点和鼻泪管通畅。

操作 6-4 鼻泪管冲洗

[目的]

为了疏通鼻泪管的轻微阻塞。

[适应证]

所有眼部有水样或黏蛋白样分泌物，且经荧光素染色剂检测鼻泪管不通畅的动物。

[局部解剖]

眼部的泪液经上、下泪点进入鼻泪管，经鼻部排出。泪点及鼻泪管可能由于细胞残屑或黏液以及鼻腔肿物压迫而发生阻塞。泪点可能由于瘢痕化而闭锁，尤其在猫可继发于疱疹性角膜结膜炎。也可能发生先天性泪点闭锁和泪点发育不全。

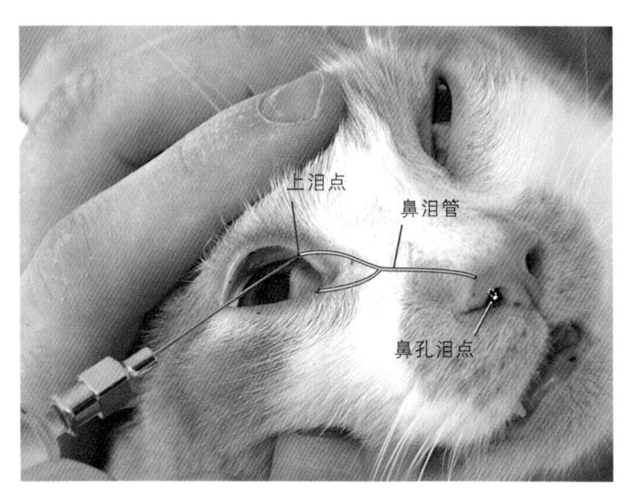

鼻泪管泪液排出系统的解剖。

[物品]

- 吸水纱布。
- 眼部表面麻醉剂。
- 23 ~ 27G灭菌鼻泪管插管。
- 用于抽取灭菌生理盐水或眼冲洗液的3mL注射器。

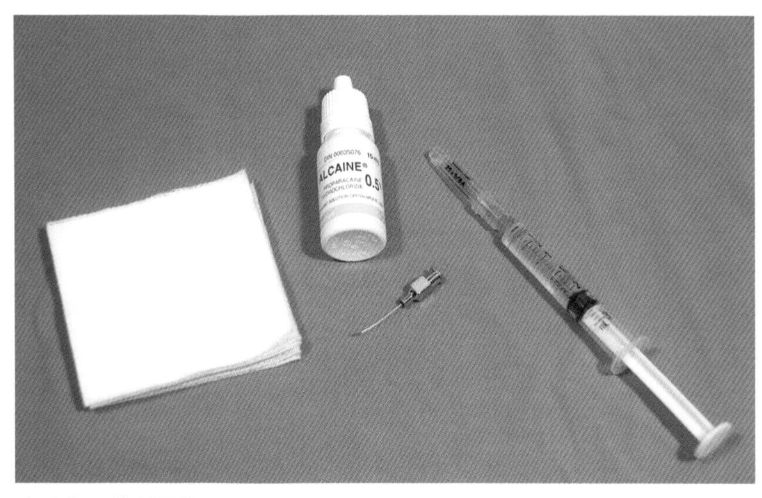

冲洗鼻泪管所需物品。

鼻泪管插管。

[操作方法]

1. 根据动物的性情决定是否需要镇定。

2. 擦去眼部过多的分泌物。

3. 2滴眼表麻醉剂点眼，30s后再滴入2滴。

4. 保定头部限制其活动，压迫上眼睑使其外翻，显露上泪点。

5. 使用商品化的鼻泪管插管或小的静脉套管针（去除针芯），沿着睑缘内侧向内眼角滑动针头，直至找到泪点。

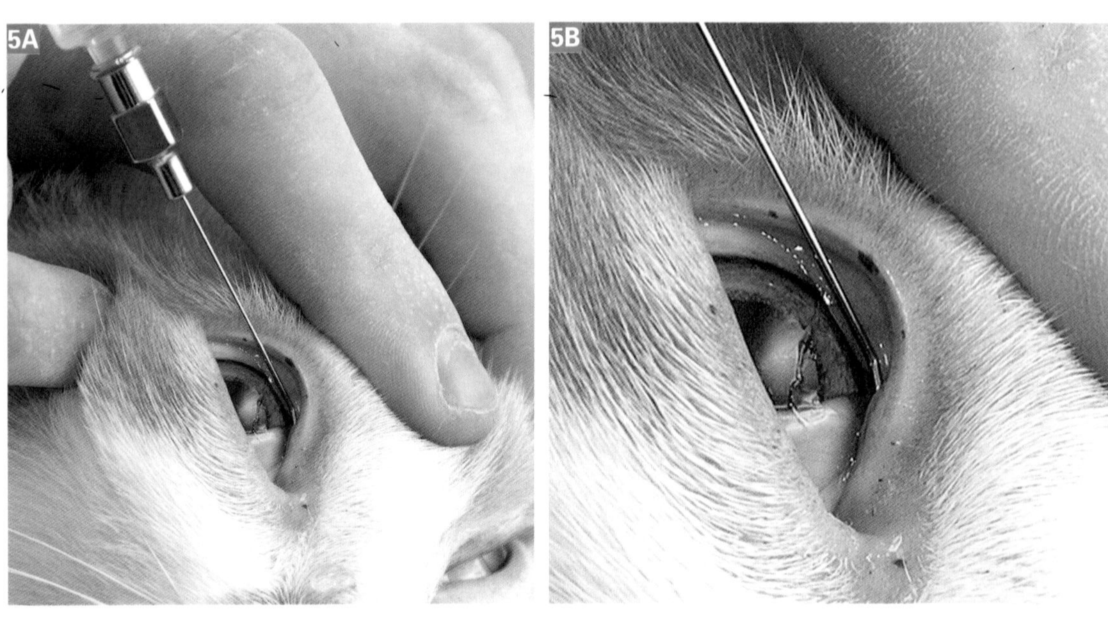

插管尖端直接沿着睑缘内侧向内眼角滑动，直至找到上泪点。

6. 插管进入上泪点后用2 ~ 3mL灭菌生理盐水冲洗，观察液体从下泪点流出。

7. 如果无生理盐水流出，应将针头插入下泪点用同样方法冲洗。

8. 冲洗上泪点时可压迫闭锁下泪点，观察液体从鼻孔流出。

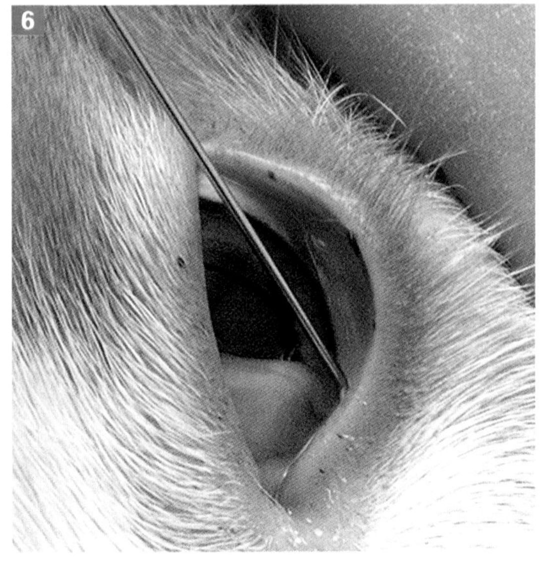

生理盐水冲洗泪点。

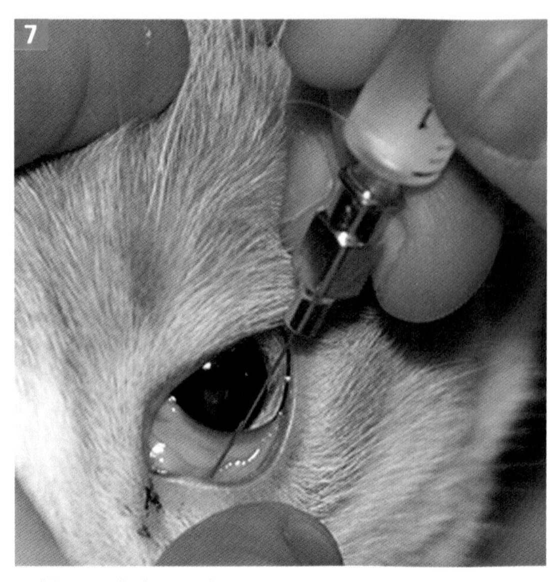

同样可以冲洗下泪点。

操作 6-5　眼部给药

[目的]

为了给眼部涂药膏或滴液体。

[适应证]

眼部药物治疗。

[操作方法]

1. 用蘸有温水的软纸或纱布清洗眼周区域并清理所有的分泌物。
2. 如果有大量的细胞碎屑，可以用眼冲洗液冲洗碎屑和分泌物，并用软纸或纱布吸干多余的液体。
3. 倾斜动物头部并用手指拉起上眼睑。
4. 在眼球大约12点钟位置的巩膜上滴入1～2滴药液或小条（长0.5cm）药膏。

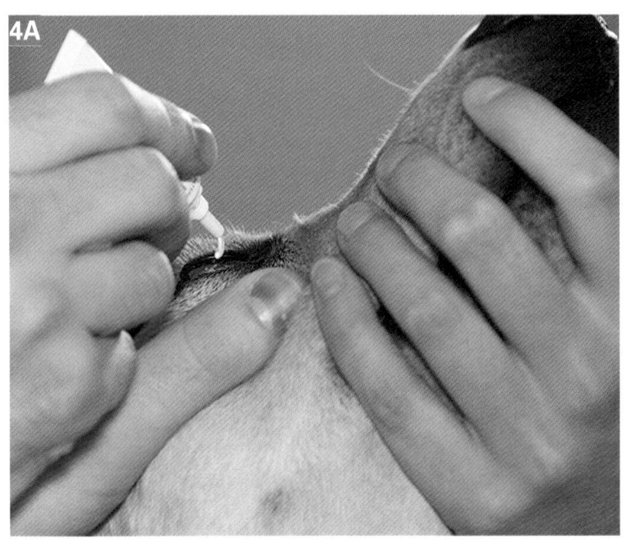

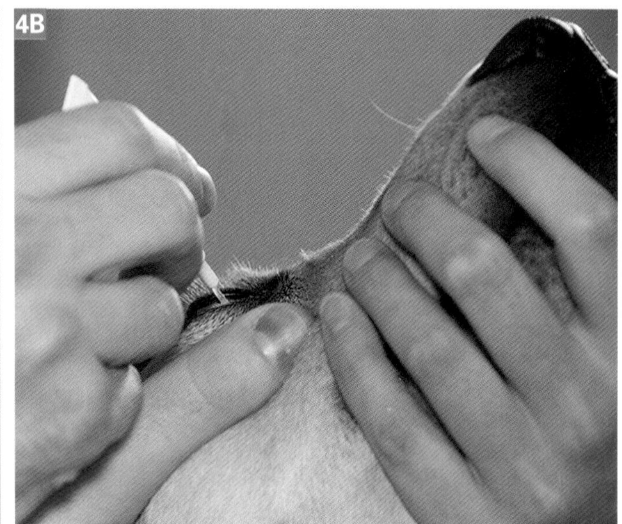

倾斜头部并在眼球大约12点钟位置的巩膜上挤入小条药膏。

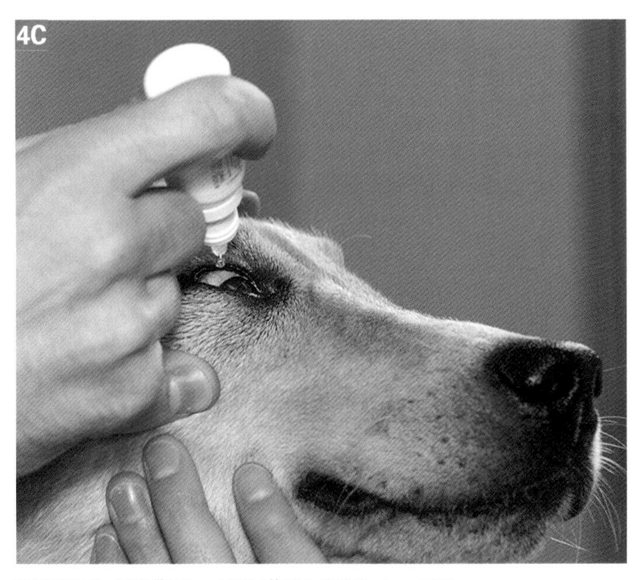

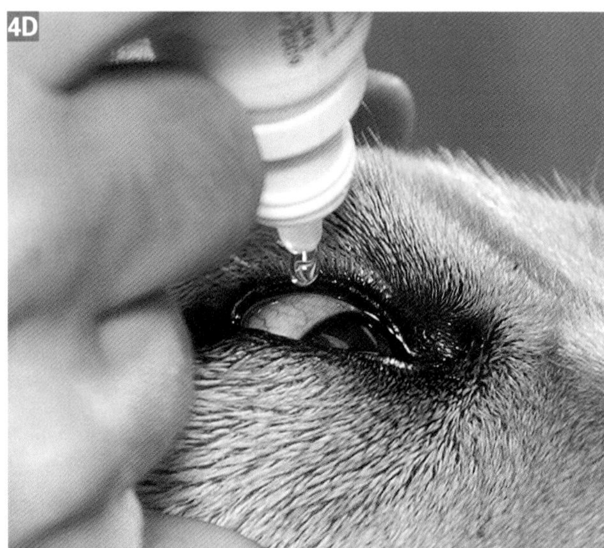

眼部滴入1滴药液。液体药物可滴入1～2滴。

操作 6–6 结膜刮片

[目的]

为了获得结膜表面细胞进行评估。

[适应证]

1. 存在慢性结膜炎和眼部分泌物的动物。

2. 怀疑感染犬瘟的犬。

3. 怀疑存在衣原体结膜炎的猫。

4. 存在结膜肿物的动物。

[物品]

- 眼部表面麻醉剂。
- 灭菌眼科金属刮匙或手术刀片。
- 载玻片。

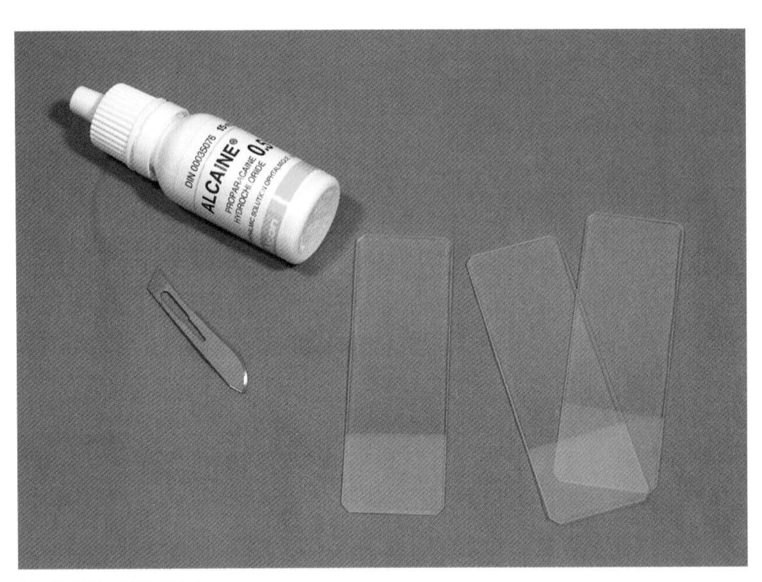

结膜刮片所需物品。

[操作方法]

1. 擦去眼部分泌物。

2. 2滴眼表麻醉剂点眼，30s后再滴入2滴。

3. 使用专门设计的铂制刮匙或手术刀片插入刀柄的钝端。

4. 推压眼球使第三眼睑（瞬膜）突出。

5. 推挤睑缘下的皮肤使下眼睑外翻。

6. 将刮匙或刀片垂直于将要采样的表面，并使其紧贴组织，沿组织表面刮擦。

7. 将获得的组织轻柔地沾上载玻片，风干，染色并进行细胞学评估。

8. 另一种方法是将获得的组织直接放入灭菌管或灭菌生理盐水内，以进行专门的聚合酶链式反应（PCR）。

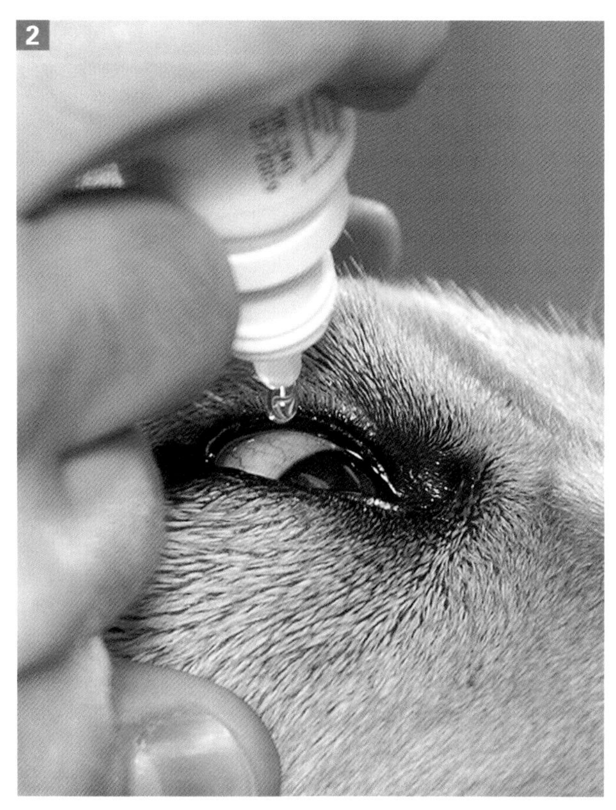
滴入眼表麻醉剂。

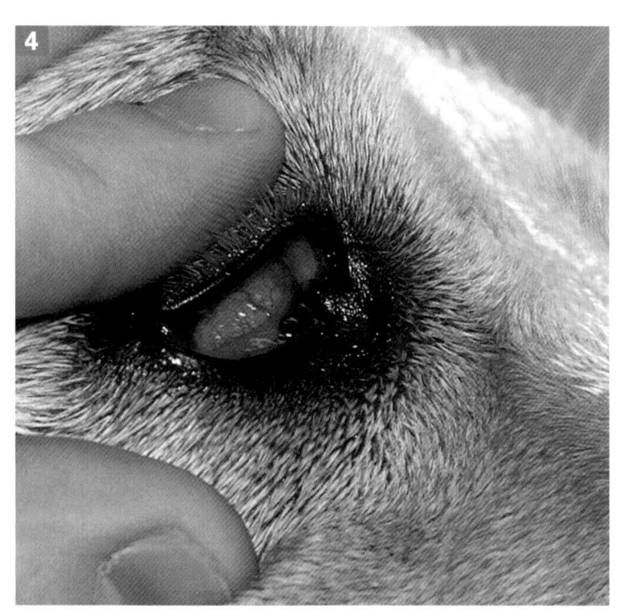
推压眼球使第三眼睑（瞬膜）突出。

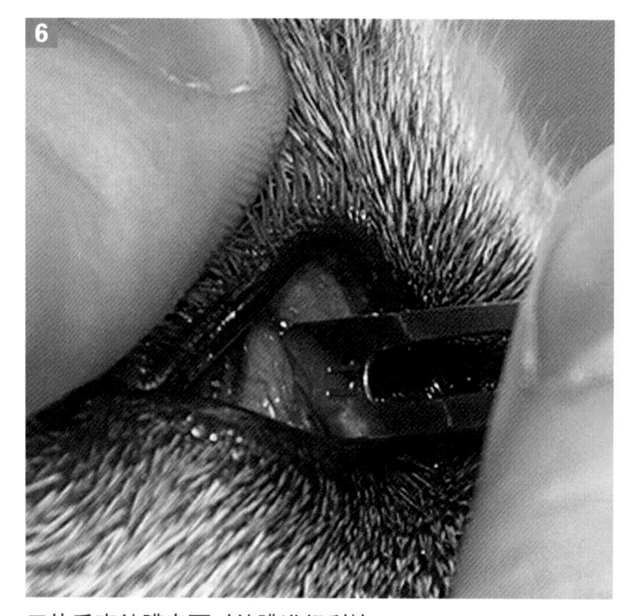
刀片垂直结膜表面对结膜进行刮擦。

第 7 章

呼吸系统技术

（Respiratory System Techniques）

操作 7-1 呼吸系统的检查和听诊

[目的]

为了评估呼吸系统的各方面，以确认、定位和描述任何异常。

[适应证]

1. 完整的呼吸系统检查应该作为兽医对动物进行体检的一部分。

2. 评估具有下列表现的动物：呼吸困难、咳嗽、打喷嚏、呼吸有杂音，运动不耐受或者嗜睡。

[禁忌证和注意事项]

1. 对应激的动物可能难以进行彻底的检查，但在对动物进行尽量少的保定下，通过观察动物的呼吸式，经常可以将病变定位于呼吸系统的特定部位，并可以评估疾病的严重程度。

2. 检查中让呼吸困难的动物吸氧可能会对其有益。制造富氧环境可采用的方法包括：管道、袋子、面罩、脖圈、鼻部吸氧或氧气箱（图框7-1，p77）。

[物品]

- 听诊器。
- 安静的房间。

[体位和保定]

进行呼吸系统检查时，应该使动物安静地站在桌子或地面上。

[相关解剖]

听诊时检查肺的整个区域很重要。肺主要占据了骨性胸腔的前部。肺叶腹侧从第一肋骨之前到接近第七肋骨处，双侧均如此；而最后肺叶的背侧可延伸到接近第九或第十肋间。

右侧肺分为前叶、中叶、副叶和后叶。心脏切迹是覆盖于心脏之上的一小部分，在此处的心脏和

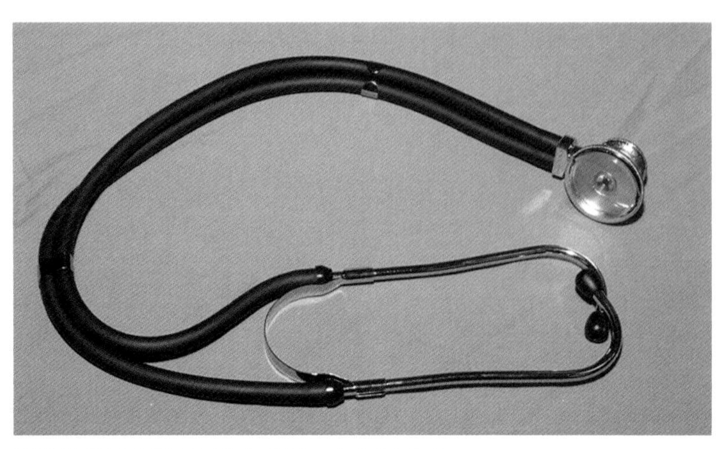

听诊器是进行呼吸系统检查唯一需要的物品。

体壁之间无肺组织——这处于右前叶和右中叶之间，第四和第五肋间的腹侧。左肺分为前叶和后叶，而左前叶的前后部分间有明显的分界。

图框7-1　氧气疗法（Oxygen Therapy）

在所有呼吸频率增加或呼吸费力的动物都应该输氧，至少持续到将病变定位，确定呼吸受损的程度。可采用多种方法。

管道吸氧

将源自氧气瓶或麻醉机的管道置于动物嘴的前面，调节较高的氧流量（3～15L/min）。这可提供大约40%的吸入氧浓度（Fio_2）。

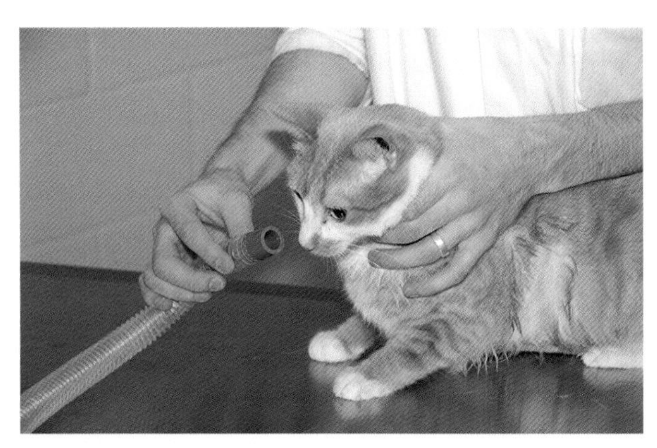

管道吸氧。

袋子吸氧

将一个干净的小塑料袋套在动物的头部，以1～15L/min的速度输氧。在1～2min内氧浓度可达70%～80%。借助该方法可以对动物进行检查和治疗。

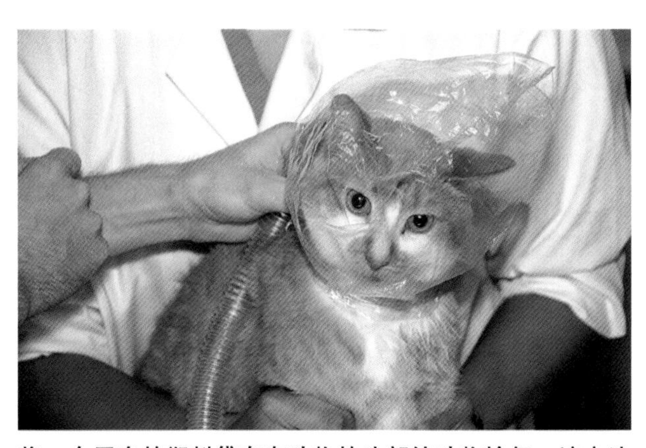

将一个干净的塑料袋套在动物的头部给动物输氧，该方法不会使动物产生应激。

面罩吸氧

通过面罩吸氧氧浓度可达50%，但呼吸困难的动物常无法耐受该方法。为了避免呼出的气体在面罩内蓄积，有必要采用高流量（至少每分钟每千克体重100mL）。

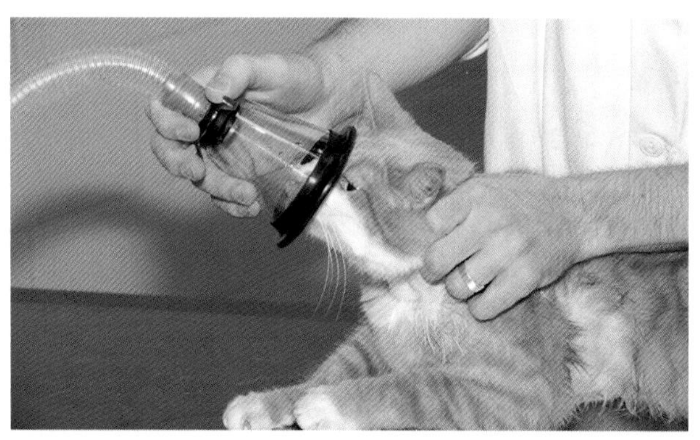

通过面罩吸氧。

脖圈吸氧

戴一个大号的伊丽莎白脖圈，用干净的塑料包装纸覆盖脖圈底部2/3的范围。将输氧管放在动物的下颌下方，氧流量为2～6L/min。使用该方法时，氧浓度至少可达60%。对脖圈底部覆盖的范围不应超过2/3，以防热量、湿气和CO_2的蓄积。该方法在喘或张嘴呼吸的动物尤其有效（同时有或无鼻部输氧）。

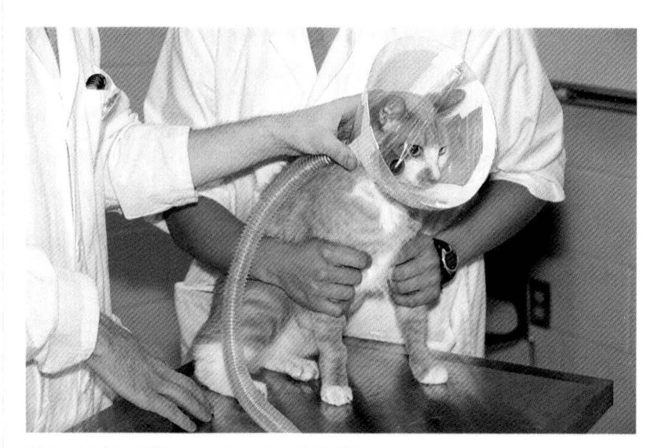

改良的伊丽莎白脖圈可用于输氧。

（续）

鼻部输氧管

采用局部麻醉，将可用的最大的软饲喂管插入鼻道的腹侧，直到眼内眦水平。用订皮器或组织胶固定导管。氧流量为每分钟每千克体重50～100mL，氧浓度可达40%～80%。该方法对动物的应激非常小，并使动物易于检查、治疗和监护。

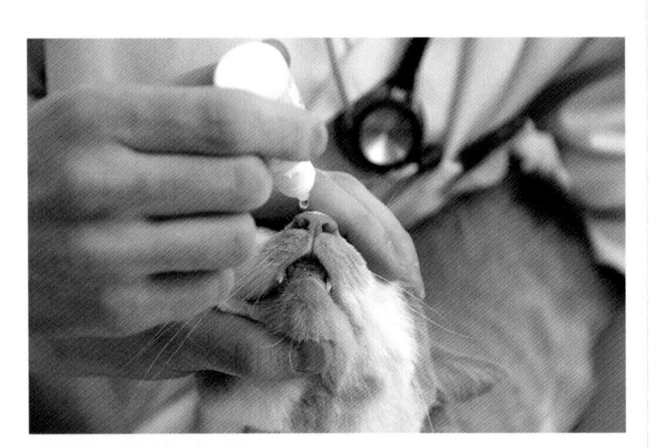

将局部麻醉剂滴入鼻腔。

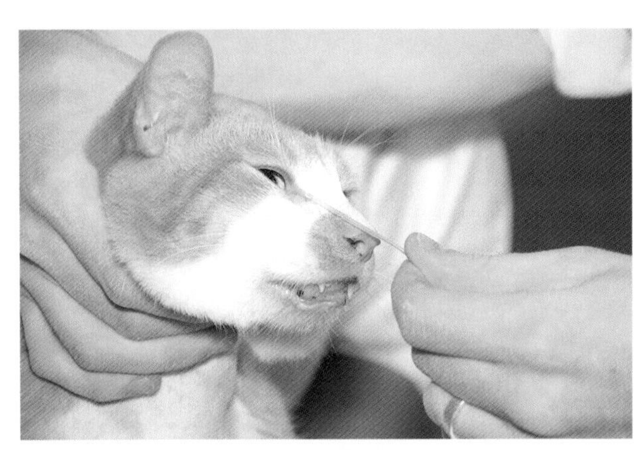

测量插入鼻导管的长度，以到眼内眦为限。

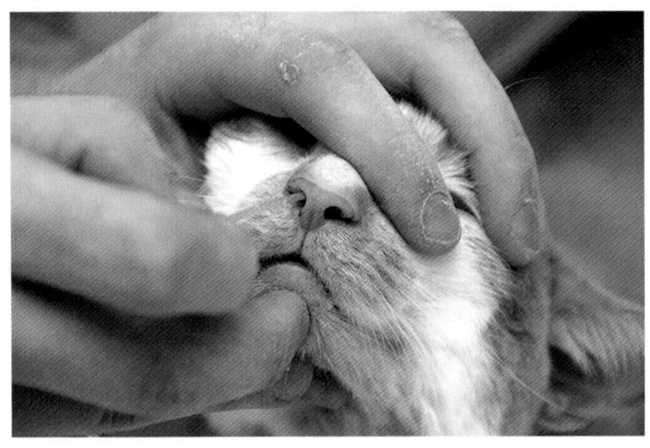

将鼻导管插入腹侧鼻道。

将鼻导管用订皮器或组织胶固定于鼻部和头部，保持其位置。

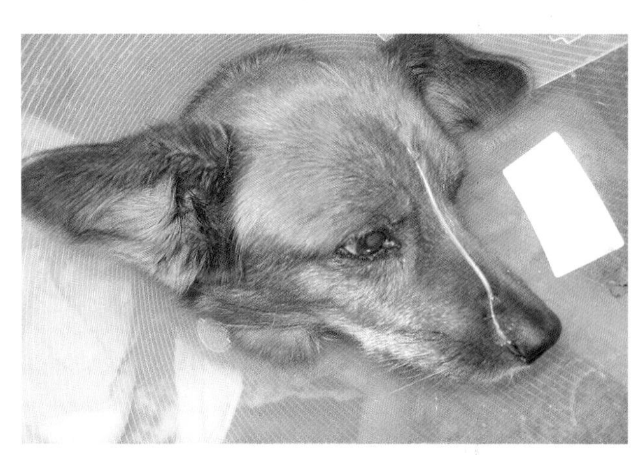

在一只患气胸和肺挫伤的犬放置了鼻部输氧管。

氧气箱

即便氧流量很大，采用氧气箱或氧气笼时，要使氧浓度超过50%至少也需要20min。而且，也限制了对动物的接触性检查和治疗。

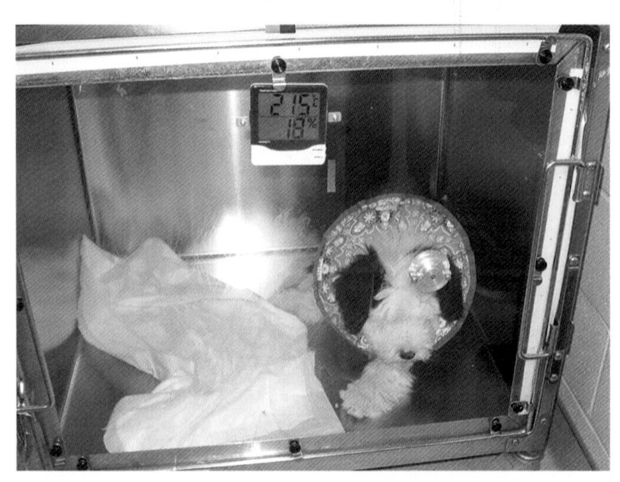

在一些病情稳定的动物，通过氧气箱输氧。

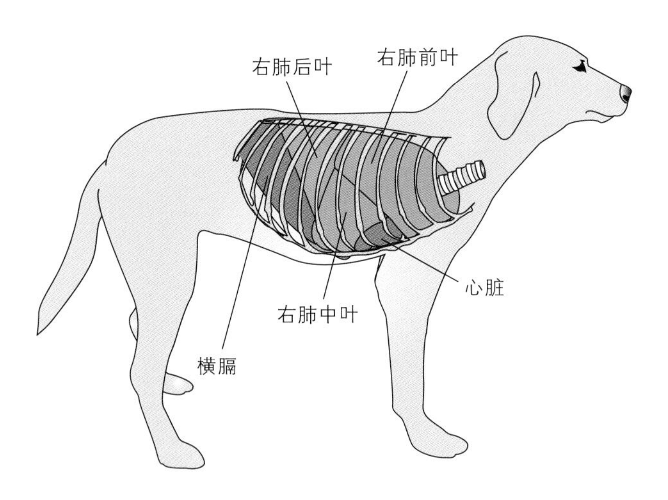

右肺解剖示意图。

左肺解剖示意图。

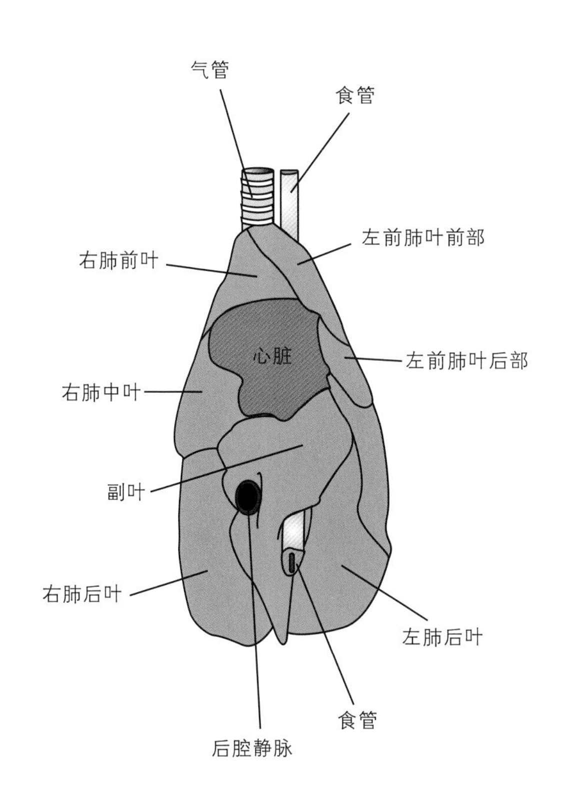

肺叶解剖示意图，腹背位观。

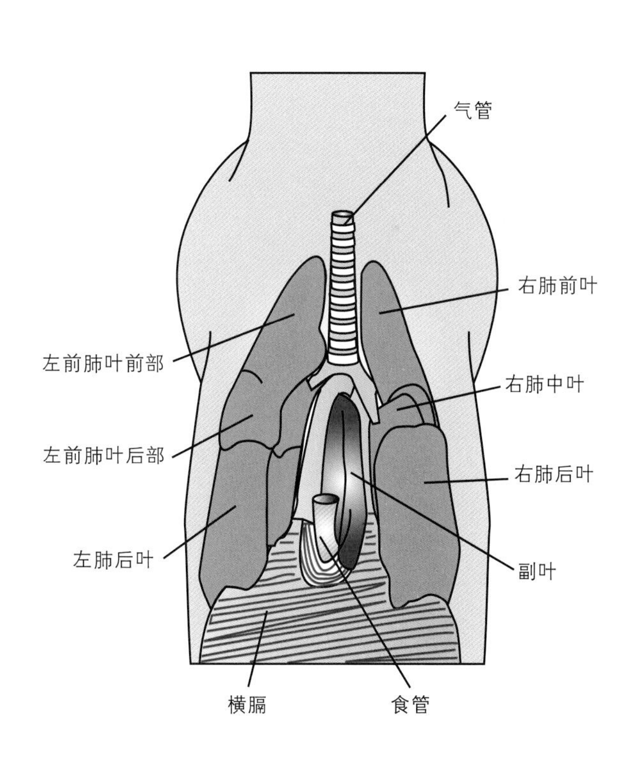

肺叶解剖示意图，背腹位观。

[技术：呼吸系统检查]

1. 使动物站在桌子或地面上。

2. 检查鼻孔处是否有异常分泌物。

3. 确定分泌物是单侧还是双侧。局灶性疾病更常引起单侧分泌物，如吸入的异物、齿根脓肿或口鼻瘘。真菌性鼻炎和肿瘤等进行性疾病引起的鼻分泌物在最初为单侧性，但会发展为双侧性。过敏性鼻炎和淋巴细胞浆细胞性鼻炎等系统性或弥散性疾病会引起双侧分泌物。

4. 将鼻分泌物描述为：水样、黏液性、脓性或血性。

A. 浆液性（水样）可能为正常或暗示有病毒感染、鼻螨或过敏。水样分泌物也可能是能引起脓性鼻分泌物疾病的最早期表现。

B. 无大量炎性细胞的黏稠的黏液性分泌物可见于患过敏性鼻炎的犬、患慢性病毒性鼻窦炎的猫和患鼻部肿瘤的犬和猫，尤其是患腺癌时。

检查鼻孔是否有异常分泌物。

一只患鼻部肿瘤的老年猫出现双侧黏液脓性鼻分泌物。

C. 脓性分泌物含有很多炎性细胞——多数为中性粒细胞。脓性鼻分泌物见于多数细菌性和真菌性感染、异物、口鼻瘘、齿根脓肿和淋巴细胞浆细胞性鼻炎。

D. 血性分泌物（鼻出血）可能是由于鼻内的局灶性疾病或系统性疾病所致（图框7-2，p82）。出现鼻出血的原因包括鼻部创伤、吸入的鼻部异物、肿瘤、淋巴细胞浆细胞性鼻炎、真菌病和齿尖周围脓肿。

E. 当发生鼻出血，但没有鼻分泌物或阻塞的任何前期病史或生理表现时，应该进行系统性检查（图框7-2）。严重的血小板减少（＜30000个/μL）常会引起鼻出血，当血小板功能降低（血小板病）、凝血疾病、脉管炎和高血压时也会出现鼻出血。

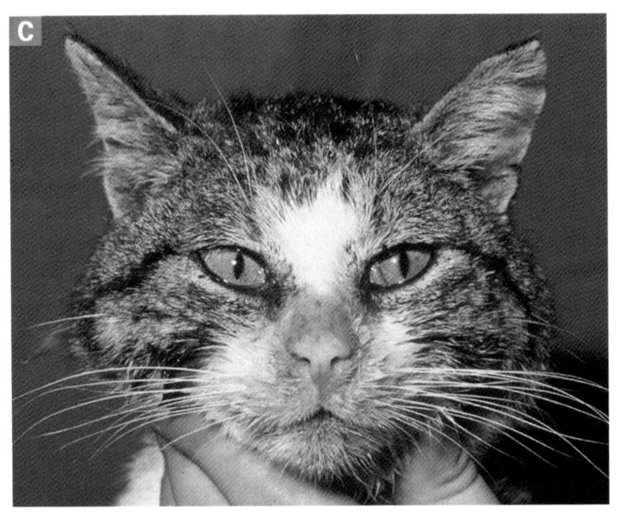

一只患慢性疱疹病毒感染和继发性细菌性鼻窦炎猫的脓性鼻分泌物。

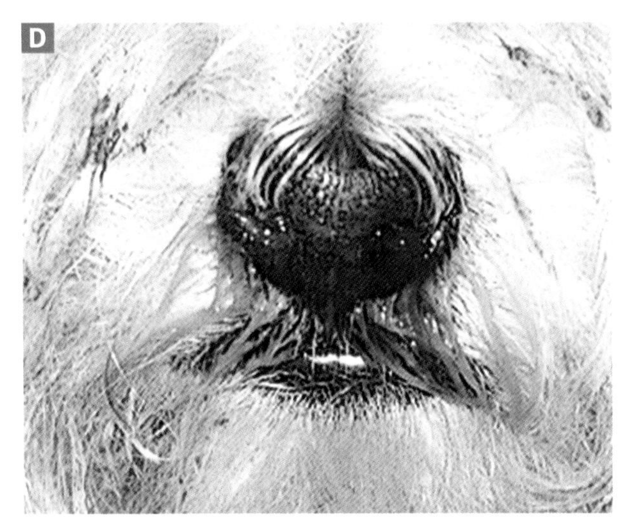

一只患鼻曲霉病犬的鼻出血。

5. 检查鼻孔是否有糜烂。围绕鼻孔外的糜烂常见于引起慢性炎性分泌物的疾病，尤其是霉菌性（真菌性）鼻炎。

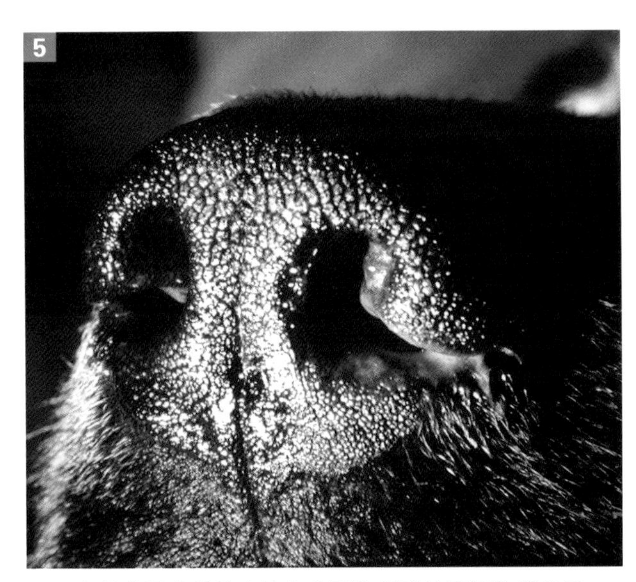

一只患鼻曲霉病的拉布拉多犬围绕鼻孔的糜烂和脱色素。

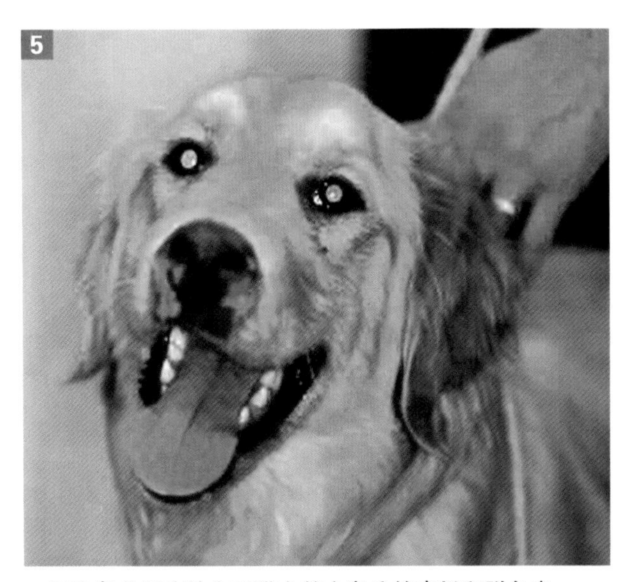

一只患鼻曲霉病的金毛猎犬整个鼻头的糜烂和脱色素。

图框7-2 鼻出血的原因

局部性（鼻部）原因

- 外伤
- 肿瘤
- 吸入异物
- 真菌性鼻炎
- 淋巴细胞浆细胞性鼻炎
- 齿根脓肿

全身性疾病

- 血小板减少症
- 血小板病（血小板功能降低）
  - 冯·威利布兰德病
  - 使用阿司匹林
  - 浆细胞骨髓瘤
- 凝血疾病
- 全身性高血压
- 脉管炎

一只感染隐球菌猫的右侧鼻孔糜烂和同侧鼻出血。

6. 评估通过每侧鼻腔的气流。堵塞一侧鼻孔，通过以下方法确定有气流通过另一侧鼻孔：感觉；观察气流引起的一小缕棉花的运动；或观察呼出热气引起冷冻过的载玻片上出现冷凝水珠。鼻孔的完全堵塞最可能见于肿瘤。

7. 检查眼部分泌物。鼻泪管通到鼻腔，可以在鼻腔部被肿物性病变压迫或阻塞。可能引起泪溢（面部的泪痕）。随时间发展，这能引起眼腹侧的湿润性皮炎和毛结片。

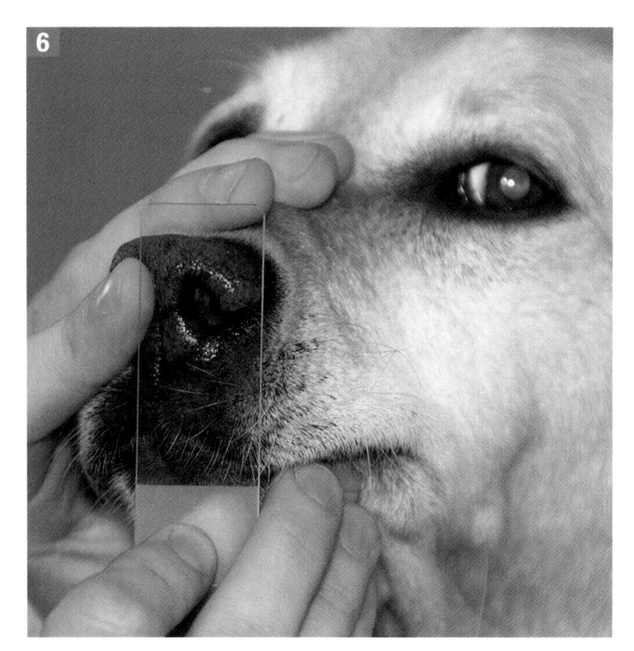

检测鼻部气流。

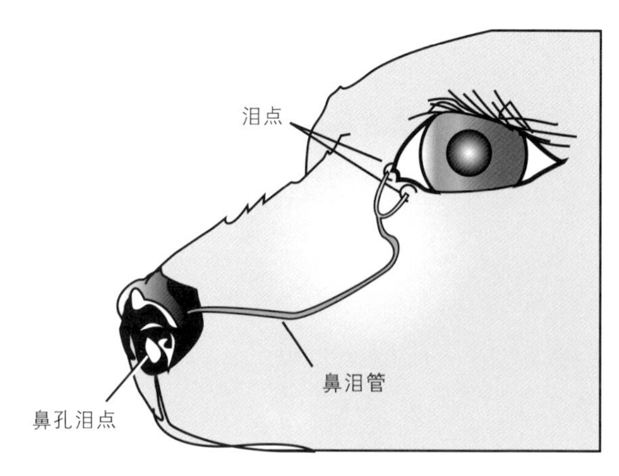

鼻泪管的解剖结构。

8. 检查是否有面部变形，在犬、猫发生时多由鼻部肿瘤和隐球菌属引起。无论何时，如果出现鼻部变形，通过直接对变形区进行细针抽吸细胞学检查经常可提供诊断。

这只9岁的柯利犬有明显的鼻部变形和鼻部骨骼破坏，由鼻部腺癌所致。

9. 检查黏膜颜色。苍白（黏膜颜色苍白）出现于贫血时，即使无呼吸系统疾病，贫血也能引起呼吸频率增加（呼吸急促）和运动不耐受。发绀（黏膜呈蓝色）是由于血液中出现过量未氧合血红蛋白所致（$>5g/dL$）。发绀多见于严重的呼吸系统疾病或先天性心脏缺陷。

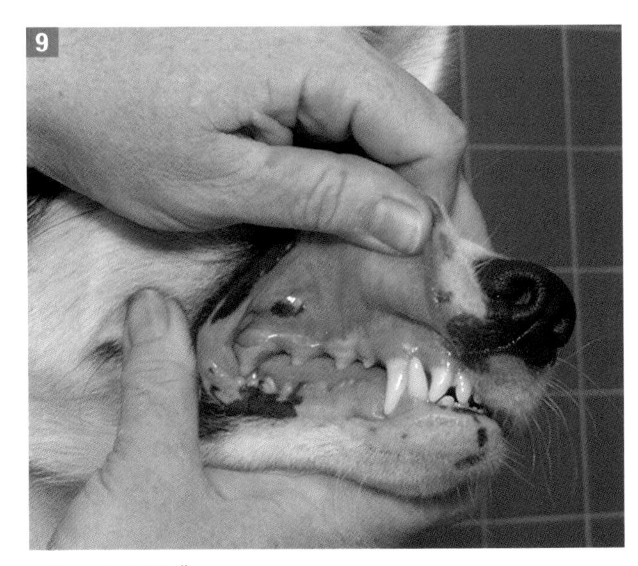

正常桃红色黏膜。

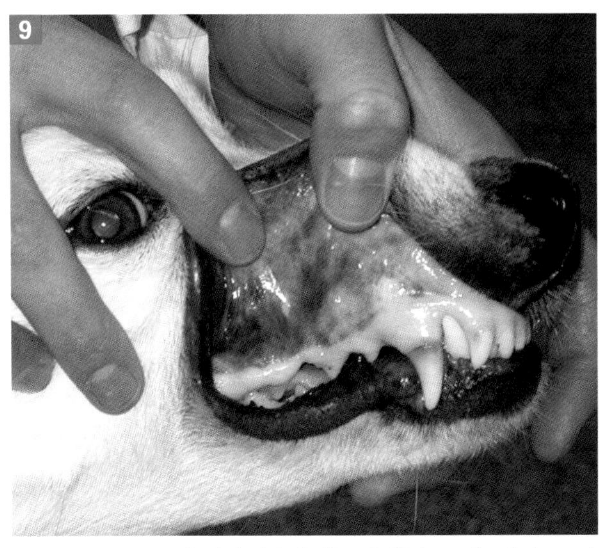

一只患出血性肠道肿瘤的白色德国牧羊犬，呼吸急促，舌头和口腔黏膜苍白。

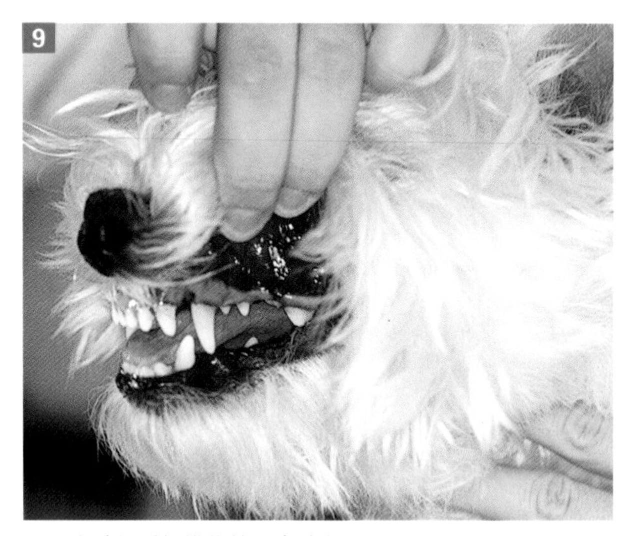

一只患肺间质纤维化的西高地白㹴，呼吸困难，黏膜发绀。

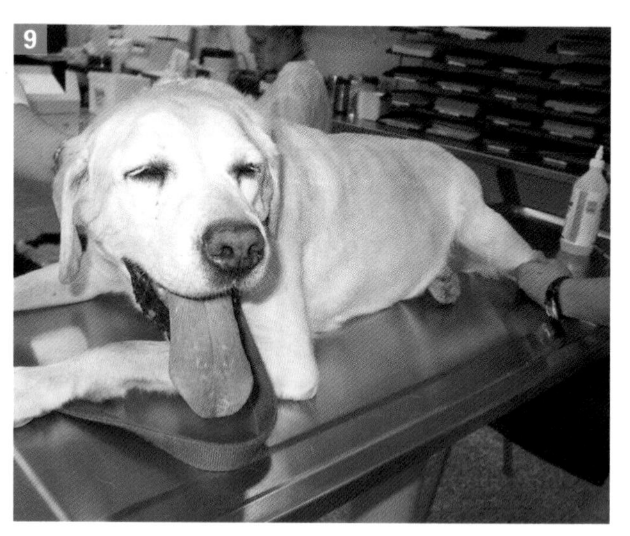

一只患喉麻痹的12岁拉布拉多犬，舌头发绀。

10. 观察呼吸式（图框7–3）。在感觉每次呼吸胸壁起伏时对动物进行观察和倾听。评估每个时间段呼吸的相对力度和时间。如果呼吸的声音和力度增加，确定这种表现在吸气还是呼气阶段更明显。

犬、猫正常情况下吸气时使用膈和肋间肌扩张胸腔，除非呼吸费力，休息状态下胸部的运动很小。由于胸部肌肉放松，正常情况下呼气是被动的。当动物呼吸有杂音或费力时，确认其发生的阶段将有助于对呼吸道阻塞定位。当动物吸气时声音和力度增加暗示胸外气道发生梗阻，如喉部、咽部或胸外气管。呼气时杂音和力度增加暗示存在胸内气道的塌陷或梗阻。

11. 触诊喉部、颈部气管和胸腔的外部形状，检查其对称性，是否有肿物或肿胀。在年轻猫，尝试挤压心脏之前的前部胸腔。在年轻猫，这个区域很柔软。在患有前纵隔淋巴瘤的年轻猫，该部位的胸腔无法被挤压下去，实际上有可能增大。

12. 听诊喉部和胸外气管时，应该将听诊器的膜贴在动物的皮肤上，由喉部向下到胸腔入口处多部位听诊吸气和呼气的情况。当把听诊器贴在直接处于受限气道处的皮肤上时，由上气道传到肺的声音最大。

13. 听诊左右两侧所有的肺区。在犬的整个肺区，正常情况下，吸气阶段和呼气的前1/3段都能听到源自大气道的低调呼吸音。在正常的猫，这些呼吸音很轻，且难以听到。下列情况时呼吸音

图框7–3 呼吸式

吸气费力、有杂音，并延长

喘鸣

每次吸气的音很高，悦耳。多暗示存在喉部阻塞，因喉麻痹、肉芽肿性喉炎或肿瘤所致。

打鼾

吸气时听到的大声、不连续的鼻鼾样噪音。多暗示咽部阻塞，因软腭过长、咽部肿瘤或鼻咽息肉所致。

逆向打喷嚏

吸气很用力并有噪音的状况，发生于呼吸过程中通过鼻部时，头和颈部伸展。在一些小型品种的犬是正常的。当这作为一个新症状出现时，多暗示有鼻部疾病，伴有可引起鼻咽痉挛的后部分泌物。

呼气费力并延长

哮鸣音

患有如慢性支气管炎或哮喘的犬、猫，多数会出现典型的呼气费力或延长，或腹部用力。

呼吸快而浅

呼吸急促

短而浅的呼吸是由于：肺硬，无顺应性（肺纤维化）；或胸腔或胸壁疾病使肺扩张受限。这种呼吸式常见于胸腔积液、气胸或膈疝。

呼吸快而深

呼吸急促或呼吸过度

呼吸力度和深度增加，常见于患肺实质疾病引起低氧血症的动物。这种呼吸式常见于患肺炎或肺水肿的犬、猫。

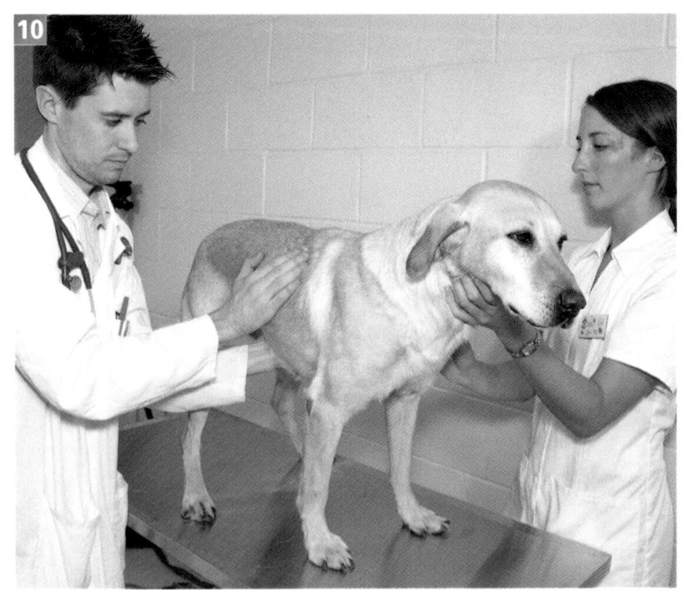

当感觉动物每次呼吸胸腔的起伏时，要对动物进行观察和倾听。

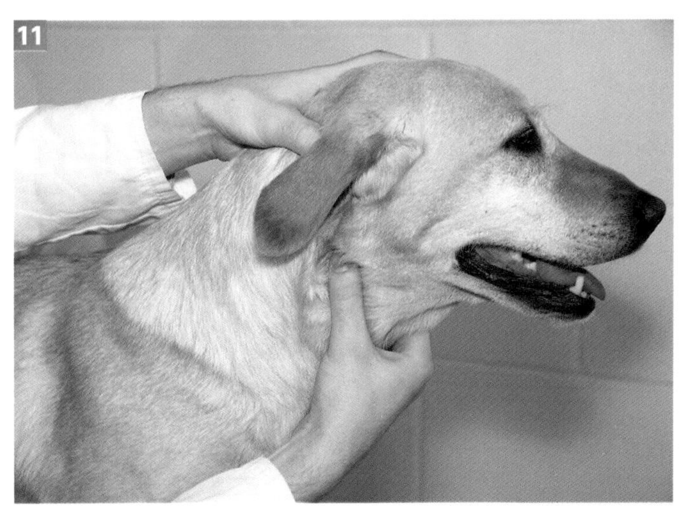

触诊喉部和颈部气管。

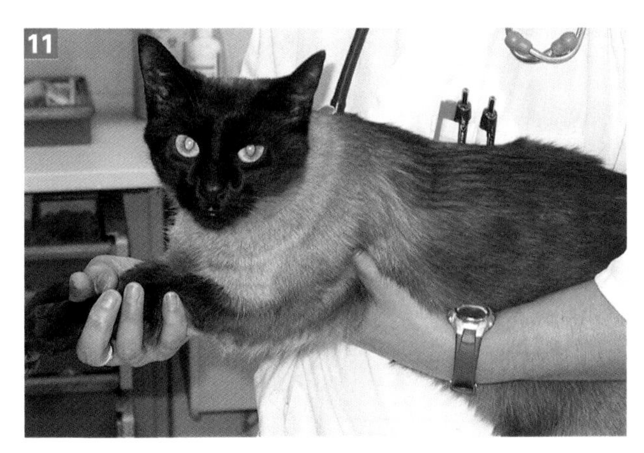

触诊猫的前纵隔。

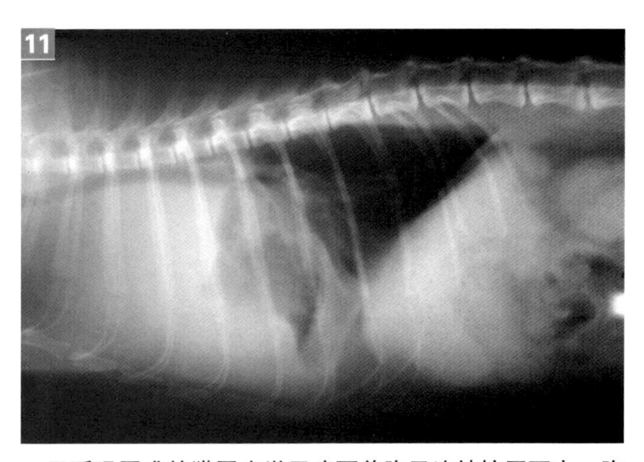

一只呼吸困难的猫因患淋巴瘤而前胸无法被挤压下去，胸部X线片显示前纵隔有个肿物。

会比正常时大（粗砺）：消瘦；通气深度增加；肺叶实变或肺肿物使声音传导增强。在患胸腔积液的犬猫，腹侧的心音和呼吸音比较弱；而在患气胸的犬猫，背侧的心音比较弱。

14. 描述任何异常（非本身的）肺音。啰音（crackles）是一种不悦耳的非连续性噪音，听起来就像弄皱玻璃纸或用手捻头发的声音。这通常表明有一定量的液体聚集（水肿或渗出）在肺泡或气道内，可能见于肺炎、肺水肿或间质性纤维化。喘鸣音（wheezes）是一种悦耳的连续高调的声音，表明有气道狭窄，可能是由于支气管收缩、支气管壁增厚、气道受外部压迫或支气管腔内有渗出。喘鸣音多见于患如哮喘或支气管炎等小气道疾病动物的呼气阶段。呼气末的噼啪声有时见于严重胸内气管塌陷患犬的呼气末。

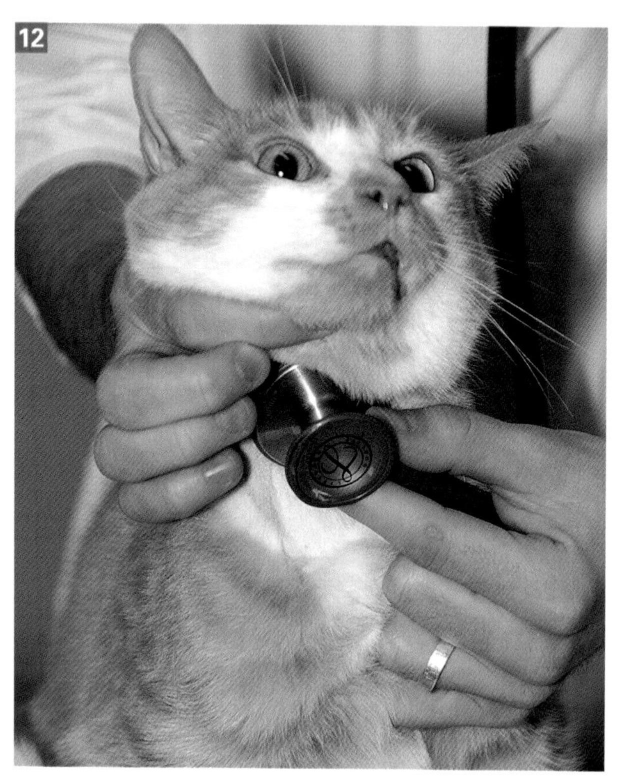

听诊喉部和气管有助于定位上气道梗阻的部位。

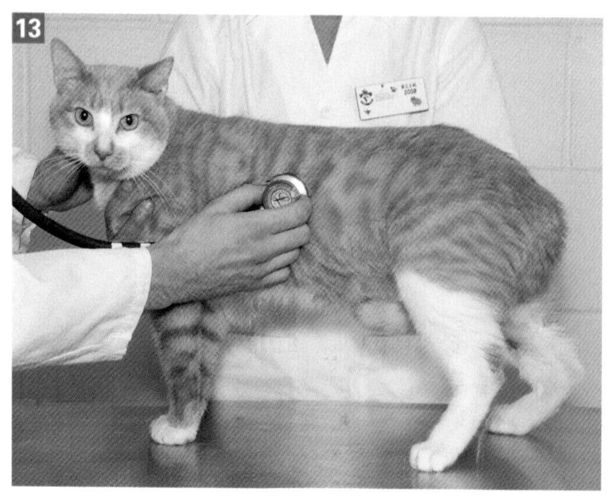

为了确认是否有异常，听诊整个肺区很重要。

15. 通过气管触诊诱咳。当被触诊气管时，正常动物会咳嗽一次或两次。气管受刺激的动物可能会咳嗽多次。这种气管敏感会由气管、支气管、小气道或肺实质疾病引起。任何可引起气管或支气管受刺激或压迫的异常，以及所有能引起渗出物进入气道的异常都会引起咳嗽，并导致气管敏感性增强。仔细观察动物咳嗽后是否出现吞咽，有则表明为湿咳。湿咳见于气道、肺或心脏疾病。

16. 通过听诊、触诊双侧股动脉脉搏以及检查毛细血管再充盈时间来仔细评估心脏。心衰是引起呼吸困难和咳嗽的常见原因，因此，对心脏的评估是呼吸系统检查很重要的部分。要在胸壁两侧都进行心脏的听诊，要听正常心音，也要听收缩期（心室收缩）或舒张期（心室扩张）的异常心音。为了确认并描述来自心脏瓣膜的异常声音，在听诊相关区域时应该特别注意。在多数因心衰导致呼吸窘迫的动物心率增加（大型犬心率＞100/min；小型犬心率＞160/min；猫心率＞240/min）。股动脉脉搏应该强而节律整齐，与心脏的听诊一致。当听诊心脏时心音缺失或脉搏缺失，但触诊股动脉并无同样情况，通常暗示存在节律障碍。

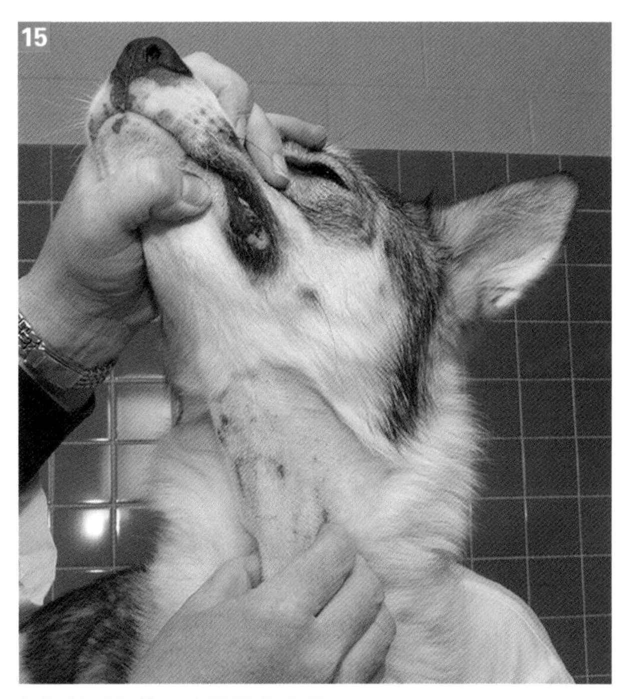

轻轻挤压气管，试图引发咳嗽。

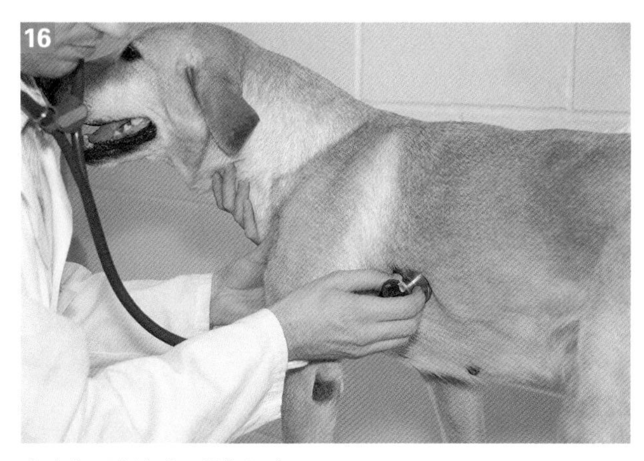

在胸部两侧仔细听诊心脏。

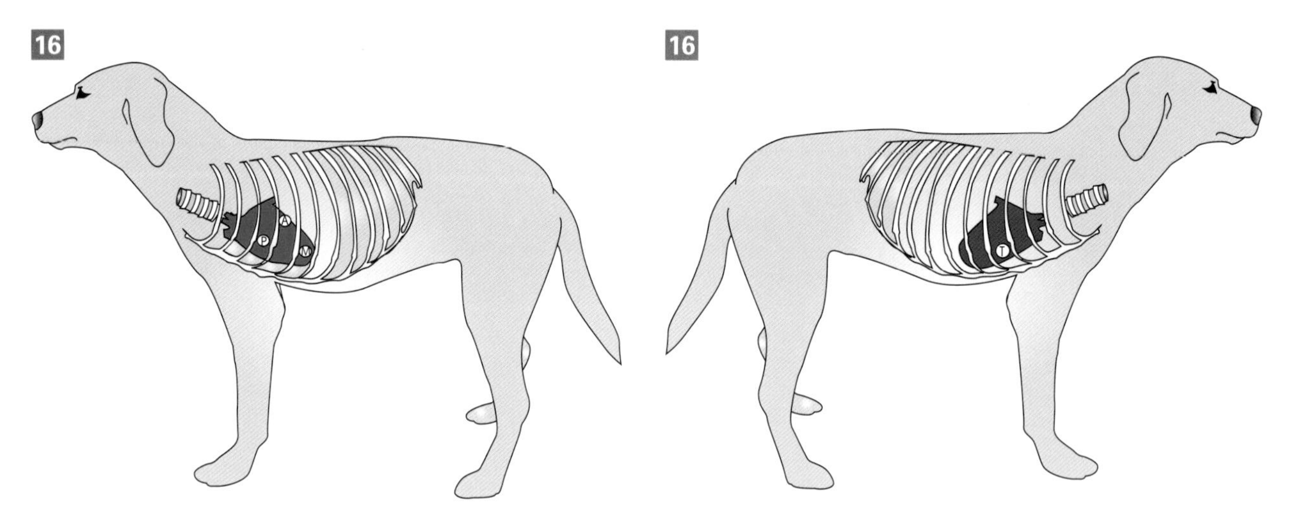

在左胸听诊肺动脉瓣（P）、主动脉瓣（A）和二尖瓣（M）的部位。

在右胸听诊三尖瓣（T）的部位。

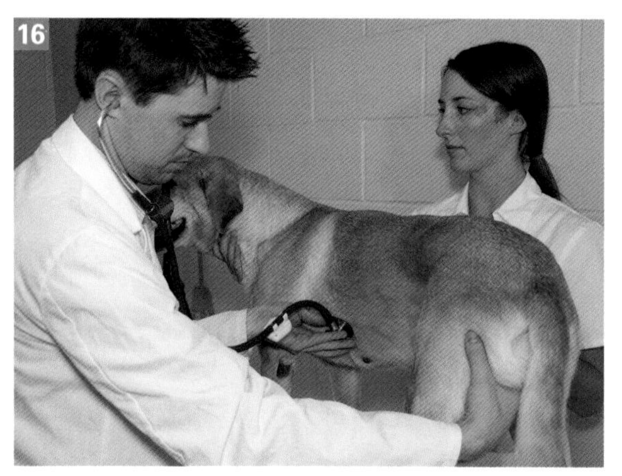

听诊心脏时同时触诊股动脉脉搏，检查是否有节律障碍和脉搏缺失。

17. 通过指压口腔黏膜并测量颜色恢复所需的时间来评估毛细血管再充盈时间（capillary refill time，CRT）。CRT延长（＞2s），可能表明存在心输出量减少或脱水。

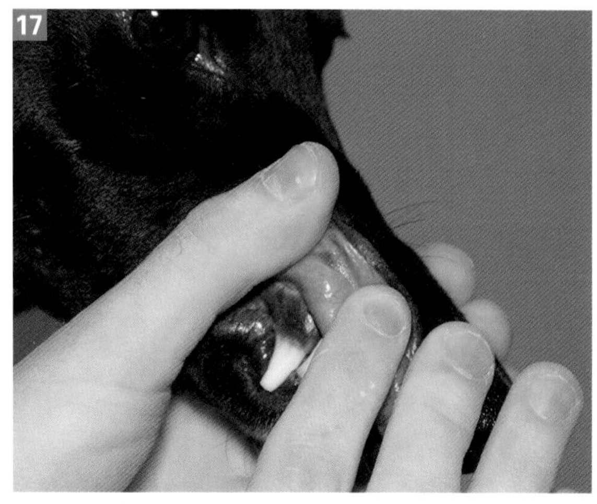

指压使黏膜变白。

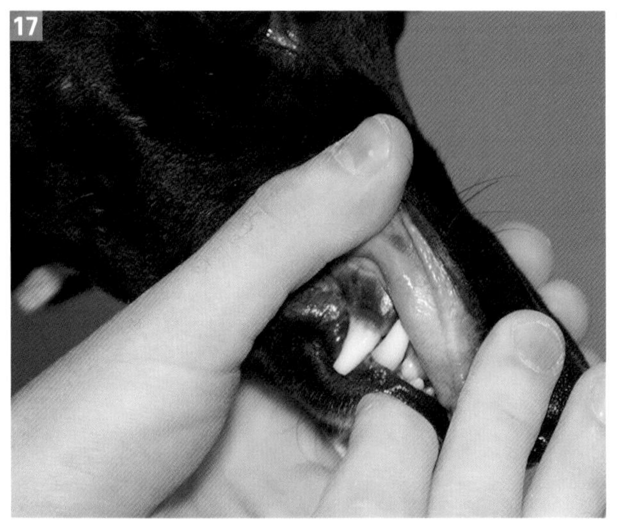

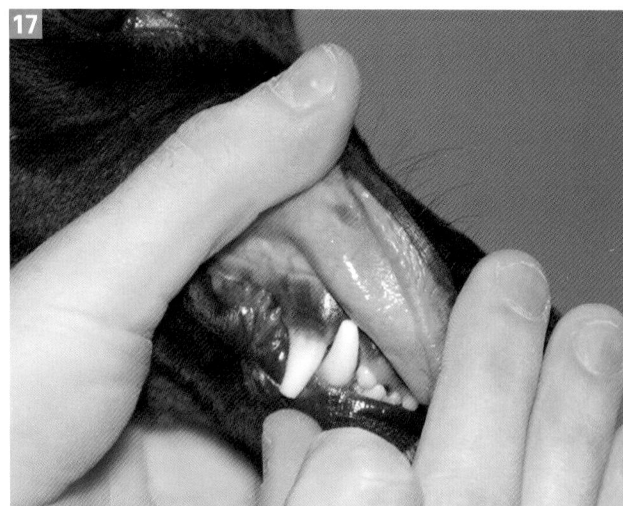

测量颜色恢复所需的时间。

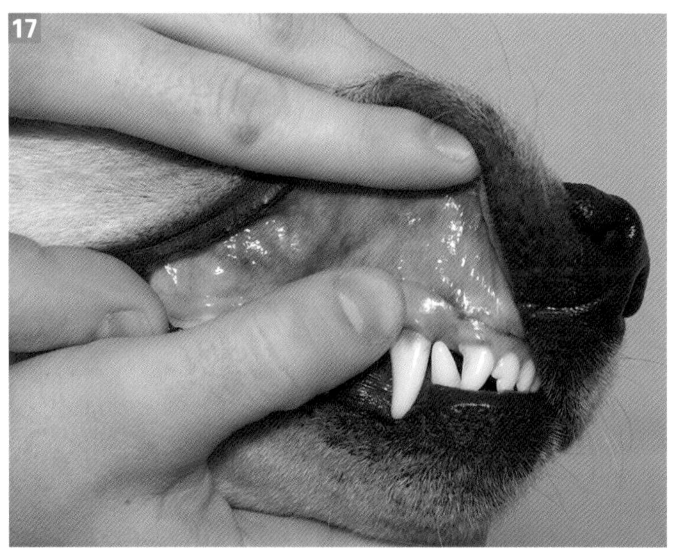

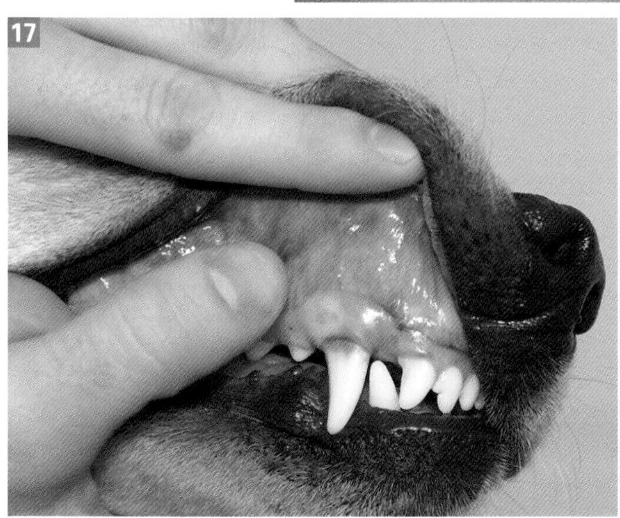

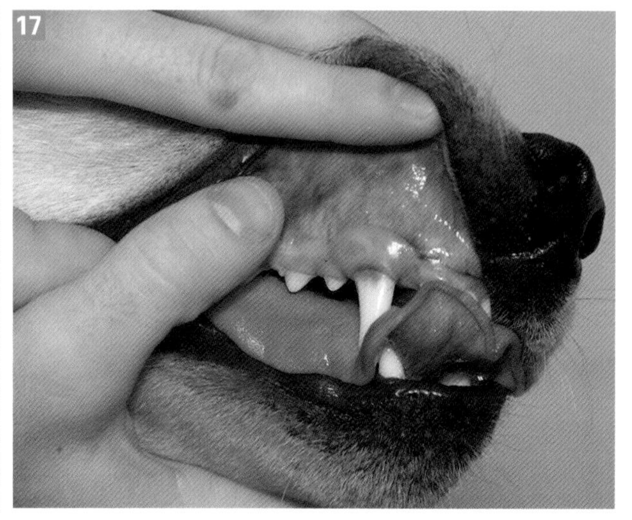

评估毛细血管再充盈时间。

操作 7–2 鼻内检查

[目的]

为了检查鼻腔内部，确定局灶性临床症状的原因。

[适应证]

1. 评估任何有慢性鼻部分泌物、鼻部糜烂、鼻部变形，喷鼻或鼻子不通气的动物。

2. 任何急性发作打喷嚏、喷鼻或抓脸，怀疑吸入异物的犬。

[禁忌证和注意事项]

1. 鼻内检查（鼻镜检查）需要全身麻醉，因此无法用于不适合麻醉的动物。

2. 在有慢性鼻分泌物的犬、猫，全身麻醉进行鼻内检查前应该用鼻拭子采集渗出液，进行细胞学检查。用小棉签采集外鼻孔内的新鲜渗出液，在载玻片上滚动涂片，新亚甲蓝染色，检查是否有隐球菌。近60%患鼻隐球菌的动物细胞学检查为阳性。在犬、猫的其他鼻部疾病，鼻拭子细胞学检查和培养不是非常有用。

3. 在鼻出血的动物，麻醉进行鼻镜检查前应该检查并排除引起出血的鼻外因素（见图框7–2）。

4. 在患慢性疾病的动物，进行鼻镜检查前应该进行鼻部影像学检查，如X线或CT检查，以免鼻内细节受鼻镜检查引起的出血所干扰。

5. 当要对动物麻醉进行鼻内检查时，要有彻底检查鼻腔的计划，包括单靠鼻镜检查无法确诊时进行鼻冲洗和活组织检查。

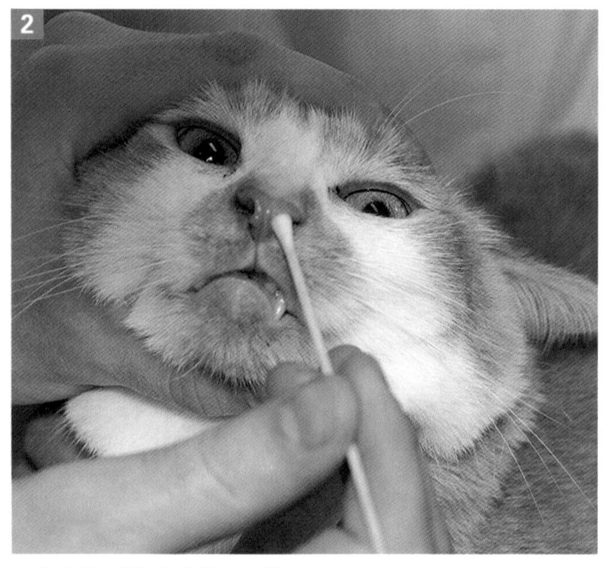

采集鼻拭子样本进行细胞学检查。

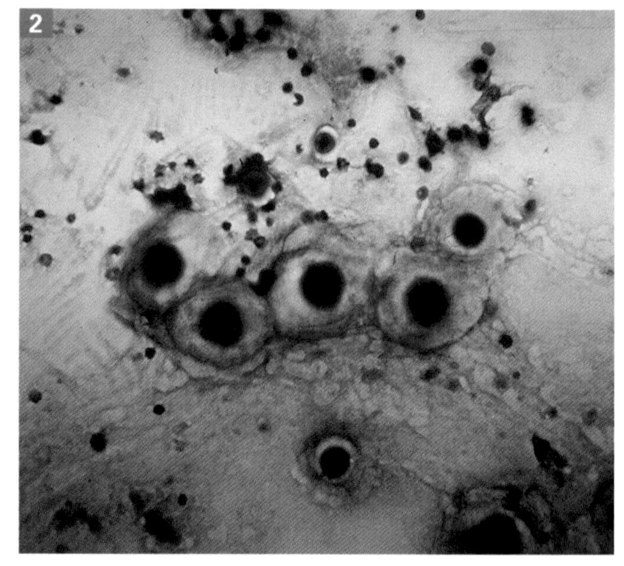

一只猫鼻拭子的新型隐球菌（*cryptococcus neoformans*）。

[物品]

- 可用于检查鼻腔前1/3的耳镜和耳镜锥。
- 硬纤维光学内镜（直径2～3mm）或软镜能用于检查大型犬的前2/3鼻腔。
- 润滑剂。

[体位和保定]

进行该操作应该对动物进行全身麻醉，俯卧保定。

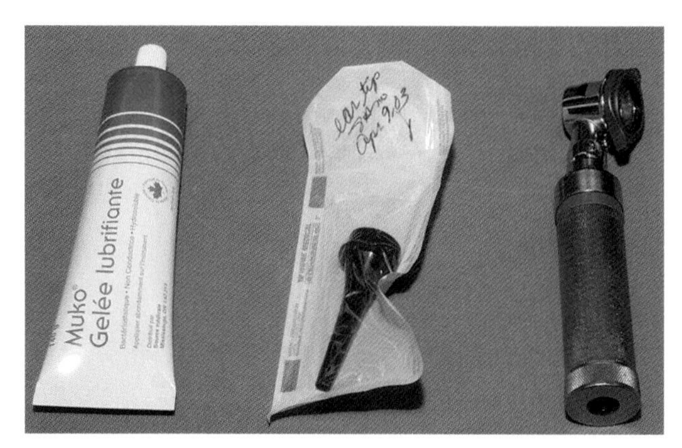

用于前鼻部检查的耳镜和锥形管。

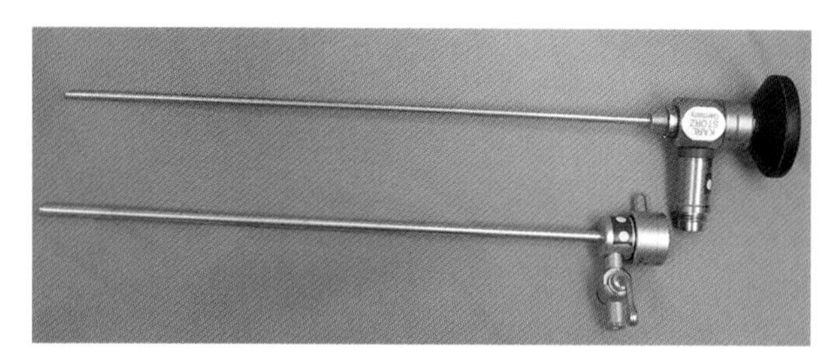

在大型犬，使用内镜可以更好地检查鼻腔中部。

[局部解剖]

1. 鼻腔由鼻孔到鼻咽，被鼻中隔分为两半。

2. 背侧和腹侧的鼻甲（被黏膜覆盖的骨骼）从侧壁伸入鼻腔，实际上将鼻腔分为三部分（鼻道）。

A. 背侧鼻道是位于鼻腔顶部和背侧鼻甲之间的狭窄通道。这个鼻道通往鼻子的后部。

B. 中部鼻道位于背侧鼻甲和腹侧鼻甲之间。这个鼻道也通往鼻子的后部，在喉部分为背侧和腹侧两个管道。通向副鼻窦的主要开口位于中部鼻道内。

C. 腹侧鼻道位于腹侧鼻甲和鼻腔底壁之间，直接通往鼻咽。多数呼吸的气流通过该鼻道。

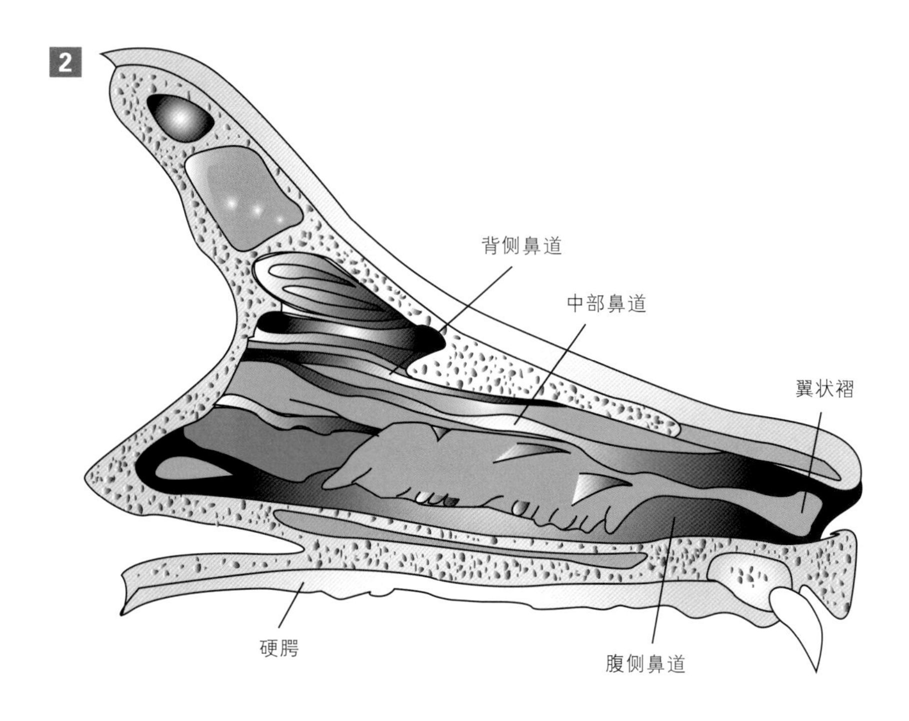

鼻道的局部解剖结构。

3. 耳镜锥或耳镜等大的物体进入鼻腔的前部通路受腹侧和外侧明显的翼状褶限制。耳镜或锥形管的头部朝向背内侧在初期有助于进入。鼻镜主要用于中鼻道检查，但也能用于腹侧鼻道的检查。

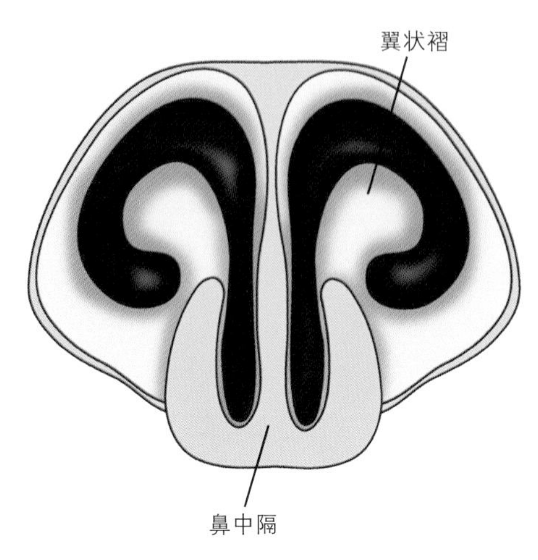

翼状褶的局部解剖结构。

[操作方法：鼻镜]

1. 需要全身麻醉。

2. 除非强烈怀疑急性吸入异物，否则在进行前部鼻镜检查前应进行鼻部影像学检查（X线或CT检查）。这是因为鼻镜引起的出血能掩盖细节或类似影像学异常。

3. 进行前部鼻镜检查之前，应该仔细检查口腔，检查和触诊硬腭和软腭是否有糜烂、缺损和畸形。

4. 只要有可能，进行前部鼻镜检查前，应该通过内镜检查后部鼻咽（见操作7-3，咽部检查）是否有息肉、异物和鼻螨。

5. 在有单侧鼻部疾病症状的动物，鼻部的两侧都应该进行检查。应该先检查正常一侧。

6. 润滑耳镜锥或内镜。

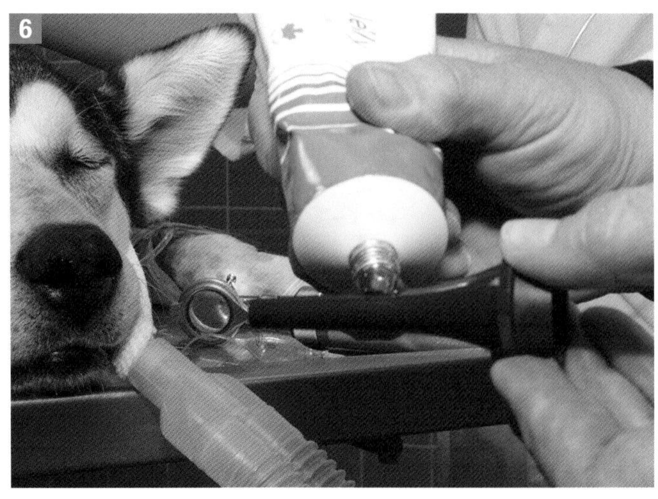

润滑内镜。

7. 将耳镜锥或内镜插入鼻腔，最初头朝向背内侧，向后施压。

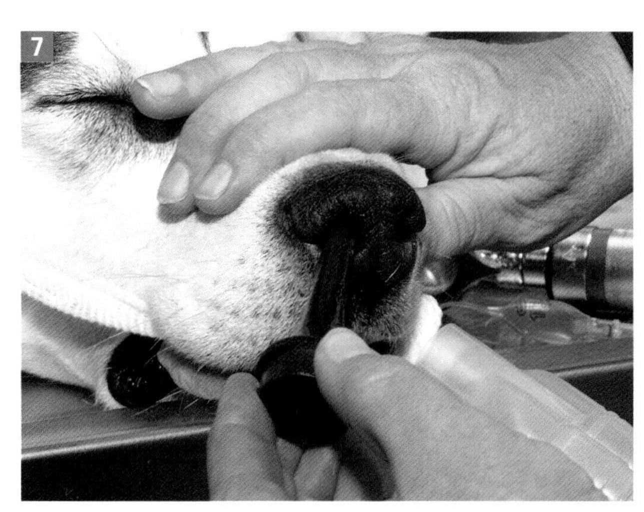

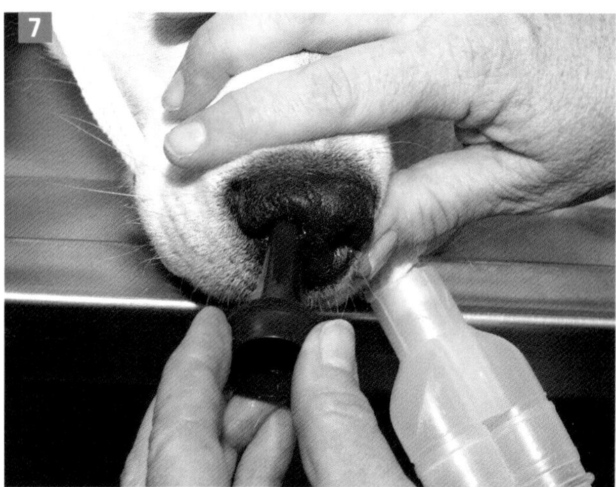

最初使耳镜锥的头朝向背内侧，同时向后施压。

8. 一旦将耳镜锥插入鼻腔，连接耳镜检查鼻腔内。使用耳镜锥只能看到鼻子的前一半或1/3。在大型犬，使用硬镜或软镜可能看到鼻腔的中间部分。

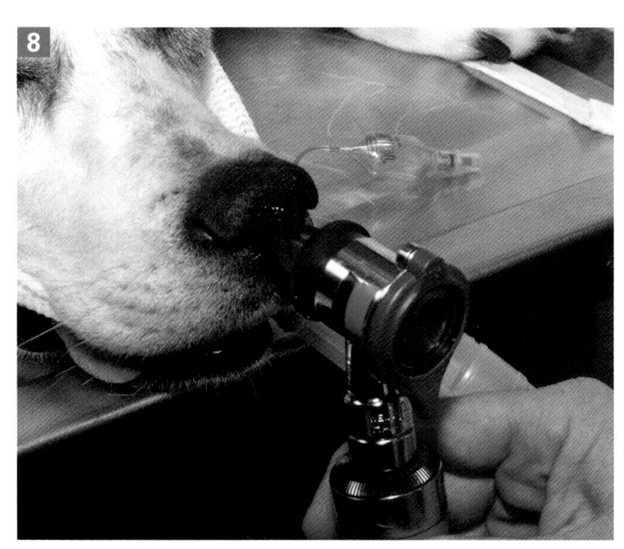

连接内镜，观察鼻腔内部。

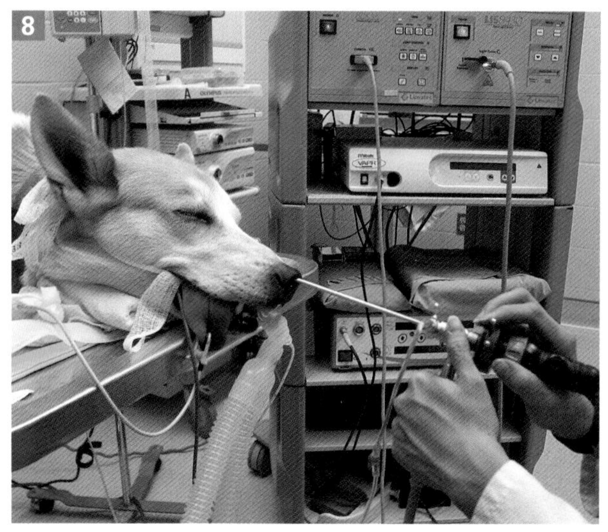

硬镜可用于检查大型犬的鼻腔。

9. 对每个鼻道都应该进行对称性评估，从腹侧开始向背侧检查。

10. 鼻黏膜正常情况下光滑，呈粉色，有少量浆液。能看到的可能的异常包括鼻黏膜的炎症、真菌菌丝团、肿物性病变，异物和鼻螨。

11. 当进行鼻镜检查过程中发现诸如肿物或真菌团块类异常时，应该采集样本进行细胞学或组织病理学检查。当在鼻镜检查中未发现异常时，总应该进行鼻部冲洗和盲式活组织检查。

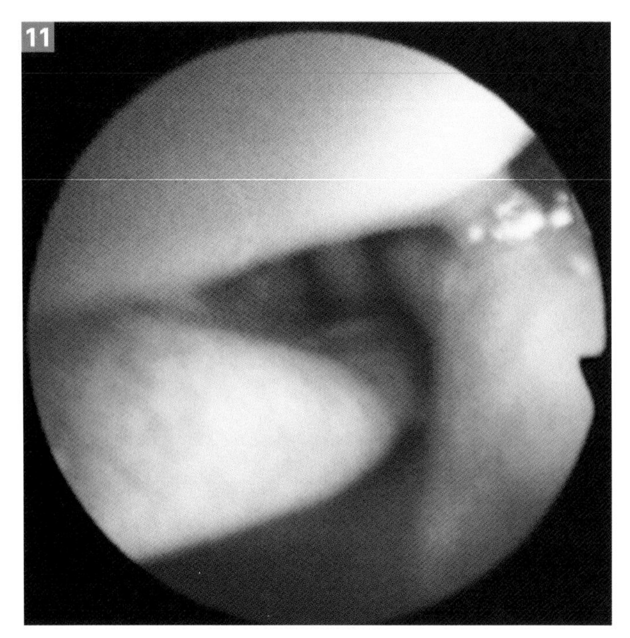

犬的正常鼻前部内镜检查。

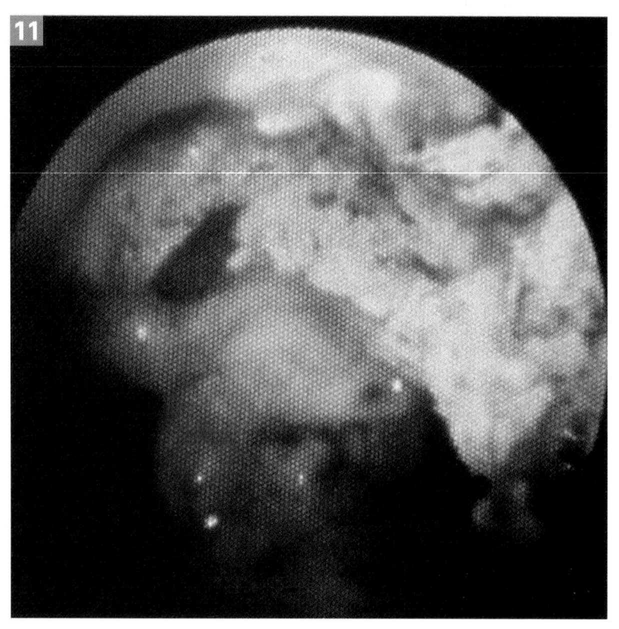

一只患鼻曲霉病犬的鼻腔内镜图像。鼻甲骨结构消失，黏膜发炎，有绒毛样灰色斑。为了确诊，通过活检采集少量真菌菌丝团，用生理盐水溶解，进行细胞学检查。

（Dr. Cindy Shmon惠赠，University of Saskatchewan）

[操作方法：鼻部冲洗]

如果进行鼻镜检查时无法确诊，应该进行鼻部冲洗。动物必须全身麻醉，并且插管的气囊要完全充盈，这点很重要。

1. 鼻咽后部用敷料海绵或敷料绷带堵上，以部分阻塞生理盐水。

2. 动物俯卧，头低于桌边，鼻孔朝向地面，对着收液盆。

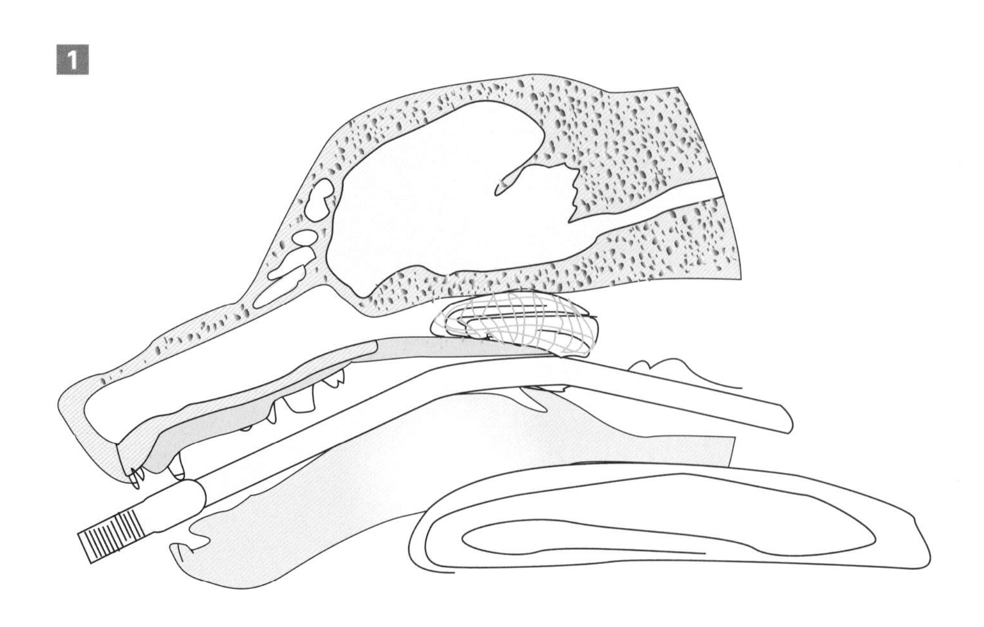

鼻孔冲洗的正确体位，插入气管内插管，用敷料海绵填塞鼻咽后部。

3. 用吸耳球吸大约30mL灭菌生理盐水，呈楔形插入一侧鼻孔，将生理盐水强行挤入鼻孔。液体会流出鼻子和口腔，将其接入盆里。将冲洗液和填塞在鼻咽处的敷料海绵收集的黏液或组织一起提交进行细胞学检查。获得的样本经常不够诊断，但通过采用该技术偶尔能发现鼻部异物、鼻螨和真菌菌丝。

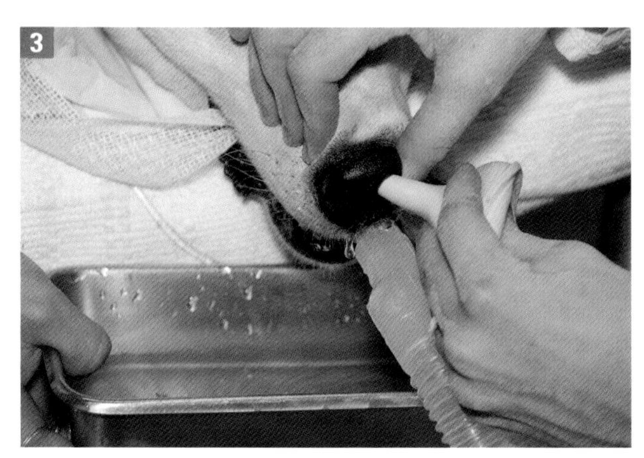

进行犬的鼻部冲洗，将冲洗液收集在盆里。

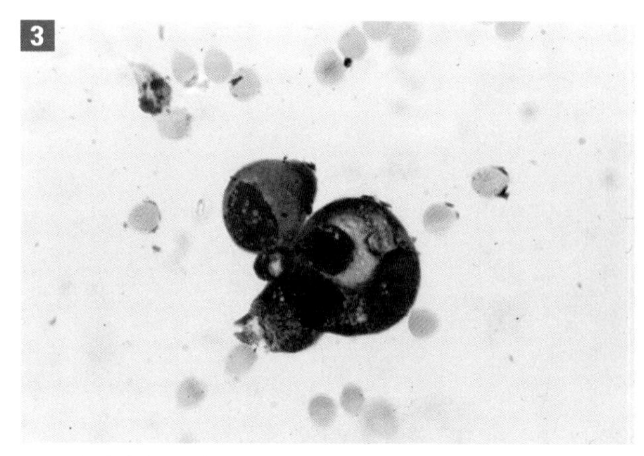

一只犬的鼻部冲洗液显示有腺癌。

[操作方法：鼻部活组织检查]

对每个进行鼻镜检查的动物都应该进行鼻部活组织采样组织学检查（除非鼻镜检查只是为了取出急性鼻部异物）。

1. 如果鼻镜检查时确认存在病变，应借助鼻镜将小的夹式活检钳伸到病变处。然而，通过这些钳子获得的样本非常小，经常无诊断意义。

2. 如果鼻镜检查时未发现病变，但X线或CT检查发现病变很明显，可以将较大的活检器械如鳄口杯样活检钳（最小型号2mm × 3mm）直接伸到病变区，以上颌牙为标记采样。

3. 如果在鼻镜检查时或影像学检查均未发现病变，可以在鼻孔内随机采集多个活组织。最少应该采集6份组织样本。要避免从鼻腔底壁采样，以免损伤大的血管。

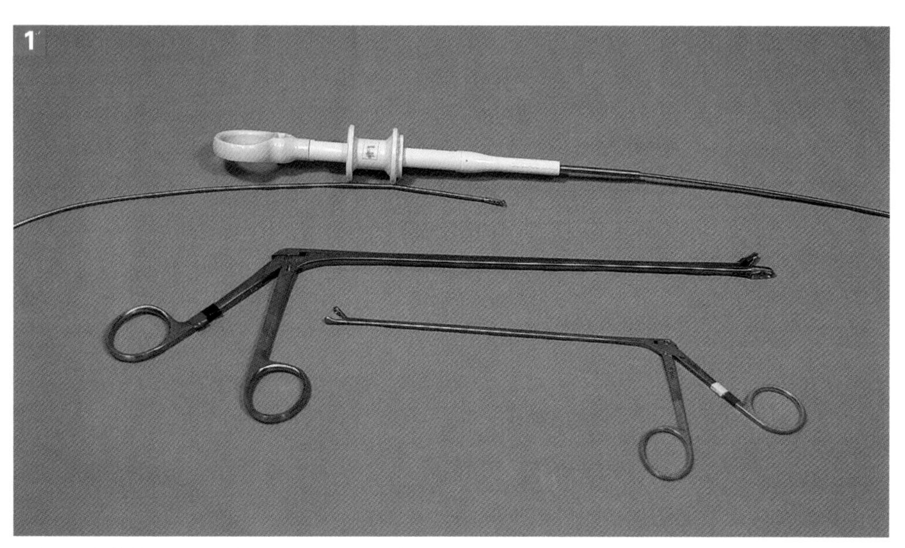

进行犬猫鼻部活组织检查时使用的活检钳。

4. 活检钳永远都不应该深入鼻腔超过眼内眦水平，以免穿透筛板。

5. 当活检钳接近采样部位时，将其打开并紧压在该部位，然后紧紧闭合，并撤回。用小号针头将活检样本由钳子转移到盒内。

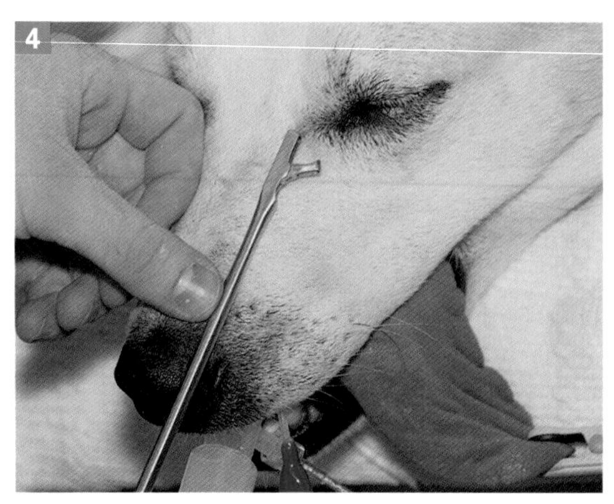

测量活检钳到眼内眦的距离。

[潜在的并发症]

1. 全身麻醉引起的问题。

2. 发生严重出血。通常用棉签堵住鼻腔或将海绵填塞在鼻咽部进行止血，直到出血停止。

3. 患鼻部阻塞性疾病的猫在镇定时有时无法转为用嘴呼吸，因此可能出现通气不足，如果未进行仔细监护，苏醒过程中可能会死亡。

4. 决不能将任何物品深入鼻腔超过眼内眦水平，以避免对脑部的创伤。

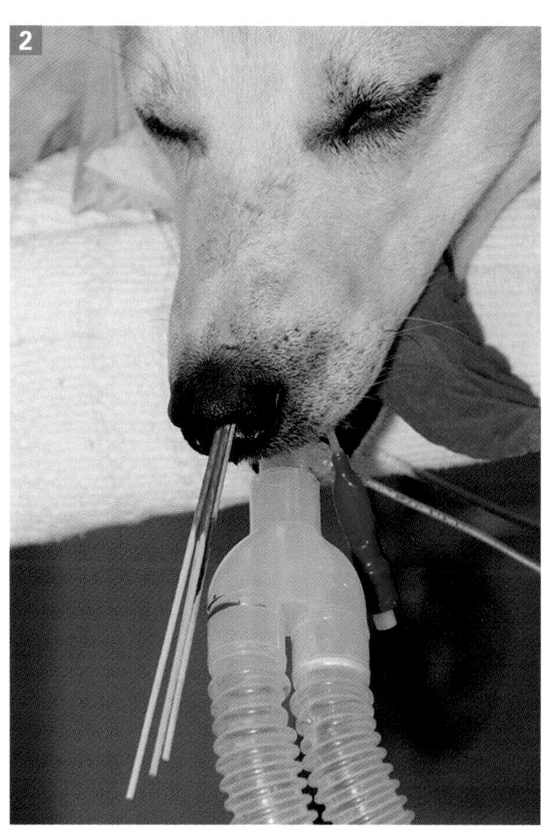

为了减缓或防止出血，用棉签堵住鼻腔，将海绵填塞在鼻咽部。

操作 7–3　咽部检查

[目的]

为了检查口咽和鼻咽部，以确定局灶性临床症状的原因。

[适应证]

1. 任何出现急性喷鼻、恶心、逆向打喷嚏或反复吞咽导致怀疑有咽部异物的动物。

2. 评估任何有慢性鼻分泌物、鼻部糜烂、鼻部变形、喷鼻或鼻不通气的动物。

3. 评估任何出现恶心和干呕的动物。

4. 评估任何有打鼾样呼吸的动物。打鼾是吸气时听到的一种大的连续性鼾声噪音，多暗示存在咽部阻塞。

[禁忌证和注意事项]

1. 完整的咽部检查需要麻醉，因此该检查无法在不能麻醉的动物实施。

2. 因肿物或软组织过多引起咽部阻塞性疾病的动物，进行镇定并不注意监护时，发生全气道阻塞的危险性很高。多余软组织的放松在吸气时能进一步阻塞气道。因此进行麻醉诱导时要迅速，并要注意保持气道开张。应该进行人员和器械的准备，以便当通过口腔进行气管内插管无法通过梗阻处时实施紧急气管临时切开术。

[物品]

- 检查口腔和鼻咽时，用笔式光源即可。
- 为了充分检查鼻咽，需要使用直径小的软镜（进行鼻后部检查）。

[体位和保定]

应该对动物进行全身麻醉，俯卧，使用开口器。

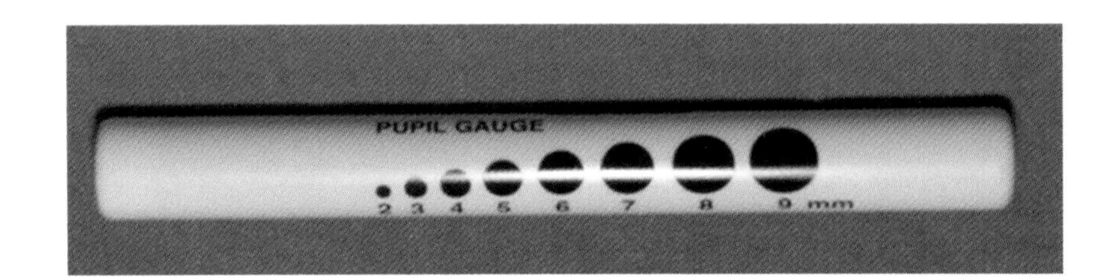

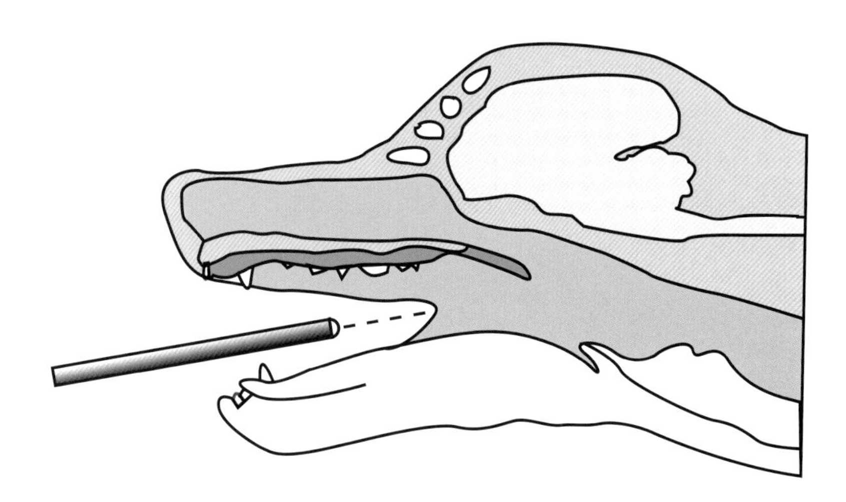

进行完整的口咽部检查仅需要的物品是一个光源。

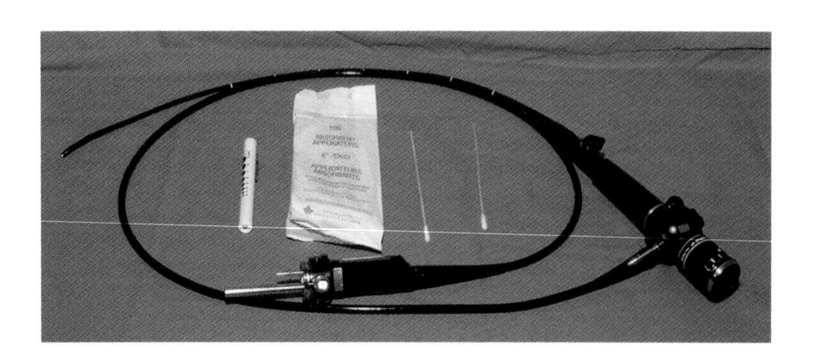

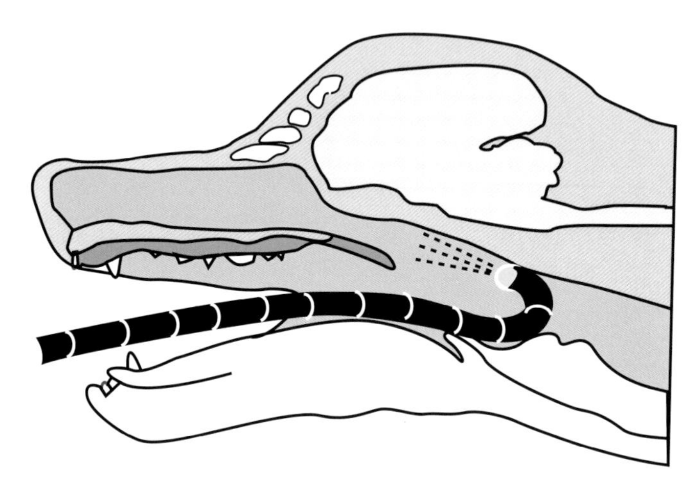

检查鼻咽部需要软镜。为了看到鼻咽部，内镜头要翻转，朝向软腭上方。

[相关解剖]

1. 扁桃体位于咽部背外侧，并可能完全位于其隐窝内，只能看很小的裂缝。

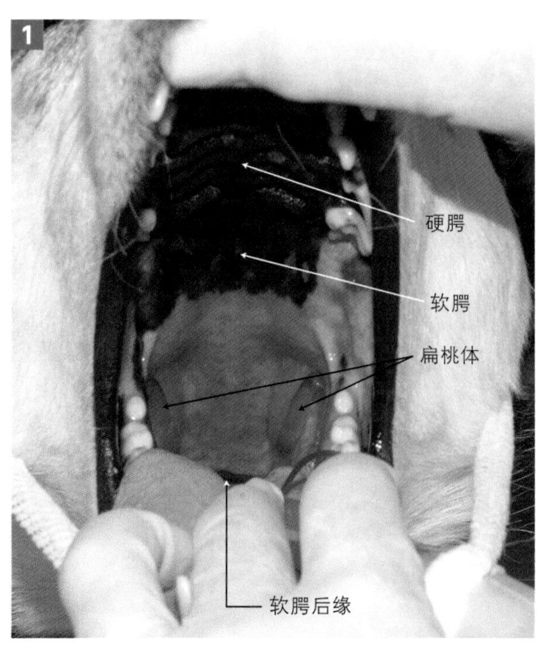

扁桃体位于咽部背外侧。

2. 软腭是从硬腭延伸到会厌尖部的肉质组织，将口咽与鼻咽分开。在正常犬，软腭的游离缘刚好覆盖着会厌软骨的尖部，不会超过扁桃体隐窝的后界。

3. 鼻咽是软腭背侧的空间。

4. 口咽是位于软腭、舌头和会厌之间的咽喉部。

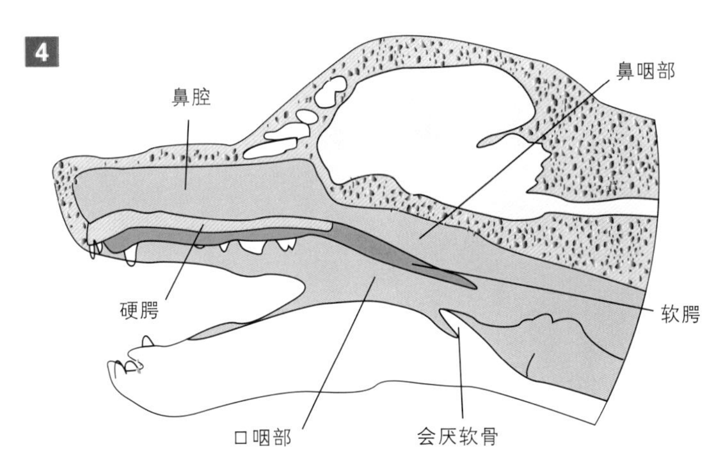

咽部解剖示意图，侧位观。

[操作方法]

1. 需要全身麻醉。进行鼻咽检查时需要深度麻醉，因为该技术能强烈刺激产生恶心反射。

2. 检查扁桃体，如果需要，可以借助棉签将其从隐窝中翻出。探查扁桃体隐窝内是否有异物，如草芒。

3. 触诊硬腭和软腭，检查是否有变形、变软或肿物性病变。

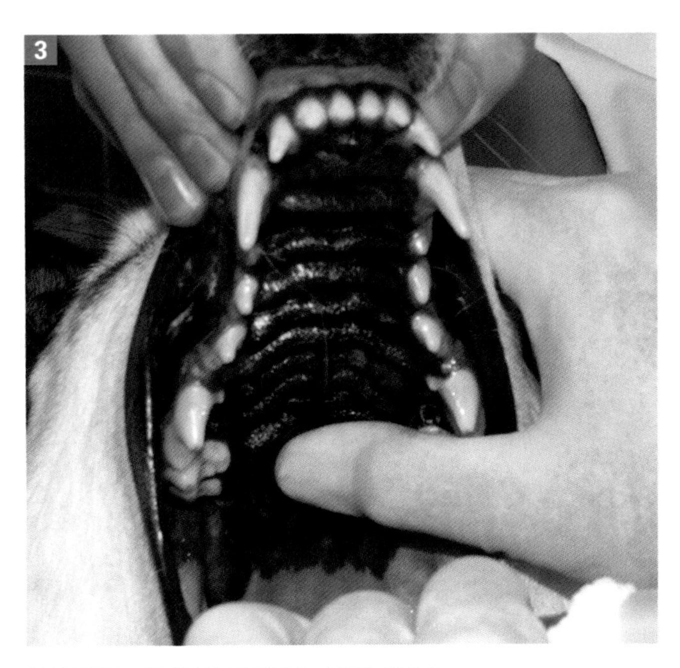

触诊硬腭，检查是否有变形、变软或肿物。

4. 检查软腭的长度和形状。正常情况下，软腭止于会厌的前界，无明显的重叠。在多数犬，软腭向后不会超过两个扁桃体隐窝后界的连线。在因软腭过长导致上气道梗阻的犬，由于软腭被吸入喉部和气管而被拉伸和延长，使后缘外观突出。

5. 为了看到鼻咽部，将软镜向后超过软腭后缘，并弯曲头部，使光直接朝向鼻咽部。当光很亮，能从中央透过软腭，对鼻咽部的可视性会比较理想。在小型犬和猫，如果把舌根部、气管内插管和内镜向腹侧压，以增加口咽的背腹侧空间，这样可允许折转的内镜头能直接进入鼻咽部，从而获得较好的视野。借助翻转的内镜获得的影像是反的，软腭的背侧面在影像的顶部，鼻咽的背侧壁在腹侧。鼻

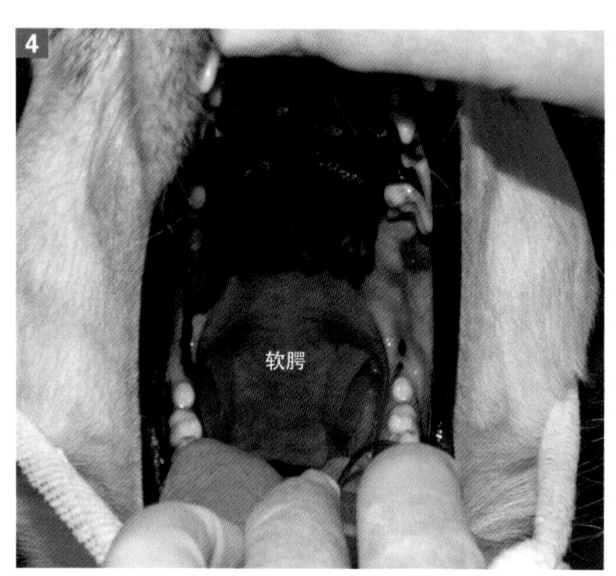

犬的正常软腭长度。

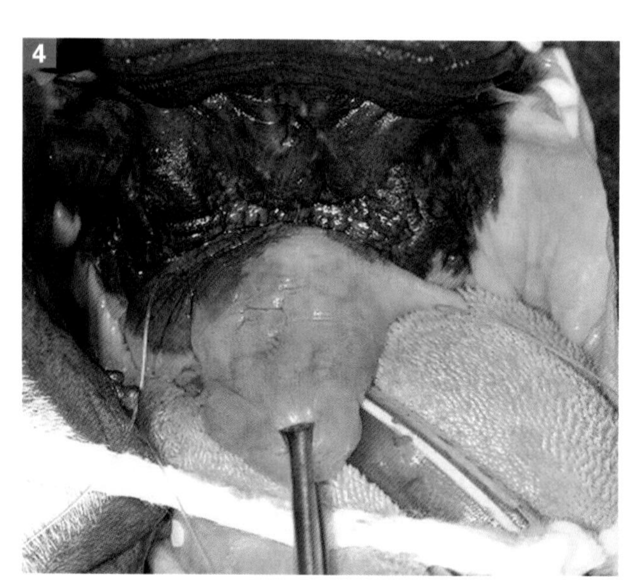

这是一只有打鼾样呼吸的1岁英国斗牛犬，其软腭大大延长，钳子夹的是软腭尖。

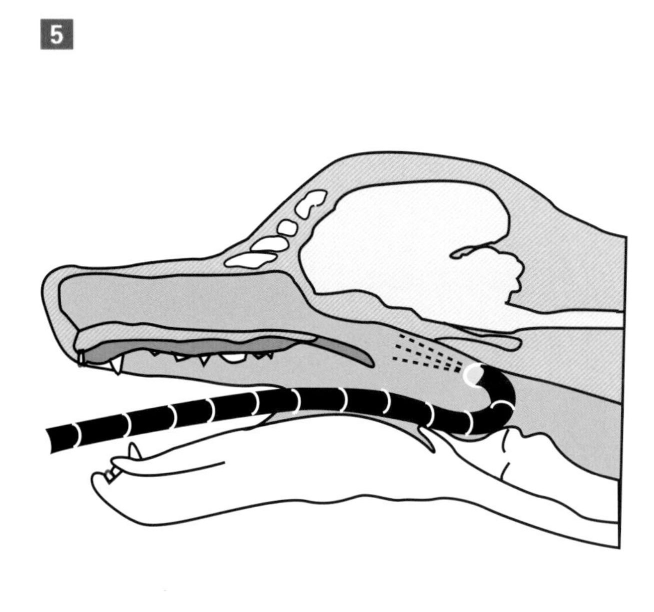

内镜头翻转，使光能直接朝向鼻咽部。

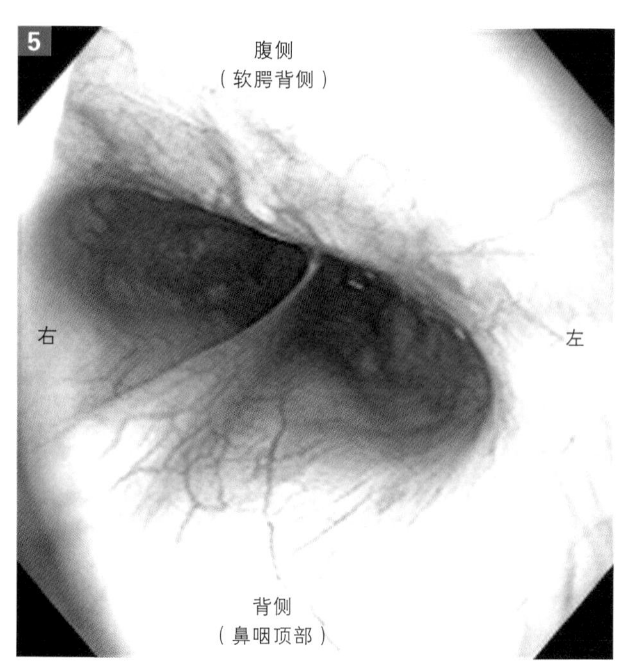

通过软镜看到的正常鼻子的倒影。

咽部的背顶是黏膜覆盖的骨脊（犁骨），继续向前（喙部）延伸为中线鼻中隔的膜性部分。左右两侧都有。

6. 应该检查鼻咽部的对称性、分泌物以及是否有肿物或异物。后部鼻咽是常见异物的部位，尤其是草和其他植物，以及呕吐的食物。猫的鼻咽息肉和犬猫的肿瘤性肿物常见于该区域。当鼻螨爬过鼻咽时，可能表现为小的移动的白色团块。

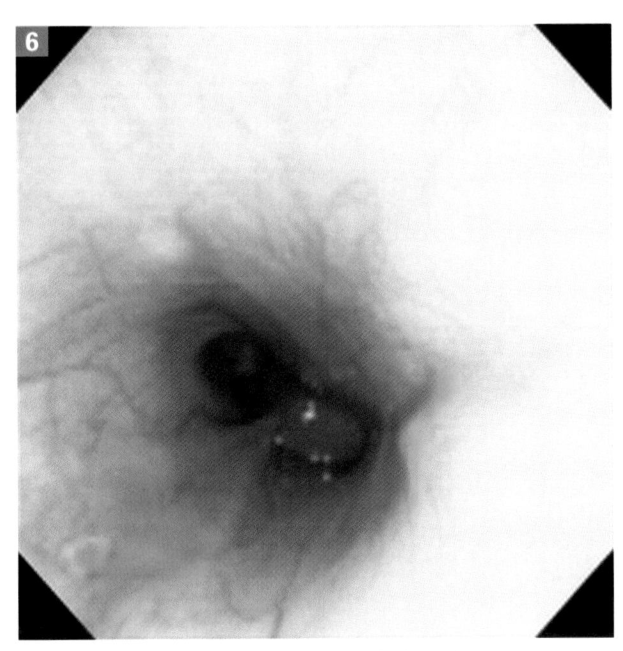

一只左侧鼻腔有腺癌的犬的鼻咽部内镜倒影。

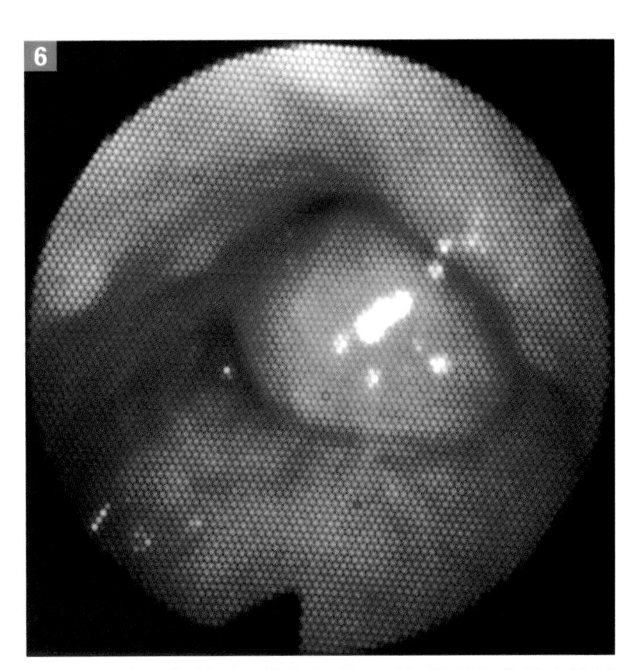

一只长期有打鼾样呼吸的年轻猫，后部鼻咽息肉的内镜倒影。

7. 在猫很少见到鼻咽狭窄。患猫呼吸时有打鼾音，打开嘴使其张嘴呼吸时，鼾声可能消失。鼻咽的倒影显示在薄而坚韧的网状组织中央有个针孔大小的洞，而不是一个大约5mm宽、6mm高的椭圆孔。通过鼻子呼吸时产生的打鼾音是由这种网状组织的振动所产生的。

[潜在的并发症]

1. 全身麻醉引起的问题。

2. 因肿物或软组织过多引起咽部阻塞性疾病的动物，进行镇定但不注意监护，或咽部阻塞未解决时的麻醉苏醒过程中，都可能发生气道完全阻塞。从诱导麻醉到动物完全苏醒之间都必须保持气道开张，并进行监护。

操作 7-4 喉部检查

[目的]

为了检查喉部并评估其功能，以确定局灶性临床症状的原因。

[适应证]

1. 呼吸有喘鸣音的动物（高调噪音，费力），暗示喉部阻塞。

2. 患无法解释的吸入性肺炎的动物。

3. 动物有慢性、无法解释的咳嗽，尤其是清醒时。

4. 动物失声或声音改变。

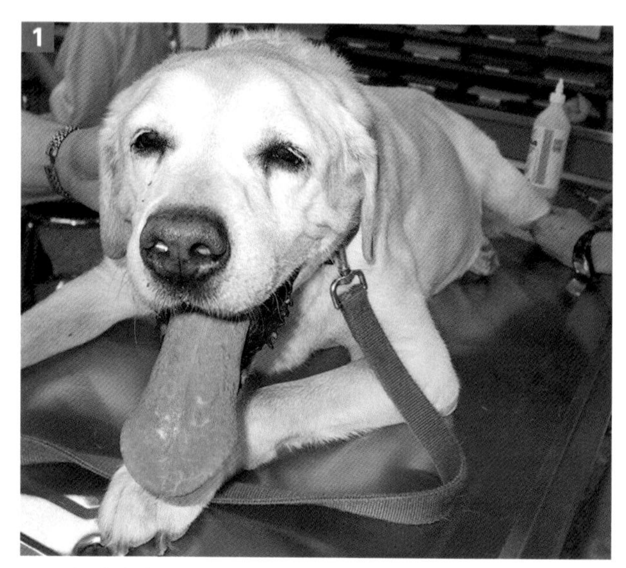

一只有喘鸣音和黏膜发绀的12岁拉布拉多猎犬，通过内镜检查发现有双侧喉麻痹。

[禁忌证和注意事项]

1. 喉部检查需要轻度麻醉，因此不适宜于不能麻醉的动物。

2. 只要有可能，在喉镜检查前应该对动物进行全面的神经学检查。包括评估吞咽能力以及通过胸部X线片或荧光透镜检查是否存在巨食道症。在有吞咽困难或近端食道功能障碍的动物，喉麻痹矫正手术的后果很糟糕。

3. 应该进行人员和器械的准备，以便当通过口腔进行气管内插管无法通过梗阻处时实施紧急气管临时切开术。

4. 如果麻醉过深，正常动物的喉部活动将受抑制或消失，潜在性地导致对喉麻痹的误诊。

[物品]

- 带光源的喉镜或软镜。

[体位和保定]

1. 为了评估喉功能，需要对动物进行轻度麻醉，俯卧保定，打开口腔，并拉出舌头。

2. 评估喉功能时，可使颚肌放松，杓状软骨的运动和活动范围正常的药物或药物组合包括：

A. 静脉注射硫贲妥钠（10～20mg/kg，至起效）或丙泊酚（6mg/kg，至起效），无麻醉前用药，这是评估犬的喉功能时最好的麻醉选择。

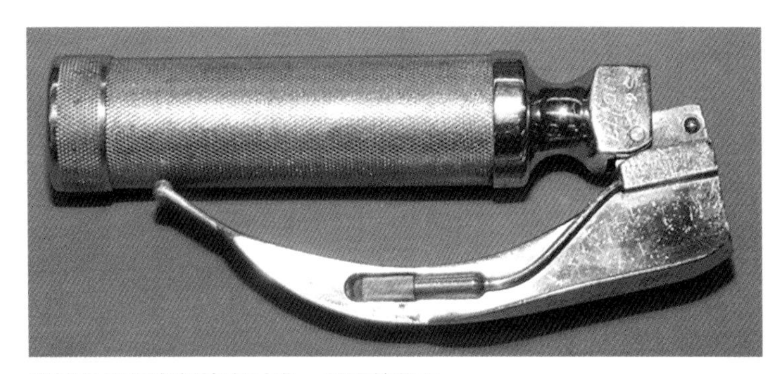

喉镜是进行喉部检查时唯一所需的物品。

B. 如果要使用硫贲妥钠或丙泊酚诱导，应该避免使用乙酰丙嗪，因为这些药物组合可能会使一些正常犬的喉部运动消失。

C. 使用多沙普仑（2～5mg/kg，iv）增加呼吸深度，使对喉功能的评估更容易。需要注意的是，在许多有喉麻痹的犬使用多沙普仑后，会出现相反的喉部运动（吸气时开放的喉部关闭），这就使将杓状软骨的运动与呼吸阶段关联起来变得非常重要。

[局部解剖]

1. 声门裂（喉部入口）包括声襞和杓状软骨的小角突。

2. 正常吸气时，外展肌（主要是环勺背侧肌）收缩并使杓状软骨外展，从而使声门开口变大。喉部的运动和感觉神经是迷走神经（第十对脑神经）的分支。喉部的外展肌由喉后神经支配——喉返神经的终段。

3. 正常放松会引起软骨被动内收（一起），使声门裂直径变小，但会允许有足够的气流呼出。

4. 声门被喉内收肌的关闭由喉前神经控制，这是迷走神经的另一个分支。

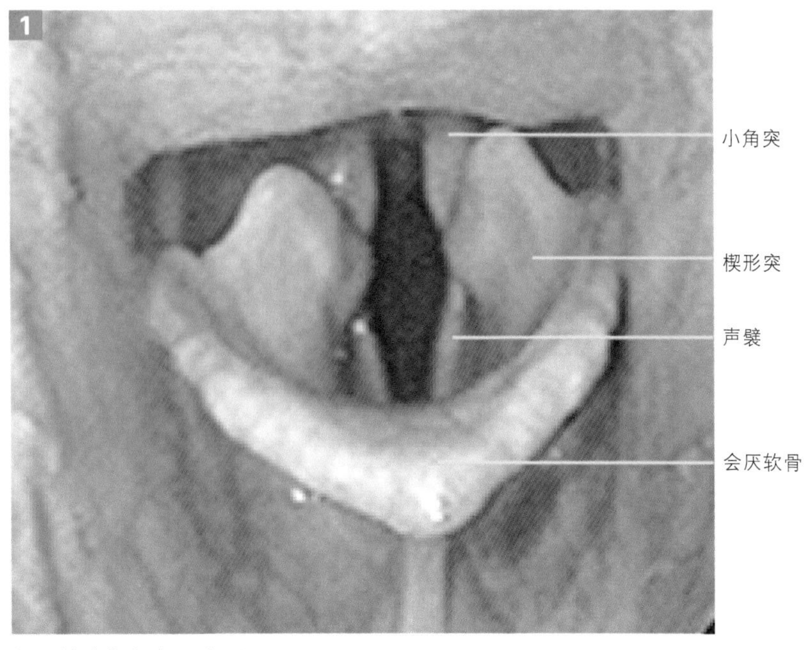

标记的喉部解剖示意图。

[操作方法：喉部检查]

1. 预先通氧后，应该如上所述对动物浅麻。

2. 将动物的嘴打开，舌头轻轻向前拉。

3. 将贴着会厌软骨之前的舌后部向下压，以更好地暴露喉部。如果需要，用棉签将软腭向背侧压。

4. 观察喉部组织，并注意任何发红、肿物或分泌物。应该对喉部肿物或喉部组织的弥散性增厚进行活组织检查。

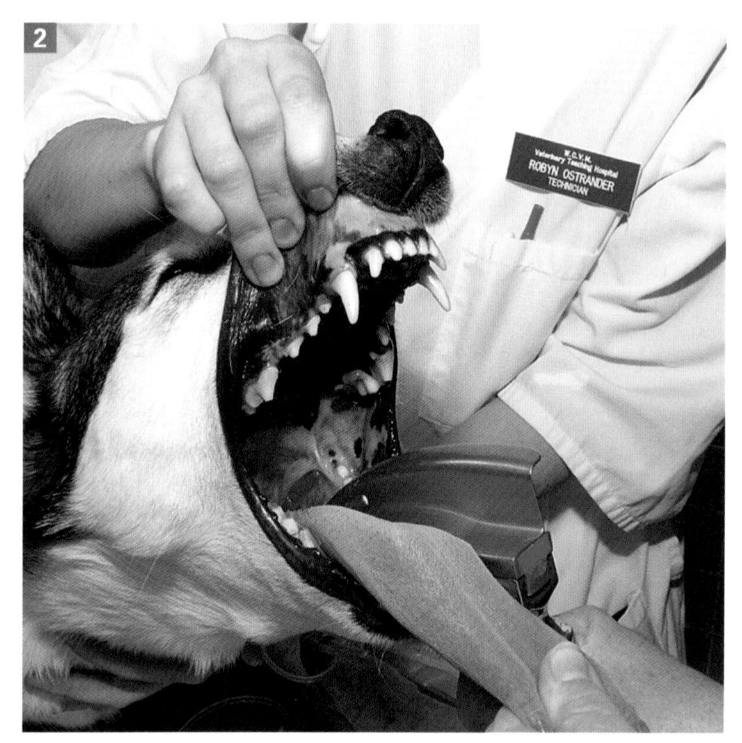

将嘴打开，舌头轻轻向前拉，进行喉部检查。

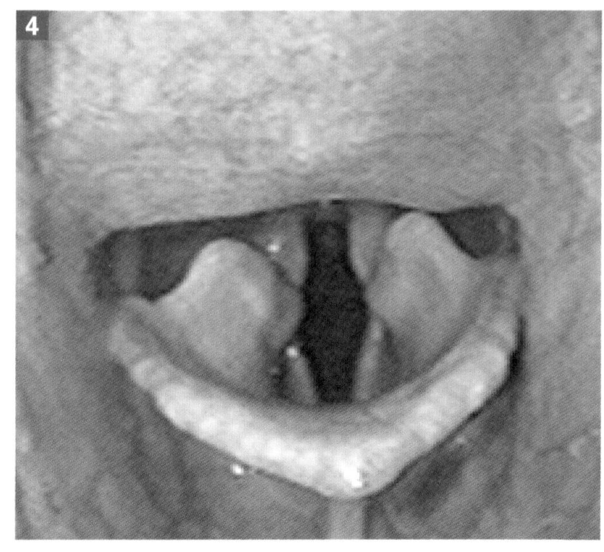

正常犬的喉部。

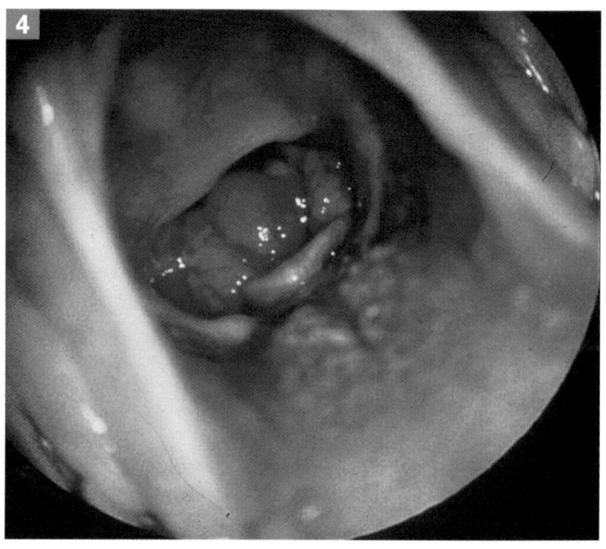

一只猫喉部的阻塞性肿物。活检表明为淋巴瘤。

5. 呼吸时观察喉部。

A. 正常情况下吸气时杓状软骨外展，打开喉腔。呼气时回复到靠近中线的位置。

B. 喉部运动必须与呼吸阶段相配合。当胸部扩张时（吸气），观察者应告知检查者，因为这时应伴随喉软骨的外展。

C. 一定不要把呼吸期间湍流的气流引起的声襞和杓状软骨的颤动误认为是有意的外展。

D. 在一些患喉麻痹的动物会出现相反性运动，尤其在使用多沙普仑后。在有相反性运动的动物，有力的吸气产生的负压将杓状软骨向内拉，继而被呼出的空气强制分开。因此在呼吸期间有杓状软骨运动，但外展发生在呼气而非吸气阶段。

E. 无论何时，如果麻醉诱导期杓状软骨运动消失或可疑，都应该在麻醉苏醒阶段，麻醉剂的作用消失时再次检查喉部功能。

[潜在的并发症]

1. 全身麻醉引起的问题。

2. 如果气道被喉部肿物完全阻塞，需要对动物进行紧急气管临时切开，以打开气道。

3. 在患喉麻痹的动物，无论是否实施矫正性杓状软骨牵拉术，在麻醉苏醒期间都有一定误吸的风险。应该支撑动物直立朝上，直到动物出现吞咽和抗拒气管内插管时再拔管。

操作 7–5 经气管冲洗—小型和大型犬

[目的]

为了从气管和气道采集分泌物样本进行细胞学和微生物学分析。

[适应证]

1. 非因心脏增大或心衰导致咳嗽的犬。

2. 疾病位于气道或肺脏的犬。

[禁忌证和注意事项]

1. 在因心脏增大或心衰（肺水肿）引起咳嗽的犬，不需要进行气管冲洗——在这些犬，已经确定了导致咳嗽的原因。

2. 在应激和呼吸困难的体型非常小的犬，气管内冲洗是获得样本的最好方法。这些犬为了反抗经气管冲洗时的保定，可能会出现失代偿。

3. 猫无法忍受经气管冲洗时进行的保定，因此进行气管内冲洗更好。

[体位和保定]

1. 犬应该站在或坐在桌子边缘或地上，将鼻子朝上，抓住爪子。

2. 如果有必要，进行经气管冲洗时，为了避免对操作人员的伤害，可以给犬带笼式嘴套，这样在操作过程中动物也可以用嘴呼吸。

3. 不推荐进行化学保定或镇定，因为这样会减轻咳嗽反射，并减少获得的样本量。

4. 利多卡因阻断液（2%利多卡因和8.4%碳酸氢钠以9：1混合）能用于麻醉进针部位的皮肤。添加的碳酸氢盐可降低注射引起的刺痛，并加速利多卡因的局部止疼效果。

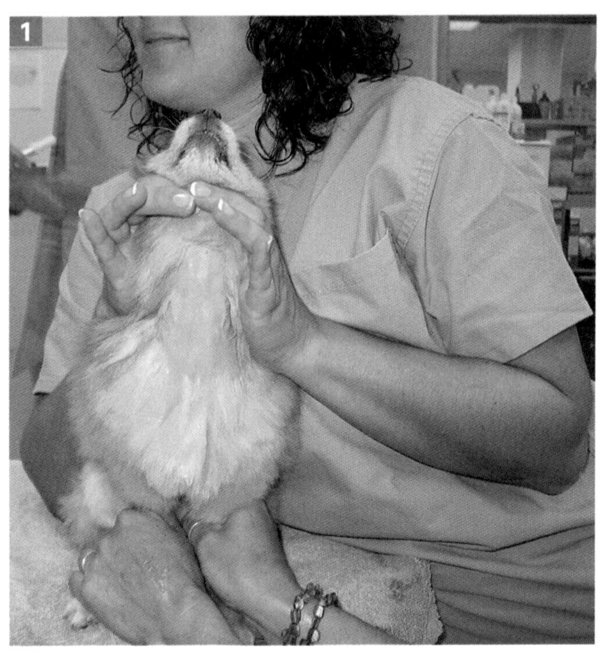

经气管冲洗时的保定。

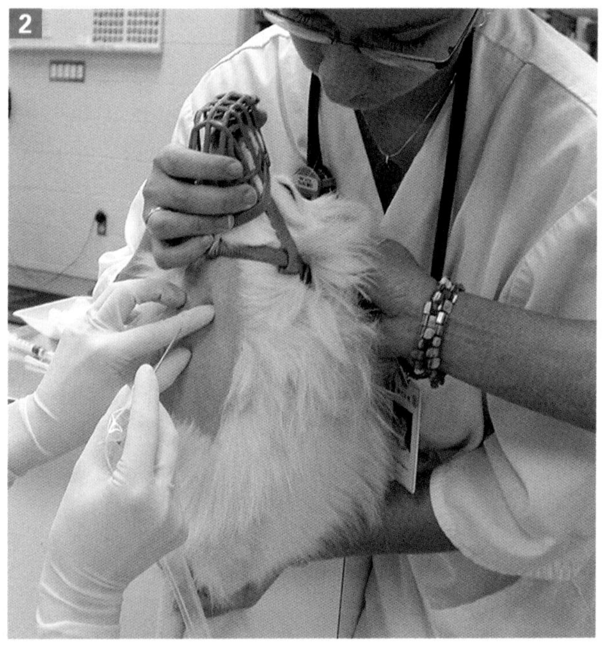

经气管冲洗时给犬戴笼式嘴套。

[局部解剖]

1. 在大型和小型犬，进行经气管冲洗最好的部位是环甲韧带。这是位于环状软骨和甲状软骨之间，气管最前方的硬的膜。这个小的三角形环甲膜完全被软骨围绕，这使操作过程中，即使动物反抗，气管组织也不可能发生明显的撕裂。环状软骨完全围绕着气道的管腔，因此，即使在因患气管塌陷综合征而使气管软骨较柔软的犬，位于环甲韧带处的气管管腔也会保持圆柱状，这有助于导管从该部位插入。

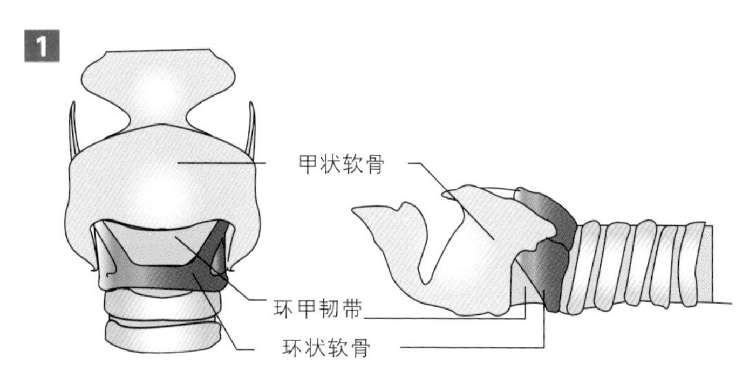

环甲韧带的解剖示意图。

2. 将犬鼻子朝天花板保定，从胸腔入口向喉部触摸每个气管环的前侧面，这样就可以触到环甲韧带。在气管的最前端，有个比气管环突出的较宽的环——这就是环状软骨。环甲韧带是位于环状软骨之前（上方）的小的三角形膜，连接环状软骨和甲状软骨。在大型犬，实际上能触到刚刚位于环状软骨之前的三角形凹陷；而在小型犬，仅能触到的标记是环状软骨——针头紧贴这个较大环的上方刺入。

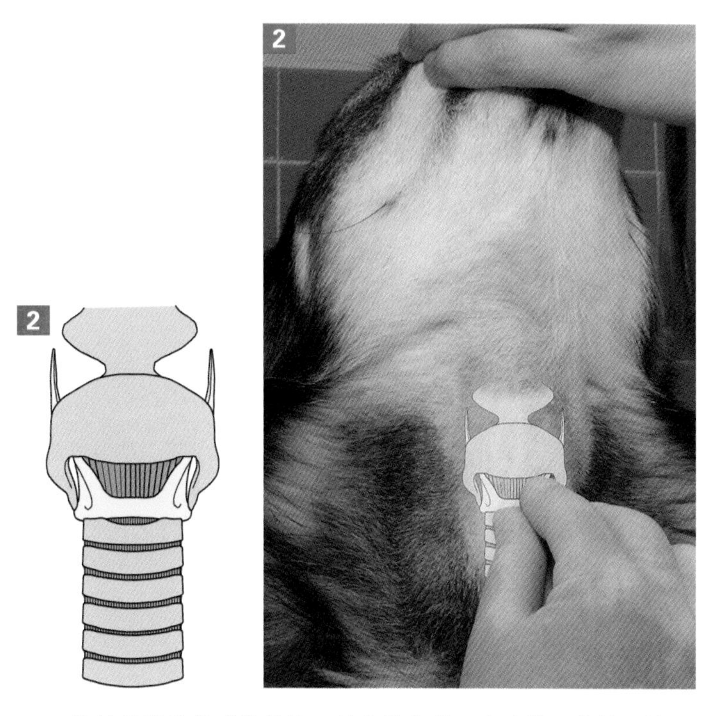

环状软骨触诊的感觉是位于较小的气管环之上的一个较宽的环，环甲韧带是紧贴于这个软骨之前的三角形凹陷。

3. 如果导管头位于心基部上方，接近气管分叉（隆突）处，所获得的样本最具诊断意义。因为需要到达该部位的导管长度，与大型犬相比，在小型犬实施经气管冲洗技术上有轻微的差异。

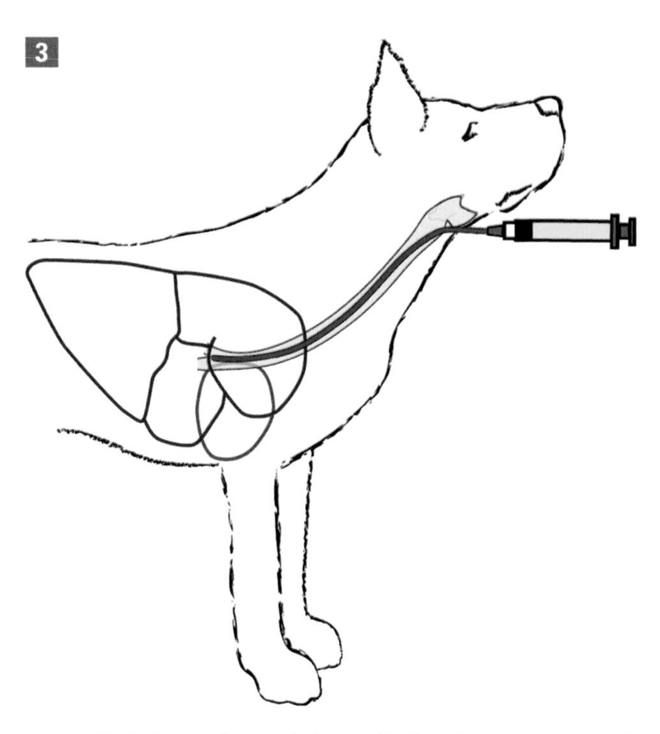

如果导管头位于心基部之上接近气管分叉处（隆突），可获得最具诊断意义的样本。

[潜在的并发症]

很少有动物在经气管冲洗后出现皮下气肿。皮下气肿很有可能发生于进行该操作后反复咳嗽的动物，因为空气被用力从气管经过环甲韧带的洞压入了皮下组织。在多数病例，操作之后轻轻包扎一到两小时就可预防该问题的出现。

[样本的处理]

气管冲洗时采集到的细胞很脆弱，因此只要有可能，应该在采样后30min内对样本进行处理。可以用液体直接涂片，但多数样本的细胞很少，之前需要沉淀或离心。当必须要推迟细胞学检查时，冷藏可能会保持细胞的完整性。进行细菌培养至少需要0.5mL液体。也可以进行真菌和支原体培养。

操作 7-6 小型犬经气管冲洗

[所需物品]

- 16～20G聚乙烯管芯针导管（Intra-Cath，作为颈静脉留置针销售）。
- 3个各含6mL生理盐水的12mL注射器。
- 1mL利多卡因阻断液（2%利多卡因和8.4%碳酸氢钠以9：1混合），3mL注射器，25G针头。
- 灭菌手套。
- 绷带材料。

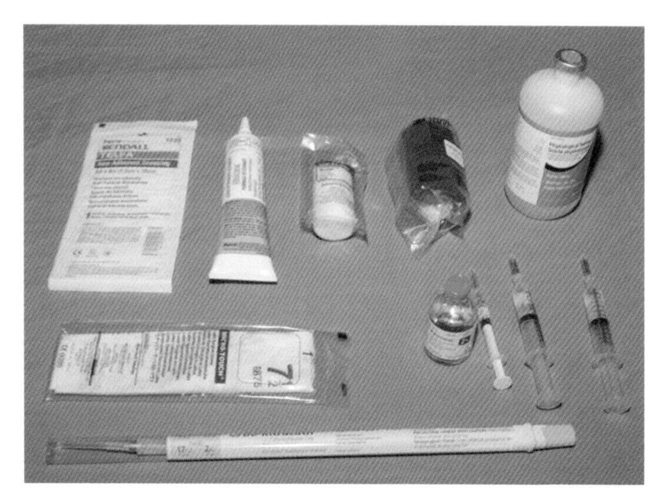

小型犬经气管冲洗所需物品。

[操作方法：小型犬经气管冲洗]

1. 使犬俯卧，保定在桌子上，鼻子朝向天花板。应该抓住前肢。
2. 通过触诊确认环甲韧带。
3. 对环甲韧带处剃毛准备。使用灭菌手套和无菌术。
4. 用0.25～0.5mL利多卡因阻断液阻断该部位；重新刷洗。

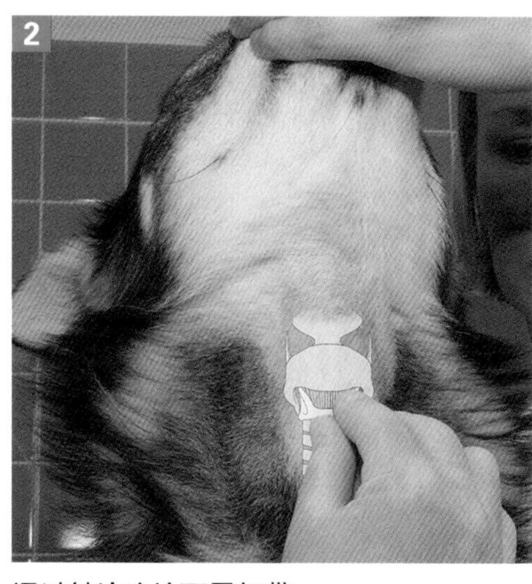

通过触诊确认环甲韧带。

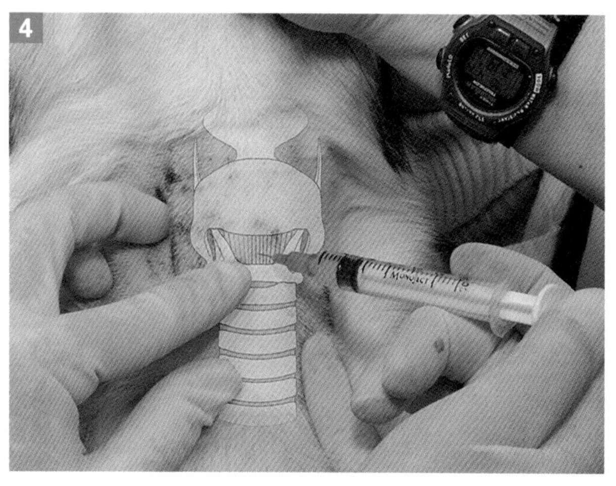

用利多卡因阻断液阻断环甲韧带之上的皮肤。

5. 准备所用的导管。将针头与塑料套分离，然后再套上。保证导管能穿过针头，然后将其撤回针头内。现在要准备使用导管。

6. 通过触摸固定喉部和气管，以防针刺入时该部位两边移动。

7. 确认环状软骨，将针尖（斜面朝下）置于中线的环甲韧带水平处（紧贴于环状软骨之上的凹陷处）。

8. 向内用力刺穿气管，保持针头与气管腔垂直。当针头进入气管腔时可能会有“噗”的感觉。

9. 进入管腔后，再将针头向里插入一小段距离，直到针尖大概位于管腔的中心。

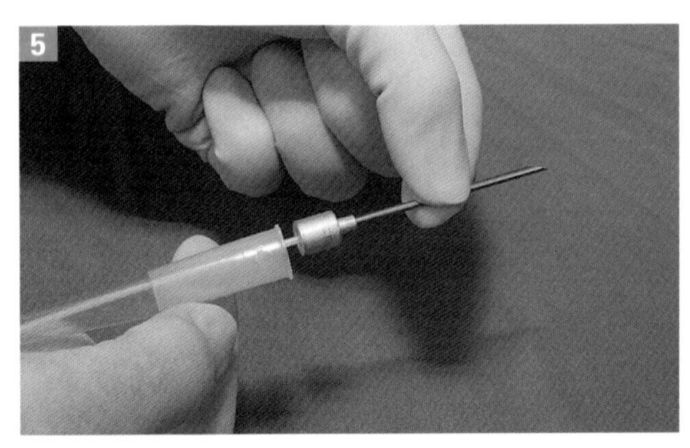

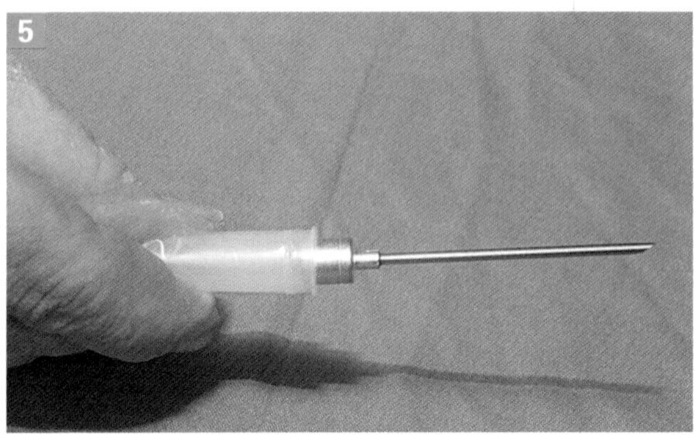

将针头与针套分离，然后再套上。

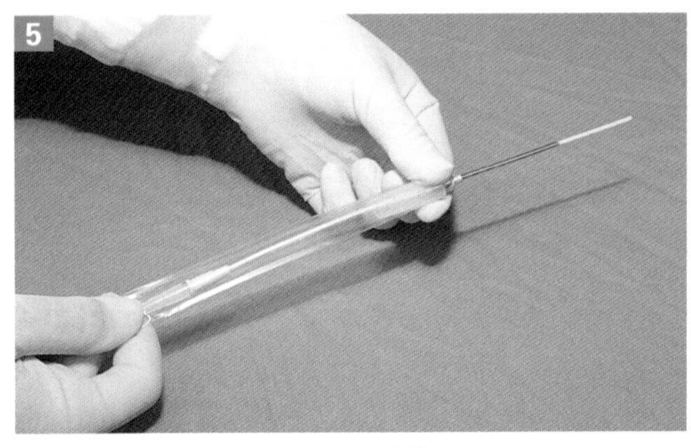

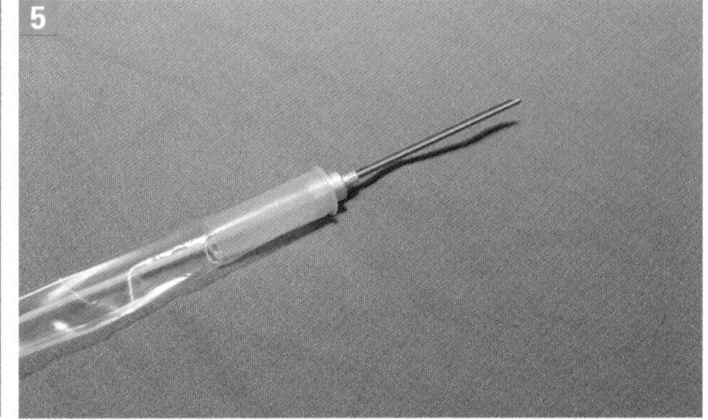

将导管穿过针头，在使用前将其撤回。

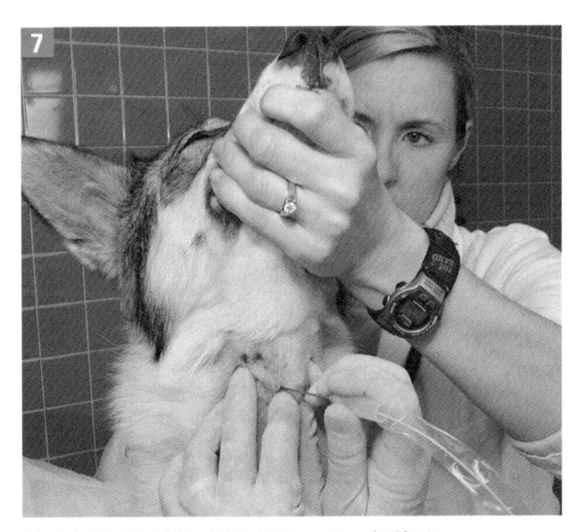

针头斜面朝下刺入环甲韧带，进入气管腔。

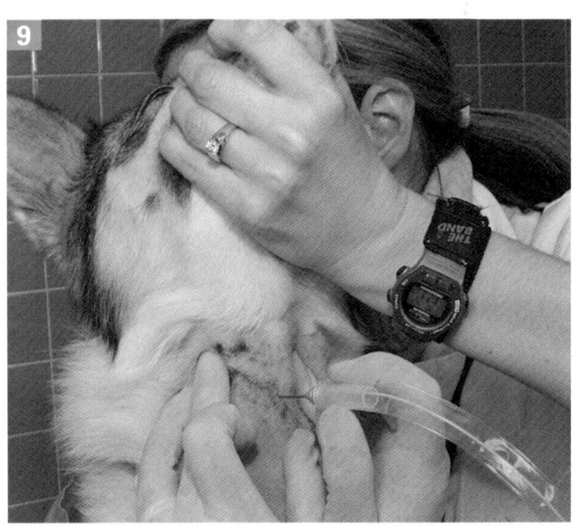

针头向前插入一小段距离，直到针尖大概位于气管腔的中央。

10. 使针头向下45° 倾斜，轻轻插入管腔。

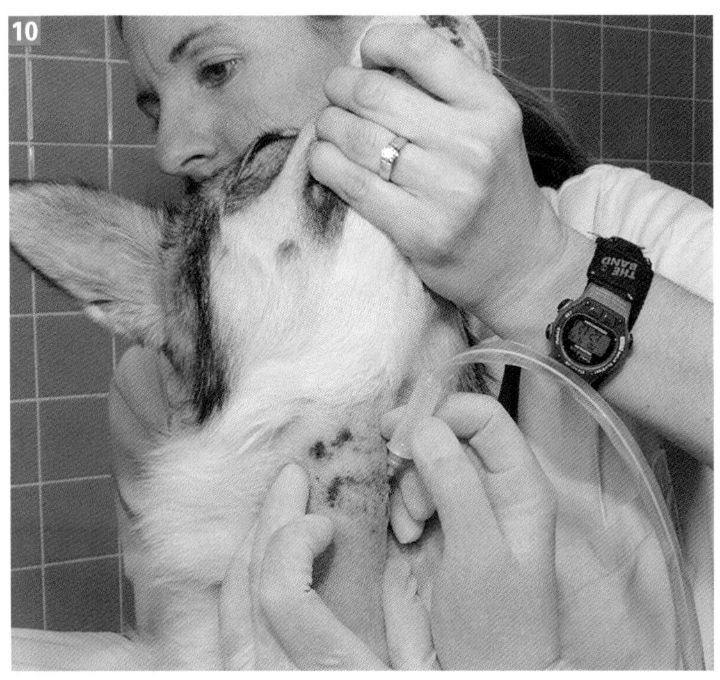

针头朝气管下方大约45° 角，轻轻向前插入。

11. 将导管穿过针头向下插入气管，直到分叉处。导管头位于分叉处可以收集到最好的样本，这点很重要。注意：导管应该很容易插入，犬应该咳嗽。如果导管的插入不顺利，可能碰到了气管的后壁或侧壁。重新评估和调整针头的位置，使针头位于气管腔的中央。多数时候需要将鼻子抬高，颈部尽量伸展，使针头和导管能尽量朝向气管的下方。

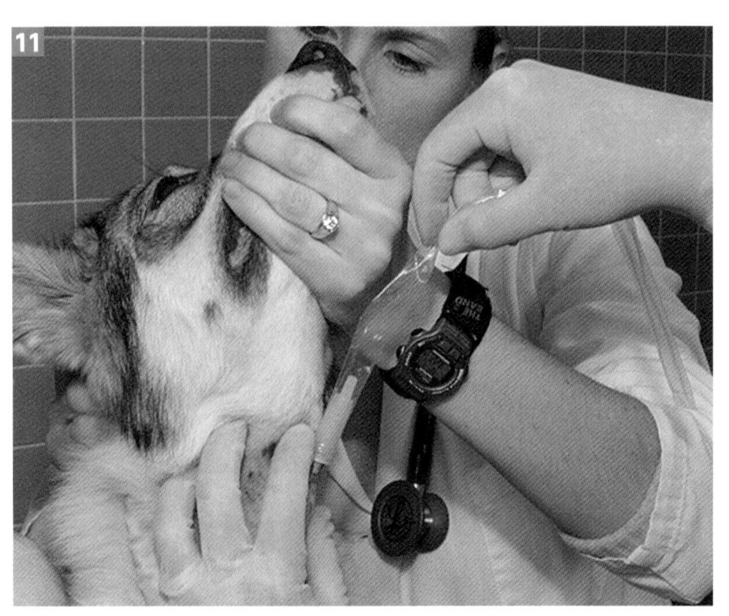

将导管向前穿过针头，进入气管。

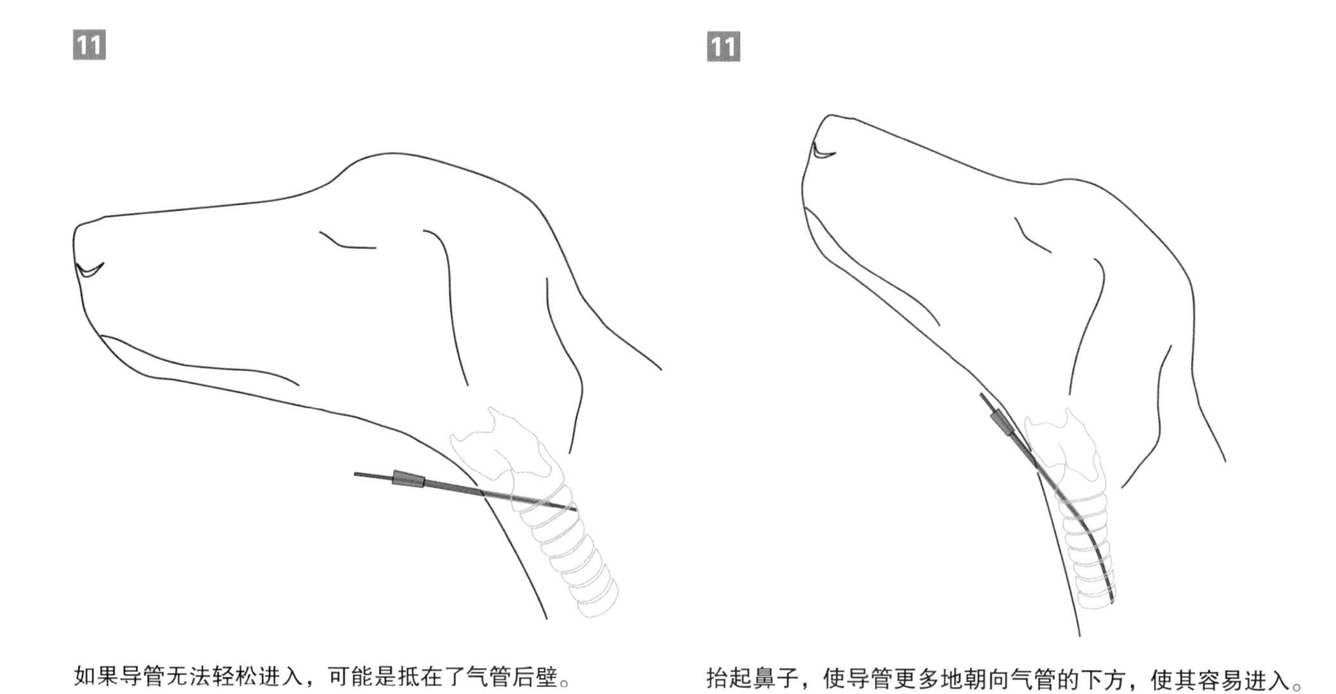

如果导管无法轻松进入，可能是抵在了气管后壁。

抬起鼻子，使导管更多地朝向气管的下方，使其容易进入。

12. 将导管的接口推入针头接口，移走塑料套。
13. 一旦导管进入到理想的深度，就将针头撤出气管和皮肤，保留导管。
14. 将针头保护器接在导管上，以免锋利的针尖刺破导管。小心不要将导管夹在针头保护器内。
15. 从导管内移走金属芯。

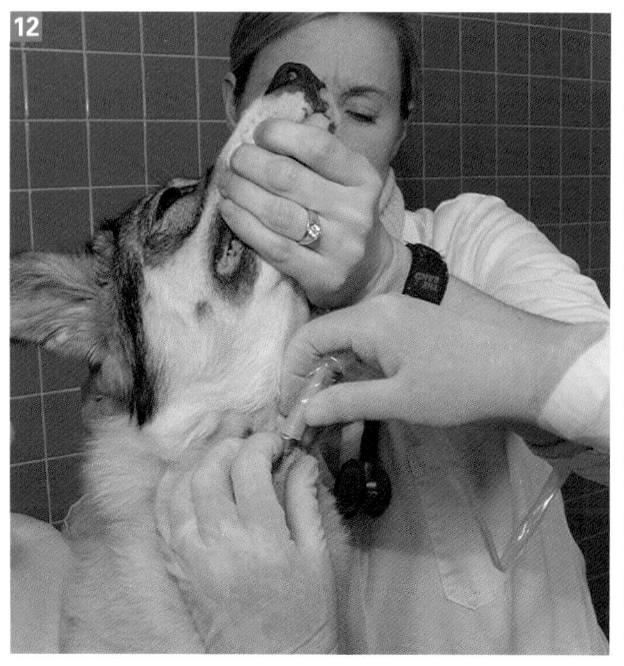

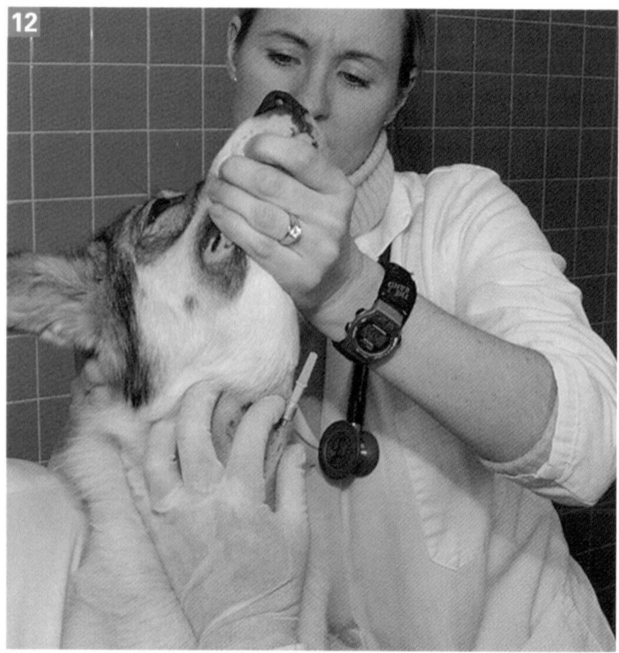

将导管接口推入针头接口，并移走塑料套。

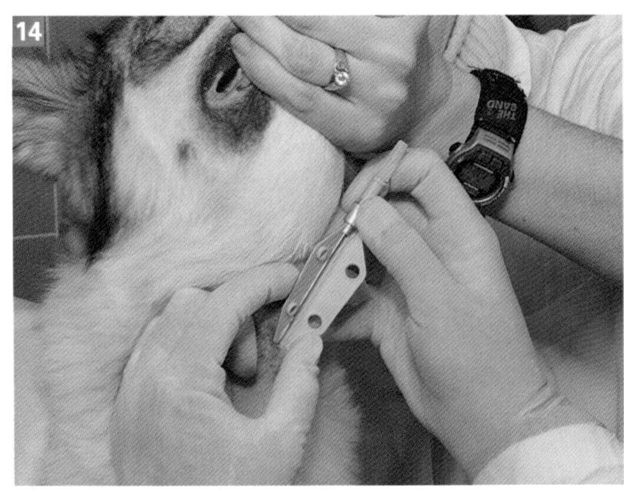

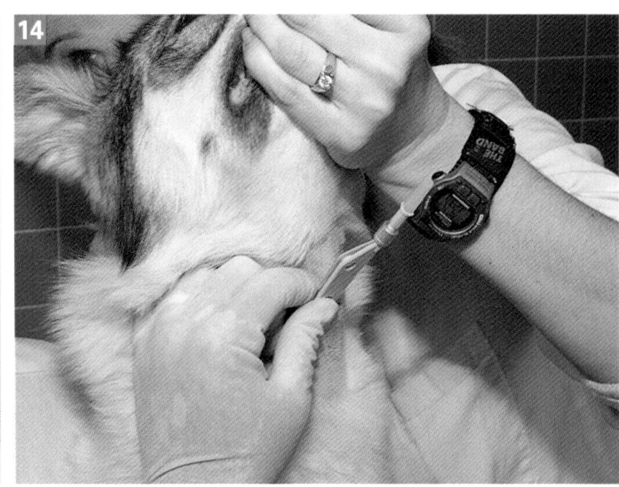

将针头保护器连接在导管上。

16. 接上含6mL生理盐水的12mL注射器，注入2～5mL生理盐水，然后反复抽吸，回收气道冲洗液。最好的抽吸时机是动物咳嗽的时候。总共回收1.5～3mL浑浊的液体就是很好的样本了。

17. 如果回收不到任何液体，使用第二个含6mL生理盐水的12mL注射器再次注入。注入后应马上用力抽吸。如果仍然回收不到任何液体，可使动物俯卧，鼻子、头和颈部保持较自然的姿势，用第三个注射器再次冲洗。

18. 一旦回收到液体，撤走整个导管。提交样本进行直接或浓缩样本的细胞学评估和培养。

19. 如果犬咳嗽，围绕颈部进行轻轻地包扎，压迫组织，并减少空气从气管泄露到皮下组织。将堵塞性软膏涂在皮肤进针处。盖上海绵，然后轻轻包扎，一定要仔细，避免影响静脉回流或通气。应该保证有两个手指能轻松伸入绷带下方。1～2h后去掉绷带。

20. 进行该操作后要保持动物安静，并监护呼吸1～2h。

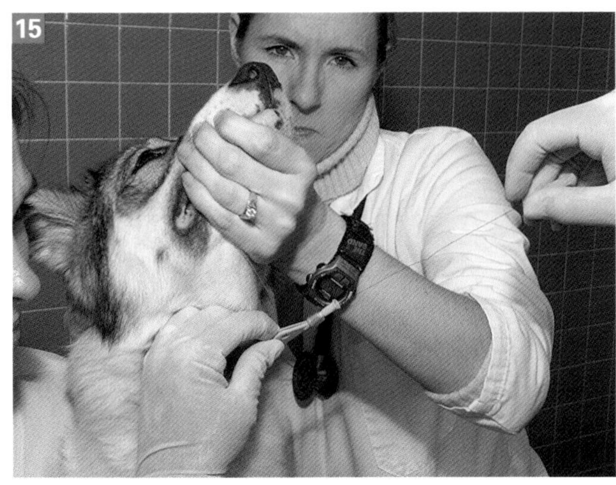

从导管内移走金属针芯。

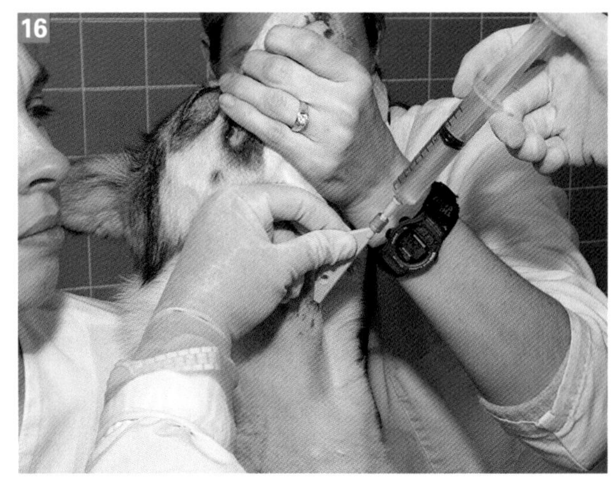

注入生理盐水，并反复抽吸，以获得样本。

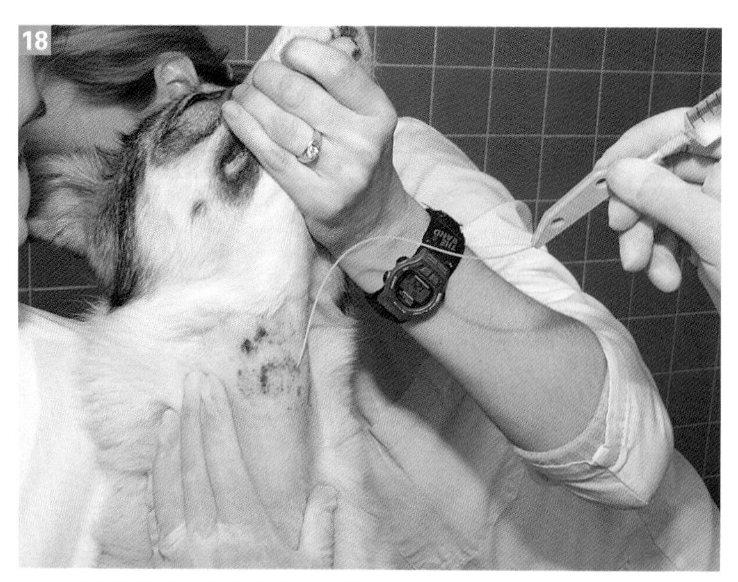

一旦回收到样本，就将整个导管撤走。

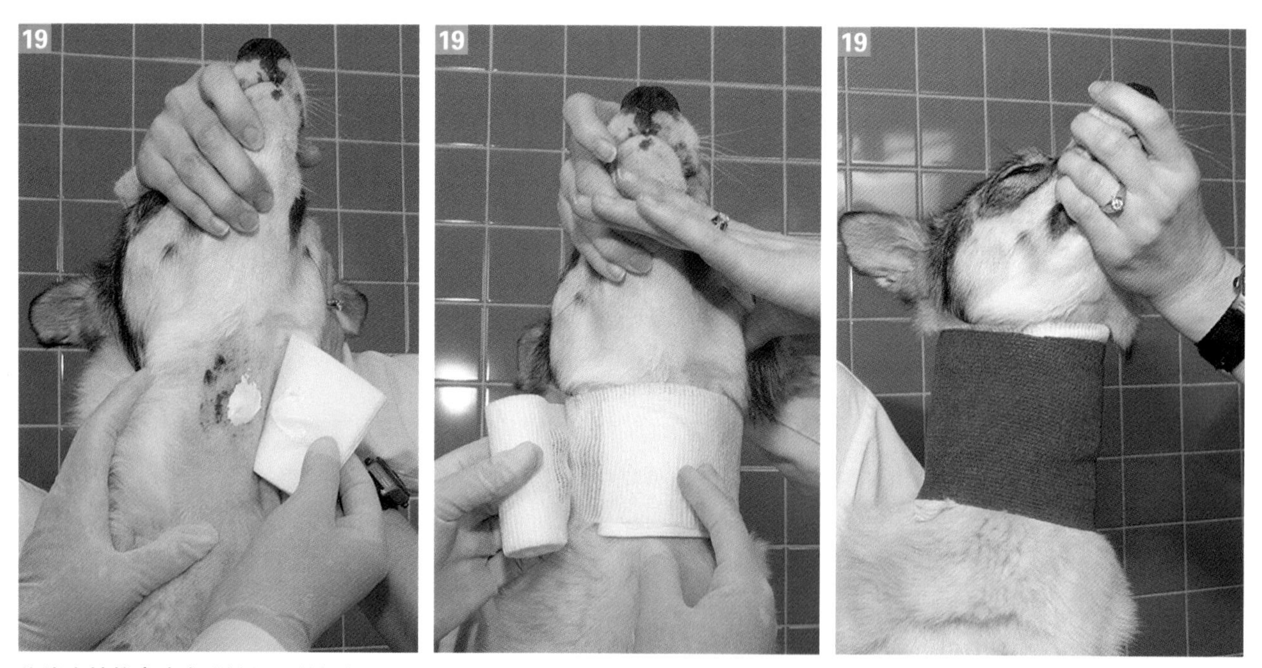

将堵塞性软膏涂在进针处，并轻轻进行包扎。

21. 该技术操作起来很简单，诊断性意义很高，并且对小型犬的应激也很小（图框7-4）。

图框7-4　经皮肤冲洗：在一只美国爱斯基摩犬实施的小型犬技术

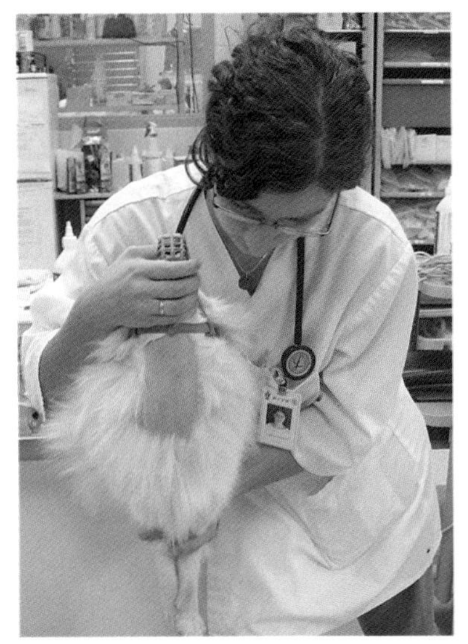

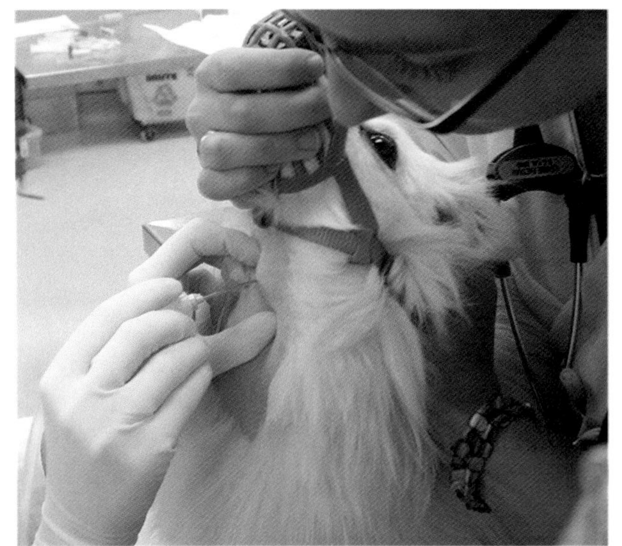

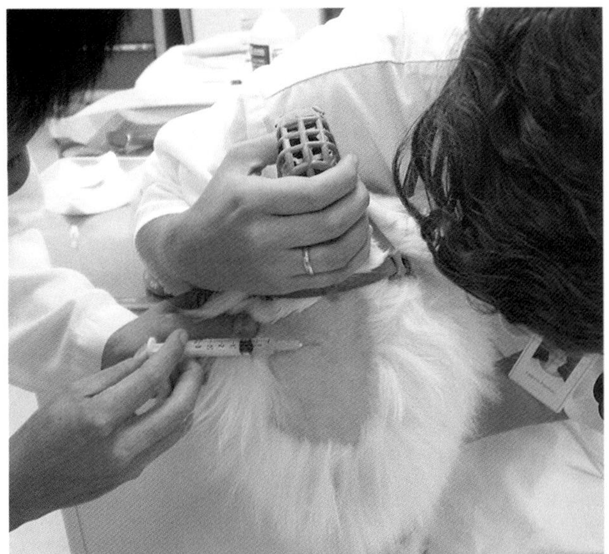

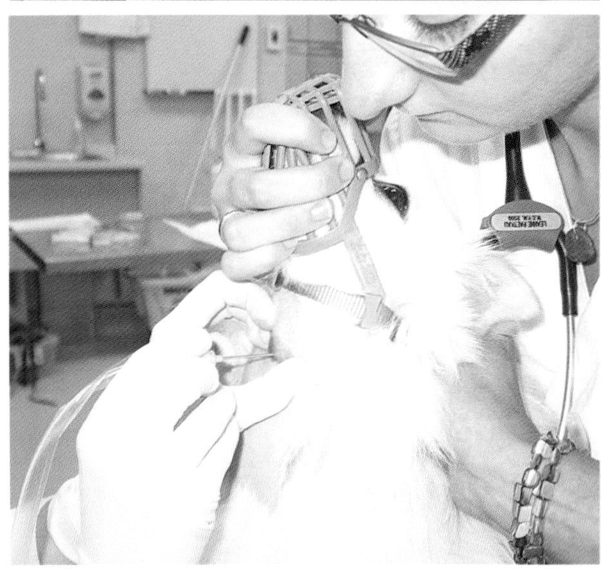

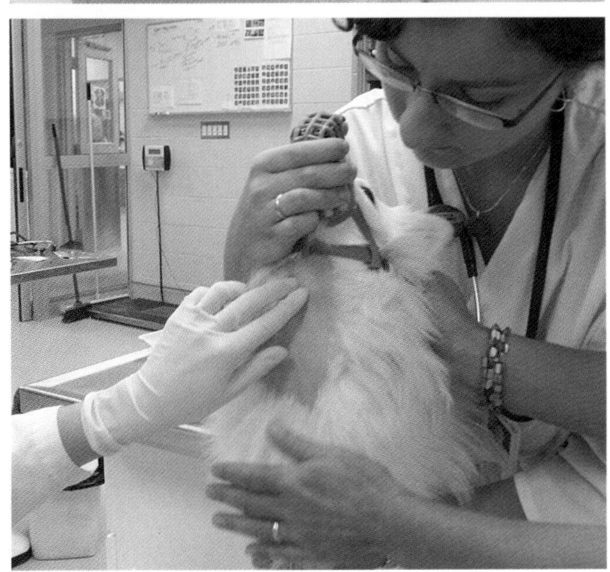

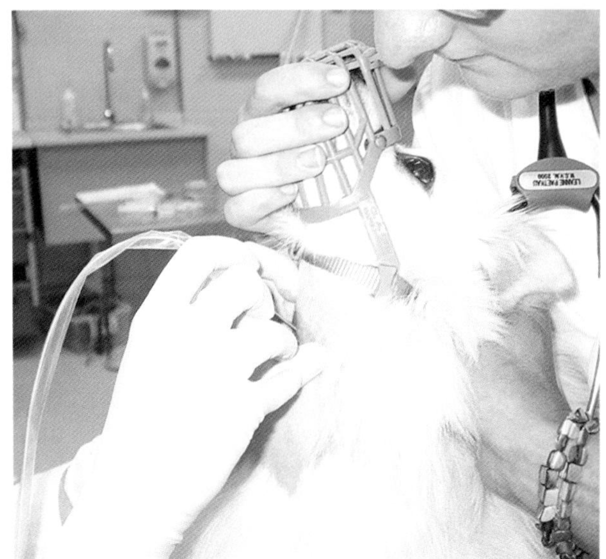

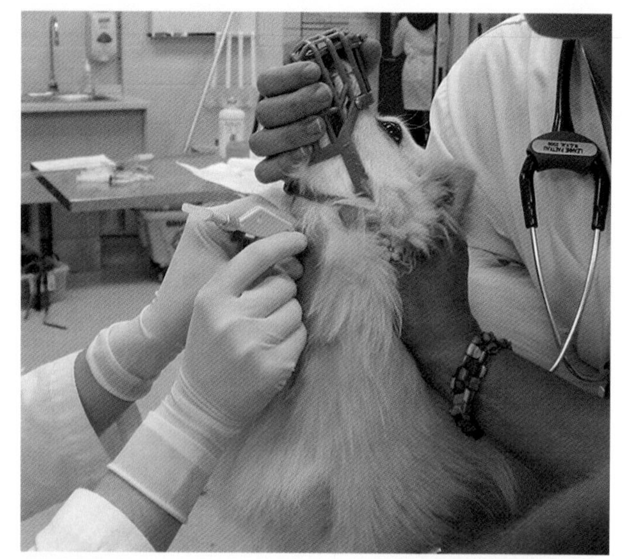

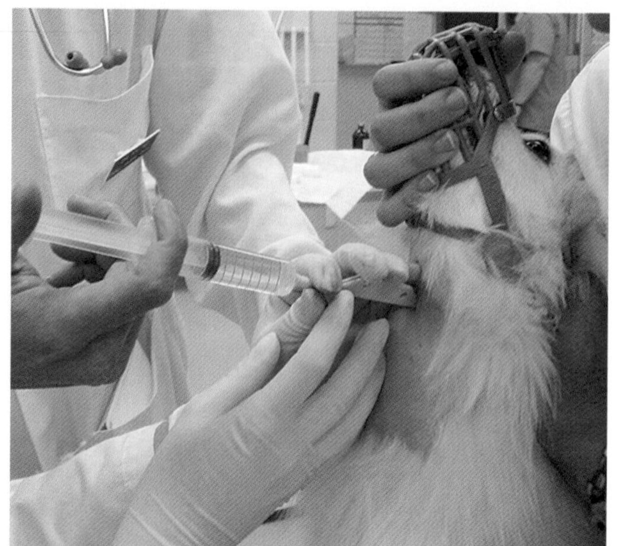

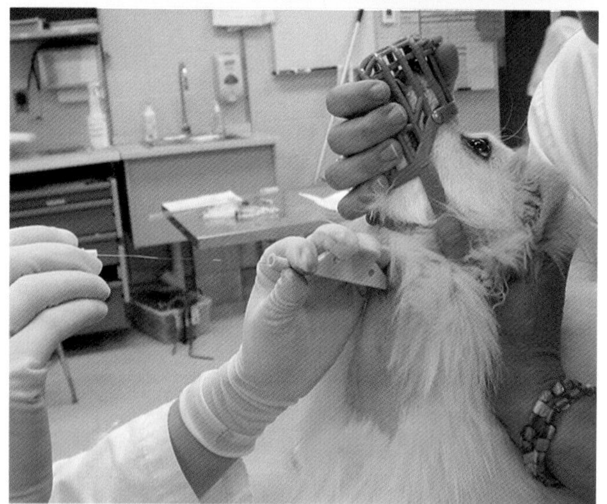

操作 7-7　大型犬经气管冲洗

[物品]

- 14G Medi-Cut套管针。Medi-Cut是一种套管针，针头充当大的硬芯，套在上面的导管能被引入气管腔。
- 70cm长的3.5或5Fr聚乙烯导管。在开始进行气管冲洗前，要检查确认聚乙烯导管能很容易地通过Medi-Cut导管。
- 3个各含10mL生理盐水的20mL注射器。
- 1mL利多卡因阻断液（2%利多卡因和8.4%碳酸氢钠以9：1混合），3mL注射器，25G针头。
- 灭菌手套。
- 绷带材料。

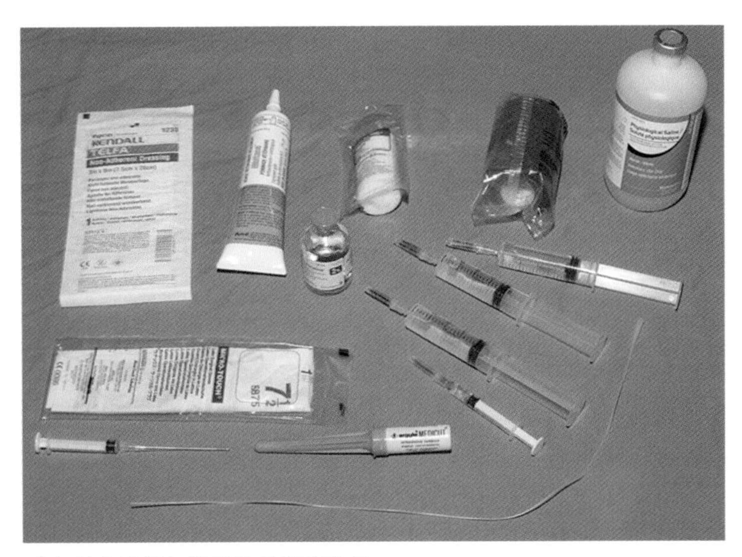

对大型犬进行气管冲洗的所需物品。

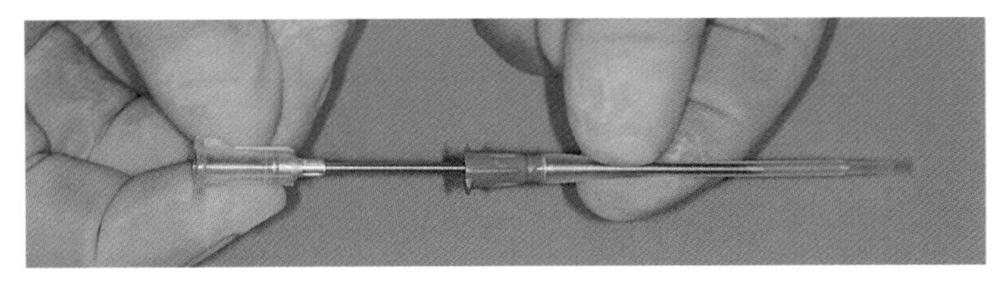

Medi-Cut是一种套管针，针头充当大的硬芯，套在上面的导管能被引入气管腔。

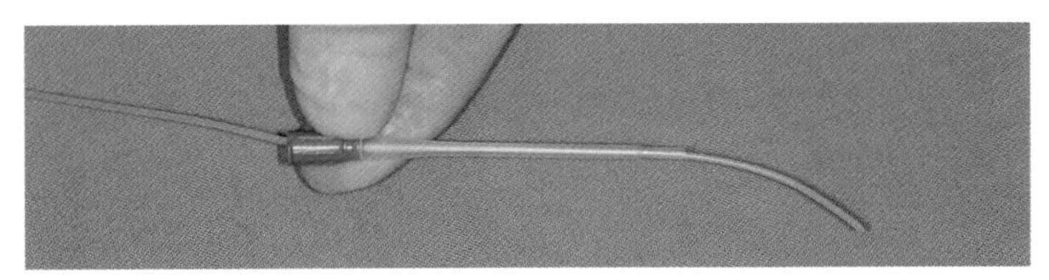

在开始进行气管冲洗前，要检查确认聚乙烯导管能很容易地通过Medi-Cut导管。

[操作方法：大型犬经气管冲洗]

1. 将犬保定在桌子或地面上，俯卧。

2. 颈部朝背侧伸展，鼻子朝向天花板。

3. 助手抓住动物的前腿，使其不影响操作。

4. 通过触摸确认环甲韧带。

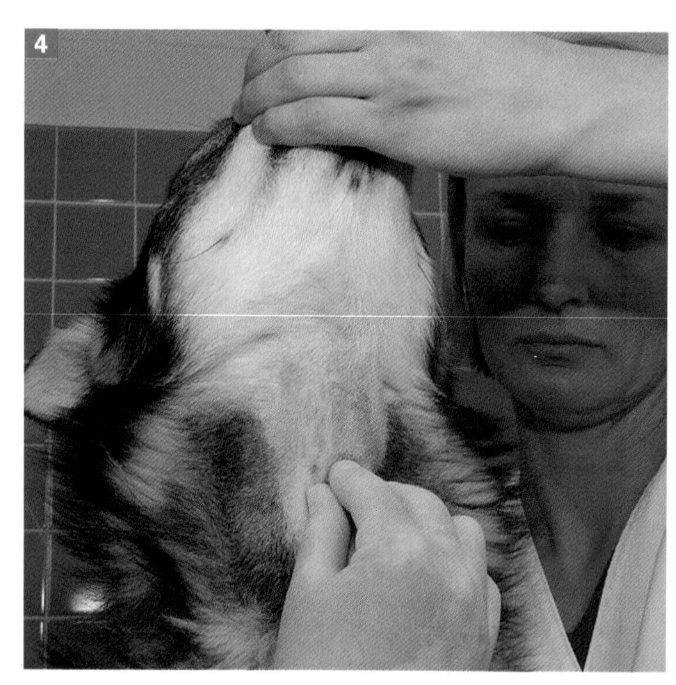

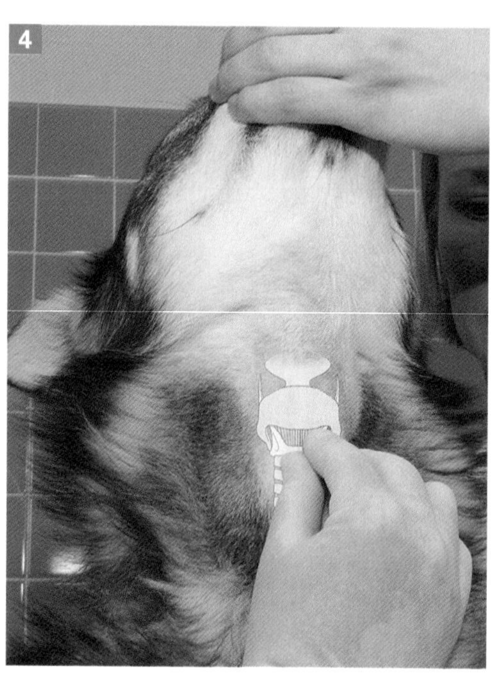

通过触摸确认环甲韧带。

5. 对环甲韧带处的皮肤剃毛并准备。该操作需要使用灭菌手套和无菌术。

6. 用利多卡因阻断液阻断该部位；重复最后刷洗步骤。

7. 准备所用导管。

A. 从针头上移走Medi-Cut导管，要保持两者无菌操作。

B. 要确定长的聚乙烯导管易于通过短的Medi-Cut导管。

C. 估计大概需要进入气管的长导管长度，使导管头位于气管分叉处（心脏基部上方）。

D. 助手拿着长导管，保持管头无菌。

E. 将针头重新插入短导管内。

8. 用手固定喉部和气管，防止其向两边移动。

9. 保持针头完全插入短导管内，触到环状软骨，使针头位于中线的环甲韧带（紧贴于环状软骨之上）水平处。

10. 向内用力，穿过气管，保持针头垂直于气管腔。当针头进入管腔时，会有“噗”的感觉。

11. 当针头进入管腔后，再插入一小段，直到针头大概位于管腔的中央。

12. 将针头朝向气管腔，斜向下45°，轻轻向前推。

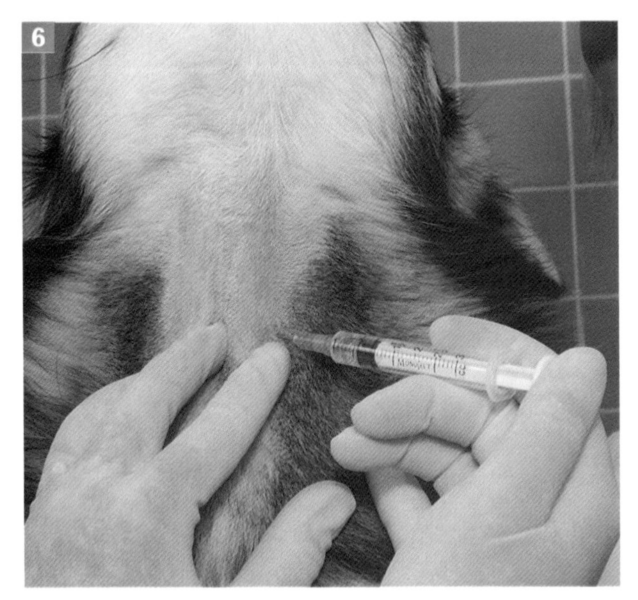
用利多卡因阻断液阻断环甲韧带区域。

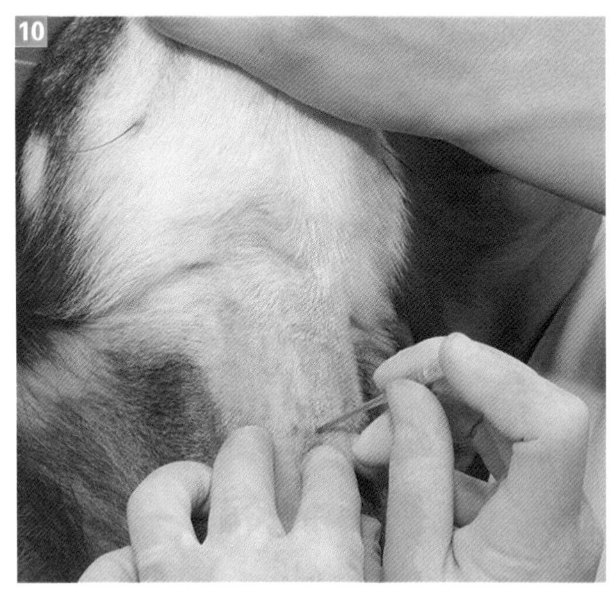
将针头通过环甲韧带插入到气管内。

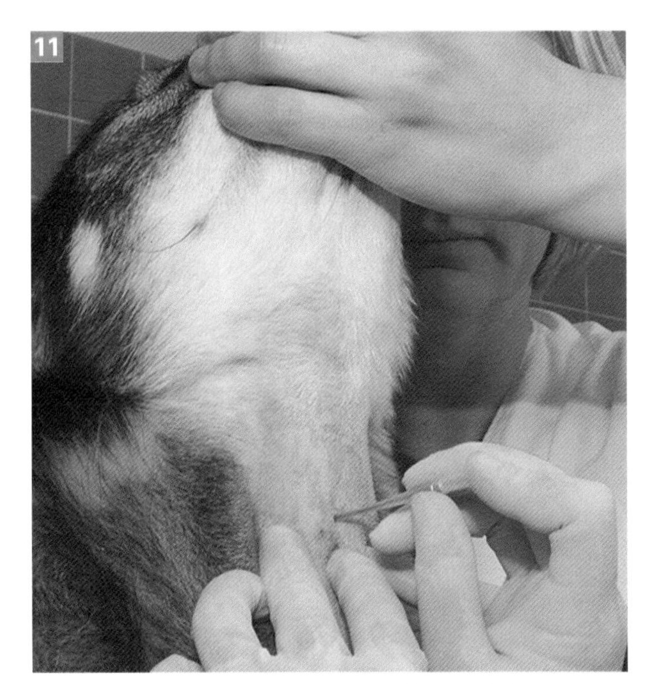
将针头向前插入，直到针头大概位于气管腔的中央。

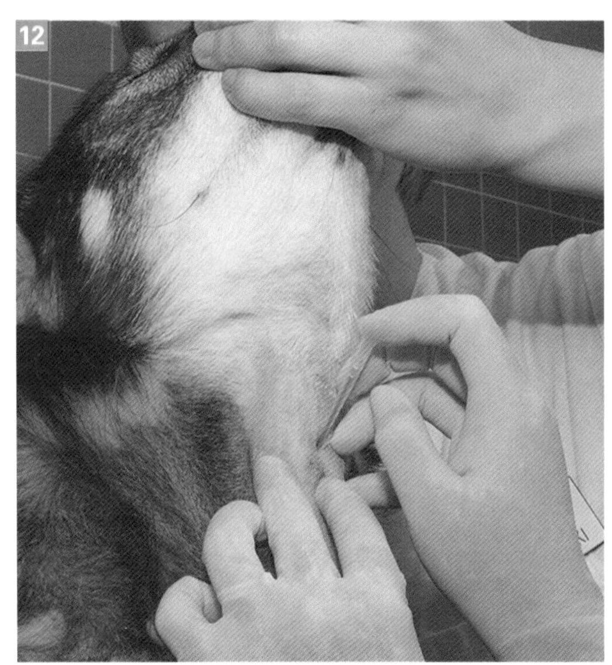
将针头朝向气管腔，斜向下45°，轻轻向前推。

13. 把套在针头上的短管尽量朝气管内推，然后拔掉针头。

14. 捏住长聚乙烯管的近管头处，然后将长导管穿过短导管插入气管内。将长管头插入到近气管分叉处（大约在第四肋间）收集最好的样本。导管应该很容易插入，而且因刺激引起犬咳嗽。如果导管不易插入，要重新评估短导管管头的位置，也就是要调整动物的体位和短导管的角度，使较长的导管不要抵在气管壁上，顺利插入。

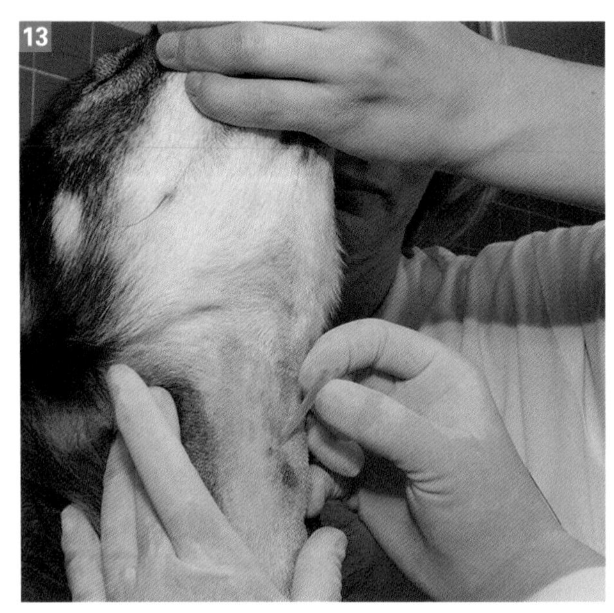

将套在针头上的导管向前推。

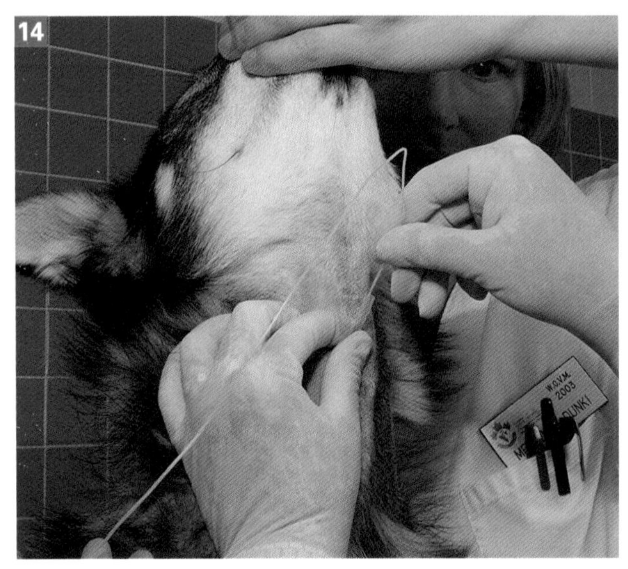

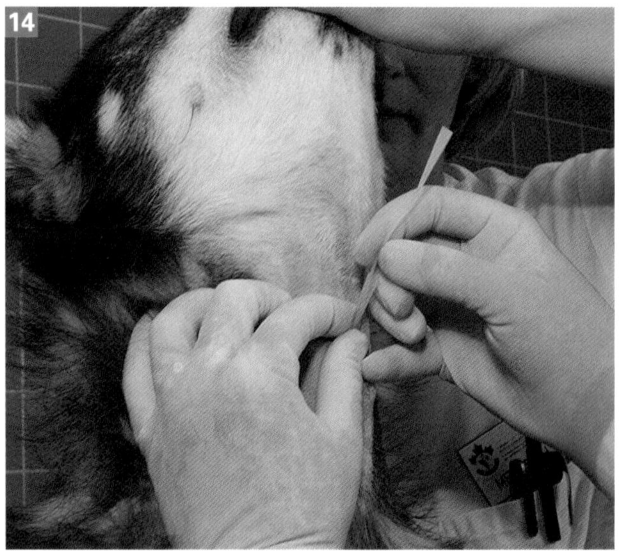

将长的聚乙烯管通过短导管插入气管内，直到管头到达近气管分叉处。

15. 一旦导管插入期望的深度，连接含10mL生理盐水的20mL注射器，然后反复抽吸，回收气道内的冲洗液。最好的回收时机是在动物咳嗽的时候。

16. 如果回收不到，用第二个含10mL生理盐水的20mL注射器重复冲洗。注入生理盐水后马上抽吸。如果仍然回收不到，使犬俯卧，鼻子和头保持较正常的姿势，这样注入的液体可以聚集在隆突处，而不是流入肺后叶，用第三个生理盐水注射器重复冲洗。有时在抽吸过程中需要将导管轻轻地来回移动，以保证导管头处于气管分叉处。注入的液体会被迅速吸收进入体循环，因此不用担心反复冲洗会“淹溺”动物。

17. 一旦回收到样本，先拔掉长导管，然后移走短导管。

18. 提交样本进行直接或浓缩样本细胞学检查和培养。

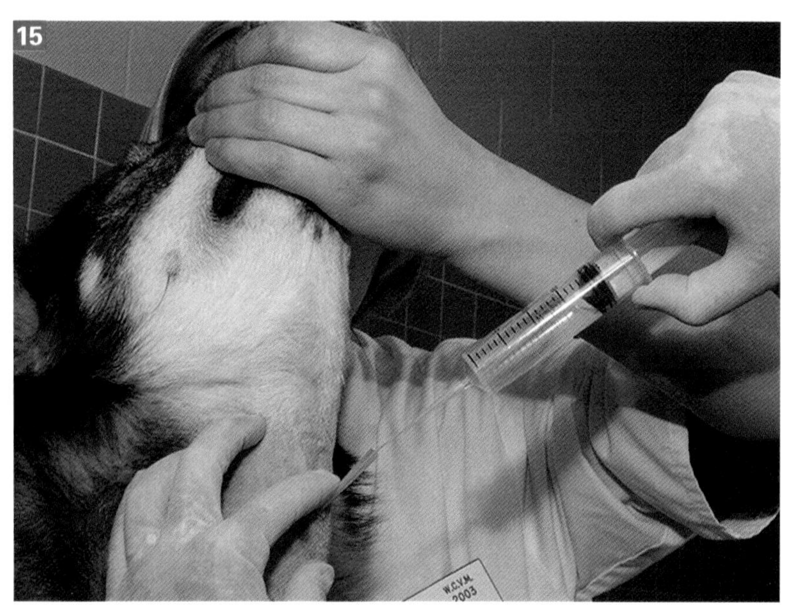

反复冲入和吸走生理盐水，直到回收到气道冲洗液。

19. 围绕颈部轻轻地包扎，压迫组织，并减少空气从气管泄漏到皮下组织。将堵塞性软膏涂在皮肤进针处。盖上海绵，然后轻轻包扎，一定要仔细，避免影响静脉回流或通气。应该保证有两个手指能轻松伸入绷带下方。1 ~ 2h后去掉绷带。

20. 进行该操作后要保持动物安静，并监护呼吸1 ~ 2h。

[经气管冲洗的结果]

1. 来自咳嗽犬经气管冲洗液的嗜酸性炎症反应反映了超敏反应，多代表有典型的过敏性或寄生虫疾病。

2. 肺部有转移性肿瘤动物的气管冲洗液可能正常，或显示有红细胞、吞噬了红细胞的巨噬细胞（噬红细胞现象）和充满血铁黄素的巨噬细胞，这表明有气道出血。

将阻塞性软膏涂于进针处，并用绷带轻轻包扎。

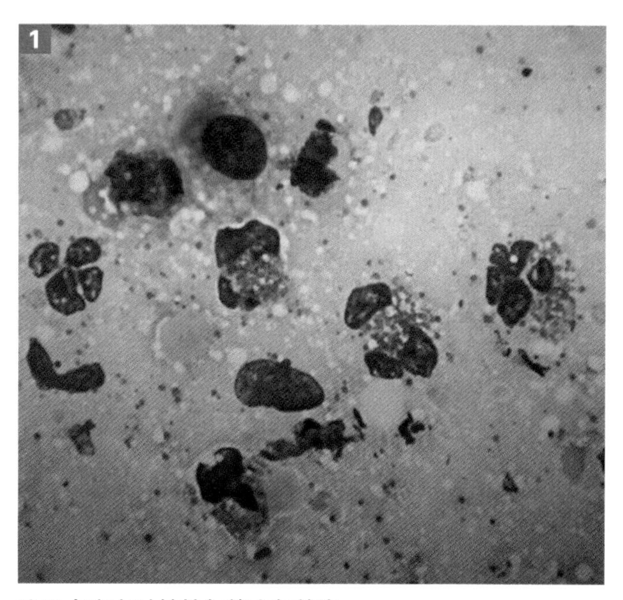

这只犬患有过敏性气管支气管炎。

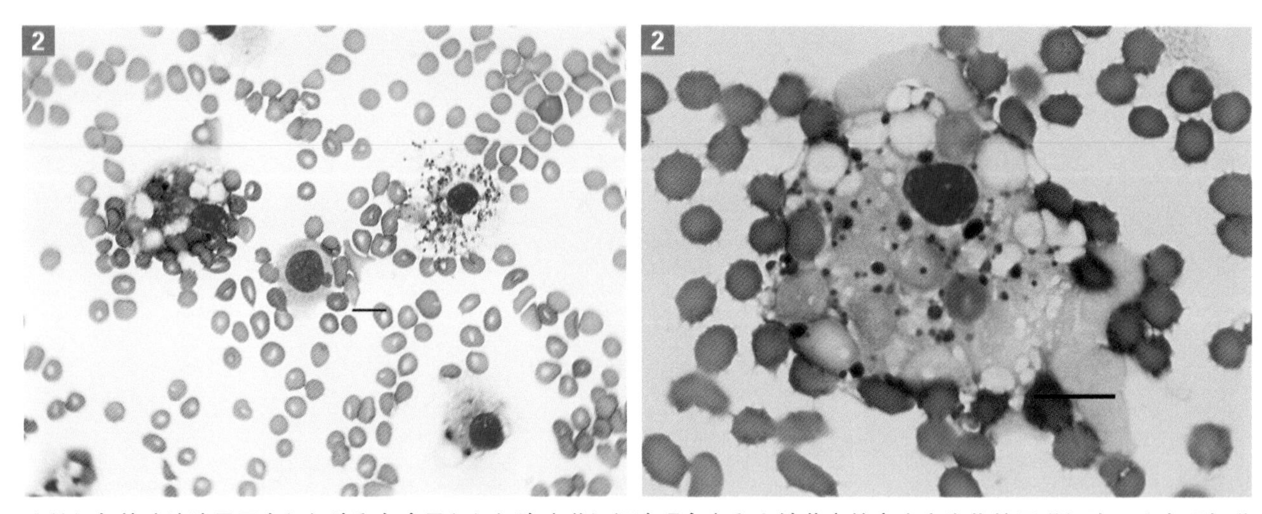

这份经气管冲洗液显示有红细胞和包含吞入红细胞（噬红细胞现象）和血铁黄素的高度空泡化的巨噬细胞，这表明气道出血是进行性的，而非操作引起。该犬患有肺转移性血管肉瘤。
（Dr. Marion Jackson惠赠，University of Saskatchewan）

3. 气管冲洗液中出现鳞状上皮细胞和成堆的沙门氏菌表明样本被口腔所污染。这可能是由于针头被不经意地从环甲韧带上方插入，操作期间犬咳嗽使管头朝上进入咽部，或者是犬在操作期间误吸入唾液。

4. 经气管冲洗液的细胞学检查能显示咳嗽的各种感染性因素。

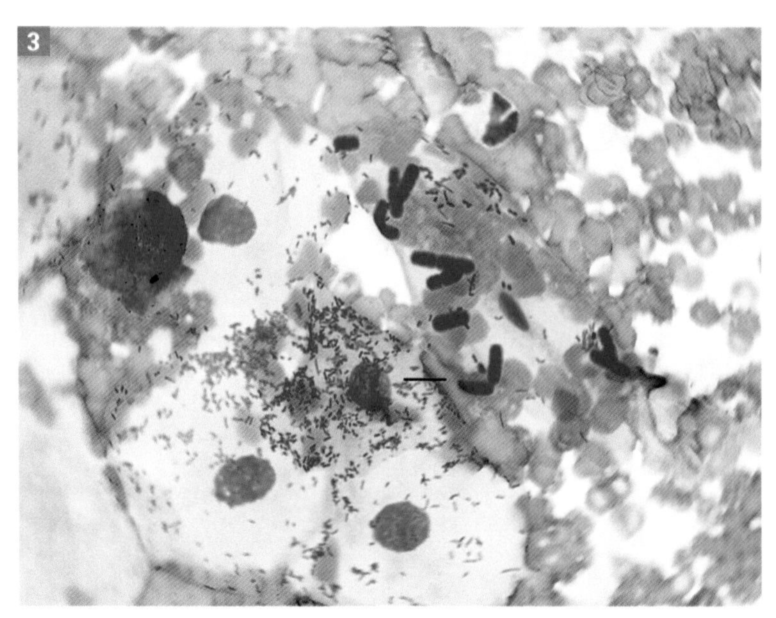

气管冲洗液中出现鳞状上皮细胞和成堆的沙门氏菌表明样本被口腔所污染。
（Dr. Marion Jackson惠赠，University of Saskatchewan）

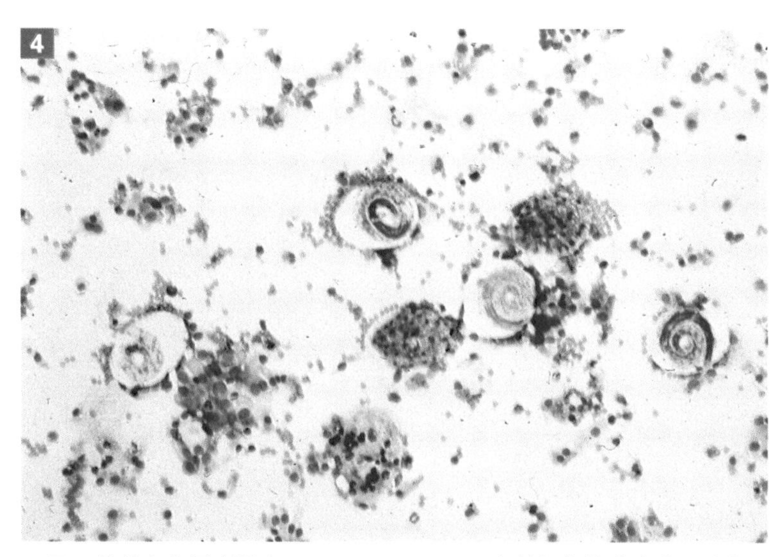

一只19月龄杰克罗素㹴（Jack Russell Terrier）的经气管冲洗液。该犬有3个月的咳嗽史，胸腔平片正常。显示有嗜酸性炎症和许多蜷曲的幼虫。该犬患有奥氏奥斯勒丝虫（Oslerus osleri）性气管支气管炎。

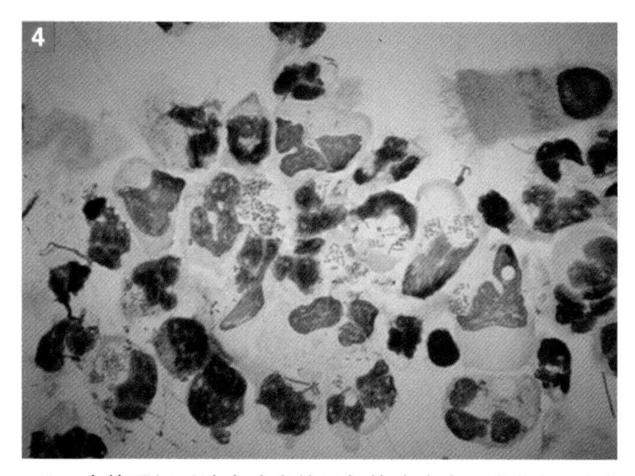

一只3岁德国短毛波音达犬的经气管冲洗液，该犬有3周的咳嗽和发热史。X线片显示右肺中叶有局灶性硬化。气管冲洗液含很多细胞，显示为有变性的中性粒细胞和多形细菌的败血性炎症。该犬有支气管异物（大麦粒），用内镜移走。

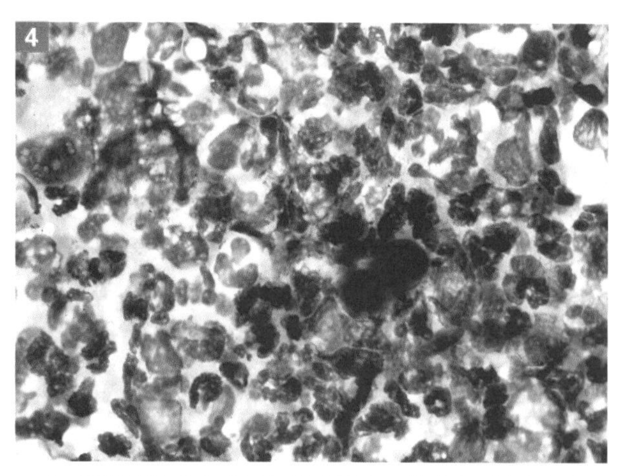

一只4岁德国牧羊犬的经气管冲洗液，该犬有2周的咳嗽、嗜睡，发热和运动不耐受史。听诊整个肺区有啰音，X线片显示有弥散性间质和肺泡浸润。经气管冲洗液显示有严重的脓性肉芽肿性炎症，偶然发现了皮炎芽生菌性真菌有机体（箭头）。

操作 7-8 气管内冲洗

[目的]

为了采集气管和气道的分泌物样本进行细胞学和微生物学分析。

[适应证]

1. 咳嗽的猫。多数咳嗽的猫患有慢性气管炎或哮喘。

2. 患气道或肺实质疾病的猫。

3. 有严重呼吸困难或神经质的体型很小的犬，在清醒状态下进行气管冲洗是不可能的，或者说非常危险。

[禁忌证和注意事项]

1. 如果动物无法耐受全身麻醉，则不能进行气管内冲洗。

2. 在患急性猫哮喘，出现严重呼吸困难的猫，不应该进行气管内冲洗——对这些动物麻醉前，必须先稳定病情。

[体位和保定]

进行该操作需要对动物麻醉，俯卧保定。

[局部解剖]

如果导管头位于气管分叉处，则获得的样本最佳。

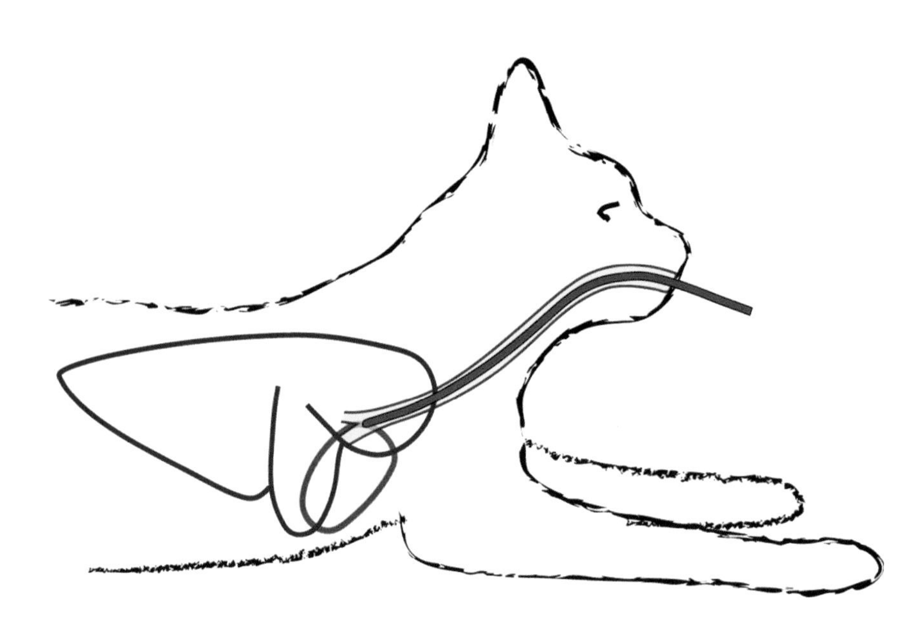

导管头要到达气管分叉处。

[物品]

- 70cm长的3.5或5Fr灭菌聚乙烯导管。
- 能通过声门开口的灭菌气管内插管或脊髓穿刺针保护套。
- 3个各含6mL生理盐水的12mL注射器。

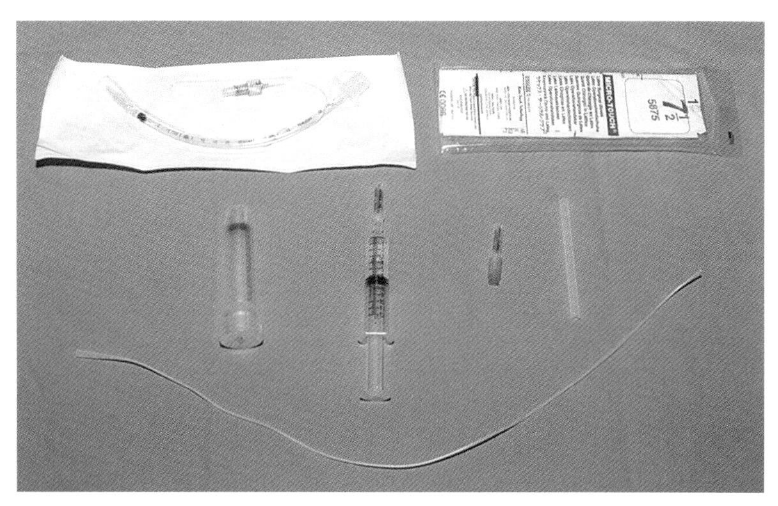

进行气管内冲洗所需物品。

[操作方法：气管内冲洗]

1. 通过面罩先吸氧，然后对犬或猫进行轻度全身麻醉（经常使用丙泊酚）。
2. 将灭菌气管内插管或脊髓穿刺针的灭菌保护套插入声门开口，作为长导管的保护套。
3. 测量到达气管分叉处所需导管的长度。
4. 将聚乙烯导管插入气管，到达气管分叉处。
5. 等待犬或猫咳嗽。动物咳嗽时获得的样本最佳。

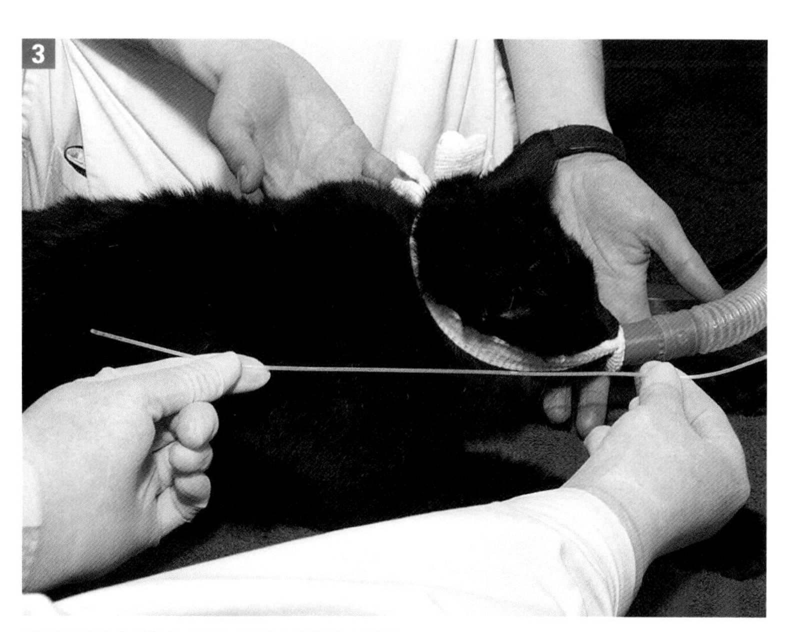

确定到达气管分叉处所需导管的长度。

将聚乙烯导管插入气管，到达气管分叉处。

6. 连接含大约6mL生理盐水的12mL注射器。注入2～3mL生理盐水，然后反复抽吸，回收气道冲洗液。如果回收不到液体，重复操作，直到获得样本。

7. 一旦回收到样本，给动物吸氧，直到其完全苏醒。

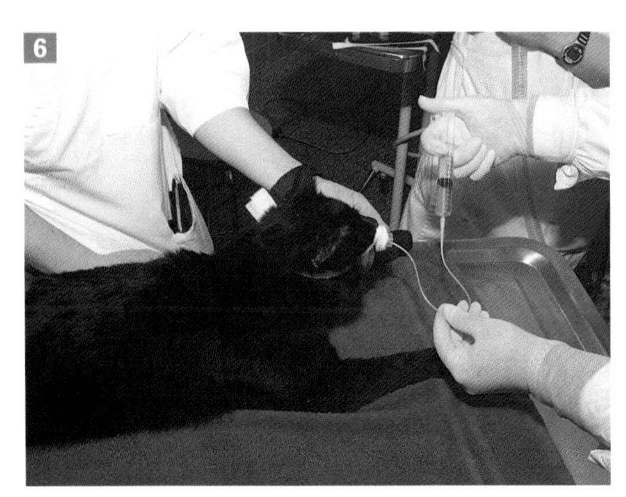

反复注入和抽吸生理盐水，直到回收到样本。

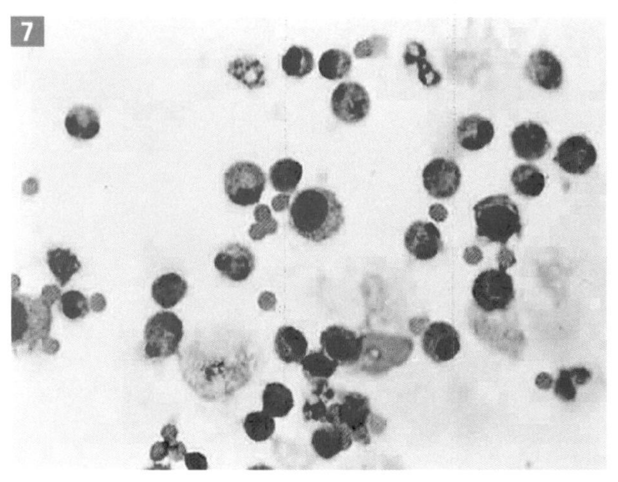

一只胸片正常、咳嗽猫的气管冲洗液，显示有大量的黏液和嗜酸性炎症，符合猫过敏性气管支气管炎的诊断。

操作 7–9　支气管镜下支气管肺泡灌洗

[目的]

为了从深部肺的小气道、肺泡和间质采集分泌物和细胞样本进行细胞学和微生物学分析。

[适应证]

1. 犬和猫患终末气道、肺泡或肺间质疾病，动物清醒状态下采取的操作或诊断技术尚未确诊。

2. 支气管肺泡灌洗（BAL）要淹没肺脏的特定区域，然后再将这些液体回收。结果代表被淹没的这一特定区域的深部肺脏的变化，因此要借助X线检查来选择肺叶，则使支气管肺泡灌洗更具有诊断意义。

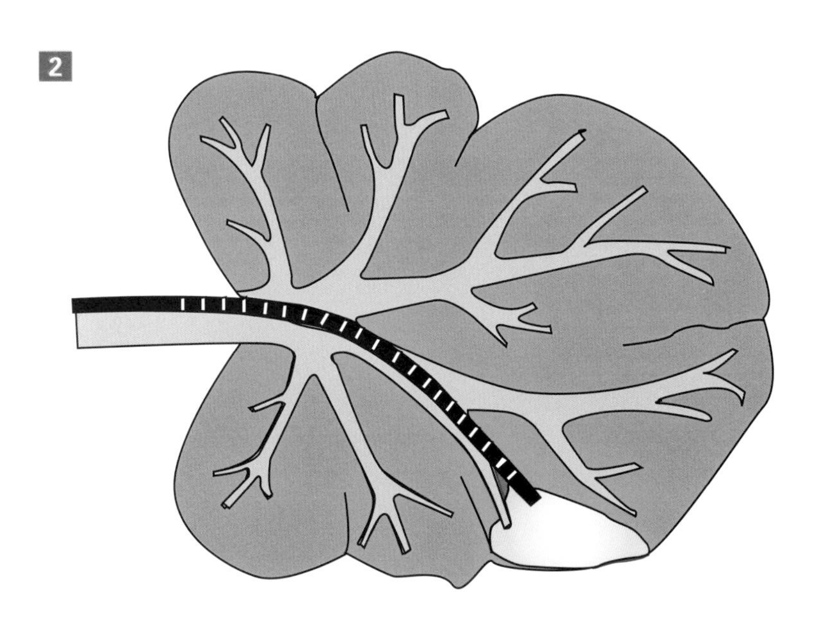

支气管镜下支气管肺泡灌洗的模式图，显示了该操作过程中所淹没的肺区。

[禁忌证和注意事项]

1. 如果动物无法耐受全身麻醉，则无法进行支气管肺泡灌洗。

2. 尽管也报道过非内镜性支气管肺泡灌洗技术，但当要选择特定的肺叶采样时，就需要进行支气管镜下支气管肺泡灌洗。该技术需要支气管镜。

3. 支气管肺泡灌洗主要的并发症是操作期间会出现明显的低氧血症。这通常会很快解决。但如果动物在呼吸室内空气时休息状态下也出现明显的血氧不足，则表明不大适宜进行支气管肺泡灌洗。在支气管肺泡灌洗期间和之后都需要监护动物的氧合状况，并能够给动物吸氧。

4. 一些动物，尤其是猫，气道易出现反应，支气管肺泡灌洗可能的并发症也包括了支气管痉挛。在这些动物推荐操作前使用支气管扩张剂。

5. 对于疾病主要在气道的动物，支气管肺泡灌洗不是最适合采用的技术——经气管或气管内冲洗是从气管和气道获得样本的最佳技术。支气管肺泡灌洗用于采集肺间质和肺泡的样本。

[体位和保定]

该技术需要对动物麻醉，俯卧保定。

[物品]

- 一个小直径的软式内镜。在多数犬、猫，儿科支气管镜（外径4.8mm，活组织检查道2mm）都能通过。
- 已经加热到体温的等份0.9%灭菌生理盐水。
- 抽吸支气管肺泡灌洗液的注射器。

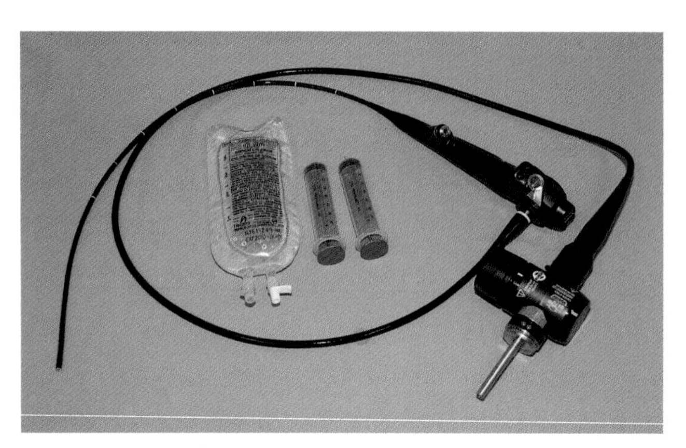

进行内镜下支气管肺泡灌洗所需的物品。

[操作方法：支气管镜下支气管肺泡灌洗]

1. 预先通过面罩给动物吸氧数分钟，然后对动物进行轻度全身麻醉（经常使用丙泊酚）。

2. 插入灭菌气管内插管，并实施吸入麻醉。在猫和体型非常小的犬，进行支气管镜检查和支气管镜下支气管肺泡灌洗时需要拔掉插管。在较大型犬，内镜能通过气管内插管的接头，这样在操作过程中动物也可以通气。

3. 进行常规诊断性支气管镜检查，评估气管和内镜可通过的能进入每个肺叶主支气管的长度。

4. 将支气管镜伸入肺叶，直到管头被紧紧卡在一个气道内，然后进行灌洗。如果卡得不合适，样本将是来自于气道，而不是深部肺叶，并且回收液也会比较少。

5. 确保支气管镜的吸取通路打开。

6. 在中型和大型犬，通过内镜的活组织检查通路将已加热到体温的25mL灭菌生理盐水注入肺部。在体型很小的犬和猫，每份可用的生理盐水为10mL。

7. 注入生理盐水后，立即用注射器抽吸，回收液体。当注射器内充满空气时，将空气排掉，并再次抽吸，直到无法再抽出液体。

8. 将第二份25mL（或10mL）生理盐水注入肺脏，并以同样的方式回收，内镜仍然处于同一位置。如果需要，也可注入第三份液体。

9. 如果需要，更换内镜的位置，以同样的方式进行其他肺叶的支气管肺泡灌洗。

[样本的处理]

1. 支气管肺泡灌洗液应该大体上都是泡沫——这是肺泡表面活性剂的作用。

2. 采集后应该将支气管肺泡灌洗液放在冰块中，并尽快进行检查。

3. 应该对获得的液体进行细胞学和微生物学分析。

操作 7–10　经胸肺部抽吸

[目的]

为了采集肺实质的细胞或液体样本进行细胞学和微生物学分析。

[适应证]

1. 动物有靠近体壁的单个肺实质病变。

2. 动物有弥散性、多灶性或局灶性肺实质病变，经气管或气管内冲洗无结果或结果为阴性。

3. 动物有多灶性或弥散性疾病，需要抽吸X线片显示严重的肺区；或者，如果疾病确实为弥散性，需要抽吸肺尾叶的浅层实质。

[禁忌证]

1. 如果肿物位于靠近心脏或大血管的深部肺实质内，或者肿物与体壁之间隔着大量充气的肺脏，进行该操作时出现并发症的风险很高。在这些病例，为了获得诊断，应该首选无创技术，如经气管冲洗。

2. 在患凝血疾病、已知有肺动脉高压或怀疑有肺脓肿的动物，不应该进行肺抽吸。

3. 对于患弥散性肺病而出现严重呼吸困难的动物，进行肺抽吸后出现气胸的危险性会升高，并且这种并发症能致命。

[物品]

- 22G脊髓穿刺针，3.8cm或6.4cm。
- 6mL注射器。
- 载玻片。
- 灭菌手套。
- 利多卡因阻断液（2%利多卡因和8.4%碳酸氢钠以9：1混合）。

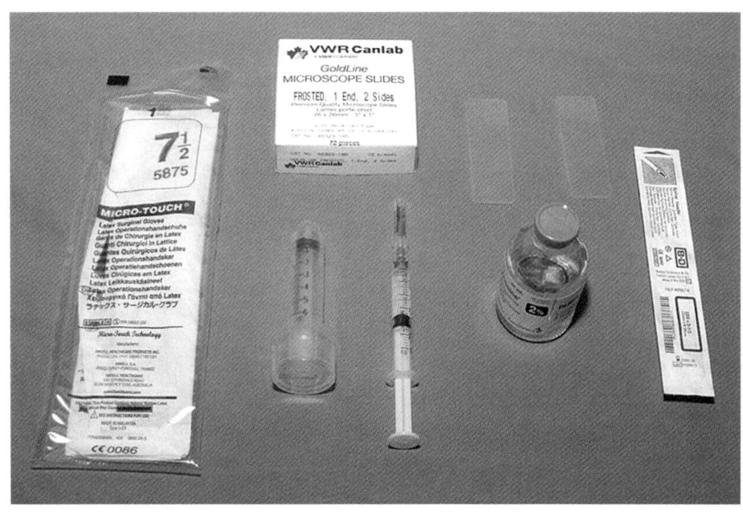

进行经胸肺部抽吸的所需物品。

[体位和保定]

1. 动物站立或俯卧保定，防止活动。当针头在胸腔内时，助手需要堵住动物的鼻孔。

2. 未进行镇定，因此进行操作后要监测动物呼吸式的变化。

[局部解剖]

1. 通过X线片对需要进行抽吸的肺部进行精确定位。确定正确的肋间、高于肋软骨接合部的距离以及需要刺入的深度（针头插入的长度）。

2. 当局灶性肿物贴着体壁时，可用超声指导进针。

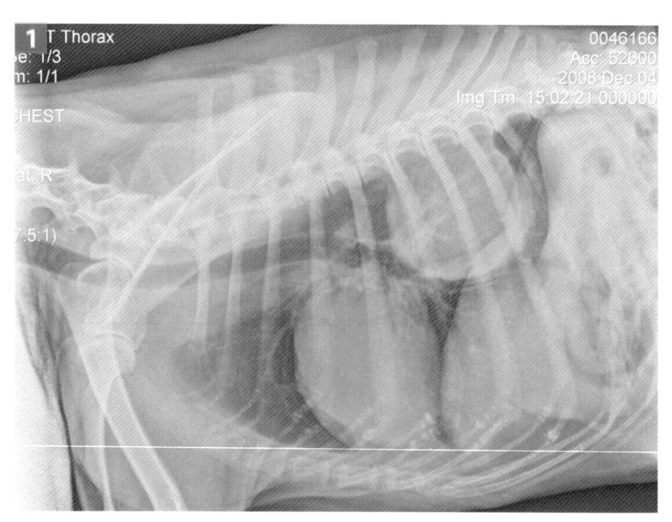

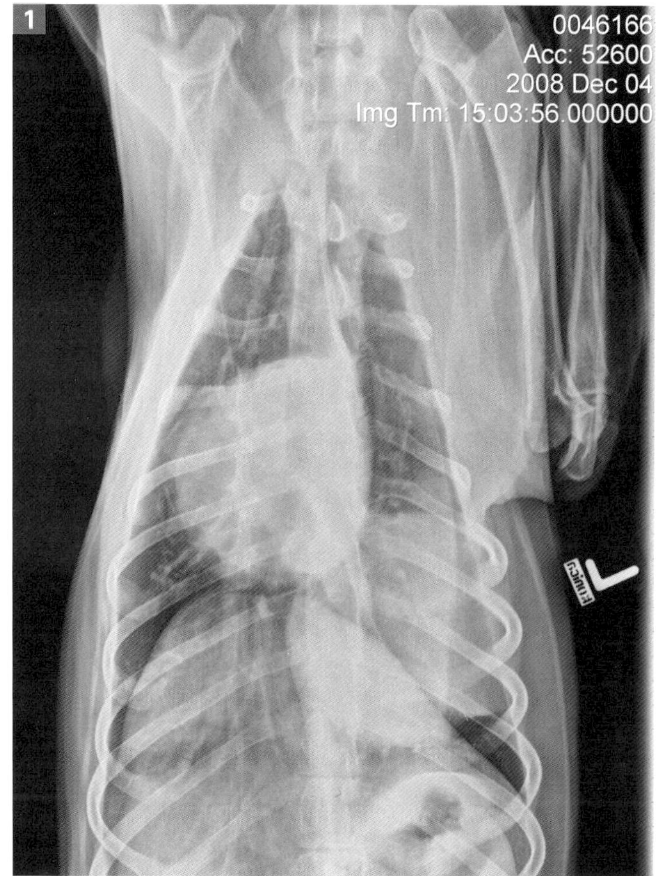

一只犬的侧位（上图）和腹背位（下图）X线片，该犬左肺后叶有一个大的独立的肿物。通过对X线片的评估，显示抽吸应该在左侧第六或第七肋间、胸腔的背侧25%处进行。进针的深度从腹背位X线片上确定。

（Dr. Elisabeth Snead惠赠，University of Saskatchewan）

[操作方法]

1. 根据X线片确定要抽吸的部位。

2. 动物站立或俯卧保定。对该区域的皮肤剃毛并进行准备。进行该操作需要戴灭菌手套，并采用无菌术。

3. 注射利多卡因阻断液，以阻断进针部位的皮肤和皮下组织。

4. 将带芯的针头刺入皮肤、皮下组织，接近胸膜。避免刺穿位于肋骨后缘的肋间血管。

5. 助手握住动物的嘴和鼻子，以防呼吸引起胸壁运动。

6. 撤掉针芯，并连接注射器。

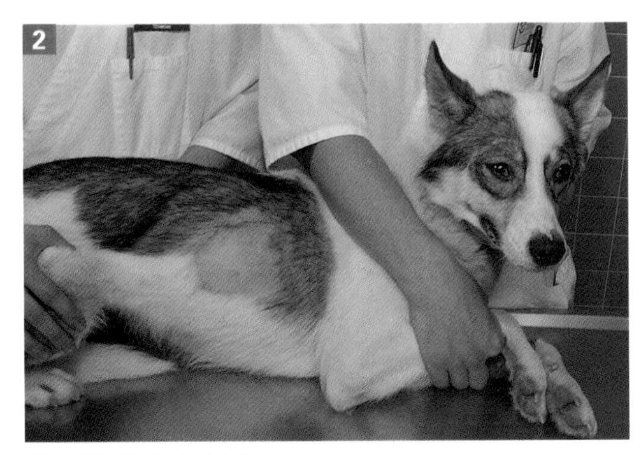

进行肺部抽吸时对犬保定。

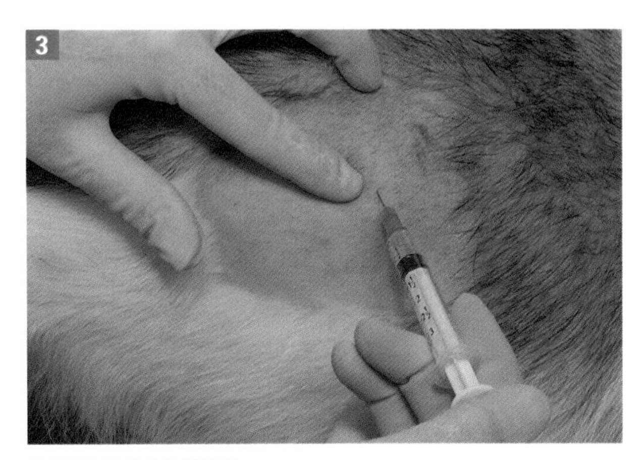

注射利多卡因阻断液。

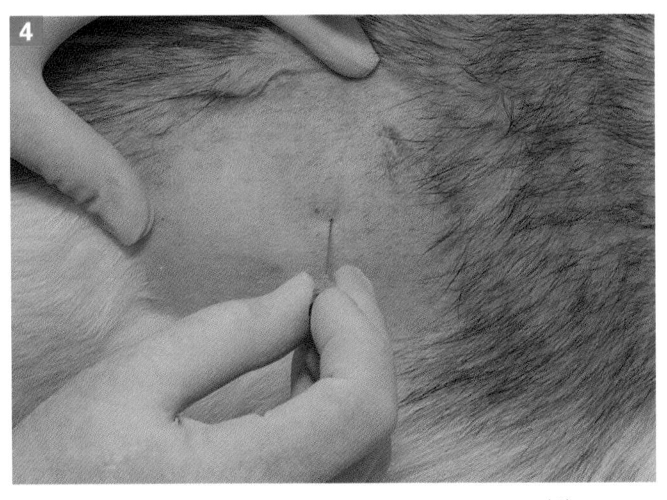

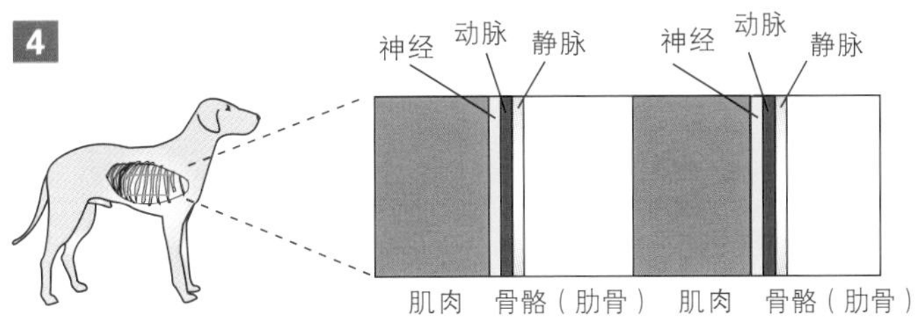

将带芯的针头插到近胸膜处，避免刺穿位于每根肋骨后缘的肋间血管。

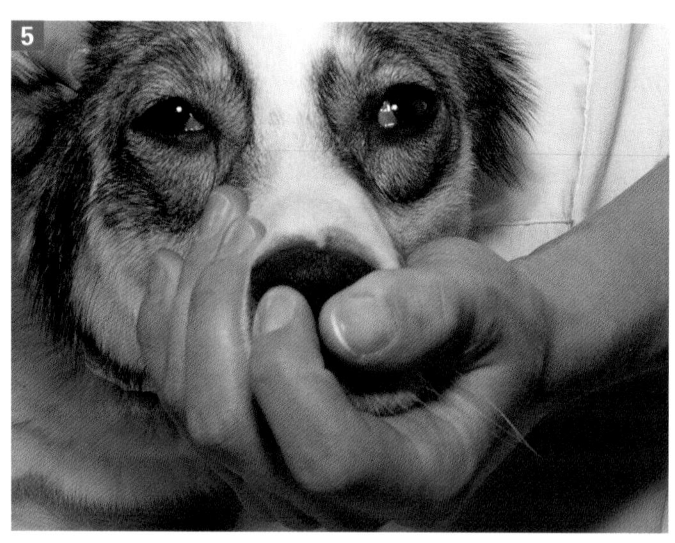

助手握住动物的嘴和鼻子，以防呼吸引起胸壁运动。

7. 边抽吸，并将针头插入预定深度。反复抽吸至5 ~ 8mL处2 ~ 3次，抽吸时要迅速，使针头处于肺实质内仅1 ~ 2s。

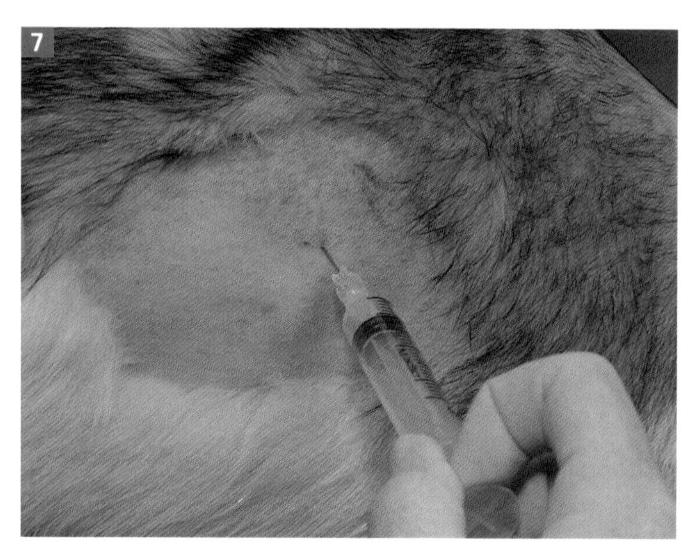

将针头刺入肺部采样。

8. 停止抽吸，将针头从胸腔拔掉；立即涂片。

9. 操作后30 ~ 60min内要监测动物的呼吸和黏膜颜色。

[潜在的并发症]

1. 可能出现气胸，尤其是当要抽吸的肿物和胸壁之间存在充气的肺脏时。在多数病例，气胸很轻微，不需要处理，但偶尔可能很严重。进行操作前就反复咳嗽或有严重呼吸困难的动物发生气胸的危险性最高。

2. 当抽吸部位有出血时，可发生血胸或肺出血。这通常很轻微。

3. 偶尔在进行经胸肺部抽吸后动物会急性死亡。多数情况下，这些是患严重的弥散性肺病、呼吸非常困难的犬或猫，它们不能再耐受气胸或血胸引起的应激。

[样本的处理]

1. 典型状况下，通过经胸肺部抽吸获得的细胞不会很多。所有抽吸到的物质经常只在针头内，而不会出现在针座。样本必须迅速涂片，否则样本因凝固而无法使用。一旦针头从胸部拔掉，将注射器与针头分开，抽入4mL空气再接上针头，这样可以把针头的内容物冲到载玻片上，并立即涂片。对载玻片进行常规染色，并进行细胞学检查。

2. 有时肺部抽吸会抽出0.5～1mL血性液体，但很罕见。如果抽吸到，将液体放入乙二胺四乙酸（Ethylenediaminetetraacetc acid，EDTA）管中进行抗凝，然后直接涂片，并进行浓缩液检查。

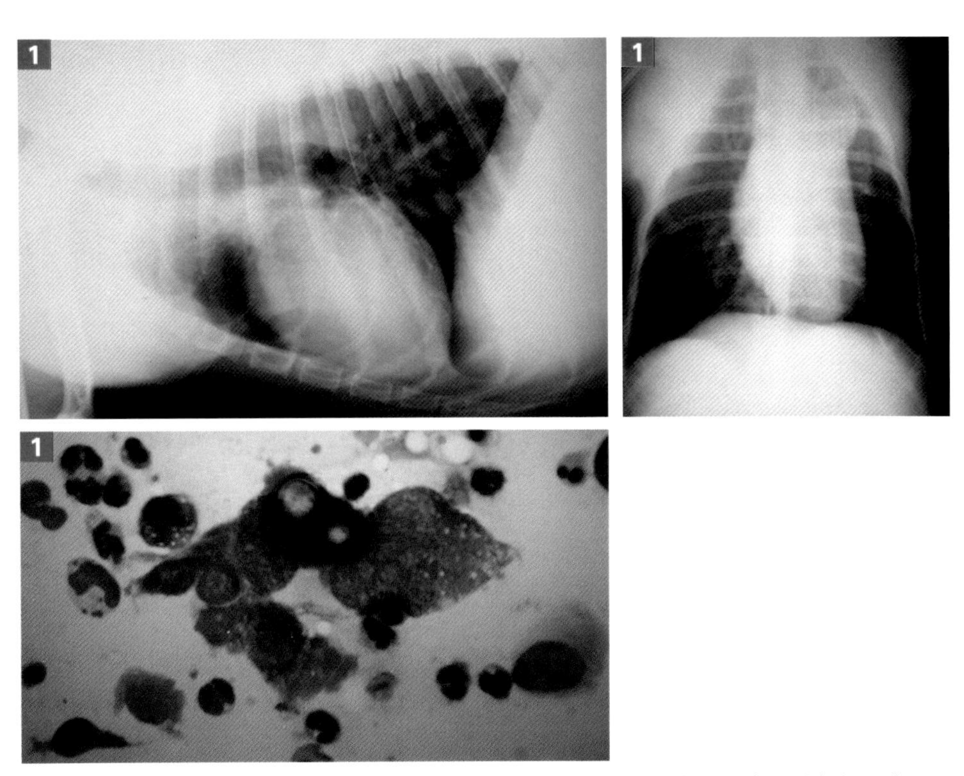

一只3岁拉布拉多猎犬出现发热、厌食和前葡萄膜炎，胸部X线片显示肺实质内有一肿物。经气管冲洗细胞学检查显示有炎症，但无有机体。细针抽吸显示为芽生菌病。

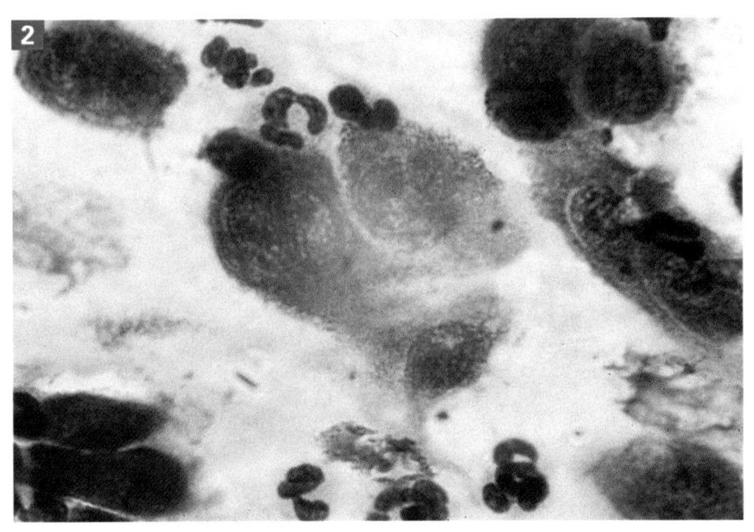

一只咳嗽的8岁德国牧羊犬左肺后叶肿物的细针抽吸细胞学涂片，其中有许多恶性特征的大细胞。诊断为肉瘤。

操作 7-11 胸腔穿刺术

[目的]

1. 为了采集聚集于胸膜腔内的液体进行细胞学和微生物学分析。

2. 为了减轻因胸膜腔内液体或空气聚集引起的呼吸困难。

[适应证]

1. 有胸腔积液的犬或猫。

2. 因明显的胸膜腔内空气聚集（气胸）导致呼吸困难的犬或猫。

[禁忌证和注意事项]

1. 当犬或猫出现快而浅的呼吸，腹侧心音和肺音不清，进行体格检查时应该怀疑有胸腔积液。当呼吸困难严重时，建议在进行诊断性X线检查前先进行治疗性胸腔穿刺。

2. 在患慢性胸腔积液的猫常发展为纤维性胸膜炎，这会妨碍肺的正常扩张，阻止肺的正常弹性回缩。在这些动物，大意的肺部针刺可能引起严重的无法治疗的气胸。

3. 当出现血胸时，仅使用胸腔穿刺移走足够的血液以减轻呼吸困难，并使动物恢复足够的通气能力。残余的血液将被逐渐吸收。

[体位和保定]

在多数动物只需要非常轻度的保定。胸腔穿刺可在动物站立、俯卧或侧卧时进行。如果动物呼吸困难，为了减轻动物的焦虑，操作过程中要给动物输氧。很少需要或建议镇定。

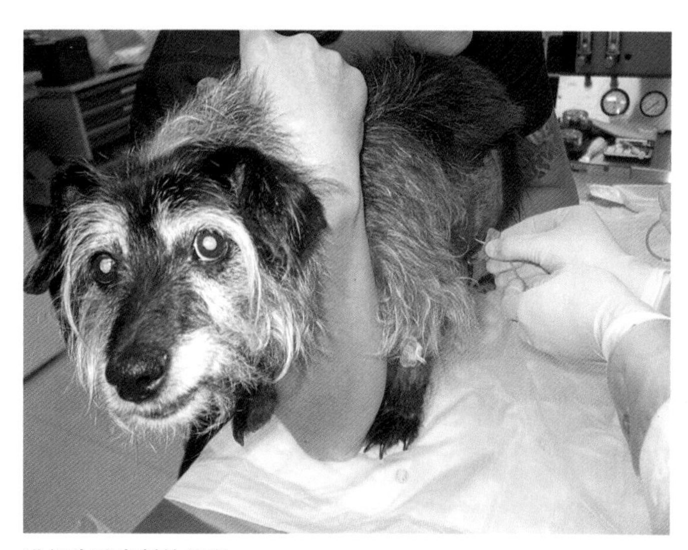

进行胸腔穿刺的保定。

[相关解剖]

1. 在正常动物，胸膜的脏层和壁层相接触，胸膜腔只是一个潜在的空间。许多疾病能引起这个空间的液体聚集（胸腔积液）。

2. 多数患胸腔积液的犬、猫是双侧发病。进行胸腔穿刺的位置根据胸腔内液体的量和位置而定，这些需要通过体格检查或X线检查确定。通常在第六至第九肋间之间、紧靠肋软骨接合部之上进针都可以。当动物站立或俯卧时，液体易聚集在腹侧。治疗性胸腔穿刺通常在双侧都要进行。

3. 患气胸的动物站立或俯卧时，空气聚集在背侧。在这些动物的胸腔穿刺应该在肺的后背区进行。通过叩诊确定回声最强的区域来进行胸腔穿刺，以减轻气胸。

4. 胸壁的血液供应由紧贴于每根肋骨之后的肋间动脉提供，并有静脉和神经伴行。无论何时，进行胸腔穿刺时进针部位都应该位于每根肋骨的前缘，以免刺穿肋间血管。

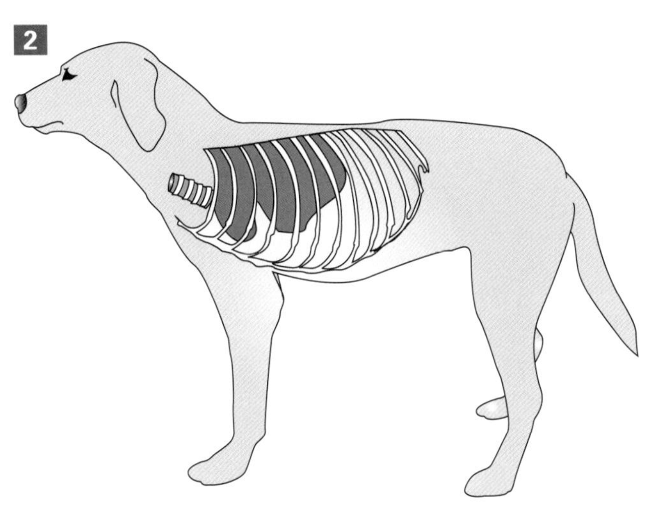

动物站立或俯卧时液体聚集在腹侧。

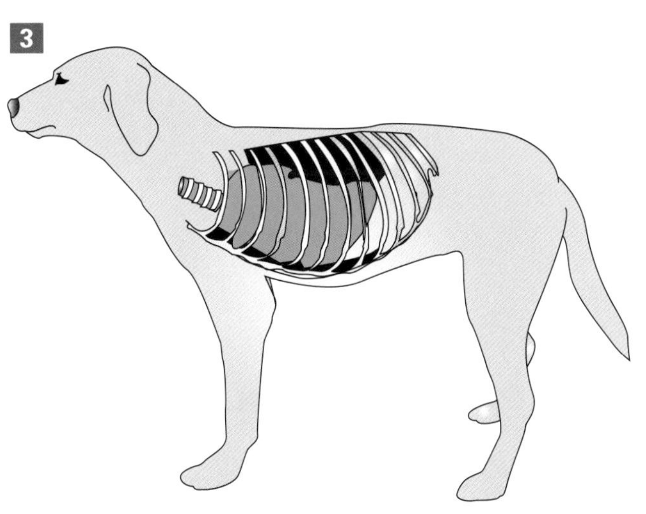

动物站立或俯卧时，胸膜腔内的空气主要聚集在胸的后背侧。

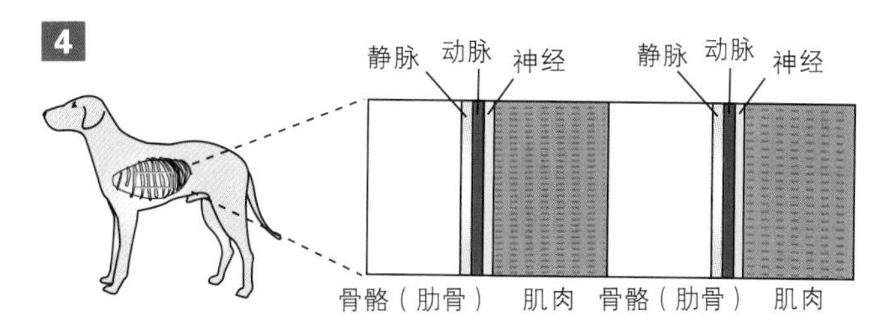

肋间血管紧贴于每根肋骨的后方。

[物品]

- 19G或21G蝶形导管。
- 三通接头。
- 注射器。
- 在大型犬或积液较黏稠的动物，要使用较粗的针头或导管（14～18G）代替蝶形导管，但要使用延长管连接针头与注射器和三通接头，以减小操作过程中因注射器移动引起的针头或导管的移动。
- 利多卡因阻断液（2%利多卡因和8.4%碳酸氢钠以9：1混合），3mL注射器，25G针头。
- 灭菌手套。

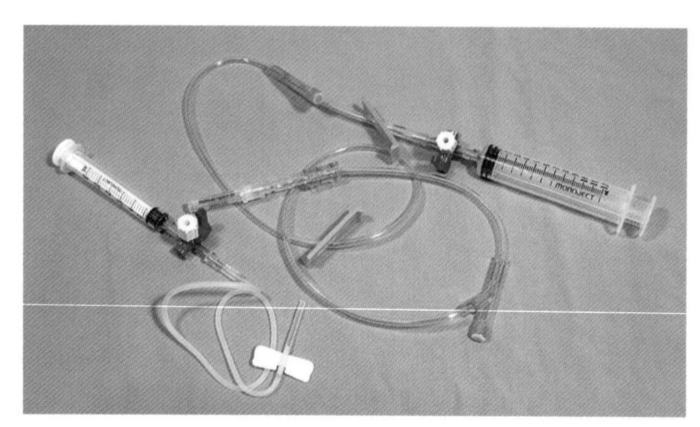

进行胸腔穿刺时所需物品。

[操作方法]

1. 动物站立、俯卧或侧卧，轻柔地保定。如果动物呼吸困难，给其吸氧。

2. 应尝试确定胸腔穿刺的部位。当有胸腔积液时，穿刺部位通常在第六至第八肋间的近肋软骨接合部。

3. 对穿刺部位进行剃毛并准备。进行胸腔穿刺应戴灭菌手套，并采用无菌术。

4. 如果针头要在胸壁保留数分钟，进行治疗性胸腔穿刺，需要用利多卡因阻断液阻断该部位。进行诊断性胸腔穿刺（抽出1～6mL液体）很少需要局部麻醉。

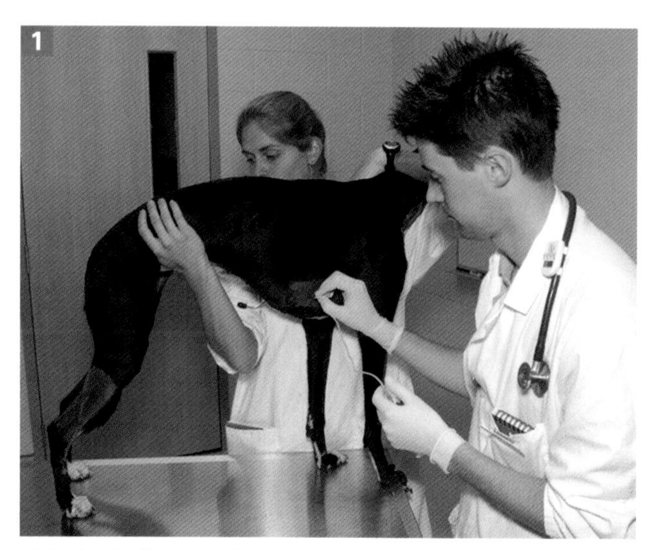

对犬站立保定，进行胸腔穿刺。

5. 连接注射器，针尖斜面朝前，打开针头或导管与注射器之间的接头，针头紧贴于肋骨之前穿过皮肤和肋间肌。用一只手抵在胸壁上控制针头，以免其随呼吸或动物的移动产生相对移位。

6. 用注射器轻轻抽吸，以便针头进入胸膜腔后，有液体或空气出现而被立即确认。

7. 当进入胸膜腔后，继续插入针头，针尖轻微向后倾斜，使针头能够贴着胸膜的壁层，针尖的斜面朝向胸内。这样可以抽吸液体或空气，而不会刮伤肺脏。

8. 如果无液体或空气，或者无法抽动，需要变换位置。

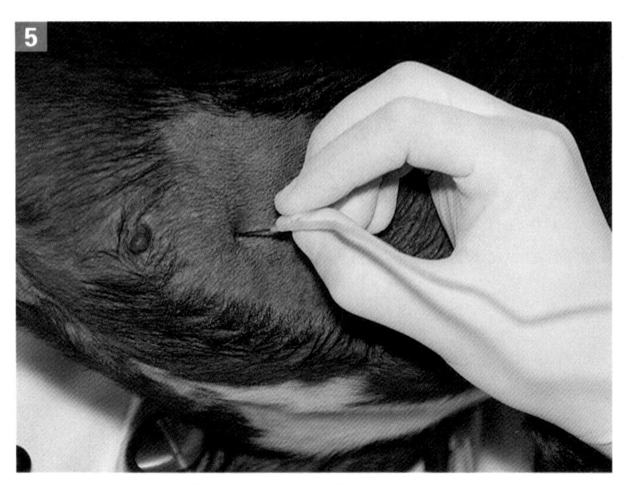

针头紧贴于肋骨前刺入皮肤和肋间肌，一只手抵着胸壁控制针头以固定。

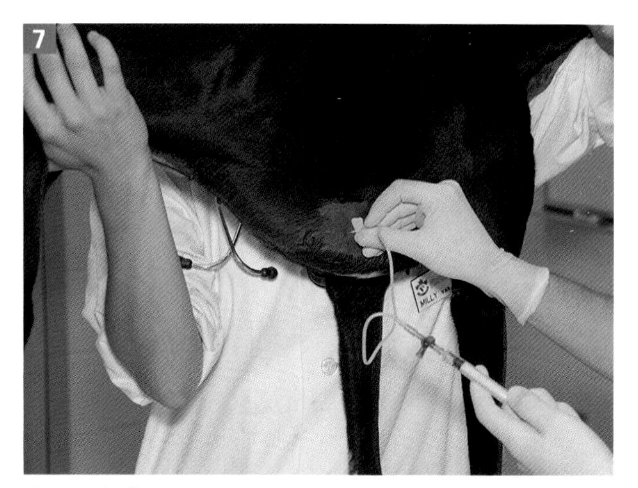

当进入胸膜腔后，针头向前刺，针尖轻微向后。

[潜在的并发症]

针头刺穿肺可能会引发医源性气胸。这通常很轻微，很少需要特殊治疗，除非动物有纤维性胸膜炎或肺肿瘤妨碍了肺脏的正常弹性回缩。

[样本的处理]

应该对采集到的液体进行细胞学和微生物学分析。

[结果]

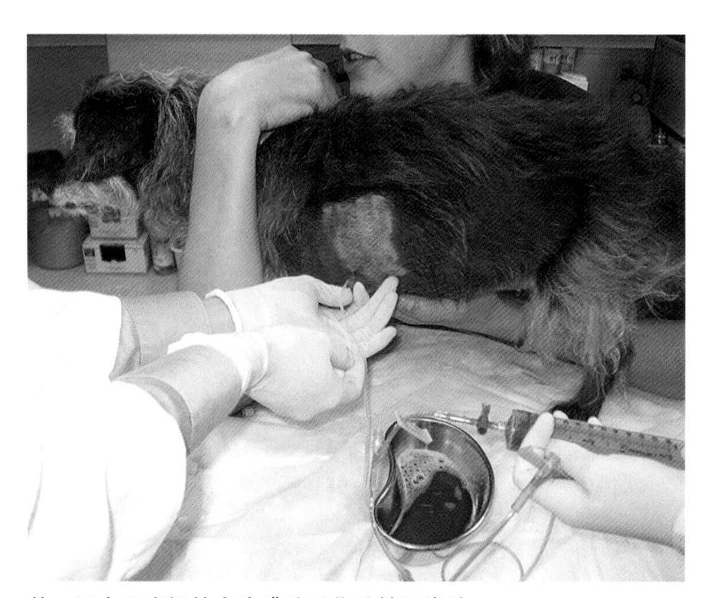
从一只右心衰竭的犬胸膜腔采集改性漏出液。

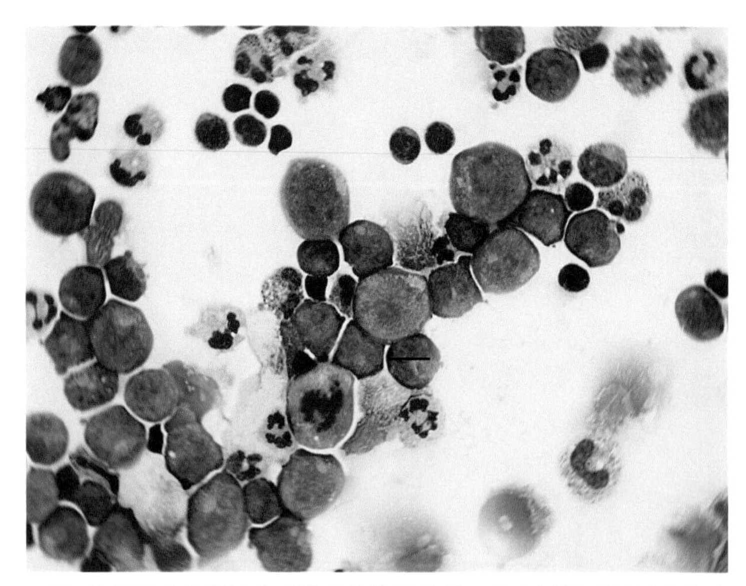

一只6岁已绝育的雌性金毛猎犬的胸腔液体。该犬近期呼吸困难和嗜睡。液体显示有一些大圆形非典型性淋巴细胞。该犬患有胸腺淋巴瘤。
（Dr. Marion Jackson惠赠，University of Saskatchewan）

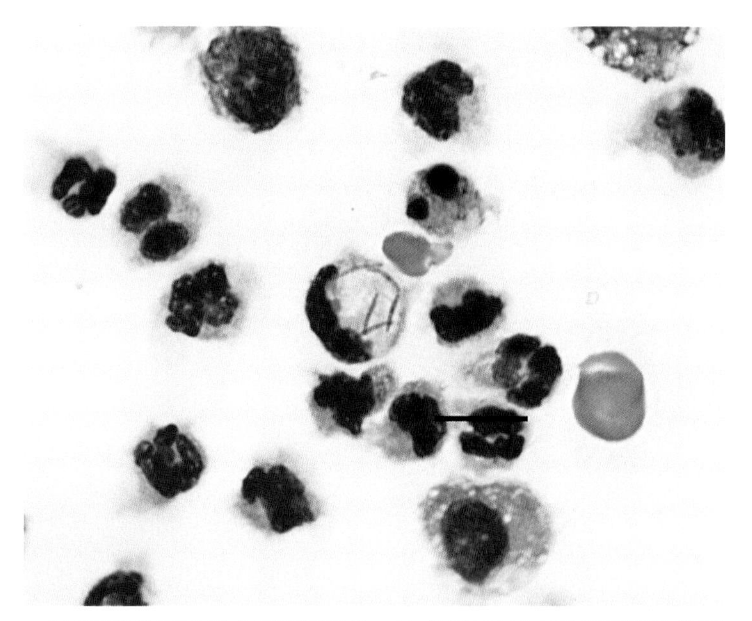

一只5岁雄性德国平犬的胸腔液体。该犬近4周以来出现嗜睡和体重减轻，连续两天呼吸困难。液体含有大量细胞，主要为中性粒细胞，多数为变性。在中性粒细胞内和细胞外有多种形状的细菌，包括细丝状、球状和杆状。该犬患有脓胸。
（Dr. Marion Jackson惠赠，University of Saskatchewan）

第 8 章

心包穿刺术

（Pericardiocentesis）

操作 8-1　心包穿刺术

[目的]

为了抽出心脏周围心包内积聚的液体。

[适应证]

严重的心包积液使心输出量下降（心包填塞）的犬、猫。

[临床意义]

1. 心包内积聚的液体压迫心脏，限制心脏充盈并降低心输出量。低心输出量、动脉低血压以及心脏和其他器官的灌注不足能导致心源性休克、心脏节律障碍以及死亡。心包穿刺术是一种紧急操作。即使抽出少量心包液体也会缓解心包填塞并改善心血管的功能。

2. 在运动不耐受、心动过速、股动脉弱（尤其是吸气时）和心音低沉的动物可怀疑急性心包填塞。心包填塞也可能出现颈静脉扩张。慢性心包填塞的动物也可能出现胸膜腔和腹膜腔积液。典型的X线片可见球形增大的心脏，同时心电图（ECG）可见QRS综合波电位小及电交替（QRS综合波的高度在每次搏动都不同）。超声心动描记术是证明液体积聚在心包和心脏之间最好的方法。右心房受压迫或塌陷，以及有时舒张期右心室也受到压迫或发生塌陷便证实发生了填塞。

[禁忌证和注意事项]

1. 心包穿刺术通常经右侧心脏切迹处实施，以使肺脏和主要冠状血管受损伤的风险降到最小。但是仍有可能划伤肺脏导致气胸，或刺伤心肌引起出血或心脏节律障碍。

2. 在任何可能的情况下，心包穿刺术中应进行ECG监测。穿刺针或导管接触到心脏可诱发室性心脏节律障碍，这表明穿刺针已刺入过深。

[体位和保定]

多数病例需要的保定措施都很小。通常实施心包穿刺术时需要动物俯卧或左侧卧，在动物右侧进行穿刺。

[局部解剖]

心包穿刺术应在动物右侧进行。右侧肺脏有一个更为明显的心脏切迹，所以在右侧穿刺可减小刺伤或划破肺脏的可能性。主要的冠状血管大多位于心脏的左侧，所以在右侧穿刺也使划伤这些血管的风险降到最小。穿刺点定位在触诊心脏搏动最强的地方。通常在右侧第四到第六肋骨之间低于肋骨肋软骨结合处进行心包穿刺术。

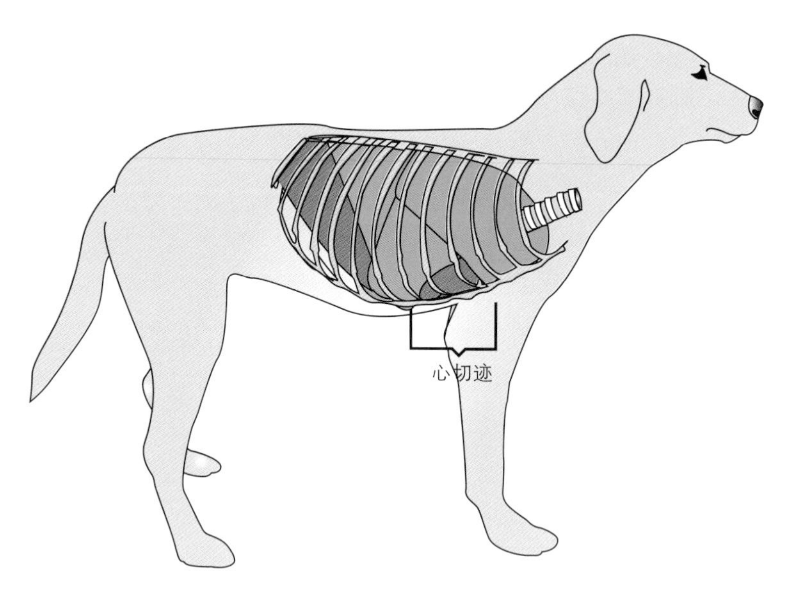

进行心包穿刺术时，为降低刺伤或划伤肺脏的风险，穿刺针从右侧心脏切迹处刺入。

[物品]

- 小型犬或猫，用19或21G蝶形导管。
- 大型犬，用大号（14～16G）套管针（Medi-Cut套管针）及延长导管。
- 三通接头。
- 收集液体的注射器（12～35mL）和延长管。
- 利多卡因阻断液（2%利多卡因和8.4%碳酸氢钠9：1混合），3mL注射器抽取1mL阻断液，25G针头。
- 收集液体的容器。

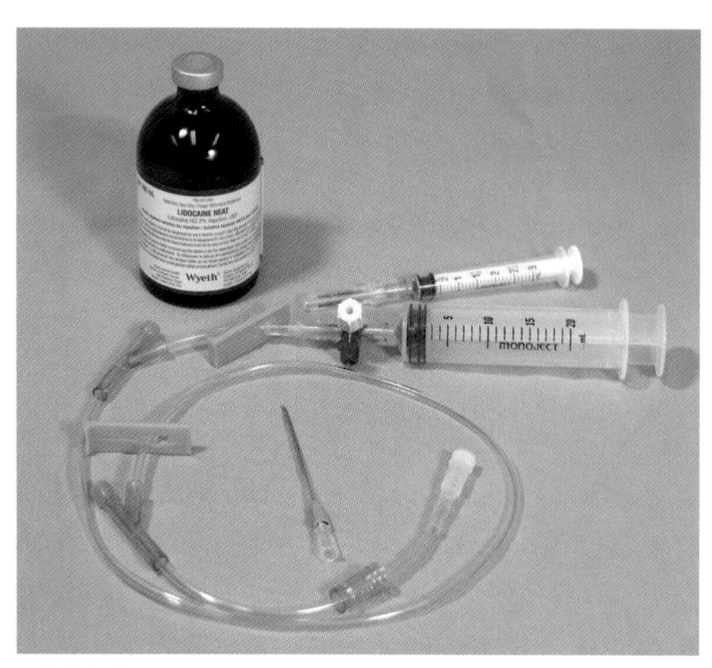

心包穿刺术所需要的物品。

[操作方法]

1. 轻柔地将动物俯卧或侧卧位保定。如果动物呼吸困难则应提供氧气。需建立静脉通路，补液可能会改善心脏充盈状况。

2. 通过触诊心脏搏动最强点确定心包穿刺点。如果触诊不到心搏动，心包穿刺应在右侧第四到第六肋间低于肋骨肋软骨结合处进行。

3. 右侧胸壁第三到第七肋骨的三个肋间腹侧剃毛，并进行外科准备。戴灭菌手套进行无菌操作。

4. 用利多卡因阻断液从皮肤到胸膜进行阻断。

5. 从肋骨前缘穿过皮肤和肋间肌刺入套管针，以避免损伤肋间血管。将套管和针轻轻向背侧倾斜，同时用另一只手贴着胸壁扶着穿刺针以增加稳定性。

6. 长期的积液常常会增加首次穿透心包膜的阻力，并有刮擦的感觉。当穿透心包膜时会有明显的“砰砰”音，紧接着液体随压力的作用会顺着套管流出。

7. 心包积液和大量胸腔渗出液同时存在时，穿刺针进入胸膜腔针座就会出现胸腔积液。这种情况下应将导管和针头继续刺入，直到感觉到心脏搏动碰到穿刺针为止，此时进入了心包腔内。

8. 套管针进入心包后，将导管顺着针推进，并将针撤去，导管连接到已经接好三通接头和注射器的静脉输液管装置上。

9. 推荐使用ECG监测针与心肌的接触。通常室性早搏综合波提示针或导管接触到了心脏。

10. 当心脏可触到穿刺针后，液体会从心包内缓慢地排出。液体排出的过程中，ECG波形的振幅应增大，股动脉脉搏应变强，并且动物心动过速应消失。

11. 典型的犬心包积液是有出血的，通常会有黑的血色液体被吸入导管内。这些液体放置于容器中不应该凝结。如果发生凝结，则应注意可能是心腔、血管或肿瘤破裂导致的急性出血，也可能是导管尖端刺入了心腔。

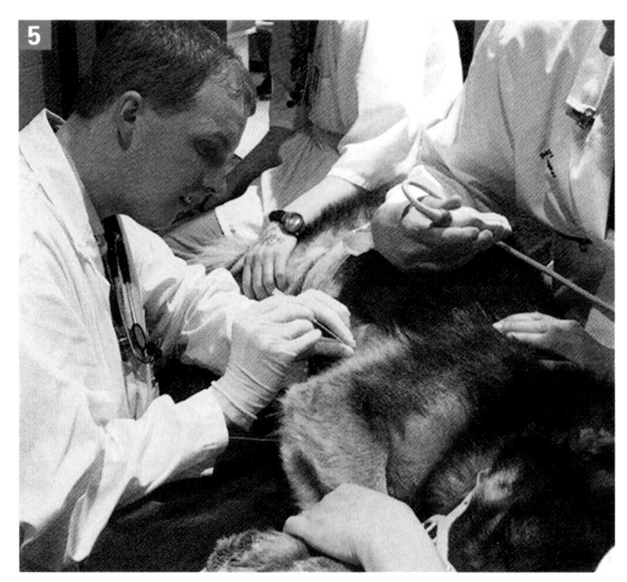

套管针经皮肤、肋间肌和胸膜腔进入心包内。

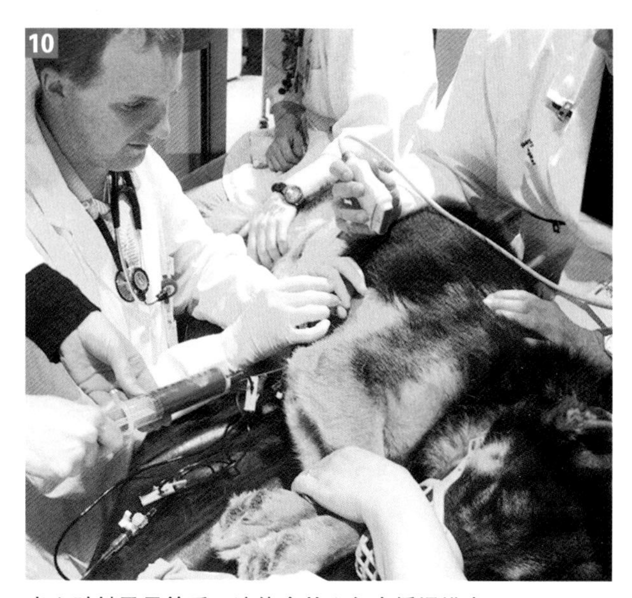

当心脏触及导管后，液体会从心包内缓慢排出。

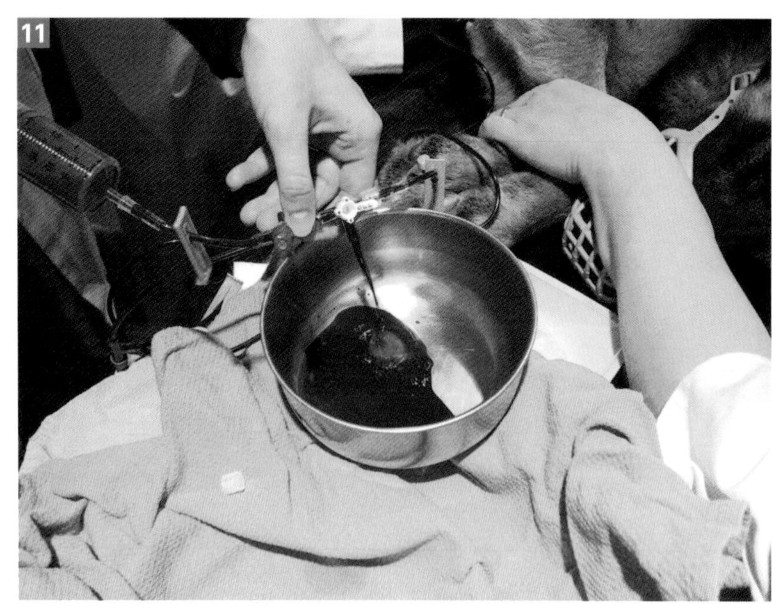

犬右心房血管肉瘤导致心包填塞，排出血性心包积液。

[潜在的并发症]

1. 如果穿刺针接触到心脏，会有明显的划擦感或轻拍感，并且穿刺针会随着心搏动而运动。ECG通常会出现室性早搏综合波。如果接触到心脏，穿刺针应轻轻撤出一些。

2. 如果导管撤出后仍然有持续的室性心律失常，可静脉给予利多卡因（不含肾上腺素）2mg/kg。

3. 心包穿刺过程中刺伤肺脏导致的气胸罕见。

[样本处理和分析]

1. 收集的液体应送去进行细胞学和微生物学分析。

2. 在犬，细胞学很难鉴别肿瘤性细胞渗出液和良性出血性心包炎，或不能鉴别二者，因为心包积液中没有脱落的肿瘤细胞，而且常见反应性很强的间皮细胞。这些间皮细胞表现出许多恶性特征。

3. 偶尔在患淋巴瘤犬、猫的心包穿刺液中可能识别出肿瘤性淋巴细胞。

第 9 章

消化系统技术

（Gastrointestinal System Techniques）

操作 9-1 口腔检查

[目的]

为了检查和评估口腔。

[适应证]

口腔检查应作为每次体格检查的一部分。

[物品]

- 笔灯。

口腔检查所需的光源。

[操作方法]

1. 将患病动物在桌上站立或坐着保定。

2. 掀开动物的嘴唇视诊牙齿和齿龈。查看松动的牙齿、牙石和齿折状况以及口腔肿块。在幼犬和幼猫要评估咬合情况，并检查残留的乳齿或腭裂。

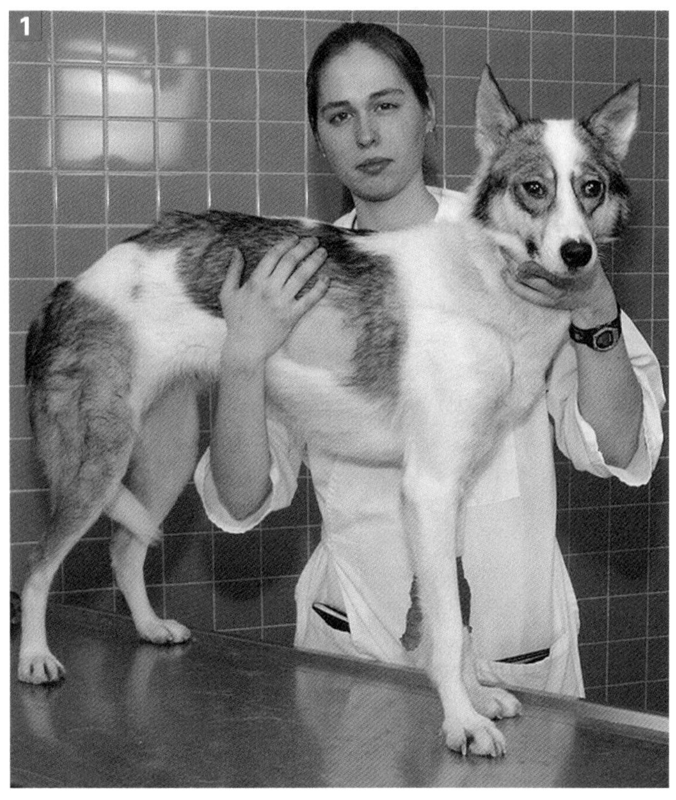

将患病动物站立或坐着保定于桌上。

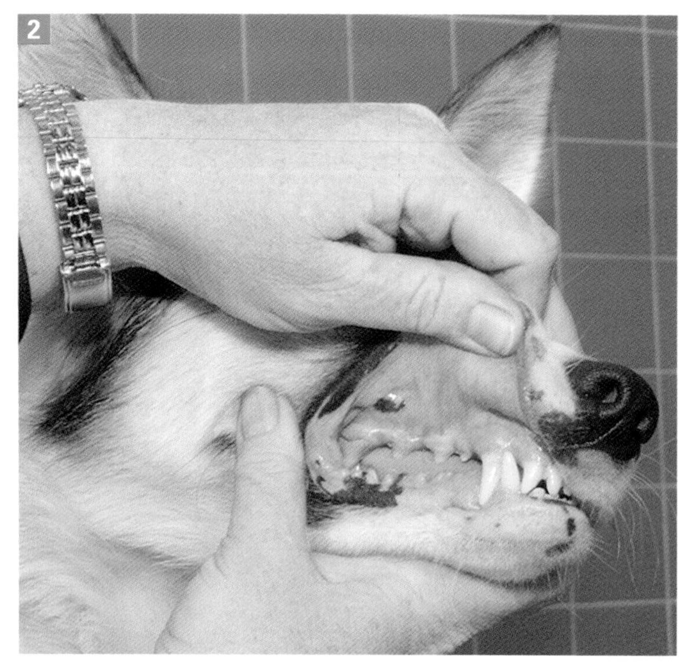

一只3岁的哈士奇，掀开嘴唇视诊牙齿和齿龈，可见轻度的牙石。

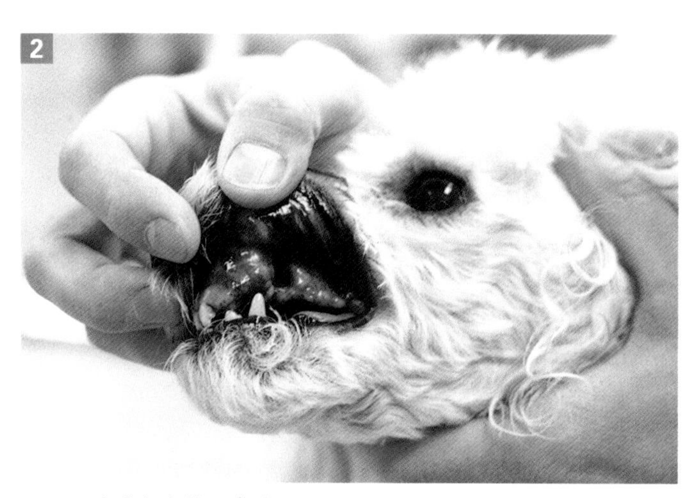

一只11岁贵妇犬的口鼻瘘。

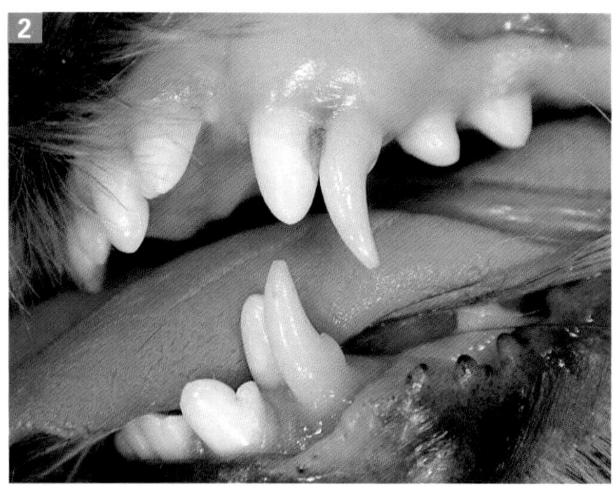

一只狸犬的犬齿乳齿残留。

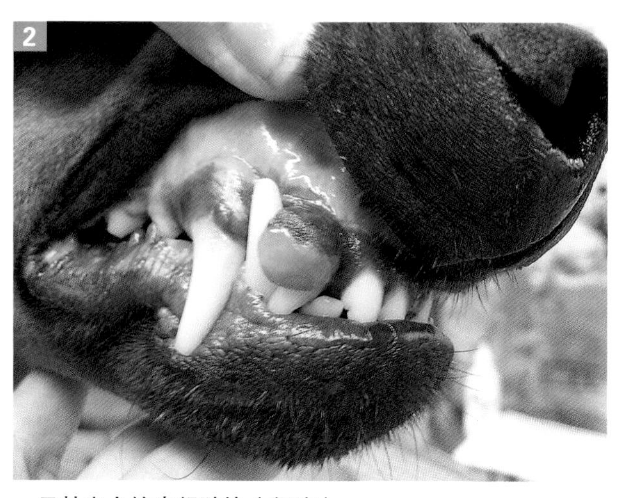

一只杜宾犬的齿龈肿块（龈瘤）。

3. 检查齿龈和颊黏膜（唇的内侧面），看有无贫血、黄疸或微小的出血点。

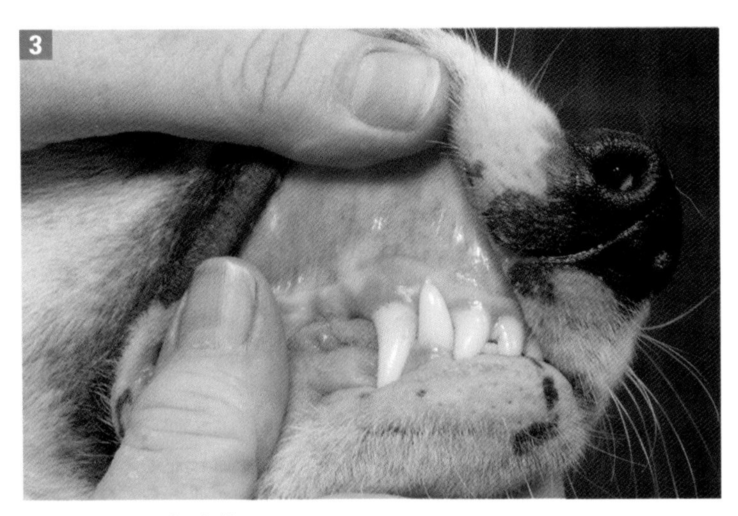

正常犬的粉红色黏膜。

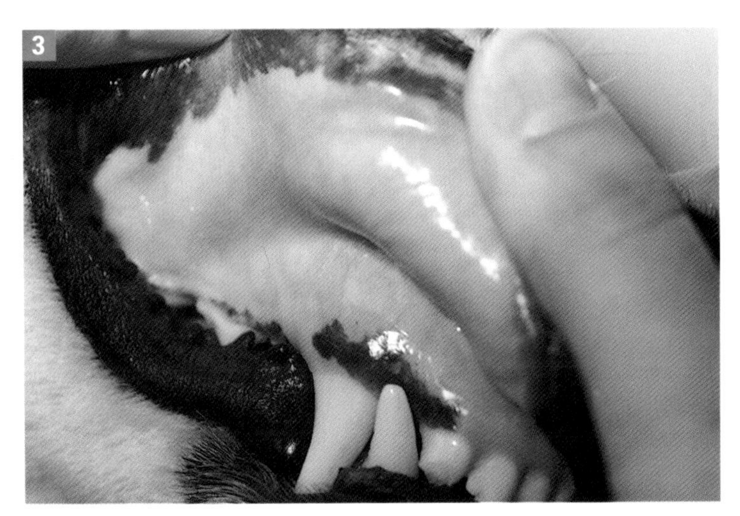

一只溶血性贫血的犬黏膜苍白发黄。

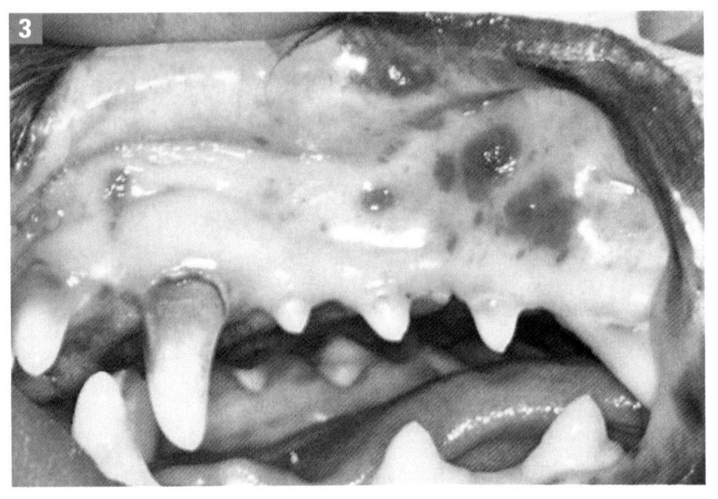

一只患免疫介导性血小板减少症的犬，口腔黏膜有出血点且苍白。

4. 检查扁桃体的颜色、大小或分泌物，检查口腔异物或肿块。如果犬是麻醉的，可以探查扁桃体隐窝，触诊硬腭并检查舌下腺。

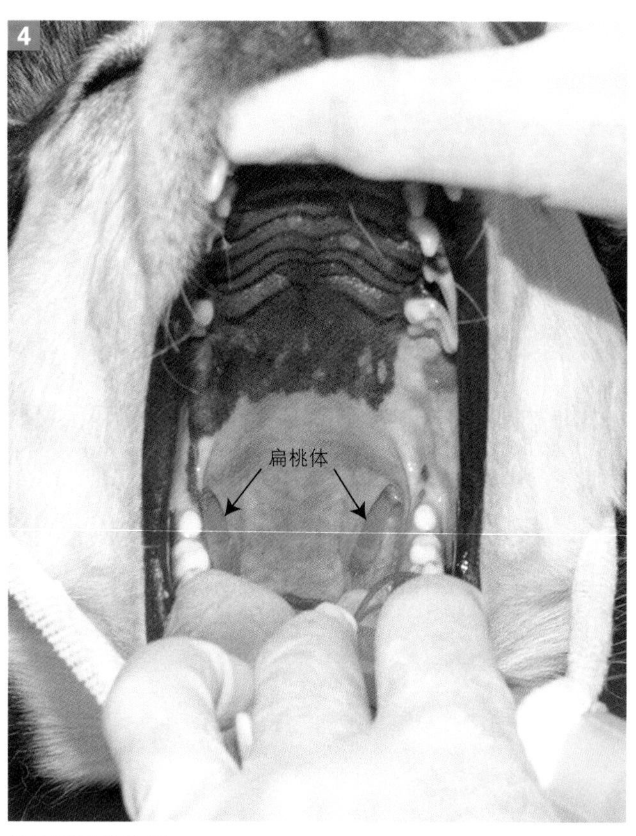

检查扁桃体和咽。

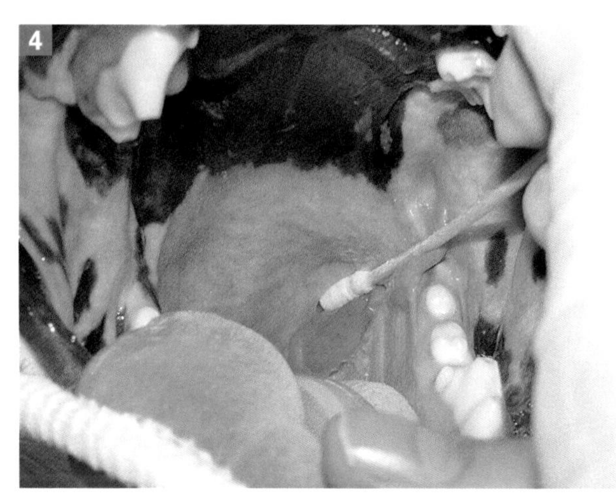

探查扁桃体隐窝。

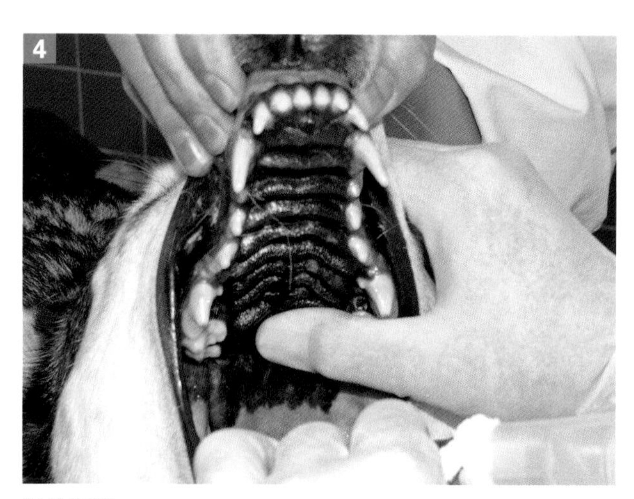

触诊硬腭。

5. 检查舌头上的溃疡、烧伤或肿瘤。将舌头提起翻看舌系带，并排除肿块或缠绕在舌根部的线状异物。

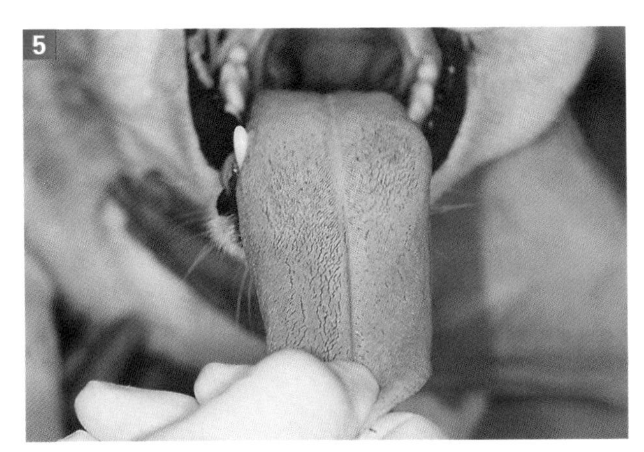

检查正常犬舌头是否有溃疡、烧伤或肿瘤。

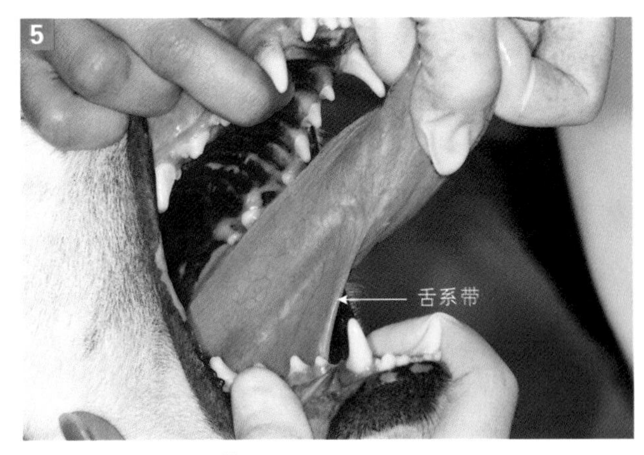

提起舌头检查舌系带。

6. 正常猫的舌头分布有用于理毛的尖刺（乳头）。
7. 图示为一只7岁的德国牧羊犬由于血管炎引发的舌头溃疡。这只犬患有系统性红斑狼疮。
8. 图示一只猫由于杯状病毒感染导致舌头溃疡。
9. 在猫口腔发现线状异物非常常见。猫舌下检查方法如下：
A. 固定猫头，用拇指插入下颌间隙。
B. 打开猫的口腔并用手指翻起猫的舌头，暴露舌系带。
C. 为排除线状异物应检查舌系带，舌系带应为直的不间断的薄膜。
D. 在有些猫更容易用棉签尖将舌头翻起。

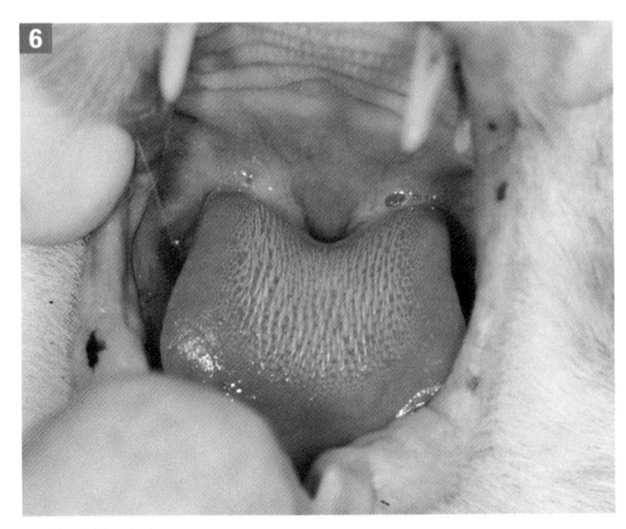

正常猫的舌头。

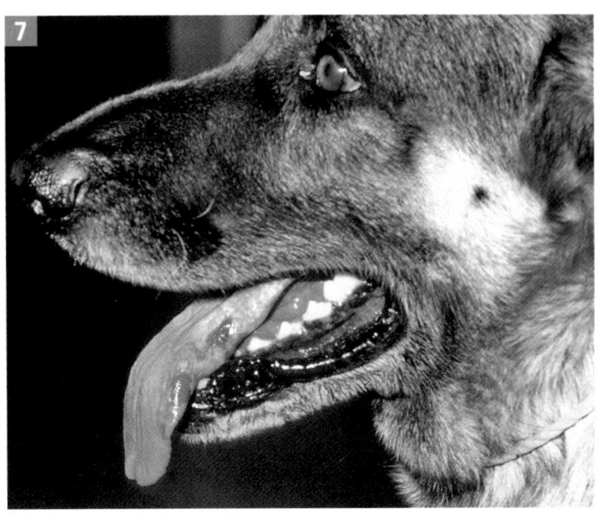

一只7岁的德国牧羊犬由于血管炎导致舌头溃疡。该犬患有系统性红斑狼疮。

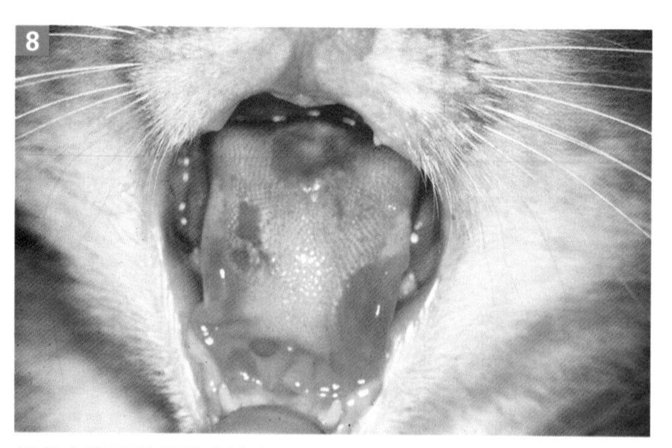

杯状病毒引起的舌头溃疡。

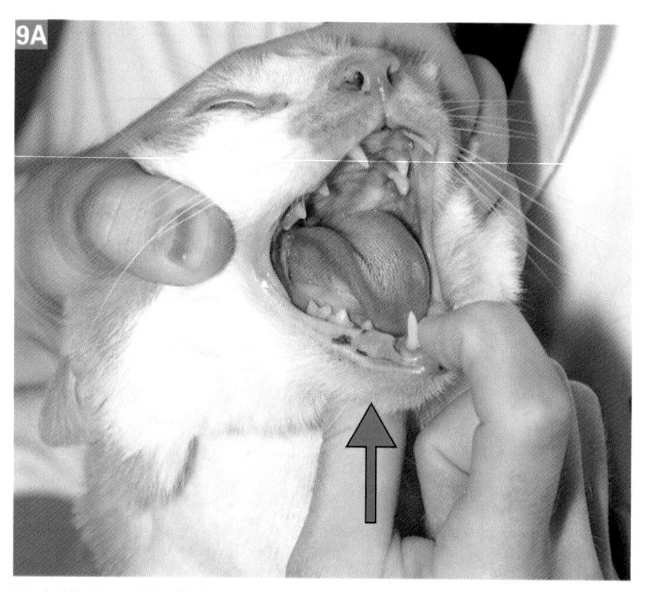

固定猫头，用拇指插入下颌间隙。

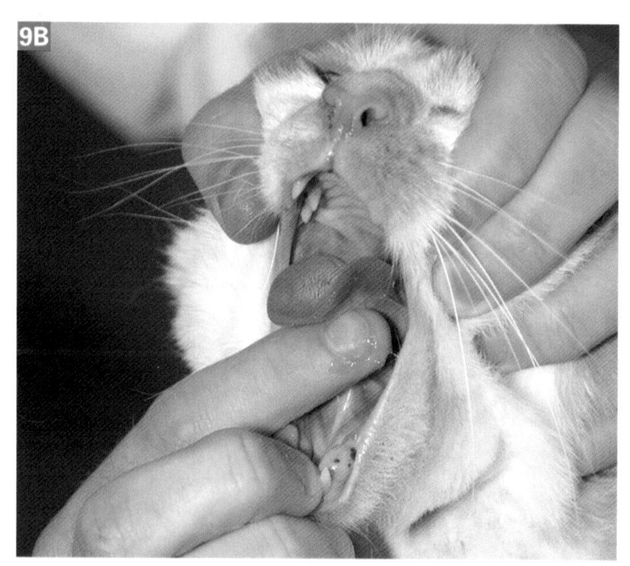

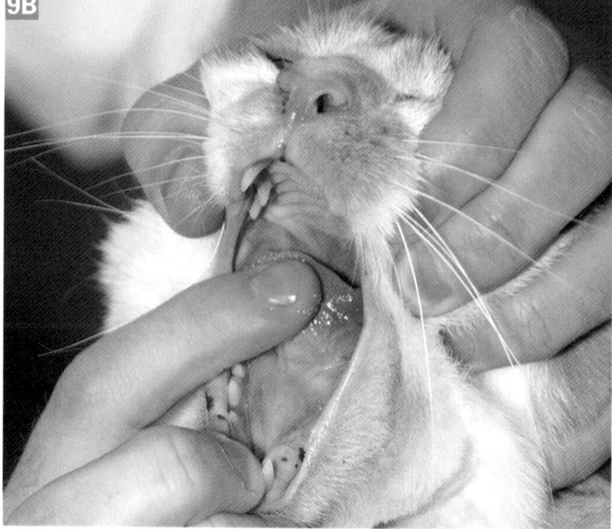

打开猫的口腔，用手指将舌头翻起。

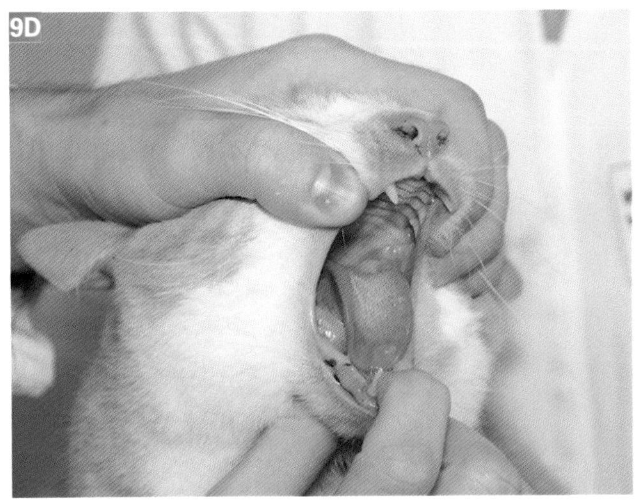

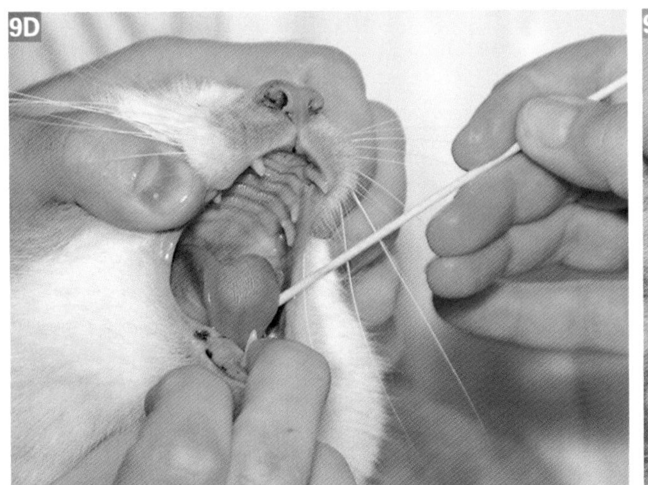

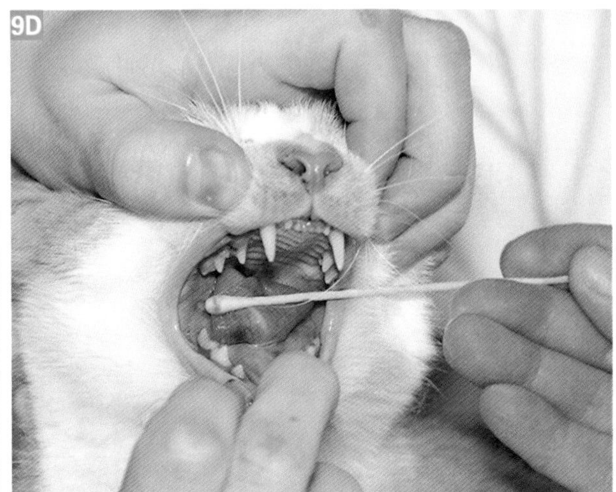

用棉签尖将舌头翻起。

10. 图示为一只1岁的猫，有3天呕吐病史，检查其舌下有线状异物。

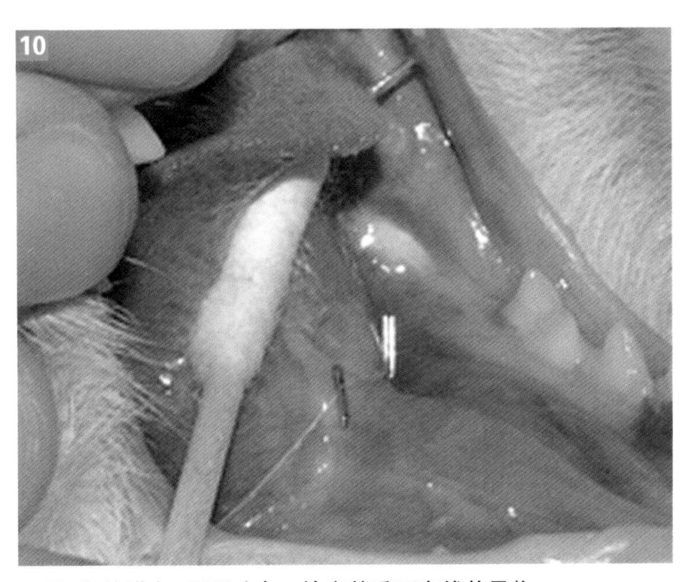

一只1岁的猫有3天呕吐史，检查其舌下有线状异物。

操作 9-2 插口胃管（插胃管）

[目的]

为动物建立暂时的直接入胃的通道。

[适应证]

1. 使药物、X线造影剂或营养物质作为食团直接进入胃内。

2. 怀疑中毒时取出胃内容物或取样，且可进行胃灌洗。

3. 试图使气体扩张的胃减压。

[禁忌证和注意事项]

1. 必须确实保定动物。

2. 特别注意经胃管给予任何物质之前，必须确保插管放置正确。多数物质进入气管均可能致命。

[物品]

- 胃管。
  - 幼犬和幼猫可用10～12Fr[1]橡胶管或聚丙烯婴儿饲管；
  - 成年猫和体重18kg以下的犬可用18Fr橡胶管或聚丙烯管；
  - 18kg以上的犬可用小驴胃管（外径9.5mm）。
- 开张器：商用犬开口器。
- 5cm宽的胶带。
- 中央有孔的注射器管或中央有洞并有适合犬齿的线圈架。
- 标记胃管所用的胶带或记号笔。
- 润滑凝胶。
- 装有5mL生理盐水的注射器。
- 用于投药的注射器或漏斗。

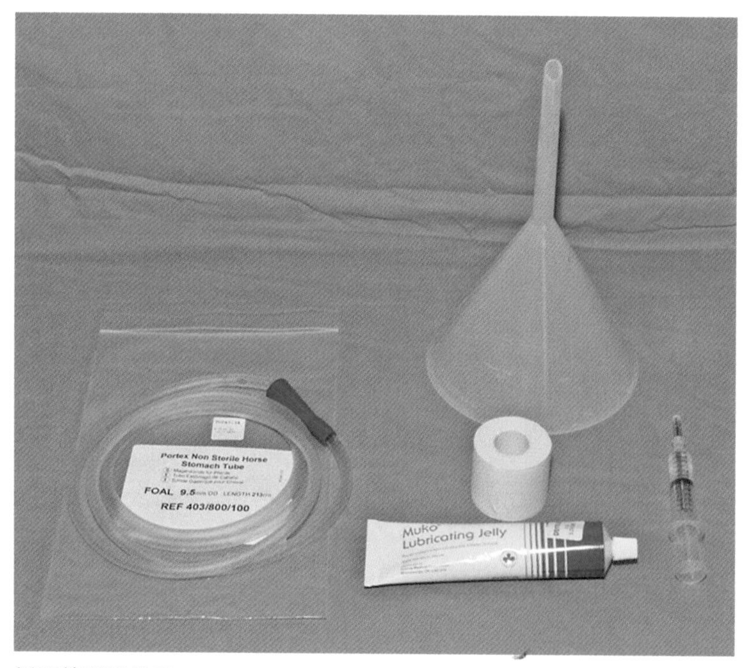

插胃管所需物品。

注：[1] Fr是导管的单位，原本是测量周长的单位，是一位法国医生发明的，为英文French的简写。3F=3mm周长，又因周长=3.14×直径，所以直径1F≈0.33mm。

[体位和保定]

将动物（猫或小型犬）坐着或俯卧位保定于桌面上。大型犬需坐在地上，由助手双腿夹着抵于墙角。

保定大型犬时，让其坐在地上，由助手双腿夹着抵于墙角。

[局部解剖]

胃管到达胃的长度，要从动物的犬齿开始量到最后肋骨。

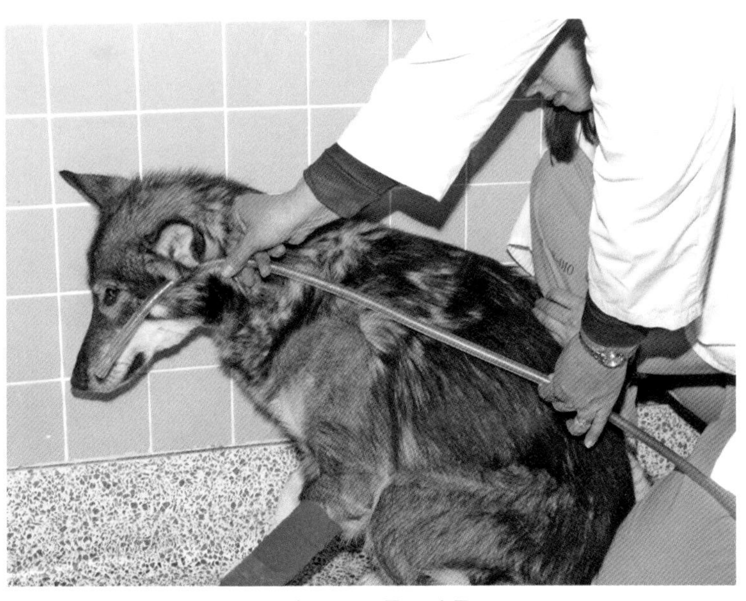

胃管到达胃的长度大约从犬齿测量到最后肋骨。

[操作方法]

1. 将胃管贴近动物，预先测量胃管长度。当管头置于最后肋骨时，在张口处的管上用胶带或记号笔做标记。

2. 用润滑凝胶湿润胃管头。

3. 将开张器放入动物口内，并固定其颌骨咬住开张器。

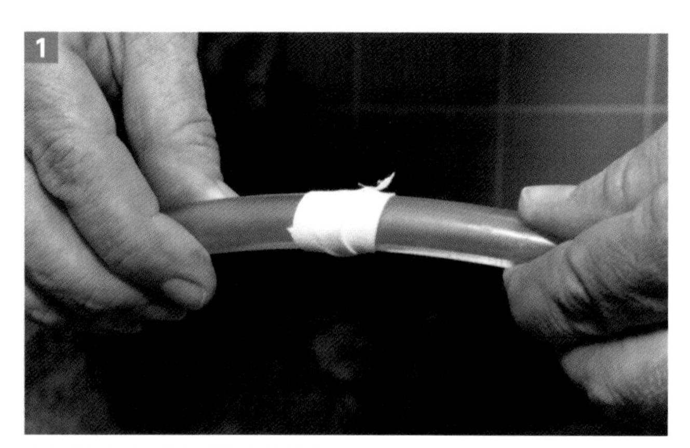

在胃管上能到达胃的位置做标记。

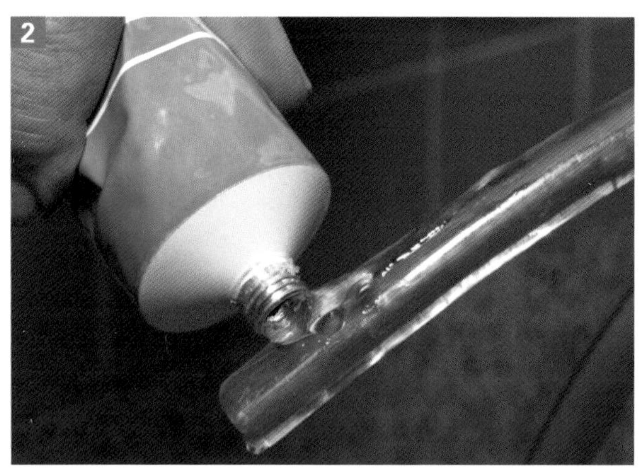

润滑胃管头。

把开张器放在动物口中，并固定颌骨咬住开张器边缘。

4. 将润滑好的胃管通过开张器插入胃，直到做好标记的位置。

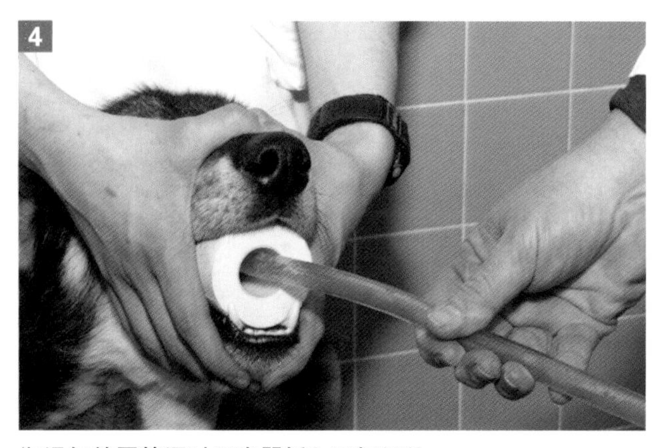

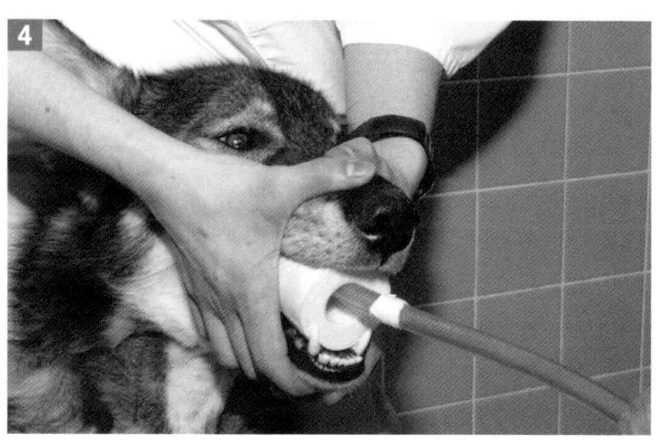

润滑好的胃管通过开张器插入至标记处。

5. 检查胃管放置是否正确。这是非常关键的一步，因为投胃的物质如果进入肺脏通常会致命。检查胃管的位置：

A. 颈部触诊胃管。在中型和大型犬能触诊到胃管与气管相毗邻，所以能在颈部触到两个管状结构。在小型动物这种方法不可靠，因为通常触诊不到插入的胃管。

B. 通过胃管给予5mL生理盐水，并观察动物是否咳嗽。这是最可靠的检查胃管投置是否正确的方法，而且是对于小型犬和猫唯一有效的方法。

6. 通过胃管给药或取出胃内容物。在拔出胃管之前要用3～8mL水冲洗胃管，并用拇指封住管口以免管内容物返流回食道，此时一次性撤出胃管。

[潜在的并发症]

不慎将药物投入肺内。

损伤食道。

刺激伤胃。

胃穿孔。

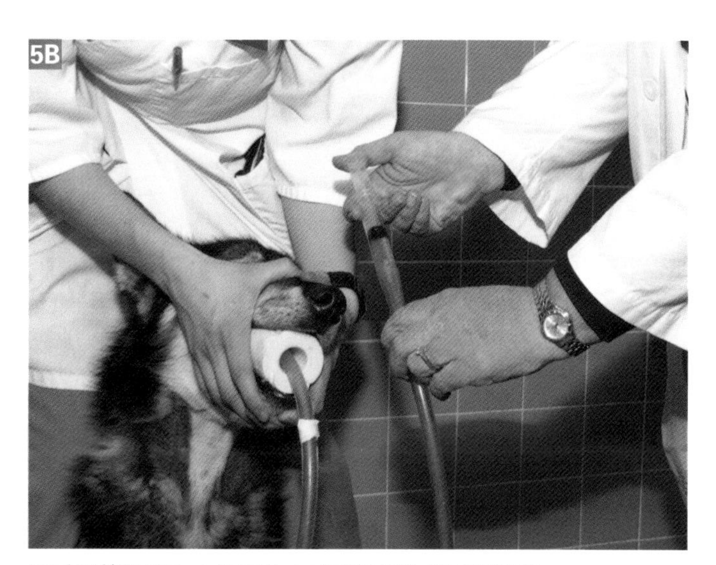

通过胃管给予5mL生理盐水检查投置位置是否正确。

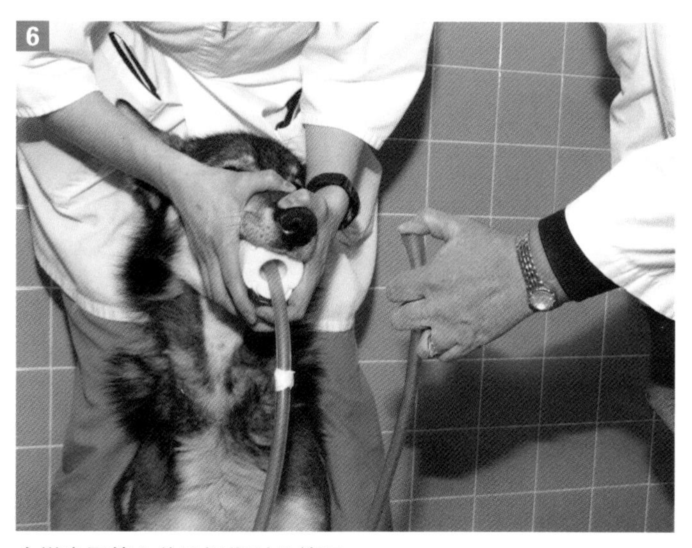

在撤出胃管之前用拇指封住管口。

操作 9-3 插鼻胃管

[目的]

为了建立进入胃或食道的直接通道。

[适应证]

1. 使药物、X线造影剂或营养物质和水作为食团投入胃内。

2. 自主吞咽和进食的患病动物所需的进食旁路，连续灌入药物或营养物质和水。

3. 对胃迟缓的患病动物实施胃内减压。

[禁忌证和注意事项]

1. 特别注意经胃管给予任何物质之前必须确保插管放置正确。多数物质进入气管均可能致命。

2. 虽然可将药物团块或其他液体直接投到胃内，但是胃管末端持续位于胃内会诱发胃食道返流和食道炎。如果长期使用，胃管末端应位于食道后段。

[物品]

- 合适大小的婴儿饲喂管。
  - 猫用3.5 ~ 5Fr导管；
  - 小于15kg的犬用5Fr导管；
  - 大于15kg的犬用8Fr导管。
- 眼科用的局部麻醉药。
- 润滑凝胶。
- 注射器，装有1 ~ 2mL生理盐水。
- 留置导管所需的包扎材料。

[体位和保定]

将动物俯卧或坐着保定于桌上。脾气不好的猫进行这一操作时最好保定于猫袋中。

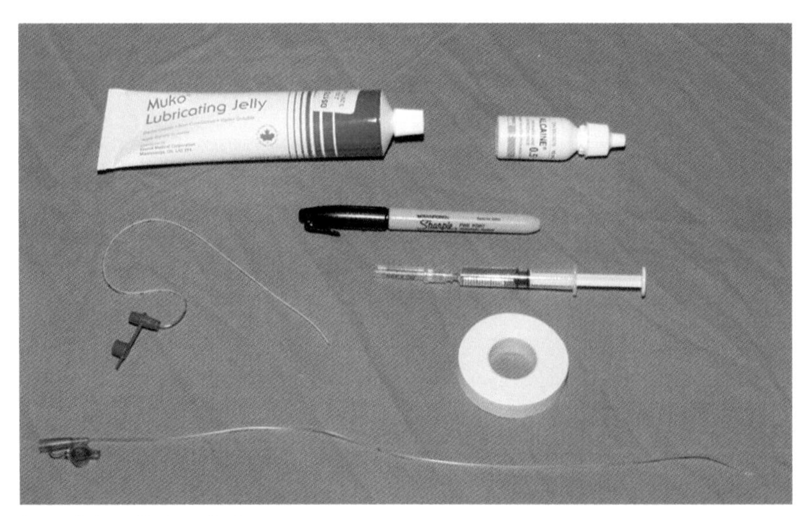

插入猫鼻胃管所需的物品。

[局部解剖]

1. 投药或饲喂所需的导管长度应从犬齿测量到最后肋骨。

2. 连续注入药物所插胃管的长度应从犬齿测量到第七或第八肋间隙。

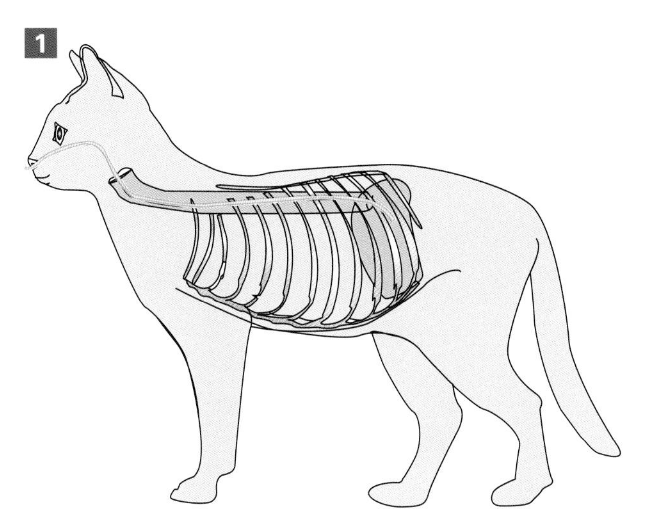

到达胃的导管长度约从犬齿测量到最后肋骨。

连续注入药物所插胃管的长度应从犬齿测量到第七或第八肋间隙。

[操作方法]

1. 从鼻孔到最后肋骨（投食团用）或第七、第八肋间隙（连续使用）进行预测量，并用胶带或记号笔做标记。

2. 在一个鼻孔中滴入4～5滴局部麻醉药，将动物头倾斜使得鼻黏膜涂满麻醉药。等2～3min再滴入2滴麻醉药。

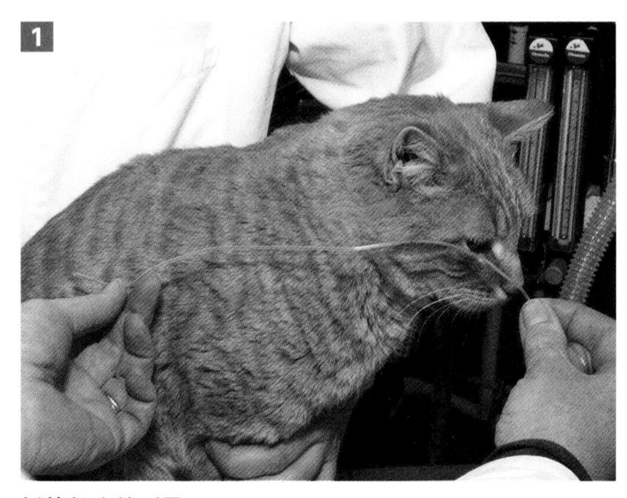

插管长度的测量。

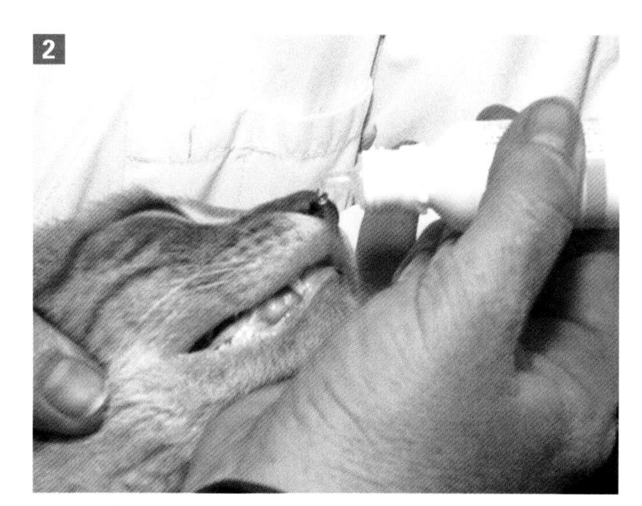

在一个鼻孔内滴入局部麻醉药，将头倾斜使得鼻黏膜涂满麻醉药。

3. 在鼻胃管头部涂上少量润滑性凝胶。

4. 一只手固定动物头部，用另一只手向麻醉的鼻孔腹内侧插入导管。在插管过程中保持导管贴着鼻头，以防止动物打喷嚏将管喷出。把管插到预先测量的标记处。

5. 向管内注入1～2mL灭菌生理盐水检查管的位置是否正确。如果导管被不慎放置于气管内，这一操作将导致动物咳嗽。另外，可拍摄胸部侧位X线片确定胃管的位置。

6. 向胃内投入食团、处方药物后用1～2mL水冲洗，在拔出导管之前用拇指或手指封住管的末端。

7. 如果要留置导管，导管应位于食道中，到达第七或第八肋骨水平。导管应固定（缝、钉或粘）于鼻部和前额。避免导管接触到猫的胡须，因为这会使患病动物恼怒。戴伊丽莎白圈可有效地防止患病动物将导管抓掉或蹭掉。

在鼻胃管的尖端涂上少量润滑凝胶。

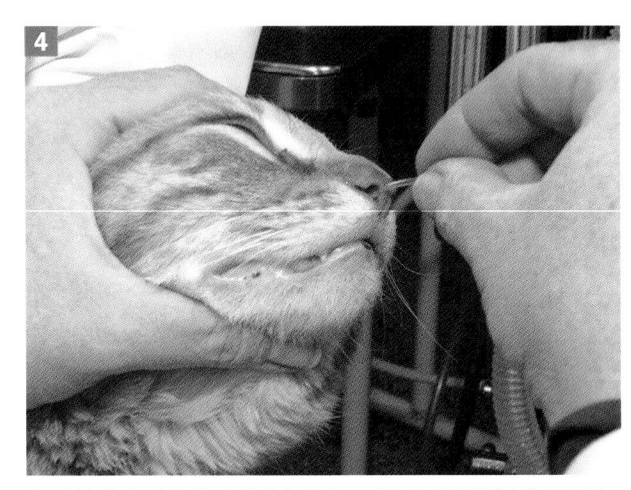

将导管从麻醉的鼻孔腹内侧插入，并插到预测量的标记处。

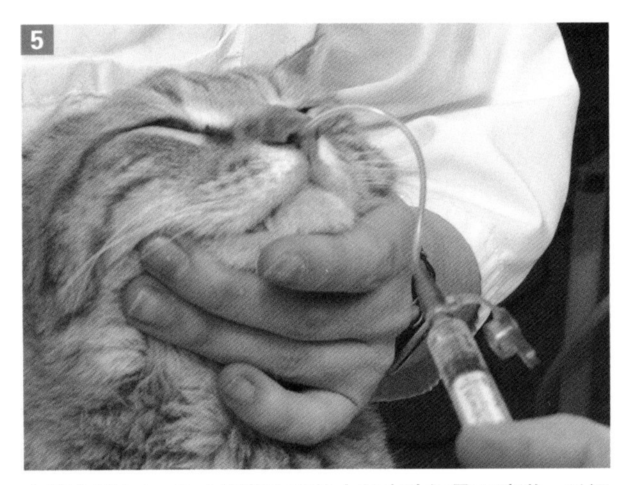

向管内滴入1～2mL灭菌生理盐水观察动物是否咳嗽，以评估管的位置。

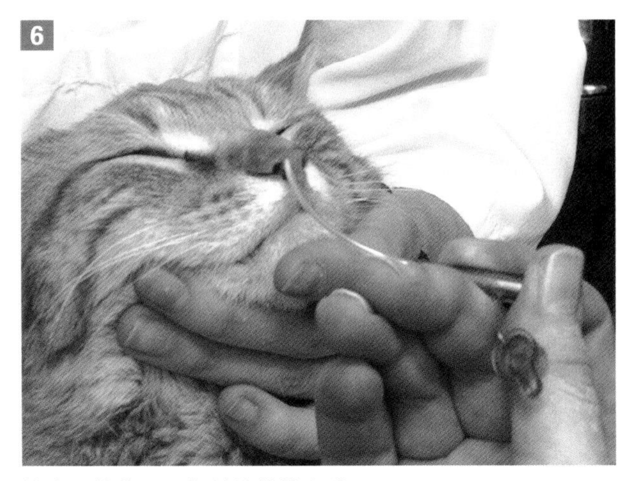

拔出导管前用手指封住管的末端。

[潜在的并发症]

不慎将药物投入肺脏。

食道损伤，食道炎。

胃刺激。

操作 9–4　肛囊的触诊和挤压

[目的]

为了触诊和评估肛囊，或者挤出其内容物。

[适应证]

1. 肛囊触诊是常规体格检查的一部分，如果肛囊较满则应将其排空。

2. 肛囊积满内容物或发炎的犬常常在地板上滑蹭或舔肛周。这些行为提示动物的肛囊需进行检查。

3. 有时肛囊会有肿块（肿瘤或脓肿）。

[禁忌证和注意事项]

无。

[物品]

- 乳胶手套。
- 润滑凝胶。
- 敷料海绵。

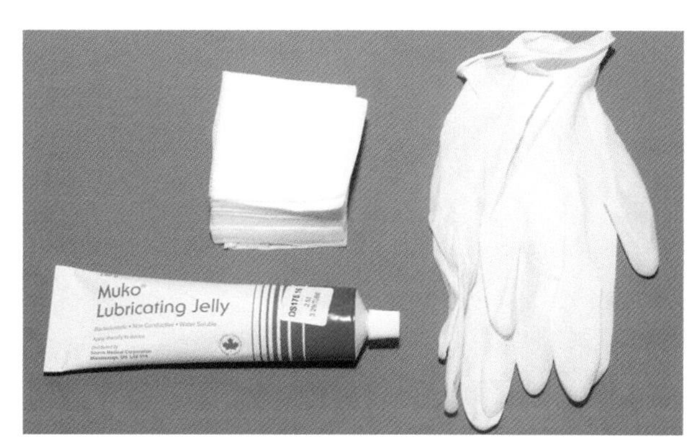

挤肛囊和肛囊触诊所需的物品。

[体位和保定]

动物站立保定于桌面上，助手支撑其腹部防止动物坐下或移动。

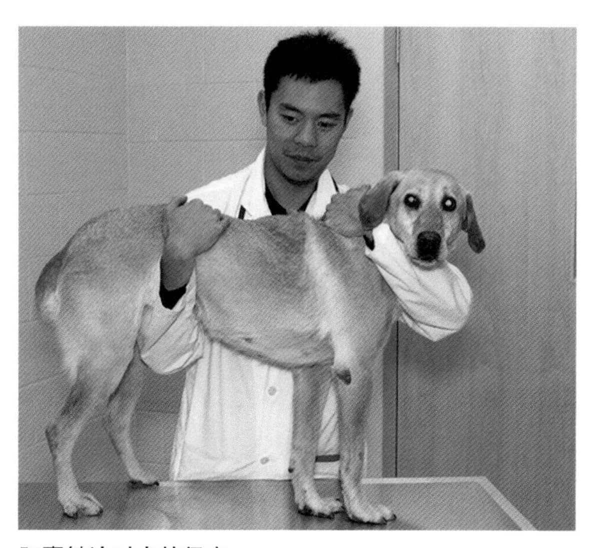

肛囊触诊时犬的保定。

[局部解剖]

肛囊位于肛门的5点和7点处。

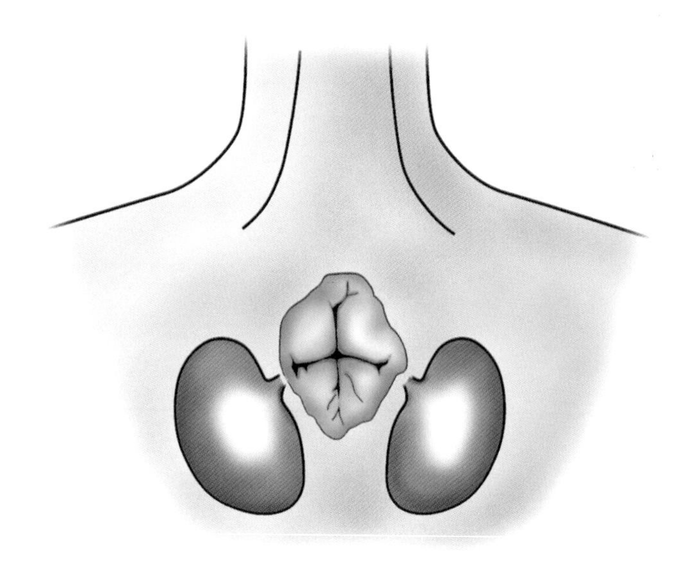

肛囊位于肛门的5点和7点处。

[操作方法]

1. 将戴了手套涂有润滑剂的食指插入直肠，触诊肛囊和直肠有无异常。
2. 在肛周5点和7点方位识别出肛囊，用直肠内的食指和会阴部的拇指触诊肛囊。

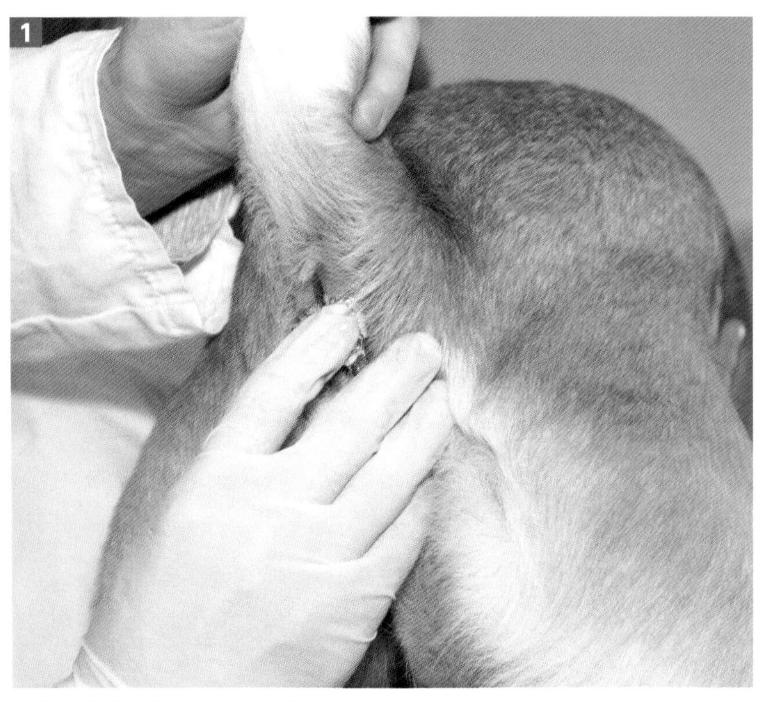

将戴手套涂有润滑剂的食指插入直肠。

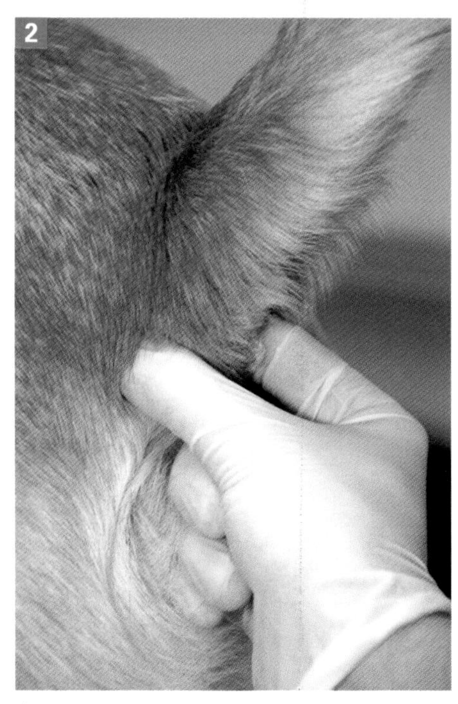

食指于直肠内，拇指于会阴部，两个手指触诊肛囊。

3. 如果要挤压肛囊，需在肛囊开口的肛周区域预先覆盖敷料海绵或其他吸附性材料，然后轻轻用力由肛囊的腹侧向肛囊开口挤压其内容物，直至肛囊排空。

4. 正常的肛囊内容物颜色和黏度不一。大多数分泌物呈黄色、灰色或褐色。

5. 触诊排空的肛囊是否增厚或有肿块。

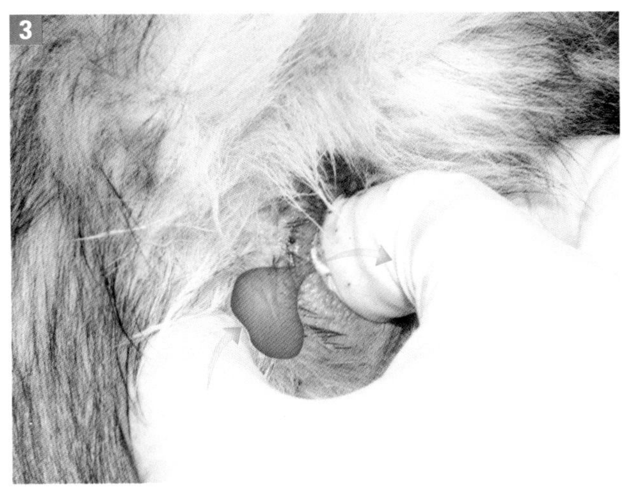
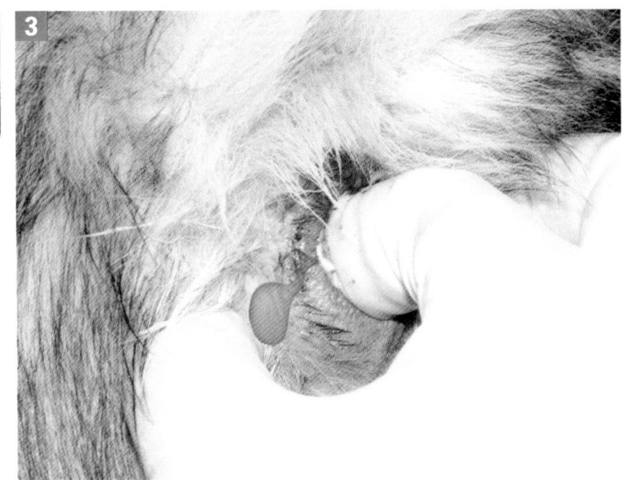

由肛囊腹侧向肛囊开口处轻轻用力挤压其内容物。

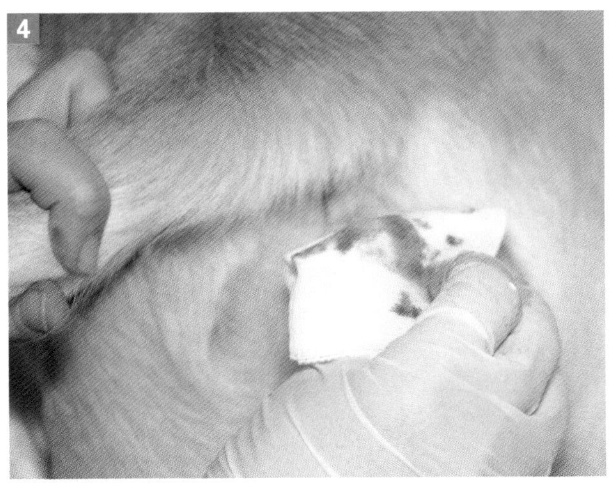

正常的典型的肛囊内容物为黄色、灰色或褐色。

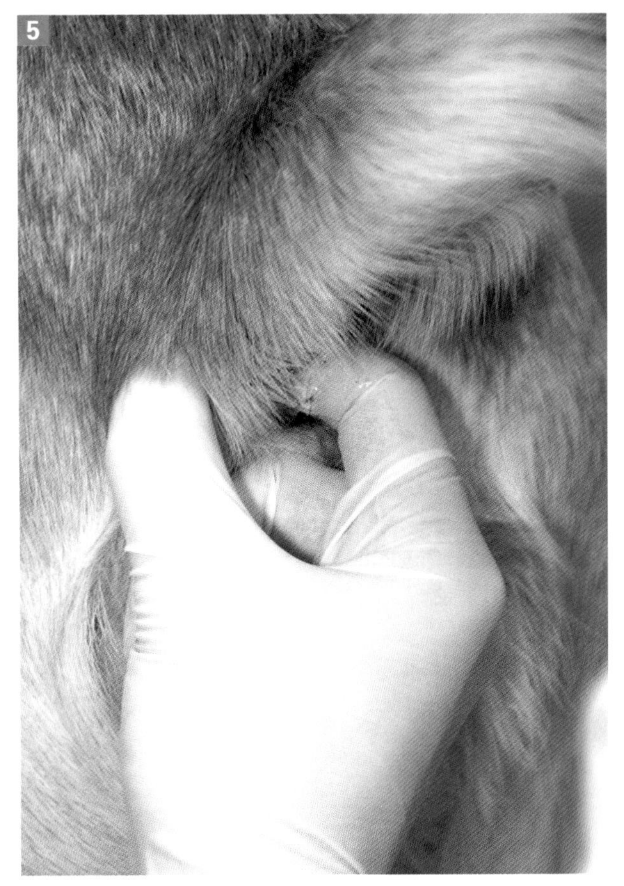

肛囊排空后触诊肛囊增厚或肿块。

操作 9-5 经皮穿腹肝脏活组织检查

[目的]

为了获得肝脏组织样本进行组织学分析。

[适应证]

1. 肝脏功能障碍、肝脏增大和超声检查肝脏实质弥散性不均匀的动物，在不能进行开腹探查和腹腔镜检查获得肝脏组织块时，需要进行活组织检查。

2. 个别的或局灶性的肝脏肿块经皮活组织检查也可尝试用超声引导进行。

[禁忌证和注意事项]

1. 肝脏衰竭的动物通常止血异常。在经皮活组织检查之前，需进行血小板计数、凝血状态和出血时间的评估，并对其他异常进行处理（如新鲜血浆、维生素K）。

2. 像血管肉瘤类的肝脏血管性肿瘤在活组织检查时通常会出血很多。

3. 在患有肝后性阻塞和胆管扩张的动物不应进行经皮肤的活组织检查。这种病推荐手术探查诊断并排除阻塞。在这类患病动物，经皮活组织检查可能导致胆汁性腹膜炎。

4. 肝脏囊肿或脓肿不应实施经皮活组织检查。推荐进行手术探查或超声引导下引流。

5. 动物患有手术可修复的疾病，例如肝后性阻塞或门体分流，应采用手术探查而非经皮活组织检查。

6. 经皮活组织检查比手术探查和腹腔镜检查的侵入性及花费都较小，但是所获得的结果不总是与大块组织样本的结果一致。

[物品]

- Tru-Cut穿刺针（推荐14G）（穿刺针技术见图框9-1，p161）。
- 11号手术刀片。
- 利多卡因阻断液（2%利多卡因与8.4%碳酸氢钠9：1混合）。
- 灭菌手套。

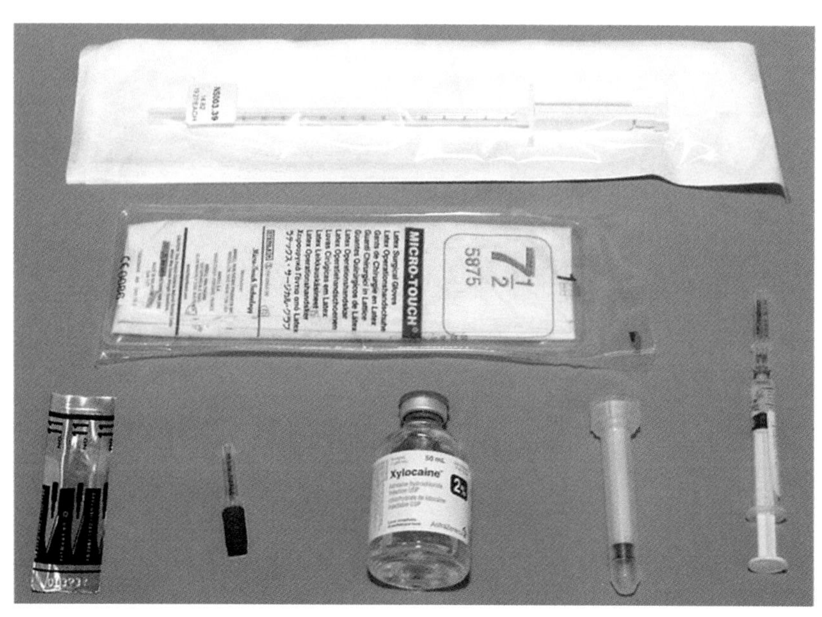

经皮肝脏活组织检查所需的物品。

[体位和保定]

1. 在多数动物轻度镇定和局部麻醉足够。

2. 利多卡因阻断液（2%利多卡因与8.4%碳酸氢钠9：1混合）可用于阻断皮肤和皮下组织。添加的碳酸氢盐可缓解注射的疼痛，并加速利多卡因的镇痛作用。

3. 如果实施超声引导下肝脏活组织检查，肝脏和胆囊在超声图像上容易识别，故任何体位都是可取的。

4. 在进行盲式经皮肝脏活组织检查时，利用动物的体位使肝脏最大化暴露，使刺伤胆囊的几率减到最小。动物应取仰卧位，胸部高于腹部，身体整体向右倾斜。

[局部解剖]

1. 胆囊位于肝脏的右侧，动物患有胆汁淤积或厌食相关的肝脏疾病，胆囊通常扩张。在肝脏活组织检查过程中应特别小心避免刺伤胆囊。动物仰卧并向右侧倾斜，活组织检查样本从左侧肝叶获得。

2. 肝脏突出超过肋弓是不正常的。肝脏增大时，经皮活组织检查相对简单。当肝脏变小或大小正常时，患病动物体位需倾斜，胸部高于腹部，使肝脏向腹侧下坠超过肋弓。

图框9-1 穿刺针技术

在穿刺取样之前，熟悉Tru-Cut穿刺针的操作是非常重要的。

1. 穿刺针刺入，接近肝脏并穿过肝脏包膜。

2. 穿刺针内芯继续刺入肝脏实质内。

3. 保持针内芯刺入的位置稳定，使外面的套管向前套住内芯，切割一块肝脏组织芯。

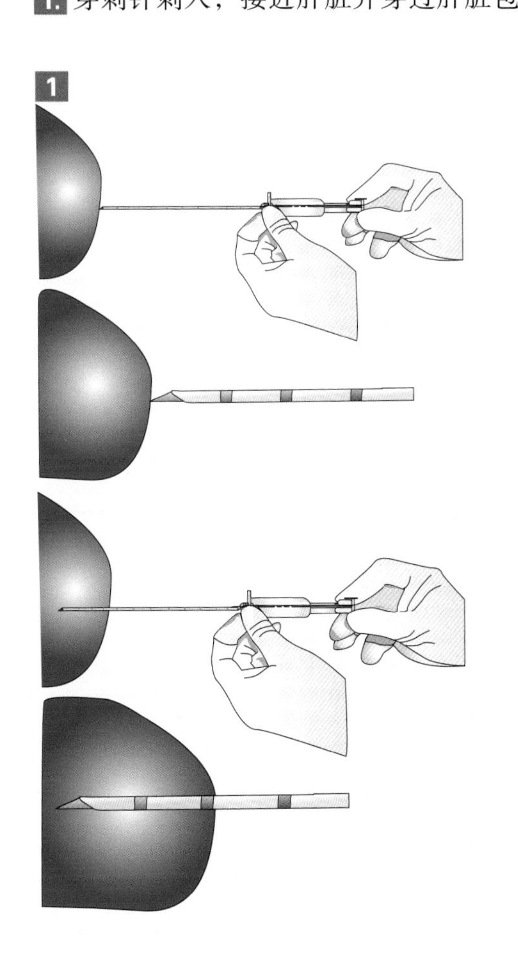

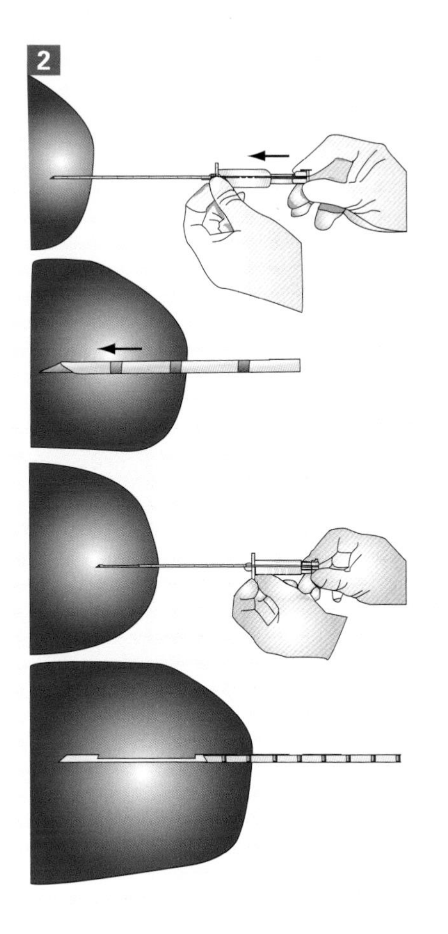

4. 将针撤出肝脏和皮肤。

5. 将内芯推出暴露活组织检查样本。

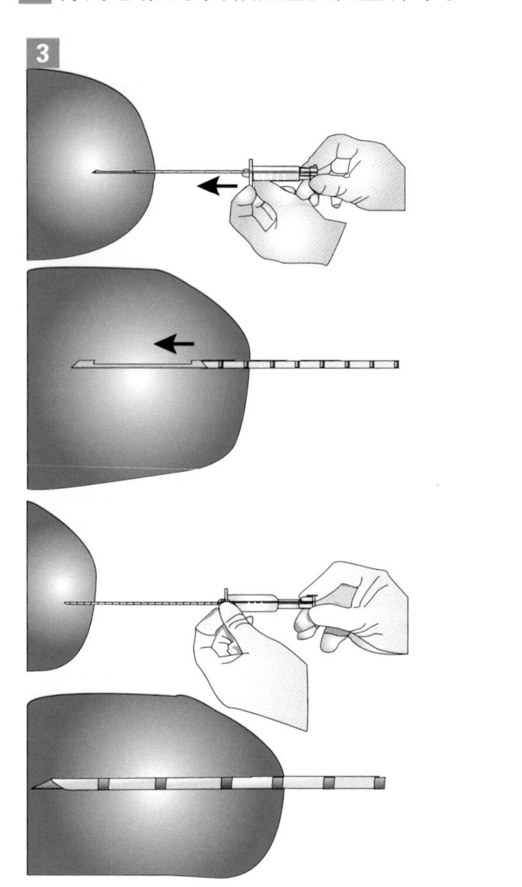

6. 用一个小号针挑出活检穿刺针内的肝脏组织块。

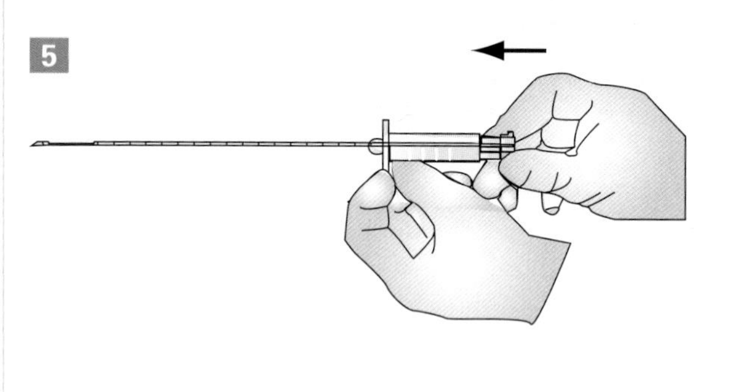

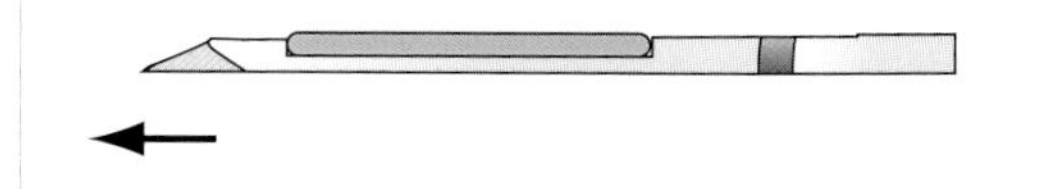

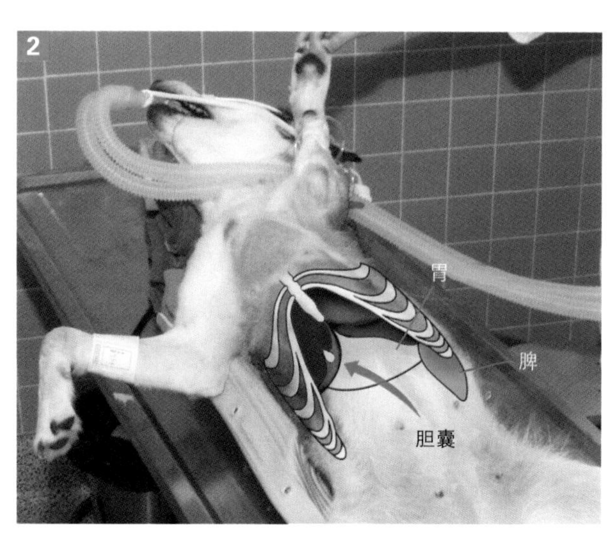

动物身体向右侧倾斜，胸部高于腹部，这样可以最大程度的暴露肝脏，减小从左侧进行肝脏活组织检查时刺伤胆囊的几率。

[操作方法]

1. 根据需要对动物进行镇定，在操作过程中动物保持不动。

2. 患病动物仰卧于斜向或有垫的桌面，胸部高于腹部，身体整体向右侧倾斜与桌面成30 ~ 45°角。操作部位剃毛并作外科消毒准备。戴灭菌手套并作无菌操作。

3. 辨识剑状软骨尖端。进针点在剑状软骨水平、腹中线与左侧肋弓的中点处。

4. 在进针点注射利多卡因阻断液，阻断皮肤及其深部组织直至腹膜。

5. 用11号刀片在进针位点切口。

6. 用Tru-Cut活检穿刺针通过切口经腹侧腹壁进入腹膜腔。穿刺针应向前背侧刺入，与正中矢状面向左成30° 角（避免刺伤胆囊）。

7. 保持穿刺针的位置，将穿刺针刺向肝脏进入肝脏实质。

8. 将穿刺针内芯推入肝脏内。

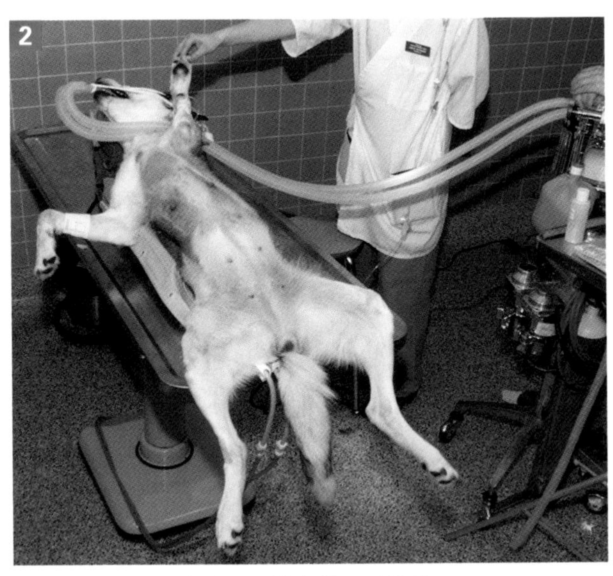
该犬已呈经皮肝脏活组织检查的正确体位。

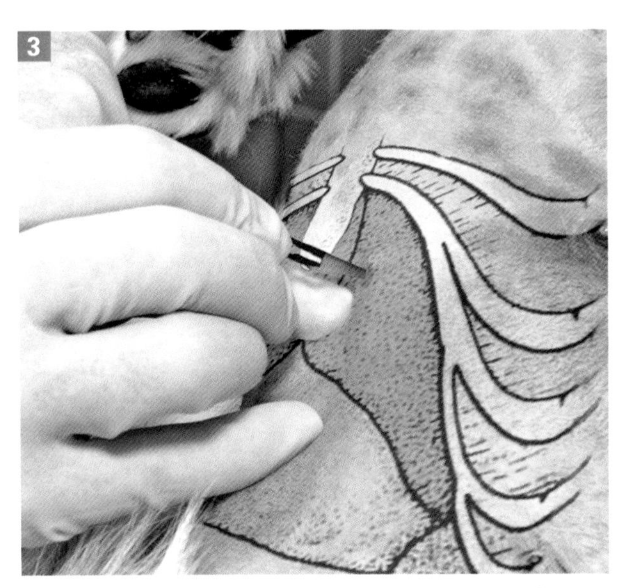
进针点位于剑状软骨水平、腹中线与左侧肋弓的中点处。

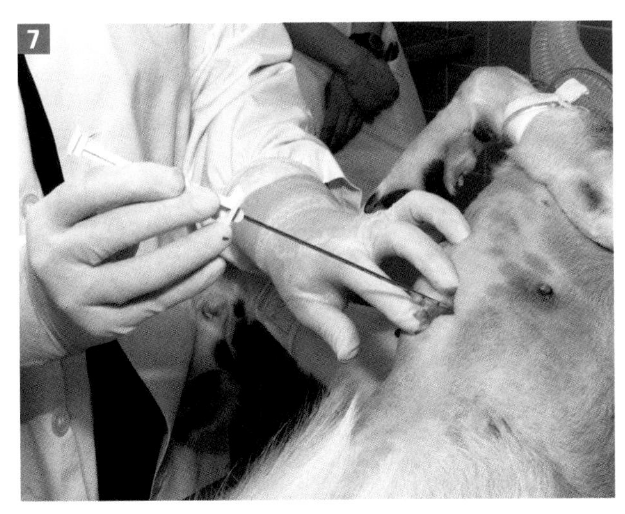
保持穿刺针位置，将针刺向肝脏并刺入肝脏实质。

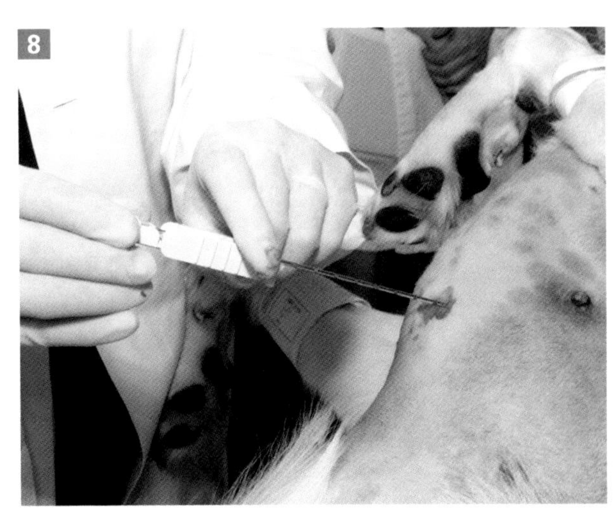
将穿刺针内芯刺入肝脏内。

9. 推进套管针套上内芯，切下一块肝脏组织芯。

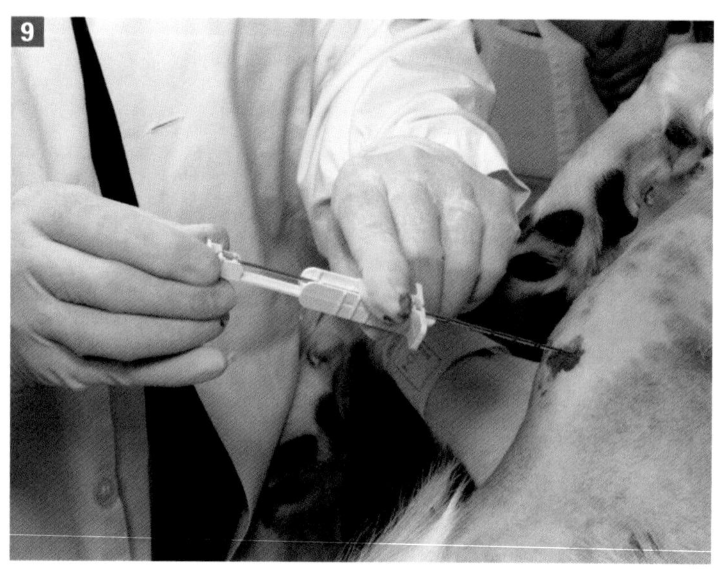
推进套管针套上内芯。

10. 撤出整个穿刺针。将内芯向前推出，暴露活组织穿刺样本。用一个小号针将肝脏组织块从穿刺针中挑出。

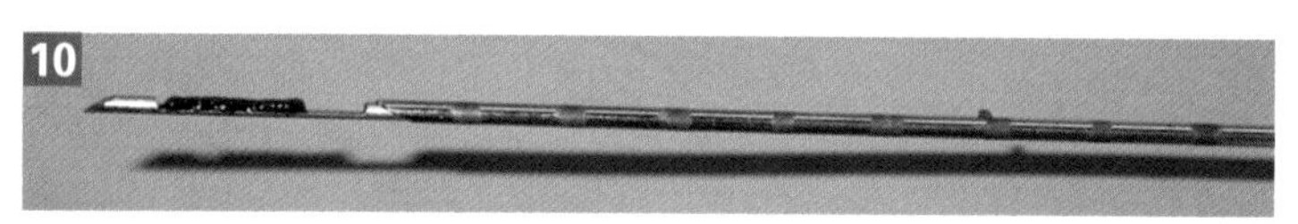
向前推出内芯，暴露活组织穿刺样本。

[潜在的并发症]

出血。

划破内脏。

刺伤胆囊或胆汁性腹膜炎。

如果针穿透膈进入肺脏，则会发生气胸。

注意：盲式经皮肝脏活组织检查的诊断准确性要比开腹探查或腹腔镜可视情况下取样的准确性低。

操作 9-6　细针抽吸肝脏活组织检查

在一些患有肝脏弥散性疾病的动物，肝脏细针抽吸可提供充分的诊断信息，因此可以推迟活组织检查或避免活组织检查。这一技术在不可视的情况下可有效确诊脂肪肝或肝脏淋巴瘤，但在超声引导下操作可能有利于其他肝脏肿瘤的诊断。

[物品]

- 3.8cm或6.4cm，22G带针芯的脊髓穿刺针。

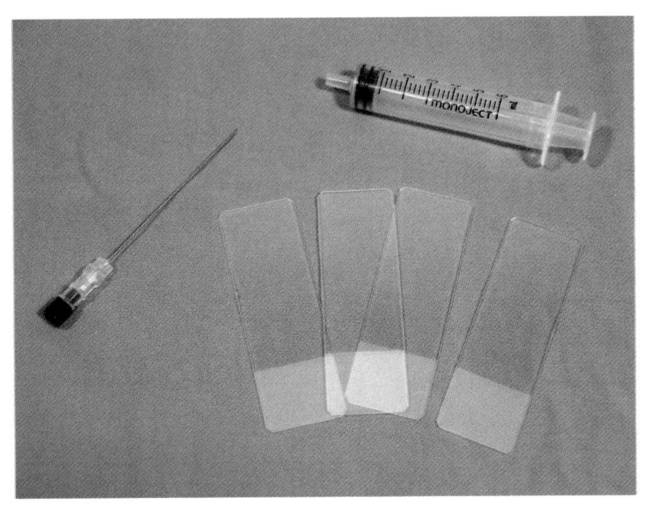

肝脏细针抽吸所需的物品。

[操作方法]

1. 根据需要对动物进行镇定，在操作过程中保持动物不动。

2. 动物仰卧保定，胸部高于腹部，整个身体向右倾斜以使肝脏暴露最大化，减小刺伤胆囊的风险。

3. 前腹部剃毛并作外科消毒准备。戴手套进行无菌操作。

4. 使用超声引导，或以下述的体位和解剖标志进针穿刺肝脏实质。

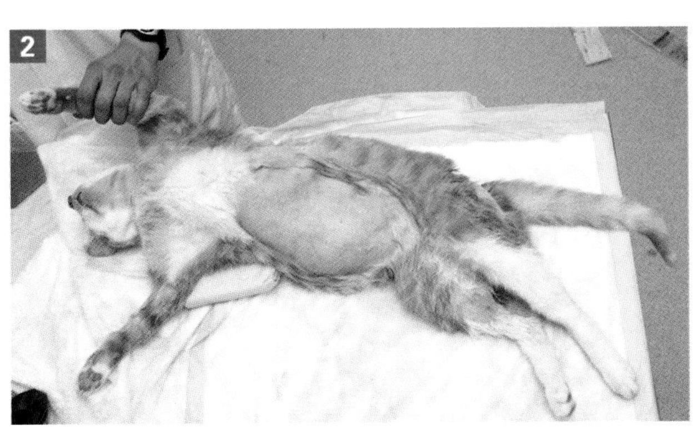

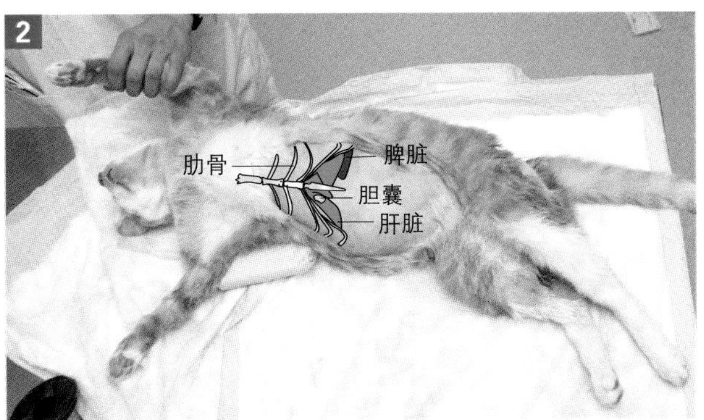

将猫正确摆位以最大化暴露肝脏，并减小刺伤胆囊的风险。

5. 当有弥散性或广泛的多灶性肝脏疾病时，可利用经皮肝脏活组织检查的解剖标志进行盲式抽吸穿刺。进针点位于剑状软骨水平、腹中线与左侧肋弓连线的中点。向前背侧进针，与正中矢状面向左成30° 角（避免刺伤胆囊）。

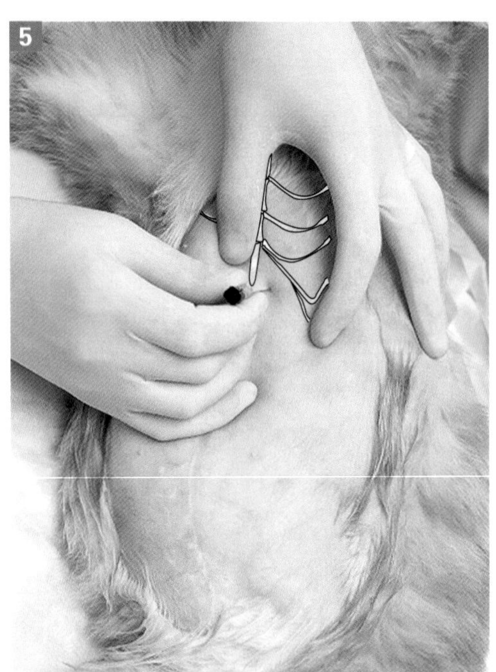
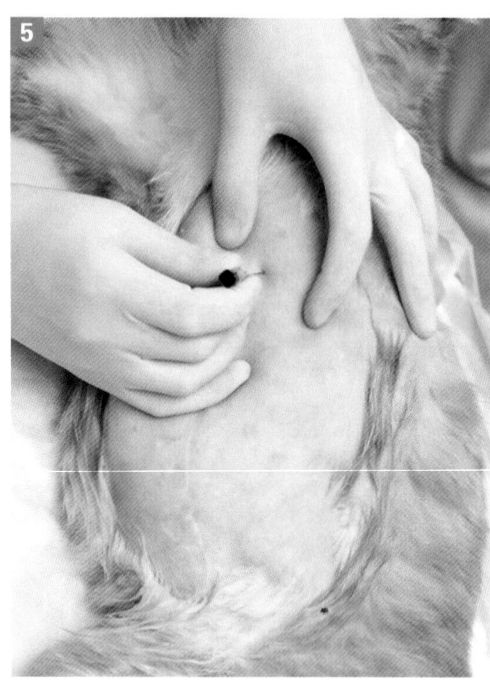

进针点位于剑状软骨水平、腹中线与左侧肋弓的中点。

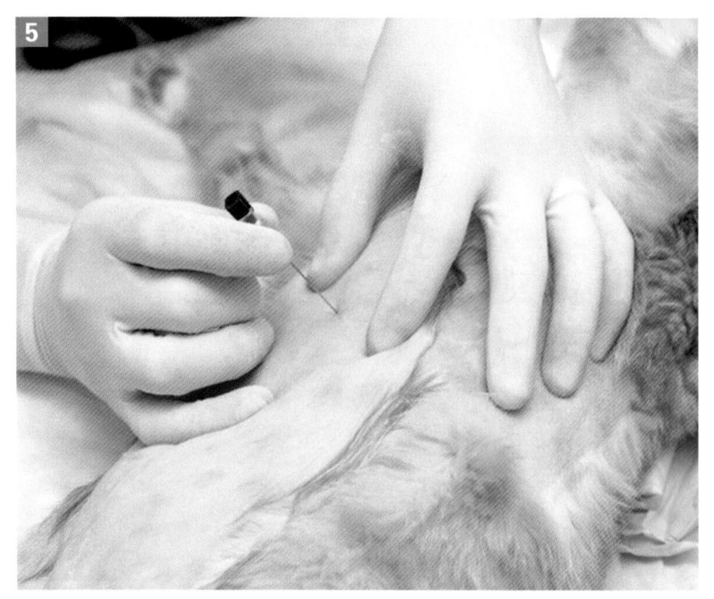

穿刺针向前背侧进针，与正中矢状面向左成30° 角（避免刺伤胆囊）。

6. 拔出针芯。

7. 握住针座固定穿刺针，旋转穿刺针向肝脏内刺入几次。这样使得细胞进入针头内。

8. 从腹部拔出穿刺针。

9. 连接一个抽有2 ~ 3mL空气的注射器。

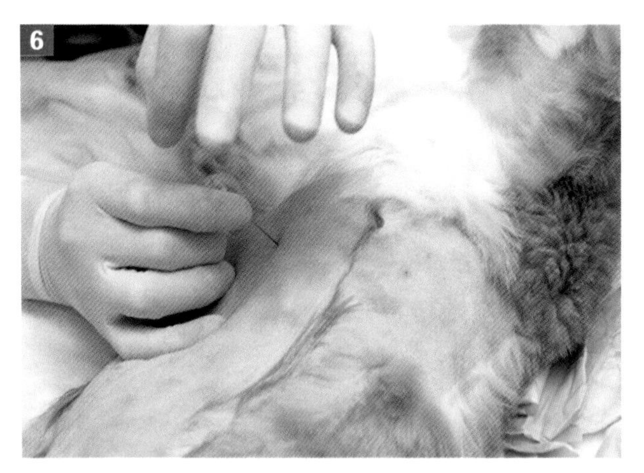

拔出针芯。

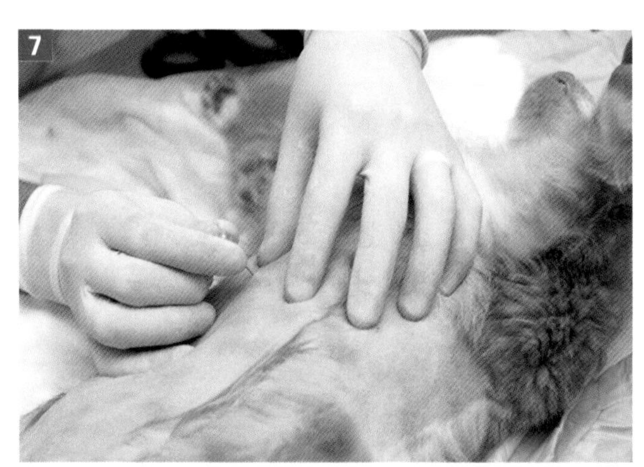

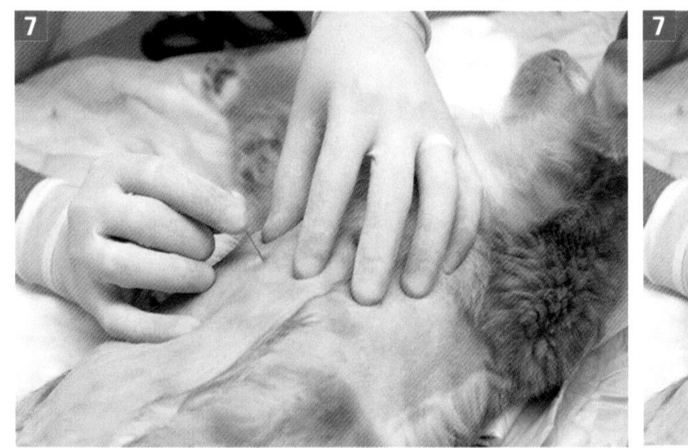

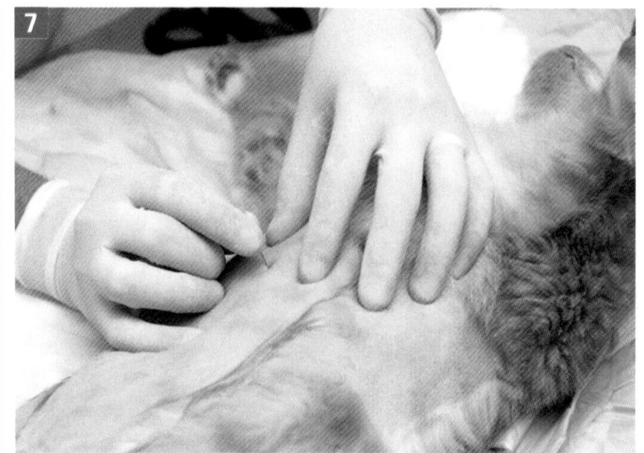

旋转穿刺针在肝内刺几次，以使细胞进入针头内。

10. 将样本推出于显微镜用的载玻片上。

11. 轻轻涂片和染色，进行细胞学评估。

[潜在的并发症]

用小号穿刺针以减少并发症。

出血、刺伤胆囊和胆汁性腹膜炎仍然是潜在的并发症。

警告： 这一技术的诊断准确性较低，患有弥散性肝脏淋巴瘤的动物或患有原发性脂肪肝的猫除外。

操作 9-7 腹腔穿刺术

[目的]

为了收集腹水样本进行分析。

[适应证]

有腹腔积液的动物。

[禁忌证和注意事项]

1. 必须小心避免穿破或划伤增大的腹部器官。

2. 任何时候可能的话，均要在腹腔穿刺之前拍摄腹部X线片，因为腹腔穿刺操作过程中可能会有空气进入腹膜腔，可能会被误认为自发性气腹。

3. 如果只有少量积液（6mL/kg）时，腹腔穿刺可能得不到腹腔液样本。

[物品]

- 14～22G蝶形导管或1（1/2）带延长管的针头。
- 注射器。
- 试管。

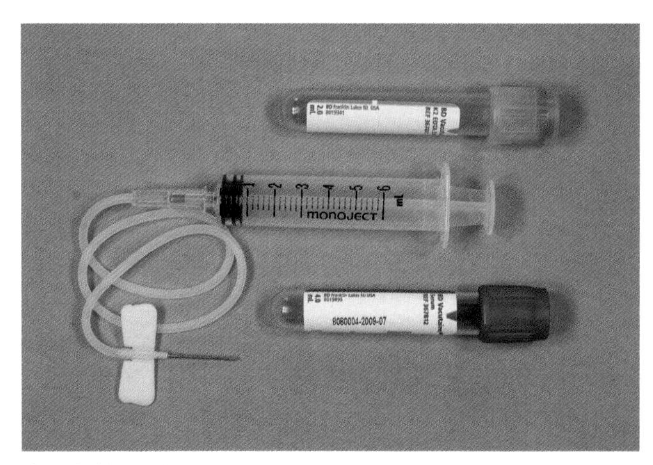

腹腔穿刺所需物品。

[体位和保定]

动物应侧卧位或站立位保定。通常不需要镇定。

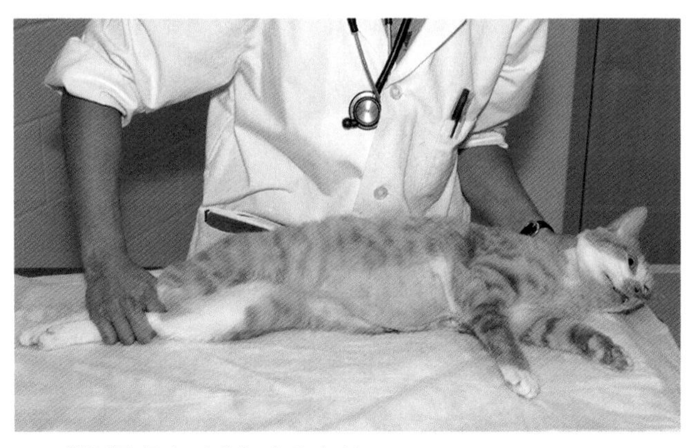

一只猫侧卧保定以进行腹腔穿刺。

[局部解剖]

有大量腹腔积液的动物，理想的穿刺点是腹中线脐孔稍向后的部位。

[操作方法]

1. 腹部中线处剃毛，并用消毒剂擦洗。

2. 将带有导管的蝶形针或穿刺针连到注射器上，在脐孔后2 ~ 3cm的腹中线处将针慢慢刺入腹腔内。

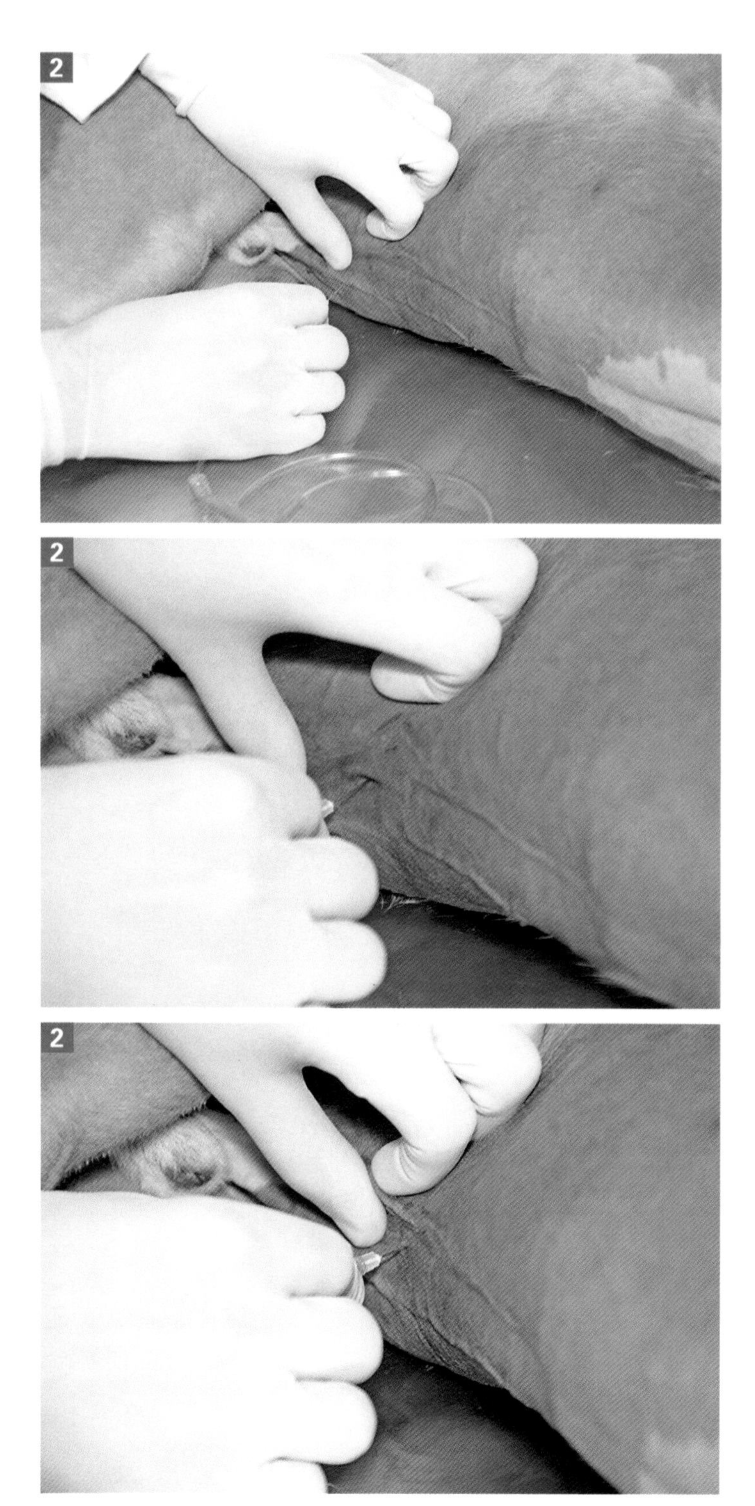

在脐孔后2 ~ 3cm腹中线处慢慢将穿刺针刺入腹腔进行腹腔穿刺。

3. 穿刺针进入腹腔时，用注射器轻轻抽吸。

4. 如果没有液体抽出，需轻轻将针头撤出一点，改变穿刺针的方向或变化动物体位。

5. 如果仍然没有液体抽出，把注射器从穿刺针上取下，将穿刺针顺其轴向旋转360°，以清除针尖黏附物并重新定位针的方向。

6. 将腹腔液直接收集到注射器内，用于细胞学分析，据此再做生化或微生物学分析。

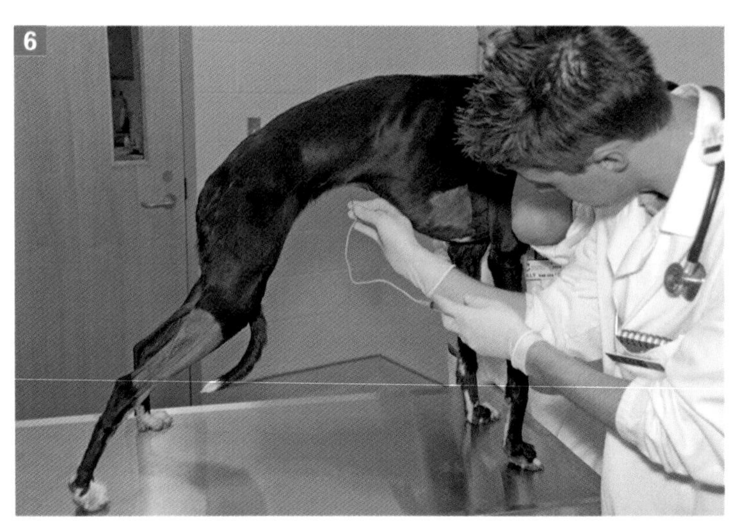

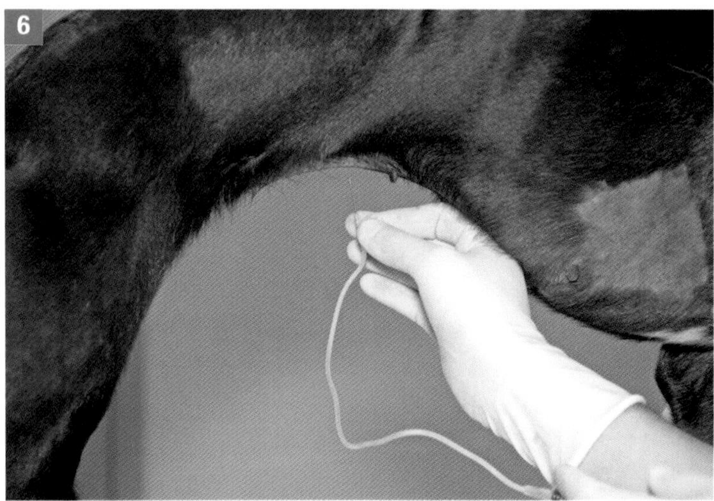

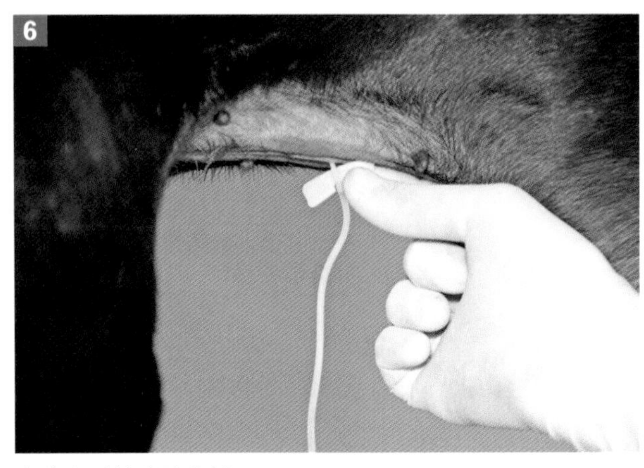

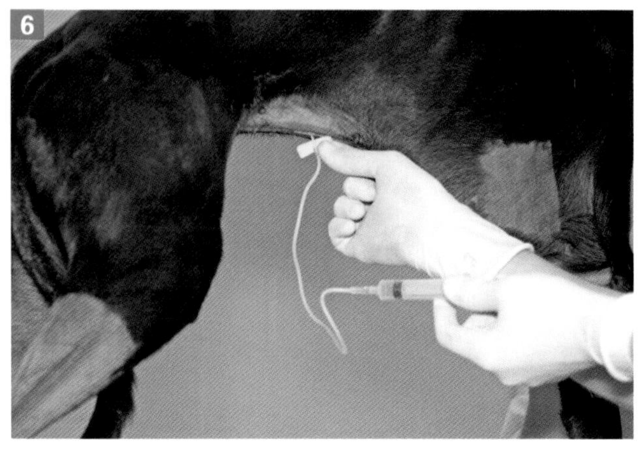

犬站立时的腹腔穿刺。

[结果]

该图是一只患有败血性腹膜炎的犬腹腔液细胞学检查结果，腹膜炎是由于小肠全层活检部位开裂引起的。

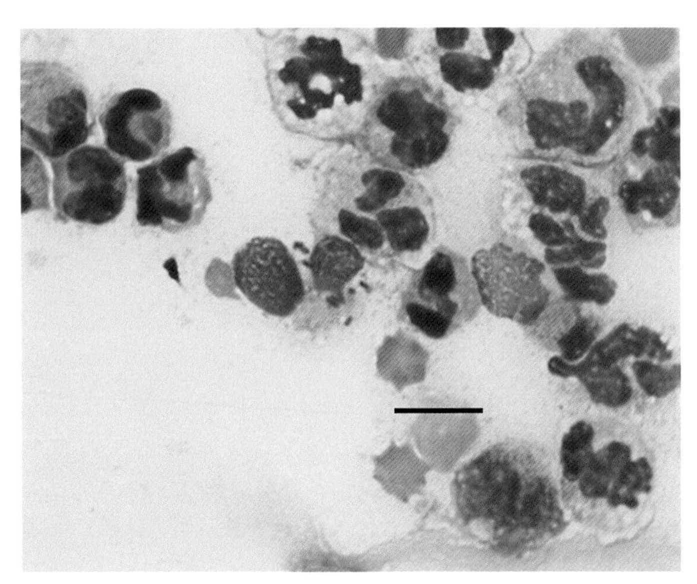

一只6岁牛头犬患有败血性腹膜炎，是由小肠全层活检部位开裂引起的。可见大量退行性中性粒细胞，有些中性粒细胞吞噬了不同种类的细菌。

下面两幅图显示一只猫的腹腔液大体观和显微镜下的状态，该猫患有湿性传染性腹膜炎，腹腔液呈黄色黏稠状。

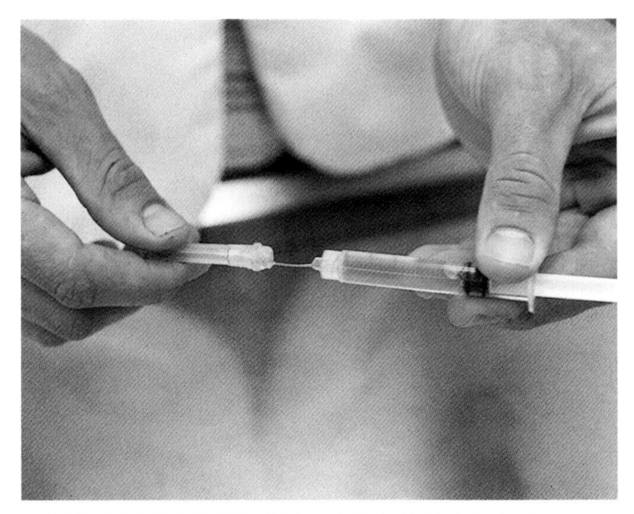

一只猫黄色黏稠状的腹腔液，该液体的总蛋白为65g/L。

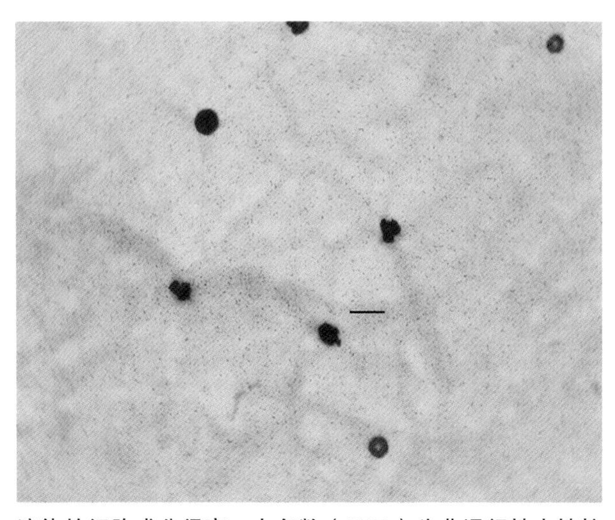

液体的细胞成分很高，大多数（85%）为非退行性中性粒细胞，也有少量的巨噬细胞，偶见淋巴细胞。背景出现的嗜碱性点彩提示高蛋白成分。这种非败血性的脓性肉芽肿性渗出液是患有湿性传染性腹膜炎猫的典型特征。

（Dr.Marion Jackson惠赠，University of Saskatchewan）

操作 9-8 诊断性腹腔灌洗

[目的]

为了收集腹腔冲洗液进行诊断性评估。

[适应证]

1. 腹腔积液量少，腹腔穿刺收集不到样本。

2. 动物不明原因腹痛合并发热或炎性白细胞象。

3. 怀疑小肠手术后开裂的动物。

4. 动物有钝性创伤或透创，尤其怀疑管状内脏破裂。

[禁忌证和注意事项]

对诊断性腹腔灌洗收集的液体需谨慎解读，因为可出现细胞总数的稀释和化学分解。

[物品]

- 14G的6.4 ~ 8.9cm长的套管针。
- 温热（37℃）等渗的晶体溶液（Normosol-R、乳酸林格液或0.9%生理盐水）。
- 静脉输液装置，快速静脉输注压力袋。
- 3mL注射器，14或22G蝶形针或3.8cm长带延长管的针头。
- 导管。
- 灭菌手套。

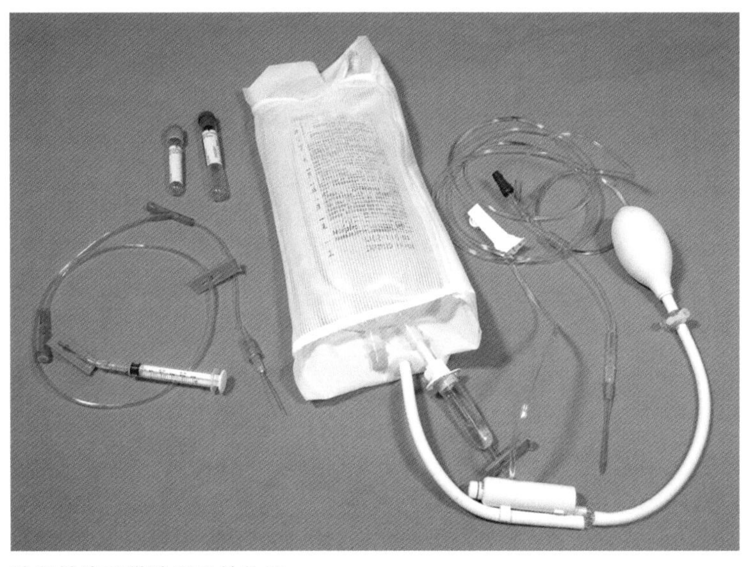

诊断性腹腔灌洗所需的物品。

[体位和保定]

动物侧卧保定。

[操作方法]

1. 在腹部以脐孔为中心10cm × 10cm剃毛，并在剃毛区做外科消毒准备。

2. 戴灭菌手套，将套管针由脐孔旁2cm，向后2cm处刺入腹腔。

3. 在刺穿腹壁时，将套管轻轻旋转慢慢刺入，避免刺伤任何腹部器官。

4. 将穿刺针撤出，收集并分析导管中流出的液体。

5. 向腹腔内注入温热的生理盐水20mL/kg，超过5min完成。

6. 将套管针拔出，将动物左右翻滚，或让动物慢慢散步，以按摩腹部使液体分布。

7. 动物侧卧，像上述步骤对腹部进行外科消毒准备。

8. 实施腹腔穿刺术，至少抽出1mL的灌洗液用于分析。

[样本分析]

1. 吞噬细菌的退行性中性粒细胞，植物纤维或白细胞计数大于2000/mL，表明存在败血性腹膜炎，需要手术治疗。

2. 粉色液体表明腹腔内出血，血细胞压积大于4%表明有明显的出血。

3. 进一步的灌洗液分析可能提示：胆红素增加或胆汁结晶表明胆道系统破裂；肌酐升高且血清钾升高表明泌尿道破裂；非败血性炎症和血清中淀粉酶的升高提示急性胰腺炎。

第 10 章

泌尿系统技术

（Urinary System Techniques）

操作 10-1 经膀胱穿刺采集尿样

[目的]

为了直接从膀胱采集尿样。

[适应证]

1. 从下泌尿道获得未被细菌、细胞、碎片污染的尿样。

2. 帮助确定血尿、脓尿、菌尿。

[禁忌证]

1. 出血性疾病。

2. 存在潜在的子宫蓄脓或前列腺脓肿时，进行膀胱穿刺可能会不小心造成子宫或前列腺的破裂。

3. 患有膀胱癌时，进行膀胱穿刺可能将肿瘤植入到腹膜。

4. 已经患有或可能患有泌尿道阻塞的动物在进行膀胱穿刺前，有治愈的可能。

[物品]

- 2.5cm或3.8cm长的22G针头。
- 6mL注射器。
- 酒精。

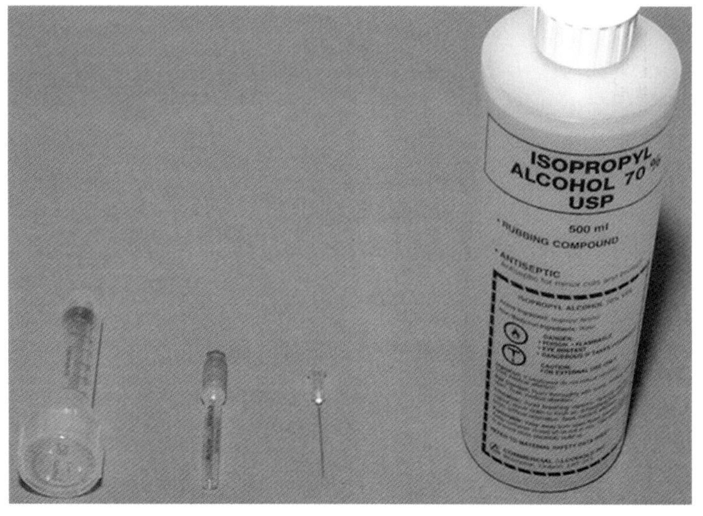

膀胱穿刺所需的物品。

[操作方法]

1. 动物仰卧保定。

2. 如果可能，触诊膀胱确定其大小和位置，使用酒精消毒皮肤表面。

3. 如果可能，定位并固定膀胱。在膀胱穿刺前、穿刺中以及穿刺后，不要过分挤压膀胱。

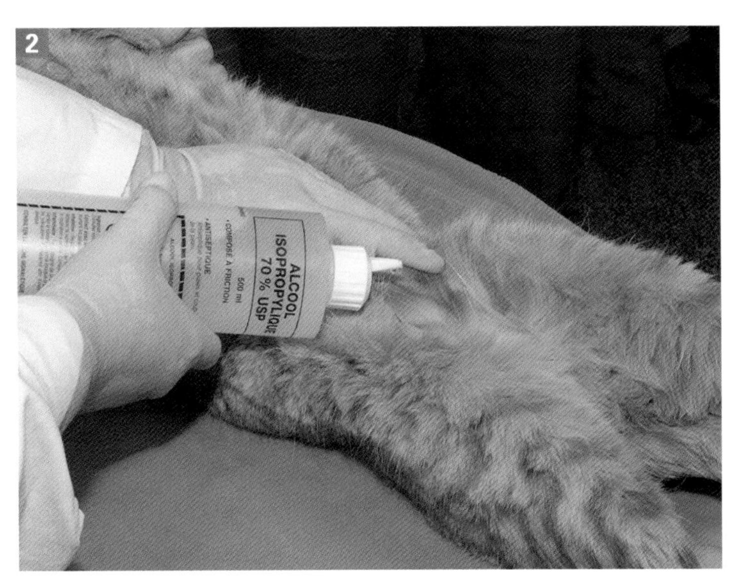

使用酒精消毒皮肤表面。

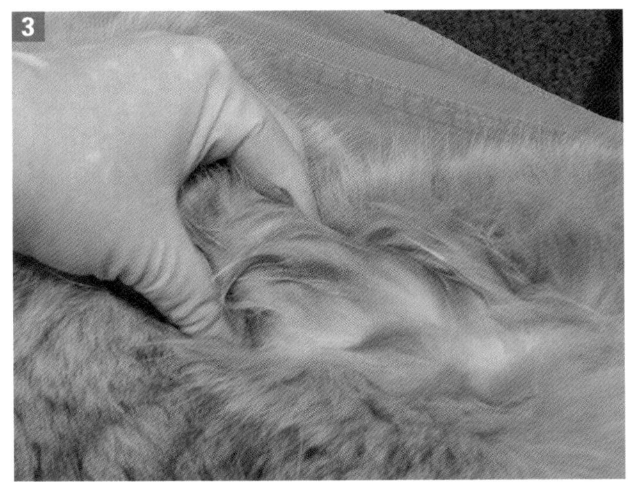

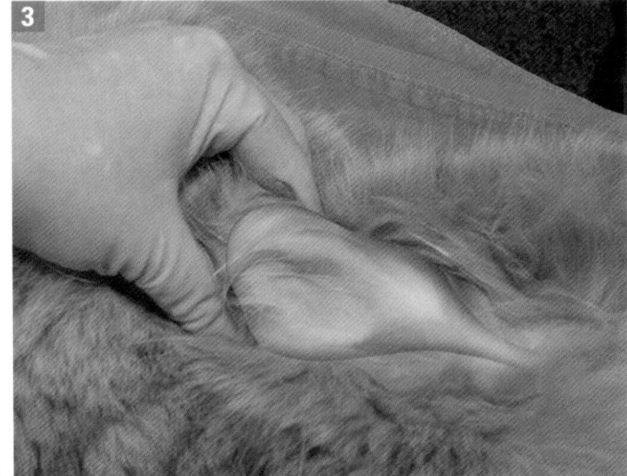

通过轻柔的触诊，定位并固定膀胱。

4. 连接针头和注射器。

5. 将针头穿透腹壁，朝向后背侧，成一定角度小心地刺入膀胱。这样当膀胱收缩时，可以使针头保持于膀胱腔内。将尿液抽出。

6. 获得尿样后停止抽吸，尽量避免污染尿样。

7. 将针头从腹壁拔出。

8. 更换针头，将尿样注入试管中。

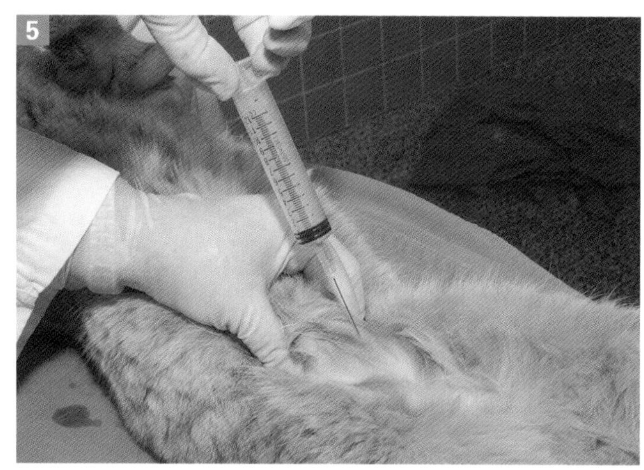

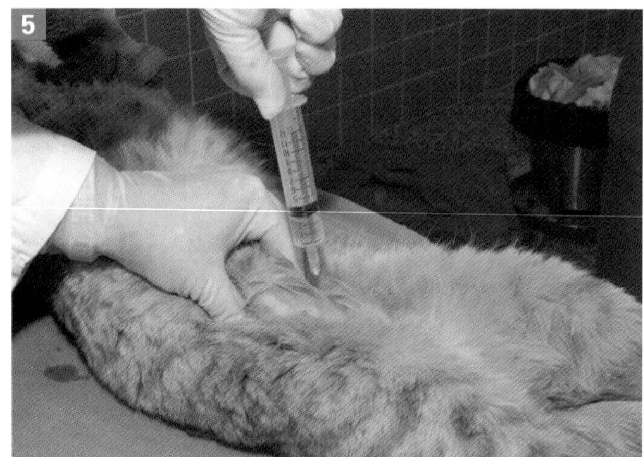

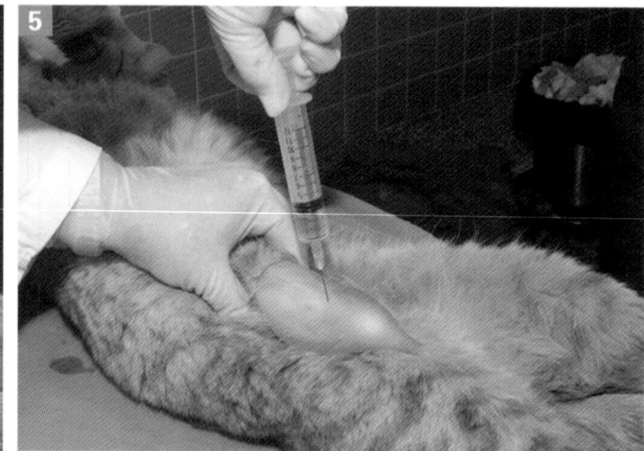

膀胱穿刺过程中，针头朝向后背侧。

[其他技术：膀胱盲穿术]

由于动物紧张或肥胖不能触诊到膀胱时，可以尝试盲穿法。当膀胱适度充盈时，该操作一般会成功。

1. 动物仰卧保定。
2. 酒精充分消毒后腹部。

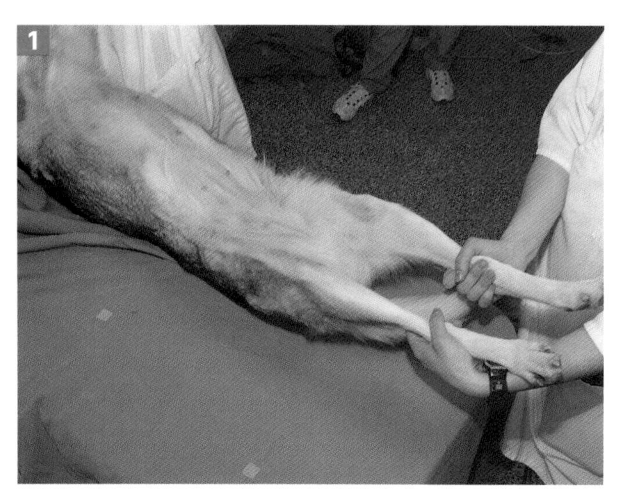

膀胱盲穿前将动物仰卧保定。

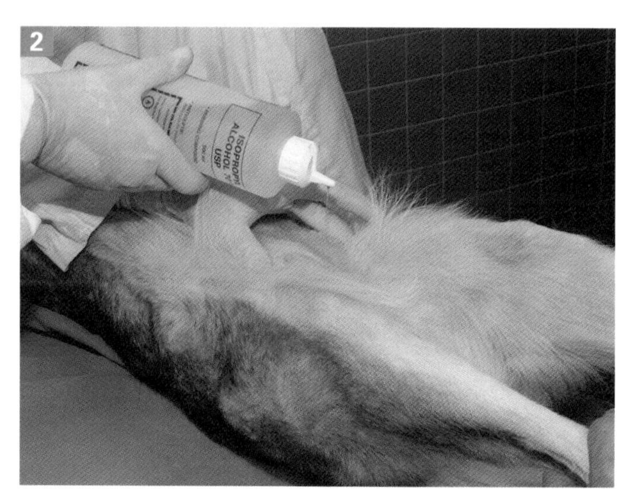

酒精充分消毒后腹部。

3. 适当挤压腹部将腹腔脏器推向尾侧，估计膀胱的位置。在雌性动物，穿刺点通常在腹部酒精集中的部位。在公犬，穿刺点应在阴茎旁侧，大约在包皮头部与阴囊的中央。

4. 连接针头和注射器。

5. 将针头穿透腹壁，朝向后背侧，成一定角度小心地刺入膀胱。这样当膀胱收缩时，可以使针头保持于膀胱腔内。将尿液抽出。

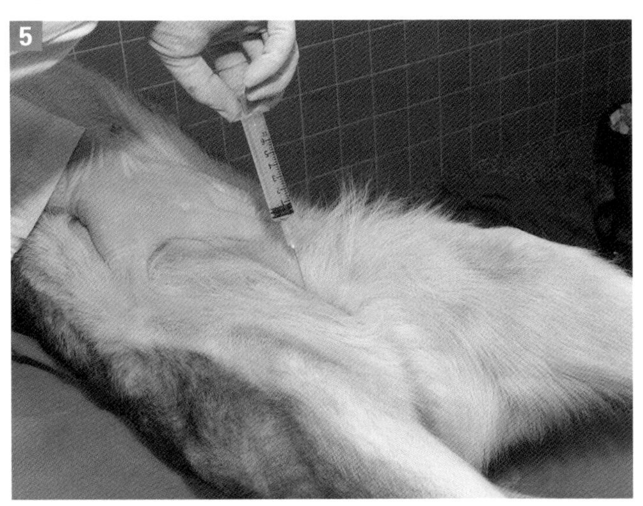

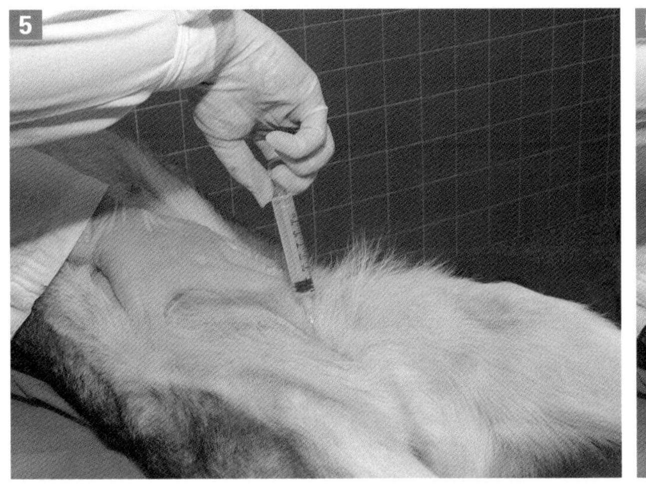

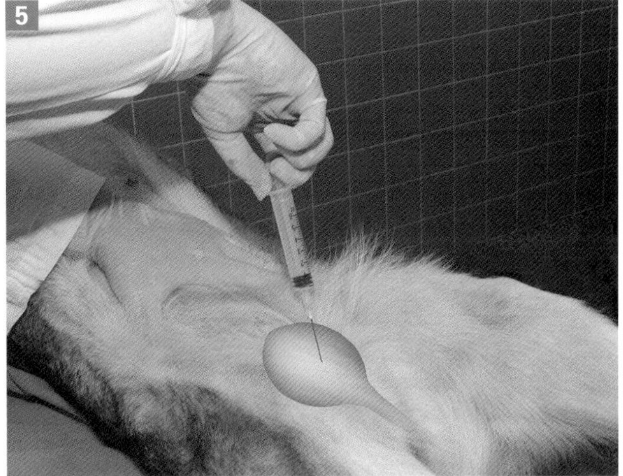

将针头朝向后背侧，这样膀胱收缩时针头仍会保持在膀胱腔内。

6. 获得尿样后停止抽吸，尽量避免污染尿样。

7. 将针头从腹壁拔出。

8. 更换针头，将尿样注入试管中。

操作 10-2 导尿：公猫

[目的]

为了插入膀胱以采集尿样、解除尿道阻塞或注入药物。

[适应证]

1. 采集尿样进行尿液分析或培养。
2. 肾功能研究时，精确采集尿量。
3. 监测尿量。
4. X线检查时注入造影剂。
5. 评估尿道结石、肿块或狭窄。
6. 怀疑膀胱肿瘤时，采集尿样进行细胞学评估。
7. 缓解结构性或功能性尿道阻塞。

[潜在的并发症]

1. 对膀胱或尿道造成损伤。
2. 造成感染。

[物品]

- 灭菌手套。
- 灭菌润滑剂。
- 灭菌冲洗液（生理盐水）。
- 合适的导尿管。

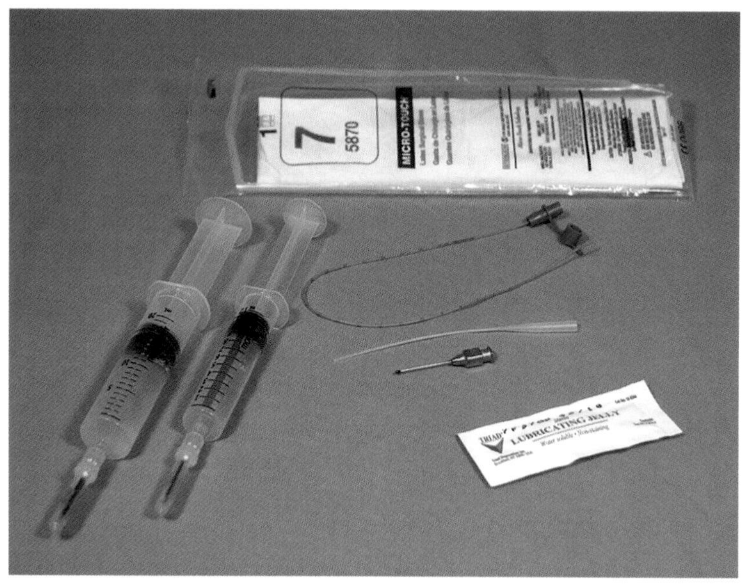

公猫导尿管所需物品。

[可用的导尿管]

1. 末端开口的公猫导尿管，通常是3.5Fr聚丙烯导管，可用于解除尿道阻塞。导尿管的末端有开口，有利于放置导尿管时冲洗尿道阻塞物并使其顺利通过。这种尿管坚硬，会损伤膀胱和刺激尿道，因此不推荐作为留置尿管。

2. 解除尿道阻塞后，最常使用一种软的婴儿饲管作为留置尿管（一般是3.5或5Fr的聚乙烯管）。这种软管也可用于在无尿道阻塞的猫采集尿样。

3. 末端开口、尖端为黄绿色的金属管可以用来解除尿道阻塞。这种管坚硬，利于通过尿道，中心有腔可用于冲洗，尖端圆形以防损伤尿道。但这种管较短，不能到达膀胱腔。

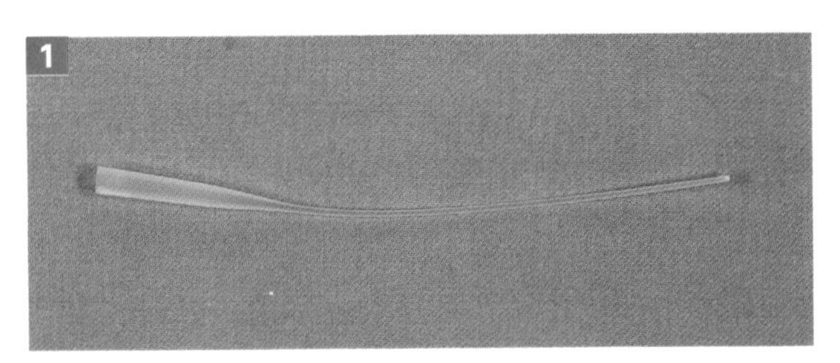

末端开口的公猫导尿管。

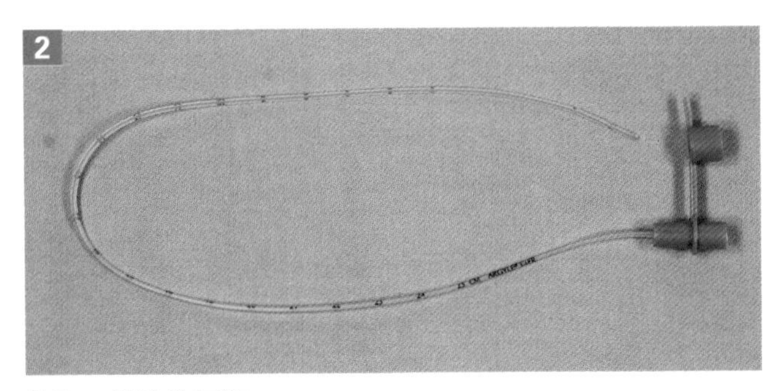

软聚乙烯婴儿饲管。

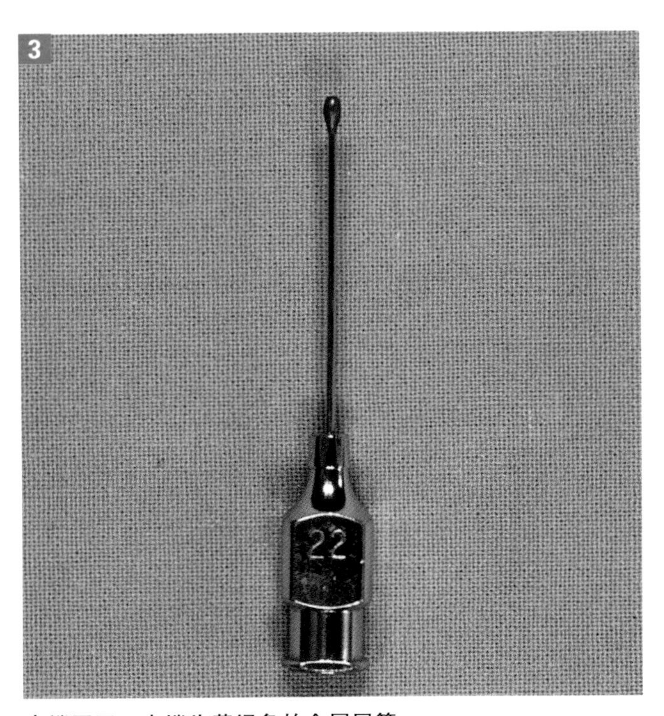

末端开口、尖端为黄绿色的金属尿管。

[操作方法]

1. 有必要的话，将猫镇定。
2. 猫侧卧或仰卧保定。
3. 将阴茎向后推，同时捏住包皮向头侧推，以使阴茎突出。
4. 一旦阴茎突出，保持突出状态，在阴茎基部紧捏住包皮，控制住阴茎。
5. 用抗菌液轻柔地冲洗阴茎头，然后用生理盐水将抗菌液冲洗掉。
6. 将阴茎向后拉直，使阴茎部尿道长轴与脊柱平行，以减少尿道的自然弯曲，利于尿管的插入。
7. 用灭菌水溶性润滑剂润滑导管头。

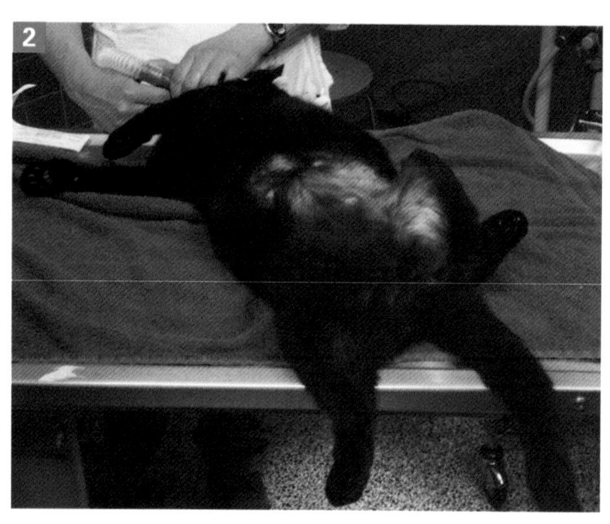

将猫仰卧保定进行尿管放置。

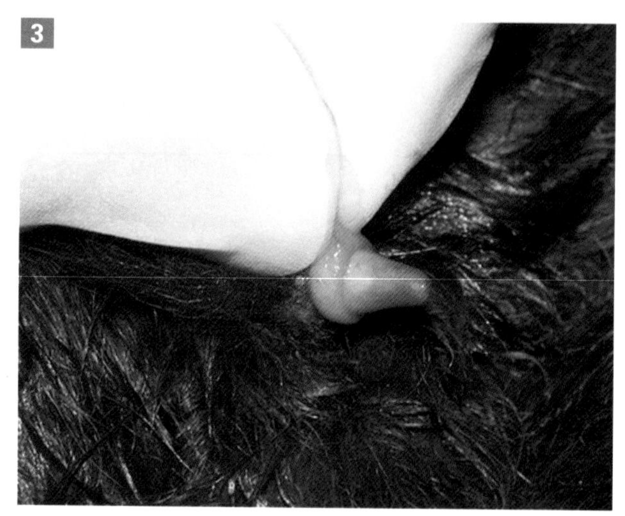

在阴茎基部紧捏住包皮，保持阴茎突出。

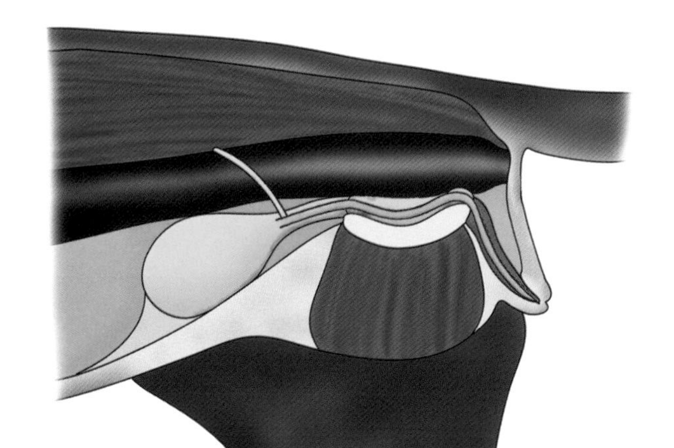

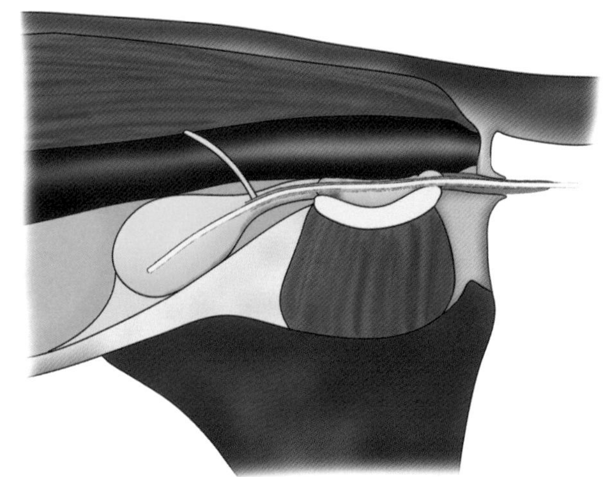

将突出的阴茎向后拉直，减少尿道的自然弯曲，利于尿管的插入。

8. 轻柔地将尿管的头部插入尿道口，继续前进插入膀胱腔内。
9. 如果遇到阻力，可以用灭菌生理盐水冲洗尿管（注意：这会改变获得尿样的检测结果）。

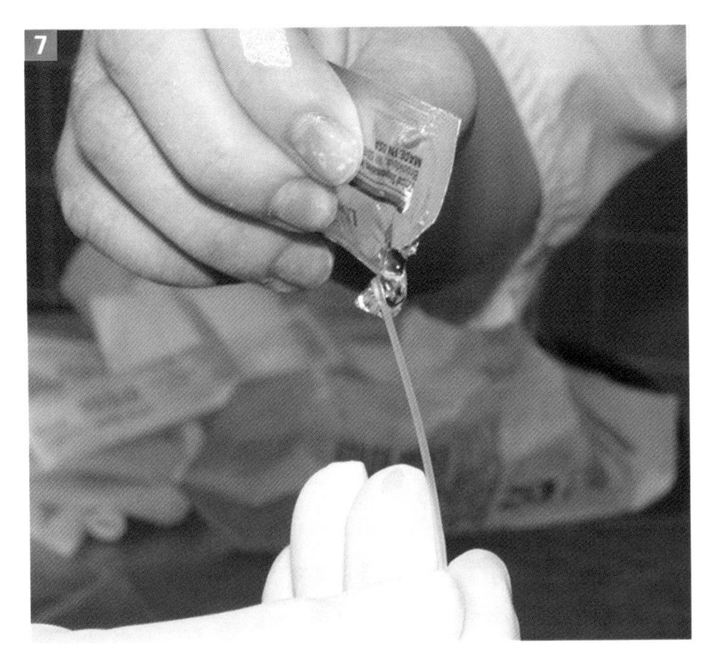

润滑公猫导尿管的头部。

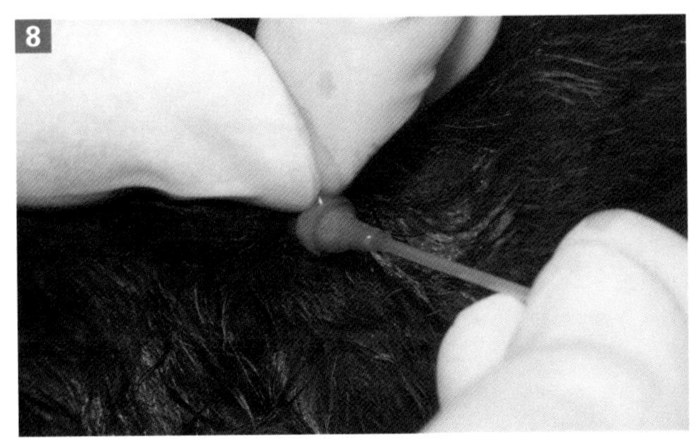

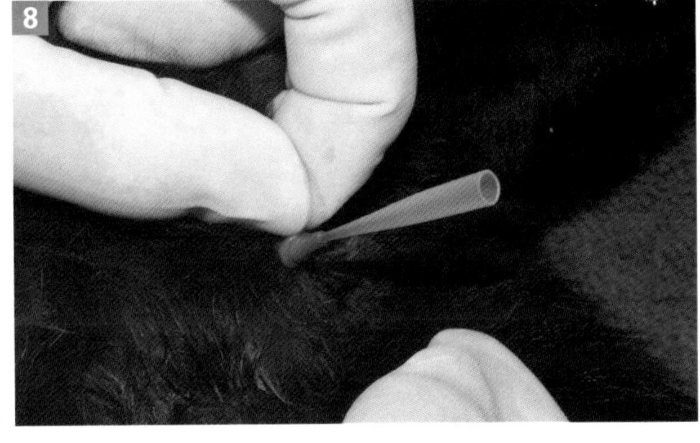

将尿管的头部插入尿道口，继续前进插入膀胱腔内。

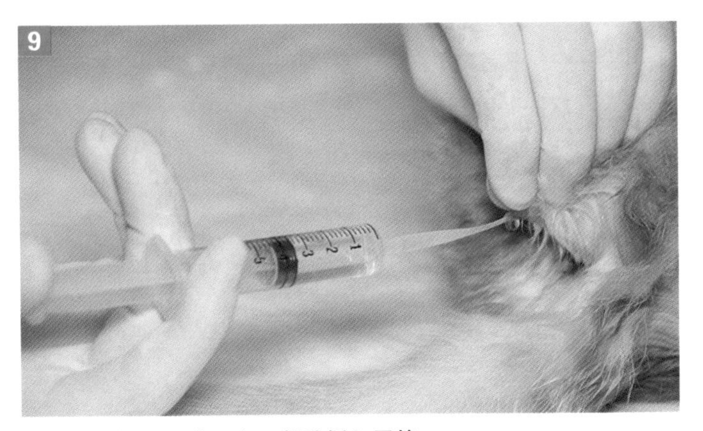

冲洗可以解除尿道阻塞，帮助插入尿管。

操作 10–3 导尿：公犬

[目的]

为了建立膀胱通路，以采集尿样、解除尿道阻塞或注入药物。

[适应证]

1. 采集尿样进行尿液分析或培养。
2. 肾功能研究时，精确采集尿量。
3. 监测尿量。
4. X线检查时注入造影剂。
5. 评估尿道结石、肿块或狭窄。
6. 怀疑膀胱肿瘤时，采集尿样进行细胞学评估。
7. 缓解结构性或功能性尿道阻塞。

[物品]

- 灭菌手套。
- 灭菌润滑剂。
- 合适的尿管。

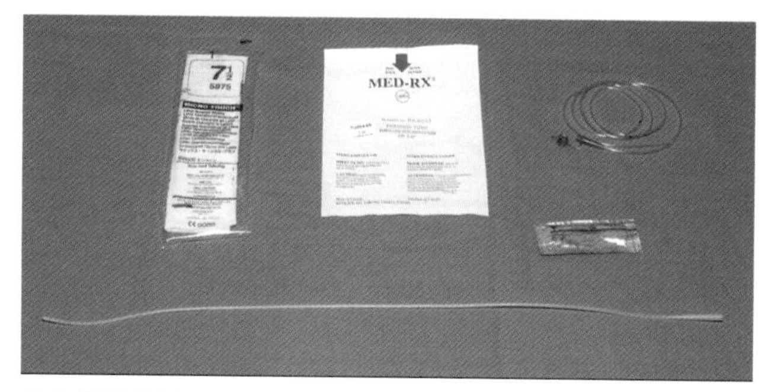

公犬尿管放置所需物品。

[可用的导尿管]

1. 使用4～10Fr（据犬体型大小）硬聚丙烯导管，此管可单独用于采集尿样或解除尿道阻塞，但不推荐用作留置尿管，因其会损伤膀胱和刺激尿道。

2. 4～10Fr由聚乙烯合成软的婴儿饲管，可用来采集尿样或作为留置尿管。

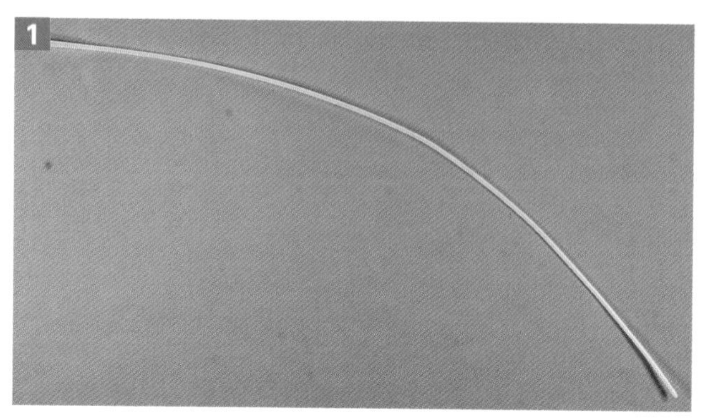

硬聚丙烯导管。

[操作方法]

1. 犬侧卧或仰卧保定。
2. 将尿管靠近犬，估计尿管需要插入的长度。
3. 将阴茎从基部推向头侧，同时将包皮推向尾侧露出阴茎。保持这个动作，使阴茎暴露。
4. 用抗菌液轻柔地冲洗阴茎头，然后用生理盐水将抗菌液冲洗掉。
5. 将尿管的头部用润滑液润滑。
6. 轻柔地将尿管的头部插入尿道口，继续前进插入膀胱腔内，注意不要插入过深。
7. 采集并丢弃初始的5～6mL尿液，然后采集尿样进行尿液分析和培养。

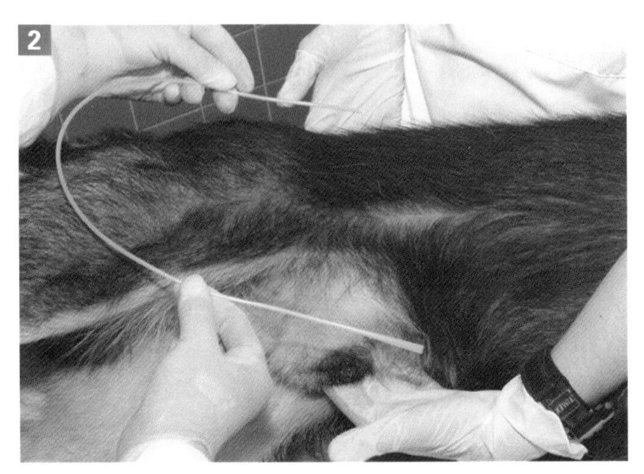

估计犬要插入尿管的长度。

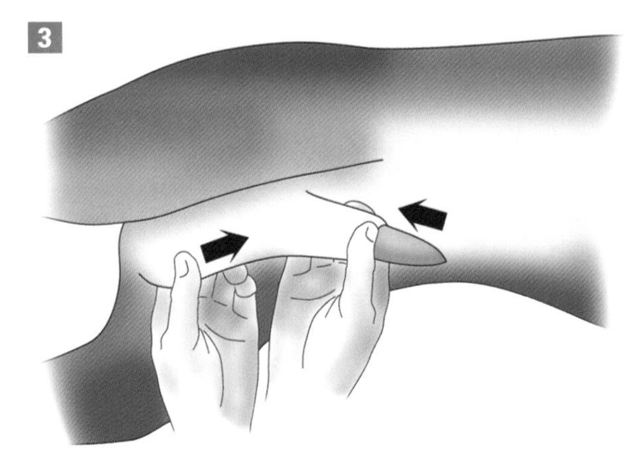

暴露阴茎。

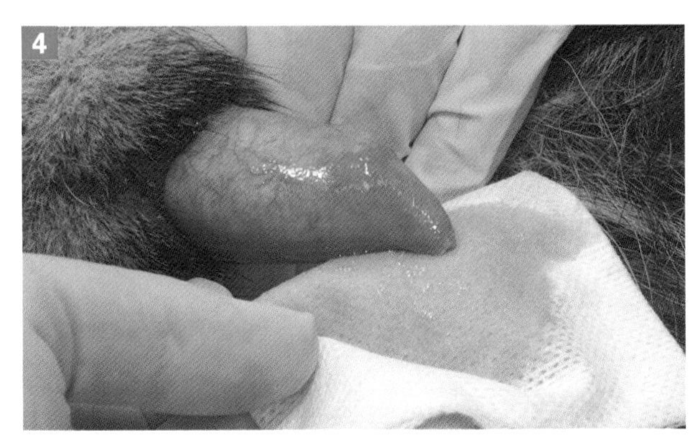

用抗菌液冲洗阴茎头。

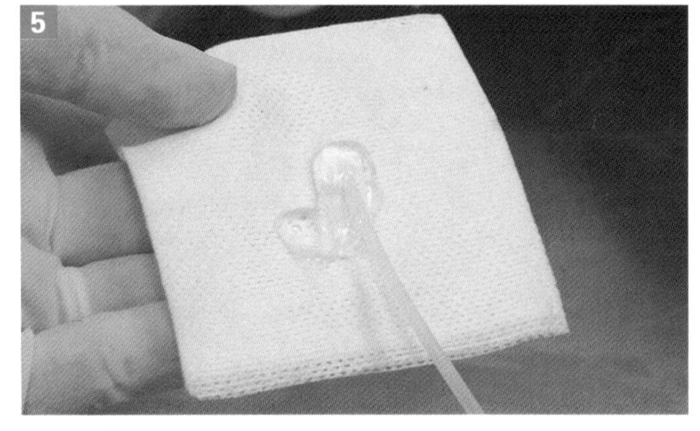

润滑尿管的头部。

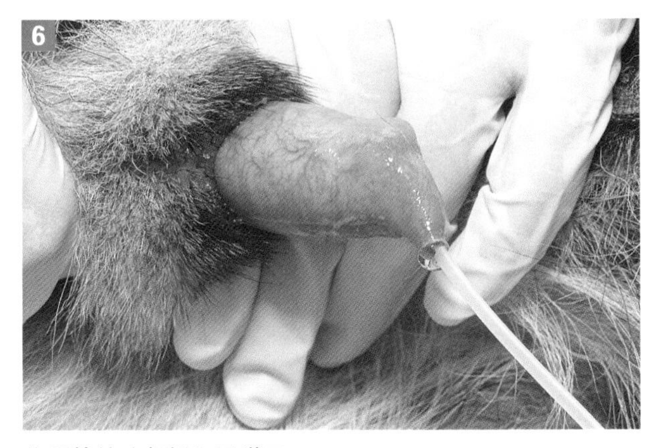

将尿管的头部插入尿道口。

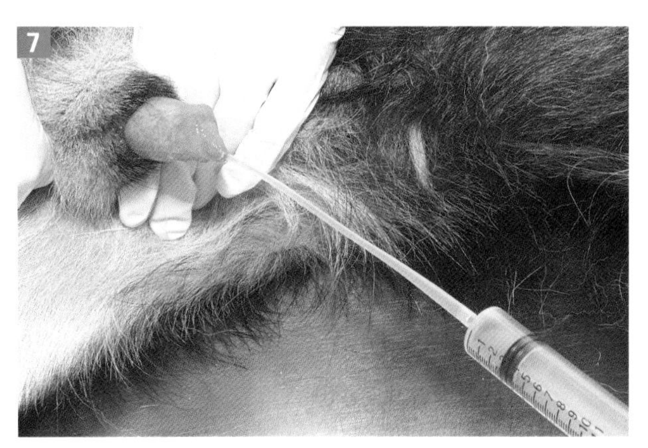

通过尿管采集尿样。

操作 10-4 导尿：母犬

[物品]

- 阴道扩张器。
- 灭菌手套。
- 灭菌润滑液。
- 合适的尿管。

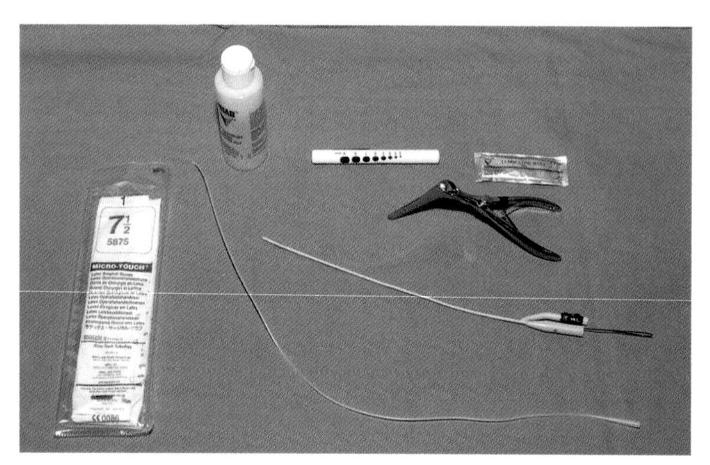

母犬尿管放置所需物品。

[可用的导尿管]

1. 使用4 ~ 10Fr（据犬体型大小）硬聚丙烯导管，此管可单次采集尿样或解除尿道阻塞，但不推荐用作留置尿管，因其会损伤膀胱和刺激尿道。

2. 3 ~ 10Fr Foley尿管，管体本身有一个可充气的气囊，可以作为留置尿管。该管有一根管芯，可增加尿管的硬度，利于尿管放置。

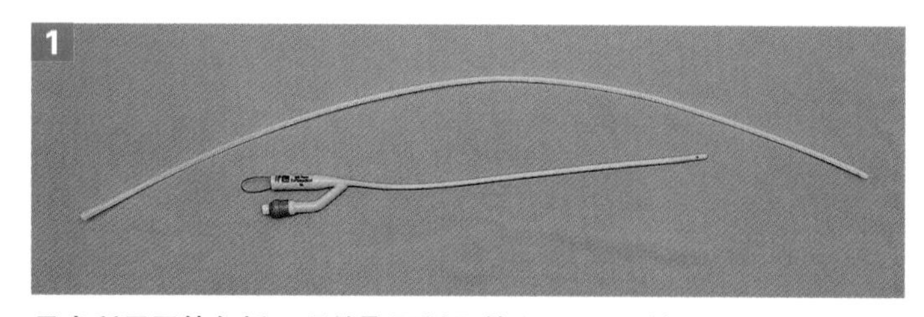

母犬所用尿管包括：硬的聚丙烯尿管和Foley尿管。

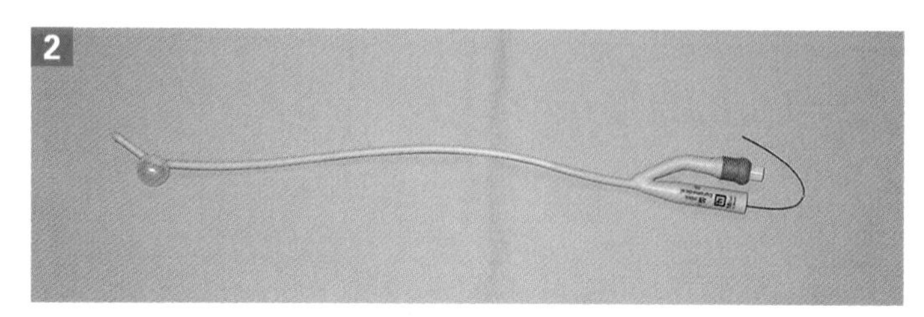

Foley尿管：管体本身有一个可充气的气囊，有一根导芯。

[局部解剖]

1. 外侧尿道口位于阴道腹侧的一个结节突起中。

2. 放置阴道开张器和尿管时，从靠近阴门的背侧联合处插入，以避开敏感的阴蒂窝，这一点很重要。

3. 阴道的尾部是前庭，前庭与前背侧相差角度较大，这个角度一直保持至尿道结节。

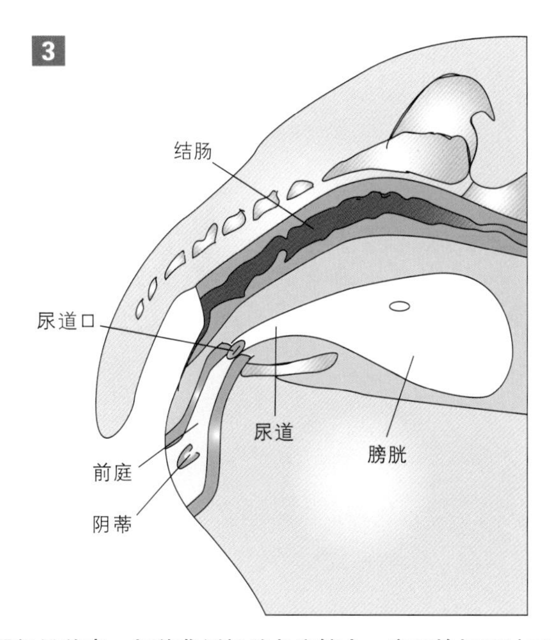

阴道的尾部是前庭，与前背侧相差角度较大，直至恰好通过尿道结节。

4. 成年的小型到中型母犬，其尿道口位于阴道的腹侧壁，从阴门腹侧联合处向头侧3 ~ 5cm。

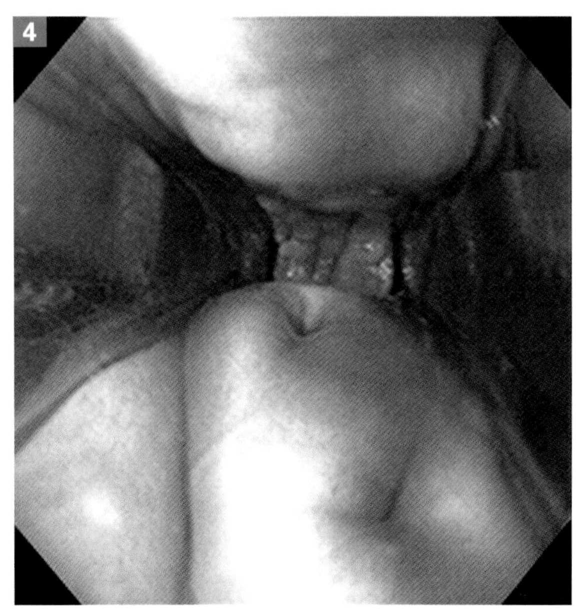

尿道口位于阴道的腹侧壁。

[操作方法：肉眼可视尿道口]

1. 必要时使犬保持镇静。
2. 犬站立保定，或俯卧使其后肢脱离桌子末端。
3. 用抗菌液清洗外阴周围的皮肤及阴门，然后用生理盐水将抗菌液冲洗掉。
4. 用注射器抽吸灭菌生理盐水，冲洗阴道前庭。

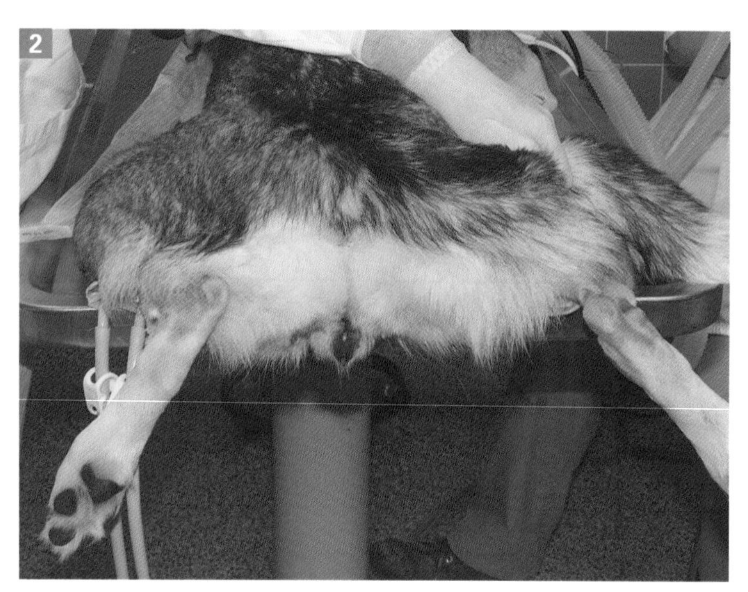

将犬保定进行导尿。

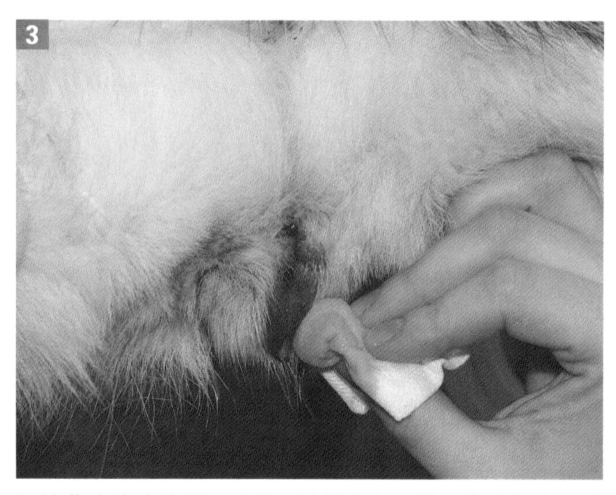

用抗菌液清洗外阴周围的皮肤及阴门，然后将抗菌液冲洗掉。

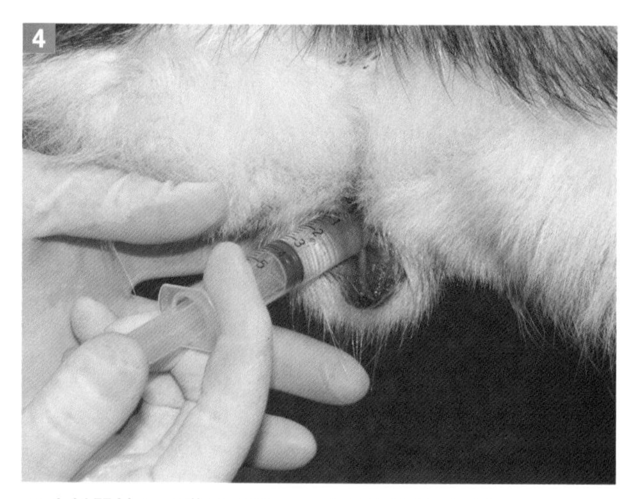

用注射器抽吸灭菌生理盐水，冲洗阴道和前庭。

5. 使用阴道开张器和光源，使阴道结节和尿道口可视。阴道开张器通过阴唇后必须立刻靠向背侧，以避开阴蒂窝。打开阴道开张器的双臂以扩张阴道腔。
6. 在阴道的腹侧壁定为一个小的阴道结节，可以看见尿道口。
7. 灭菌润滑液润滑导尿管的头部。
8. 轻柔地将尿管头部插入尿道口，继续插入到膀胱腔内，避免插入过深。

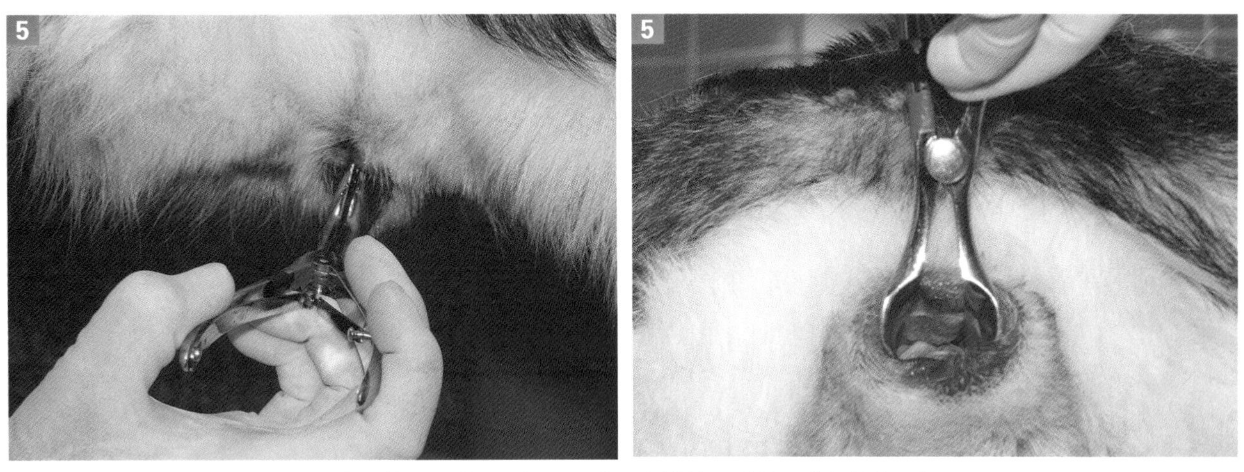

阴道开张器通过阴唇后直接完全靠向背侧，并立刻打开阴道开张器的双臂使阴道和前庭可视。

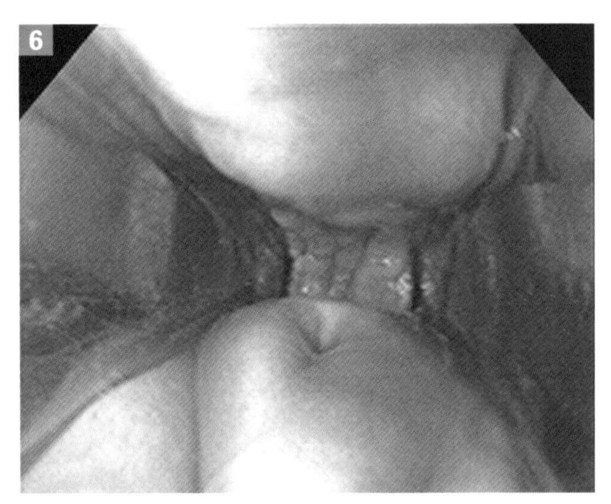

可见尿道口位于阴道腹侧壁的一个小结节处。

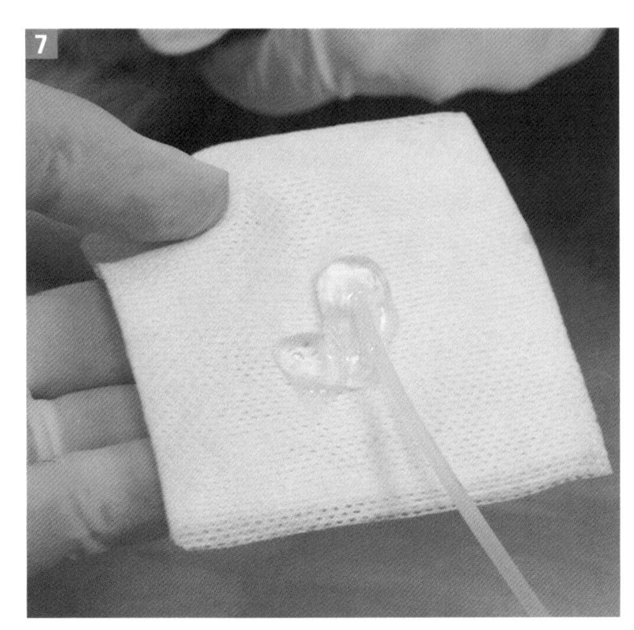

灭菌润滑液润滑导尿管的头部。

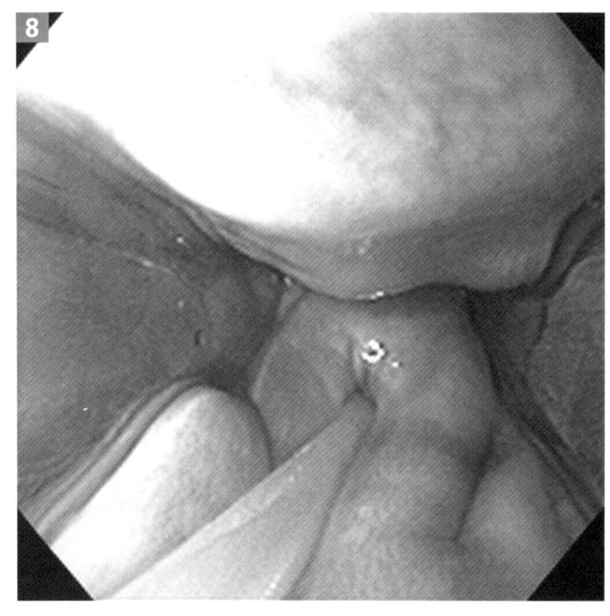

将尿管插入尿道口，继续插入到膀胱腔内。

[操作方法：指触盲插法]

在大型母犬，通常可在指触引导下将尿管插入尿道。

1. 如果需要，将犬镇定，犬站立或俯卧保定。
2. 用抗菌液冲洗阴门周围皮肤和阴门，然后用生理盐水将抗菌液冲洗掉。
3. 注射器抽吸灭菌生理盐水，冲洗阴道前庭。
4. 戴灭菌手套，润滑食指，将食指伸入阴道，在一些犬可以触诊到外侧尿道口。
5. 避开阴蒂窝，从阴门的腹侧联合处插入已润滑的灭菌尿管。
6. 沿阴道腹侧壁，用食指引导尿管插入。
7. 尽管尿道口不能总被触诊到，但当尿管在阴道腹侧消失时即可确认尿管已进入尿道。

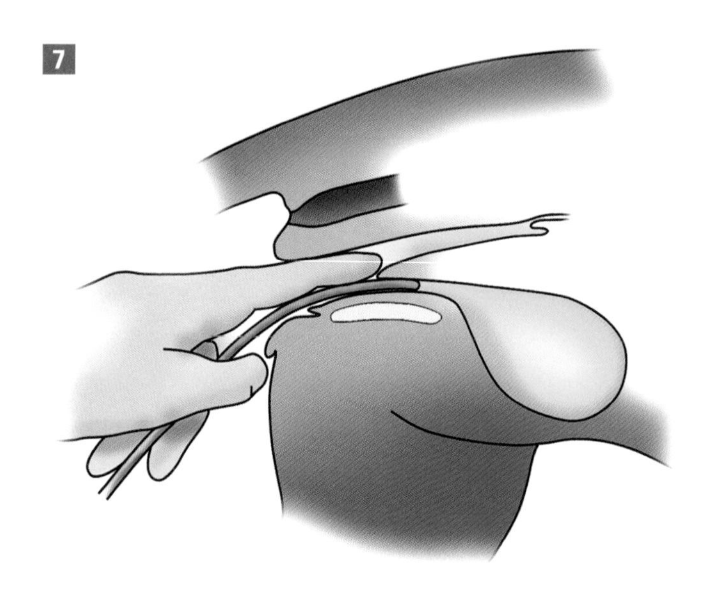

使用指触盲插法进行尿管放置。沿阴道腹侧壁在食指指导下插入尿管，直至尿管进入阴道腹侧的尿道口。

操作 10-5　前列腺冲洗

[目的]

为了从前列腺采集细胞和前列腺液样本。

[适应证]

1. 根据复发性尿道感染、痛性尿淋沥或自发性尿道出血（滴血），怀疑患有前列腺疾病。

2. 触诊前列腺异常，包括增大、不对称、不规则或疼痛。

3. 对可能患有前列腺炎或不育症的犬，采集前列腺液和细胞进行细胞学检查和培养。

[禁忌证和注意事项]

1. 当存在炎症时，前列腺上皮细胞可能会发育异常，并出现一些恶性特征。如果可以解除炎症（通过治疗细菌感染），应重新评估细胞学检查。

2. 尽管对射出的前列腺液的评估比前列腺冲洗更具诊断性，但在患病、疼痛或去势的犬则很难采集到射出的前列腺液。

3. 评估前列腺的其他方法还有：X线、超声检查和细针抽吸法。

[物品]

- 5 ~ 10Fr（据犬体型大小）硬聚丙烯尿管，70cm长。
- 灭菌生理盐水。
- 注射器。
- 手套。
- 润滑剂。

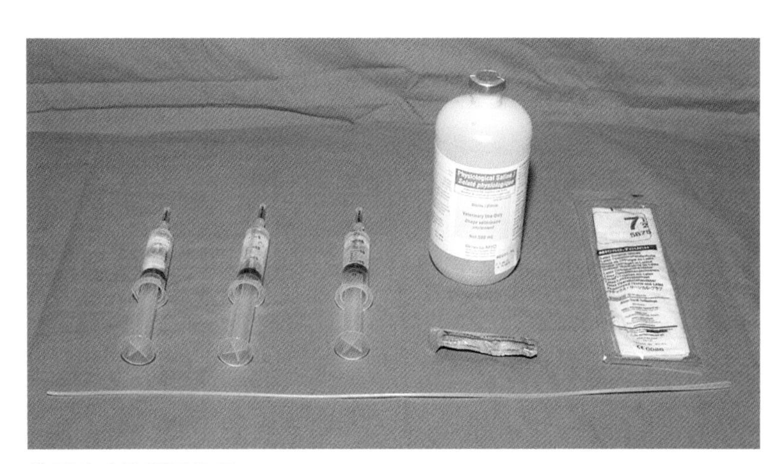

前列腺冲洗所需物品。

[局部解剖]

正常的前列腺是双叶结构，围绕着紧靠膀胱三角区尾侧的尿道。在多数犬，直检可以触诊到前列腺，但前列腺增大时会前移而无法触诊到。

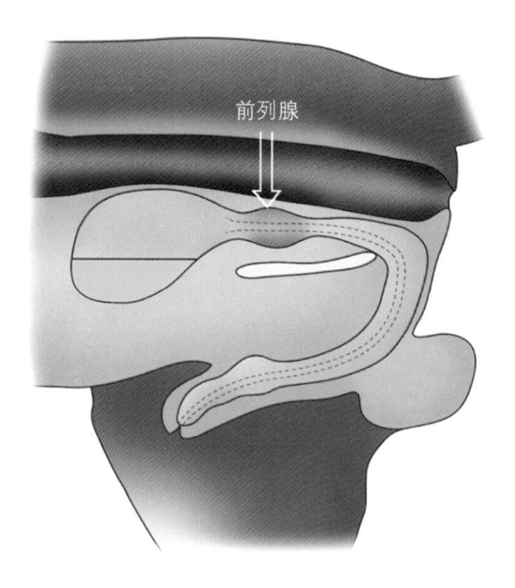

前列腺是双叶结构，围绕着紧靠膀胱三角区尾侧的尿道。

[操作方法]

1. 如果需要，将犬镇定。当犬异常疼痛或体型较大，触诊前列腺困难时，建议镇定。
2. 将尿管插入膀胱。
3. 将膀胱中的尿液抽空。
4. 灭菌生理盐水反复冲洗膀胱至抽出液澄清。
5. 在直肠触诊的指导下，将尿管撤出直至其头端恰好位于前列腺尾侧的尿道。
6. 通过直肠按摩前列腺1min。
7. 环尿管将尿道口轻轻封闭，通过尿管缓慢注入5～10mL生理盐水（以防液体漏出）。

2

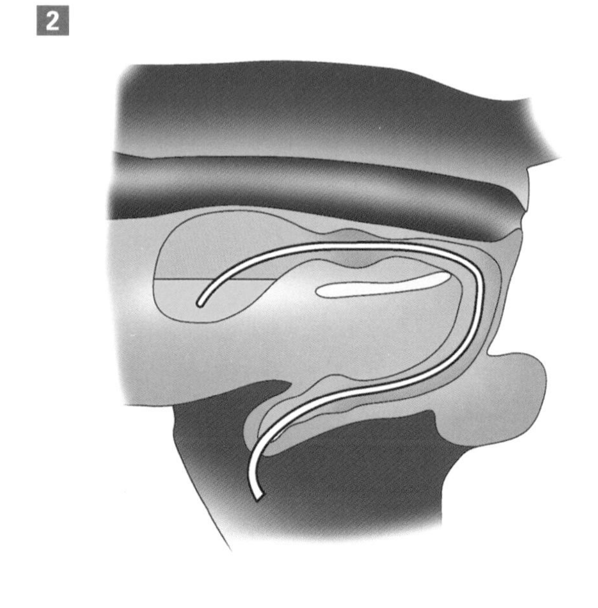

将尿管插入膀胱。

3

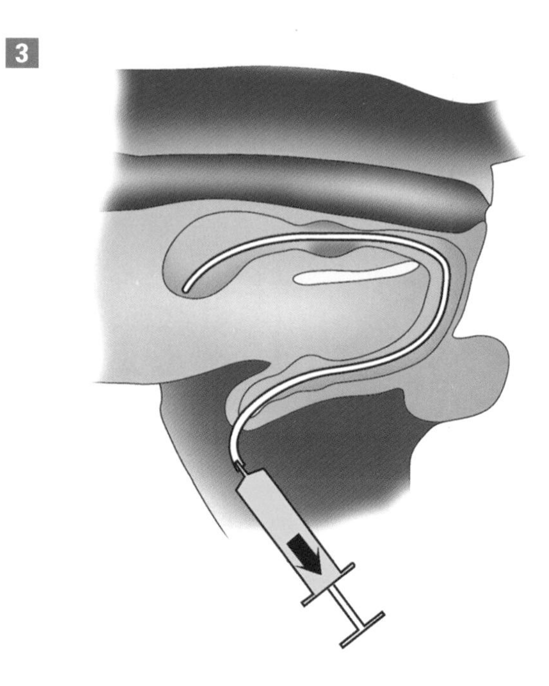

将膀胱中的尿液抽空。

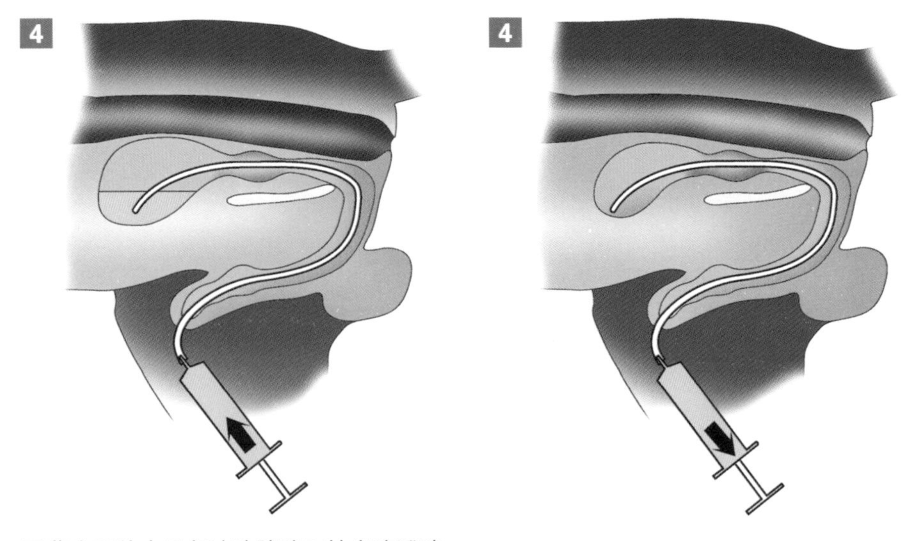

灭菌生理盐水反复冲洗膀胱至抽出液澄清。

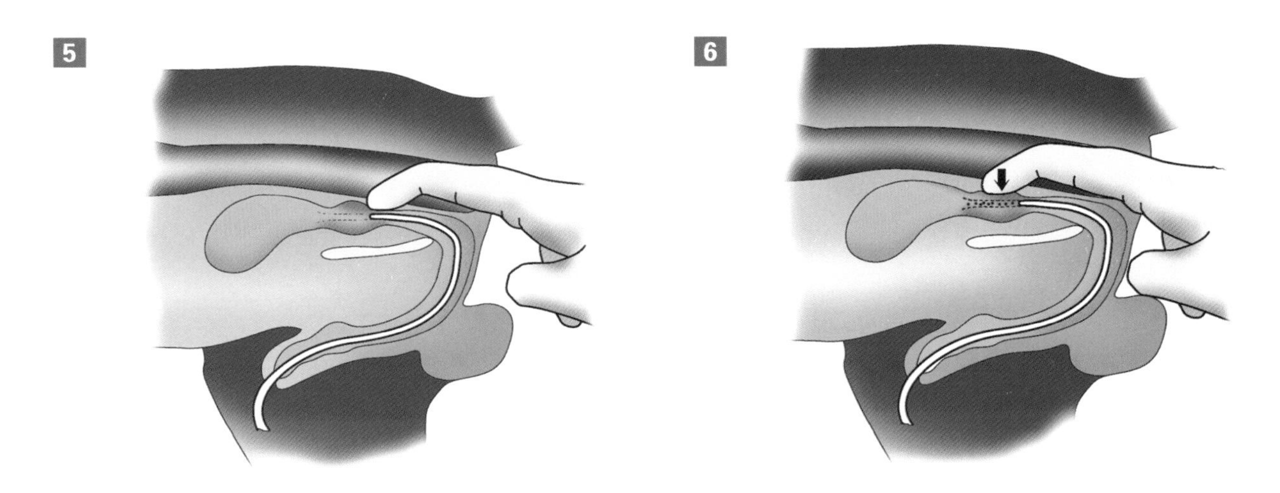

尿管撤出直至其头端恰好位于前列腺尾侧的尿道。

通过直肠按摩前列腺1min。

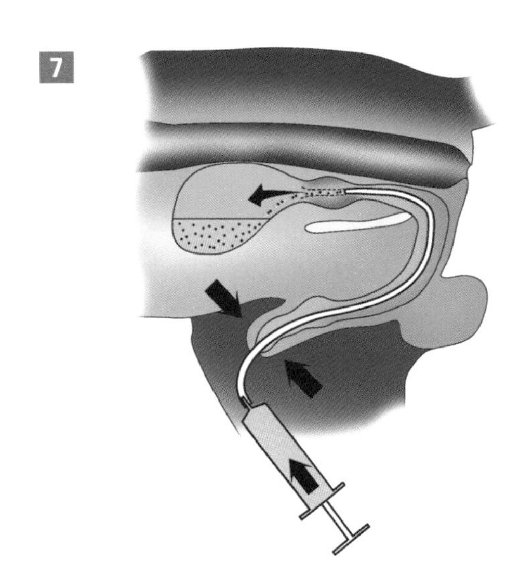

将尿道口围绕尿管轻微封闭的同时，通过尿管缓慢向膀胱注入生理盐水。

8. 将尿管插入膀胱，抽出其中液体。

9. 将采集的液体进行细胞学检查和培养。

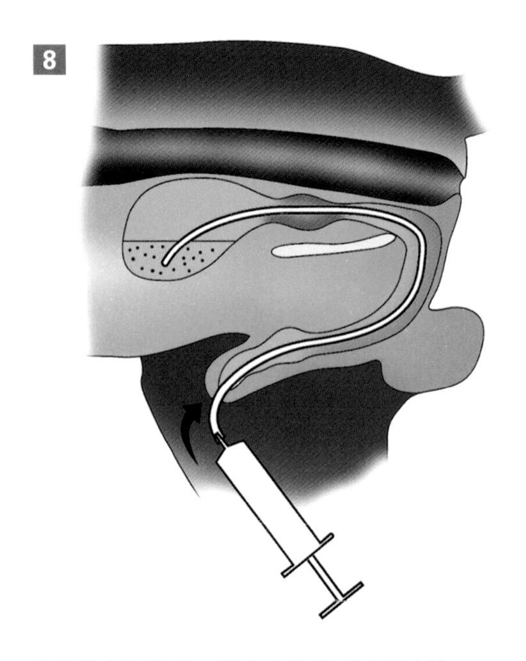

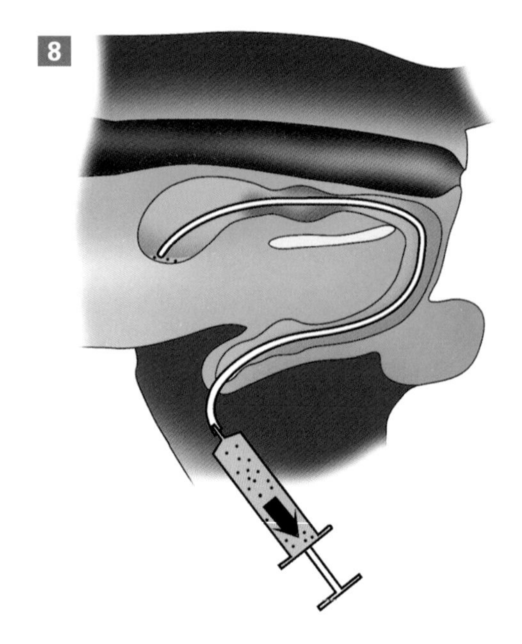

将尿管插入膀胱，抽出冲洗前列腺的液体。

[结果]

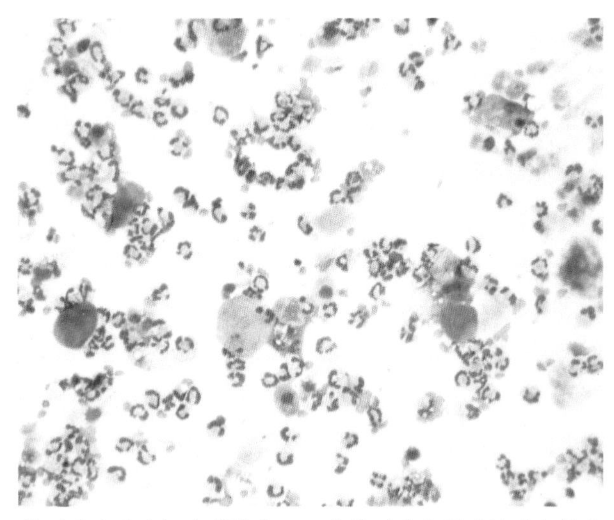

前列腺冲洗液细胞学检查显示为前列腺炎所致的败血性炎症。
（Dr. Sherry Myers惠赠，Prairie Diagnostic Services，Saskatoon，Saskatchewan）

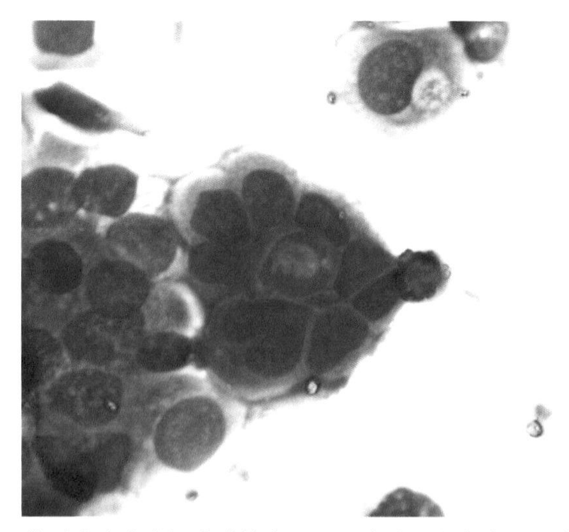

前列腺冲洗液细胞学检查显示无炎症，但有大量异常上皮细胞，指示为前列腺癌。

第 11 章

阴道细胞学

（Vaginal Cytology）

操作 11-1 获取阴道样本

[目的]

为了从阴道获得样本进行细胞学评估。

[适应证]

1. 判断阴门有血性分泌物的母犬是否发情。

2. 评价处于发情周期的母犬受雌激素影响的程度。

3. 确定发情间期第一天，用于判断分娩时间。

4. 鉴别黏液性、脓毒性和非脓毒性阴门分泌物。

[禁忌证和注意事项]

1. 阴道细胞学检查可以确定雌激素影响的程度，但不能预测排卵的日期。

2. 操作技术不当会影响检查结果，也就是不能代表真正的表层阴道细胞学。

[局部解剖]

1. 阴道后部是前庭，由阴唇延伸至阴道隆突，阴道隆突位于尿道乳头之前。前庭呈一定角度逐渐向前背侧延伸。

1

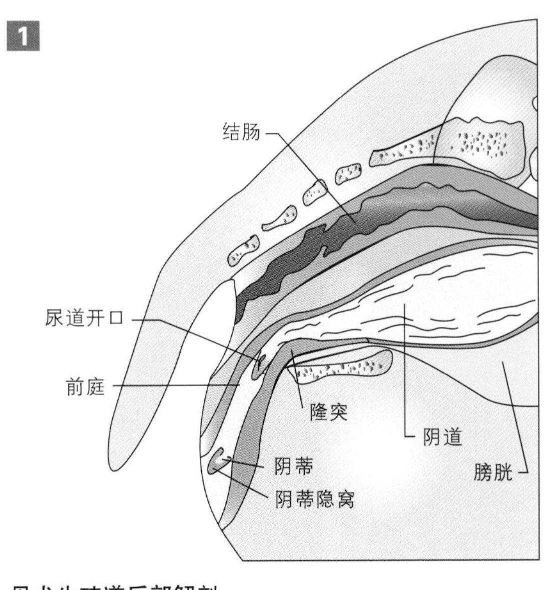

1

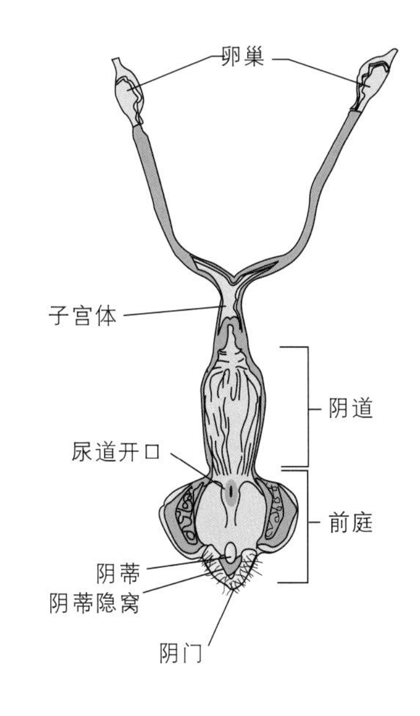

母犬生殖道后部解剖。

2. 分开阴唇，可见阴蒂位于阴唇联合的腹侧。当插入棉签或窥器时，要靠近阴唇联合的背侧进入，避开敏感的阴蒂窝。

3. 尿道突位于前庭前部的腹侧壁（底壁）。

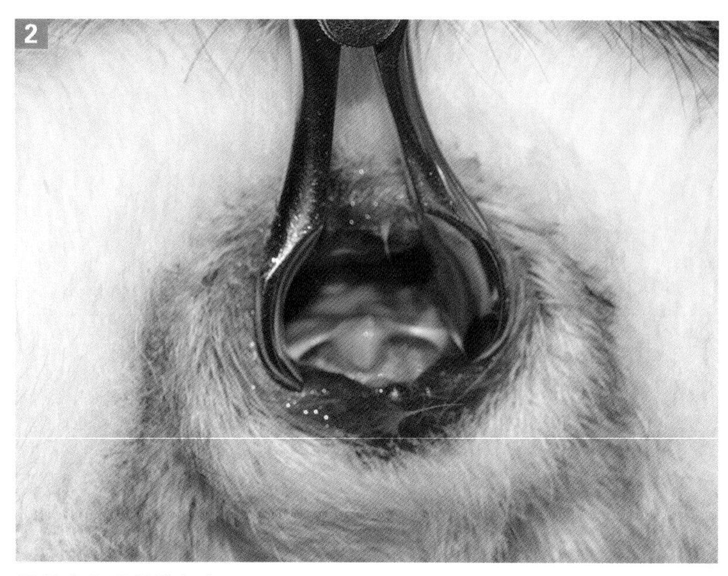

阴蒂窝和阴蒂的解剖。

[物品]

- 棉签。
- 检耳镜。
- 载玻片。
- 含生理盐水的注射器。

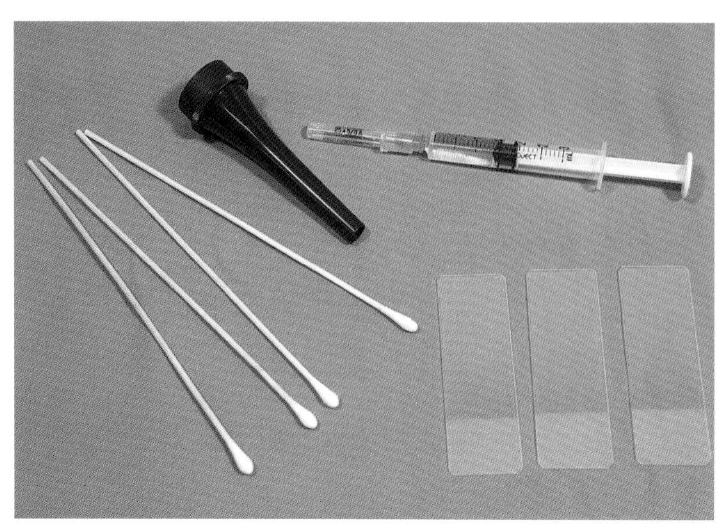

制作母犬阴道细胞学涂片所需的物品。

[操作方法]

1. 用生理盐水湿润棉签头。

2. 轻轻分开阴唇，由阴门背侧插入棉签。

3. 将棉签向前背侧插入，经过坐骨弓后向前深入。

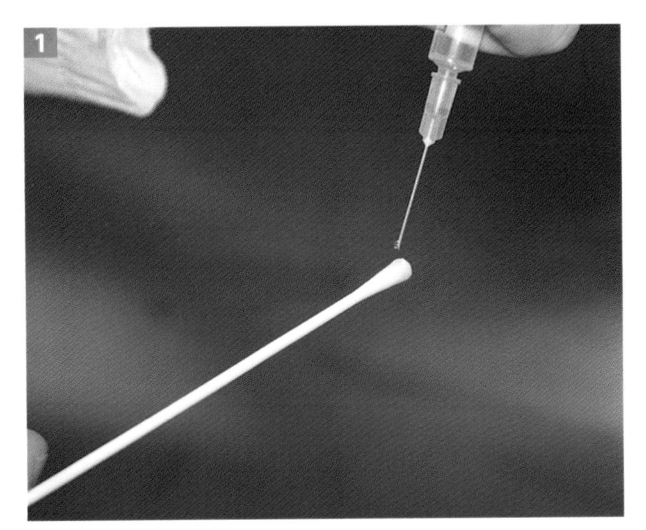

用生理盐水湿润棉签头。

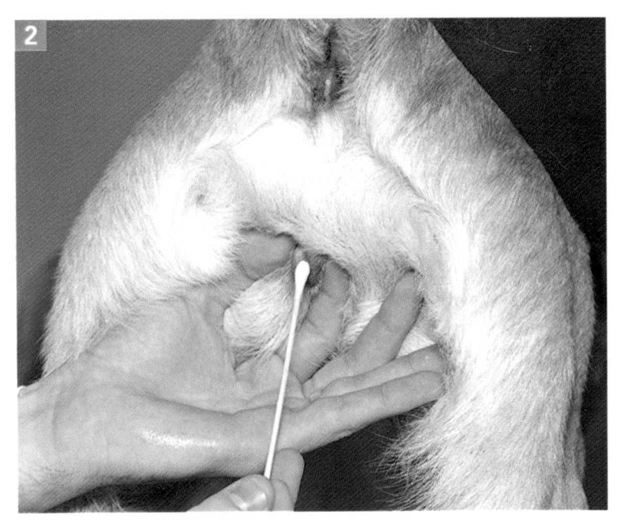

由阴门背侧插入棉签。

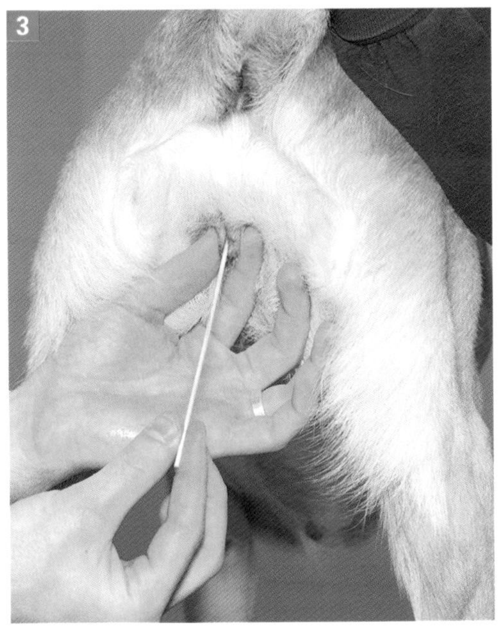

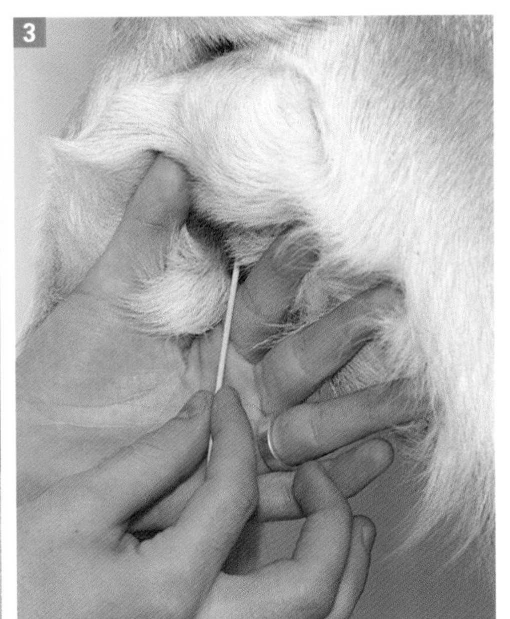

将棉签向前背侧插入，经过坐骨弓后向前深入。

4. 其他技术：如果犬体型较大，可将检耳镜锥形筒作为窥器经前庭插入阴道。经窥镜插入棉签，使其接触阴道后部背侧壁。这种操作的优点在于只采集阴道的细胞，没有采集前庭的细胞。与前庭细胞相比，阴道细胞对于激素水平的变化更具有代表性。

5. 棉签紧贴阴道背侧壁轻轻地旋转，然后直接取出。

6. 将棉签在载玻片上滚动，风干后进行Diff-Quik染色或瑞-吉氏染色。

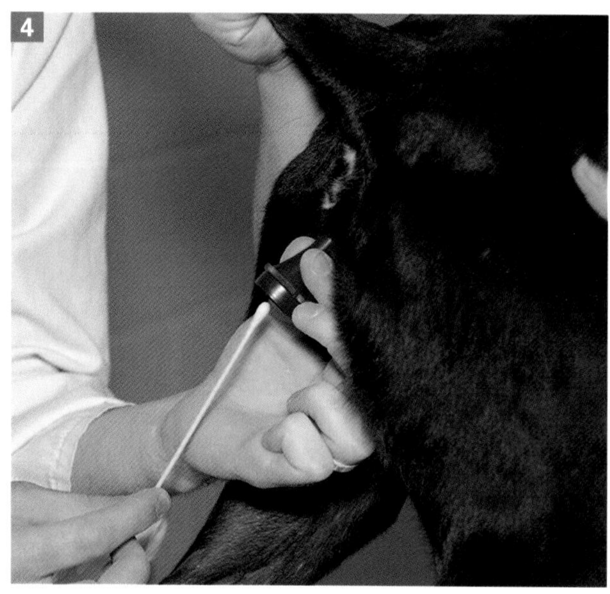

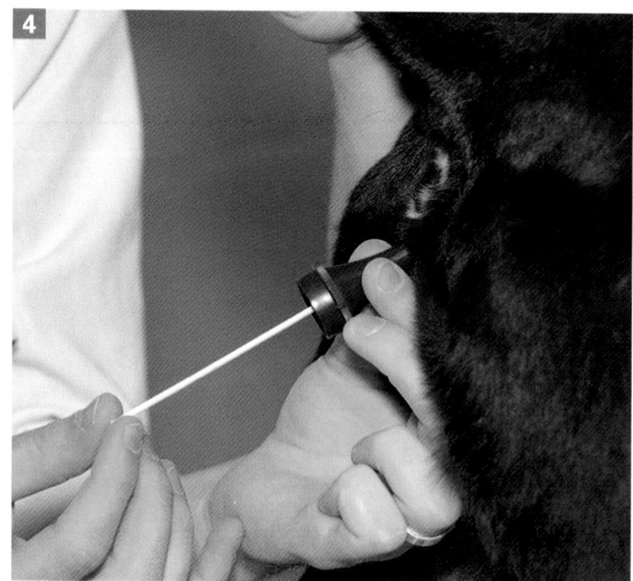

可将检耳镜锥形筒作为窥器经前庭插入阴道。

[并发症]

无。

[结果]

1. 随着发情周期变化和雌激素影响的程度，阴道细胞学会发生改变。

A. 在发情前期可见较小的圆形副基底细胞，细胞核较大、深染。还有稍大一些的中间细胞和红细胞。

B. 在发情期，表层成熟角化细胞的比例增加。表层细胞呈多角形；细胞核圆形、很小，随着时间推移发生核固缩，最后细胞核消失。

2. 当阴道细胞角质化达到50%～60%时，建议开始连续性的孕酮检测，以确定最佳配种时间。

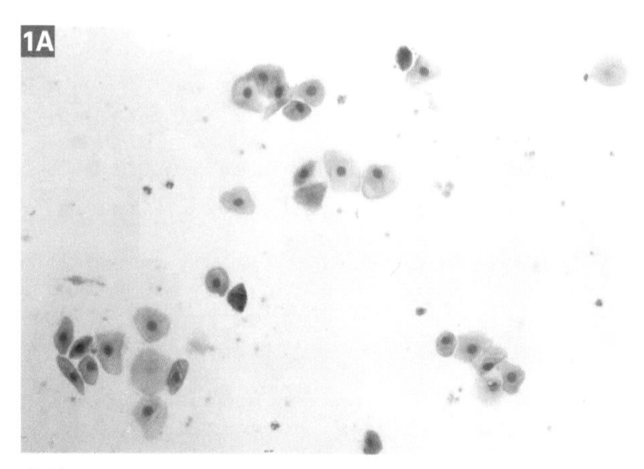

发情前期母犬的阴道涂片，含有红细胞、副基底细胞和中间细胞。
（Dr. Klaas Post惠赠，University of Saskatchewan）

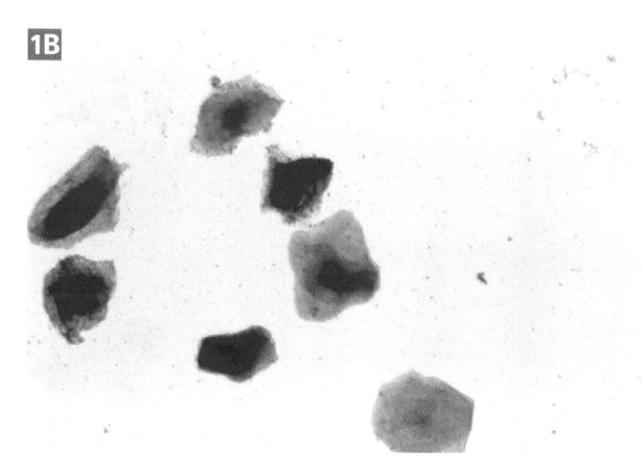

发情期阴道涂片主要含有成熟的角化上皮细胞。
（Dr. Klaas Post惠赠，University of Saskatchewan）

3. 在发情间期开始时，阴道细胞学表现会有突然的转变，由发情期成熟的角化细胞占80%～100%，转变为副基底细胞、中间细胞和中性粒细胞占到80%～100%。细胞学上可见的发情间期通常出现在排卵后第6天，这时再配种已经太晚。如果母犬怀孕，会在首次出现细胞学间情期之后的58（±1）天分娩。

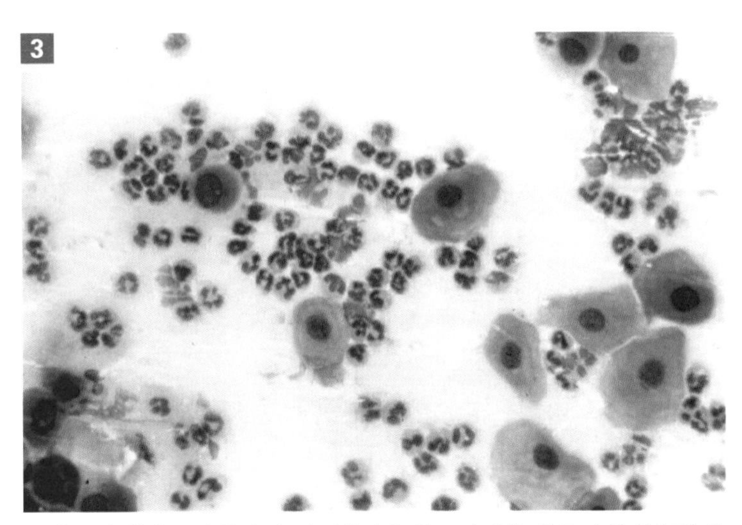

阴道细胞学表现突然变为以副基底细胞、中间细胞和中性粒细胞为主，这是发情间期的特征。
（Dr. Klaas Post惠赠，University of Saskatchewan）

4. 如果母犬已绝育但有发情的表现（血性分泌物，吸引公犬），进行阴道细胞学检查发现有雌激素的作用（角化细胞），则提示有卵巢残留。

第 12 章

骨髓采集技术

（Bone Marrow Collection）

操作 12–1 骨髓抽吸

[目的]

为了采集骨髓进行评估。

[适应证]

1. 持续性或无法解释的全血细胞减少症、中性粒细胞减少症或血小板减少症。

2. 非再生性贫血。

3. 外周血中出现非典型细胞。

4. 肿瘤疾病的诊断和分级（特别是淋巴瘤、浆细胞性骨髓瘤、组织细胞性肿瘤和肥大细胞瘤）。

5. 对高钙血症或高球蛋白血症的动物进行诊断。

6. 评价铁储存。

7. 诊断特殊的感染性疾病，如利什曼原虫病、埃里希体病、组织胞浆菌病和焦虫病。

[禁忌证和并发症]

1. 无。操作过程中，即使患有严重血小板减少症或严重凝血疾病的动物也不会有过度的出血。

2. 同时提供全血细胞计数（CBC）和血涂片，对于骨髓细胞学判读非常重要。

[保定]

1. 对于多数病例，镇定配合局部麻醉即可。

2. 利多卡因阻断液（2%利多卡因与8.4%碳酸氢钠9∶1混合）可用于皮肤、皮下组织和骨膜的传导阻滞。加入碳酸氢钠可减轻注射时的刺痛，并加速利多卡因发挥局部镇痛作用。

3. 在骨髓抽吸的过程中可能需要严格的保定，对骨内神经的损伤会导致动物不适。

[物品]

Illinois骨髓活检针（15～18G，2.5～3.8cm）。用于骨髓抽吸的是特殊的针芯。针芯可用于防止针头穿过骨质时被阻塞。通常这些骨髓针在刺入时有锁住针芯的装置，在针的近端有保护盖用于保证无菌和便于操作。

- 灭菌手套。
- 利多卡因阻断液。
- 11号手术刀片。
- 12mL注射器。

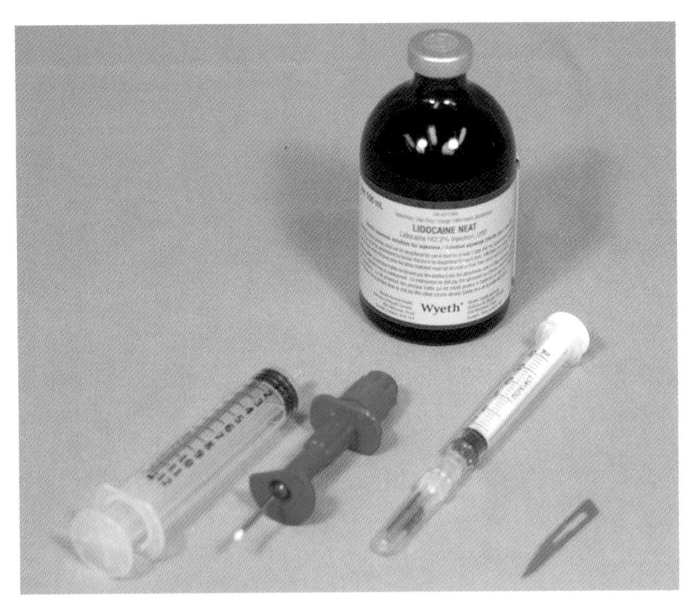

用于骨髓抽吸的所需物品。

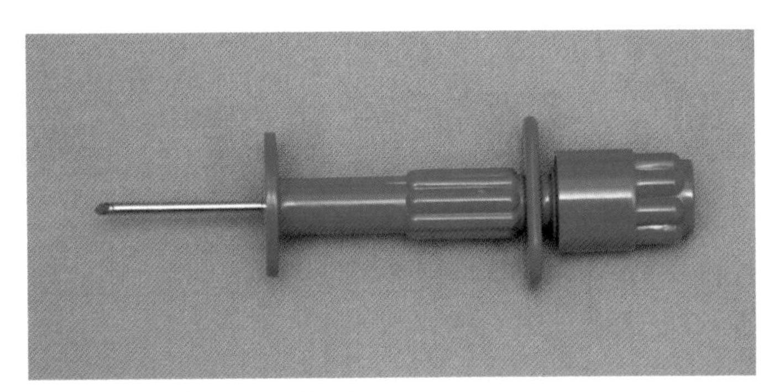

用于骨髓抽吸的Illionois骨髓针。

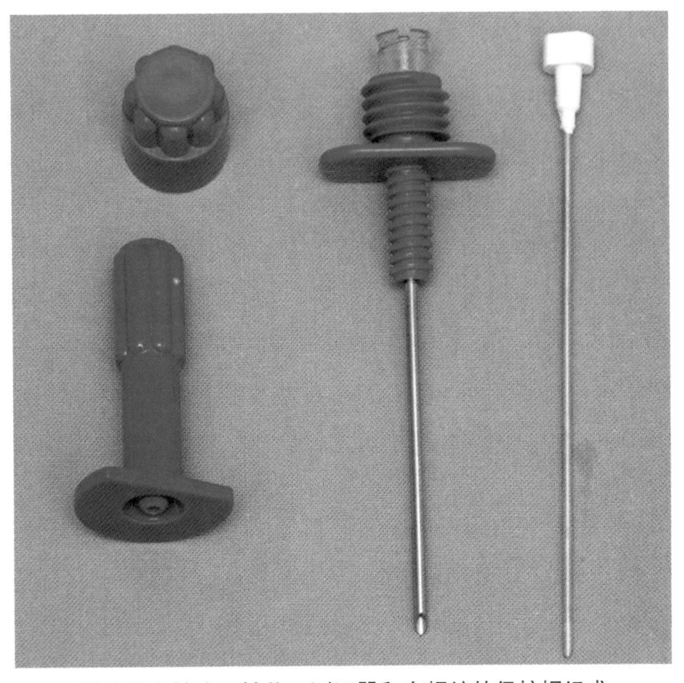

Illinois骨髓针由针头、针芯、测深器和有螺纹的保护帽组成。

[局部解剖]

骨髓活检应选择易于接近，操作安全，并含有活性骨髓（红骨髓）的部位。犬、猫首选的部位包括肱骨近端、股骨近端以及骨盆的髂骨嵴。以下每个操作将介绍具体的解剖学标志。

[操作方法：股骨近端——转子窝通路]

1. 在这一操作中，针头从大转子内侧的转子窝进入股骨近端的骨髓腔，朝膝关节直接进入股骨干。

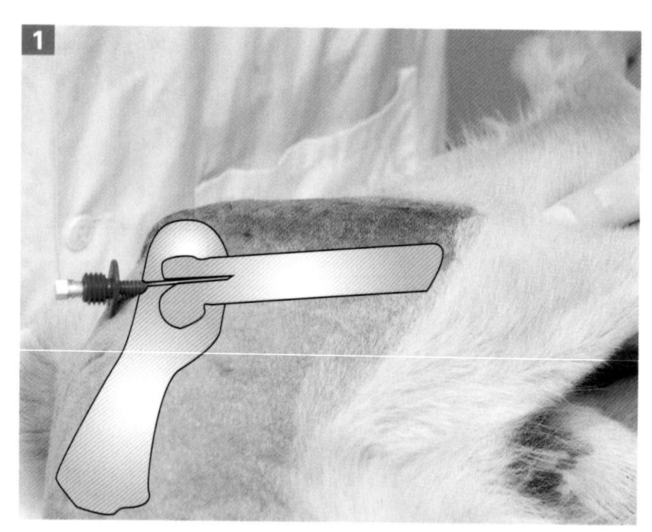

显示骨髓针刺入股骨转子窝正确部位的解剖透视图。

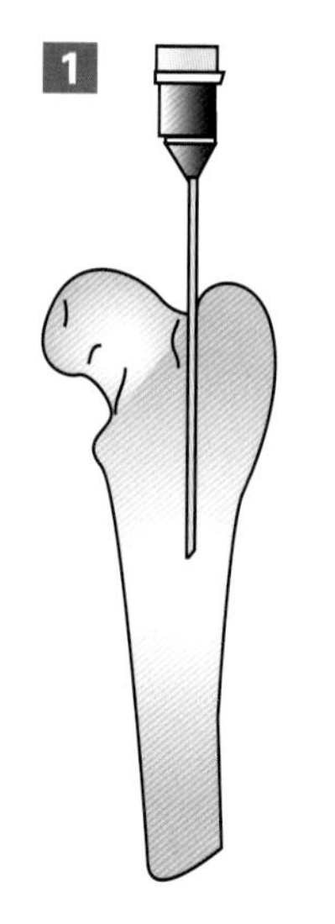

骨髓针刺入转子窝的股骨近端解剖图。

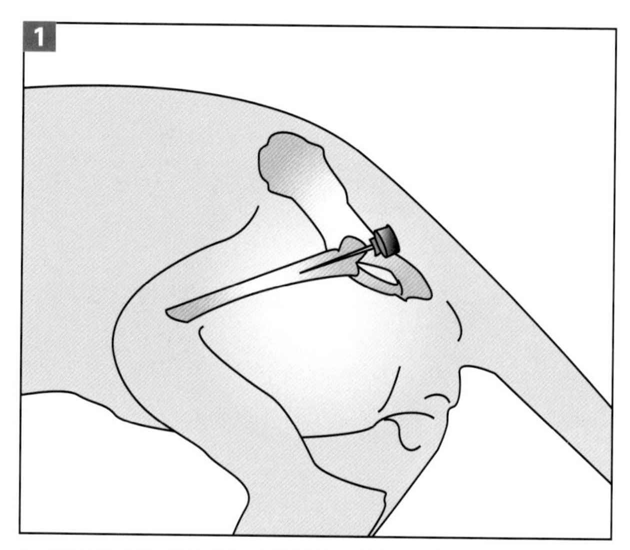

骨盆和股骨的解剖图，显示骨髓针位于转子窝内的正确位置。

2. 动物侧卧保定。

3. 局部剪毛，手术前准备。骨髓抽吸应无菌操作。

4. 注射利多卡因阻断液阻断皮肤和皮下组织，直到骨骼。

5. 触摸大转子。针头应正好位于突起的内侧。

6. 用手扶住膝关节，稍内旋以稳定股骨。

7. 用手术刀片（11号）刺入皮肤切开。

8. 确保针芯在针头内，如果有保护盖，需拧紧。改良执笔式持针，即将针的近端牢固地顶在操作者的手掌或第一掌指关节处。从皮肤切口入针，向骨骼推进直至骨皮质。

9. 旋转加压进针，刺入股骨的骨髓腔。

10. 进针和插入的方向应保持与股骨长轴中央平行，针尖指向膝关节。

11. 继续推进，直至牢固地位于骨中。一旦骨髓针固定好了，就可随股骨运动而运动。

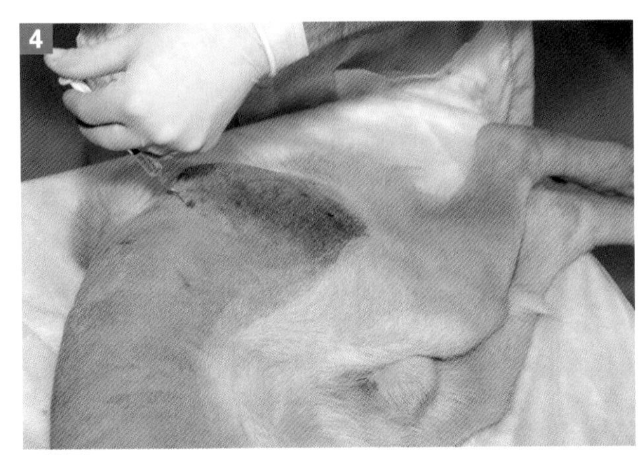

注射利多卡因阻断液阻断皮肤和皮下组织，直至骨骼。

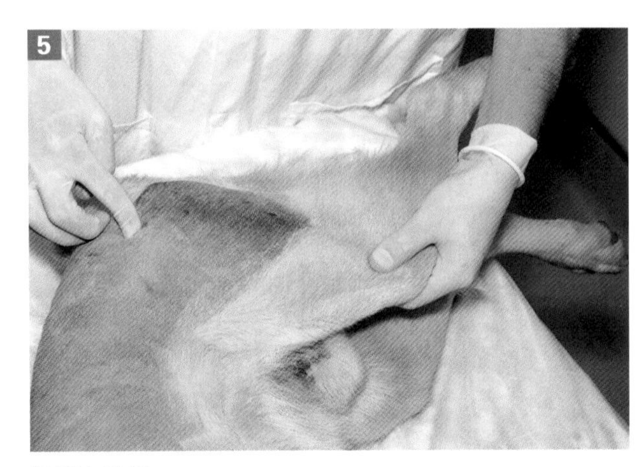

触摸大转子。

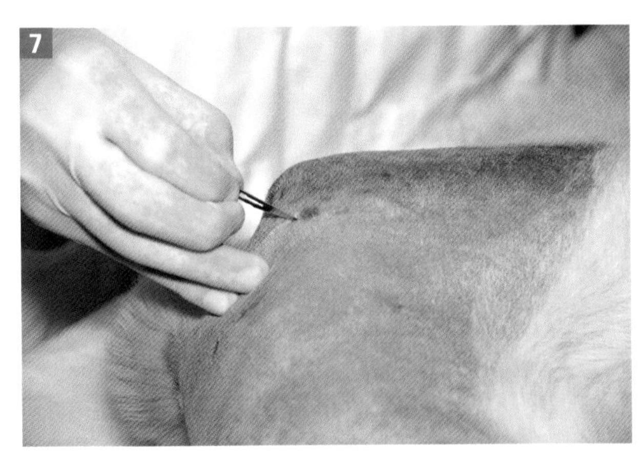

用11号手术刀片切开皮肤。

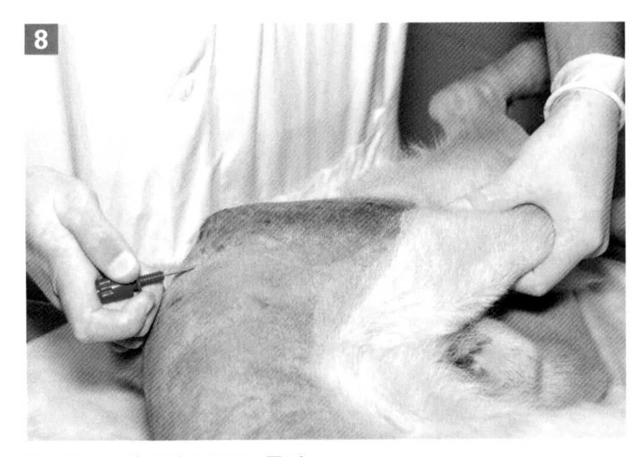

针头沿大转子内侧进入骨骼。

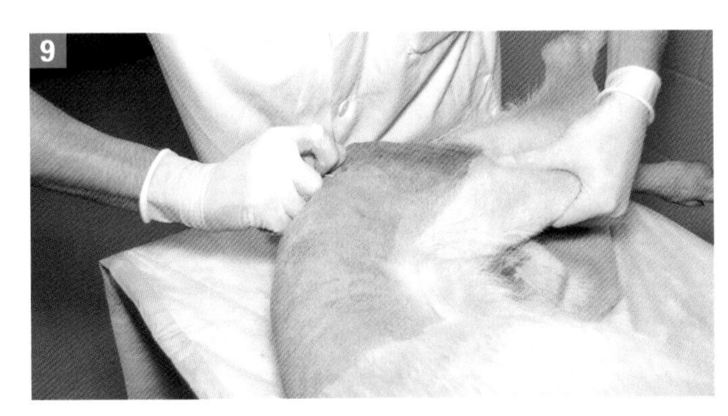

旋转加压，刺入股骨的骨髓腔。

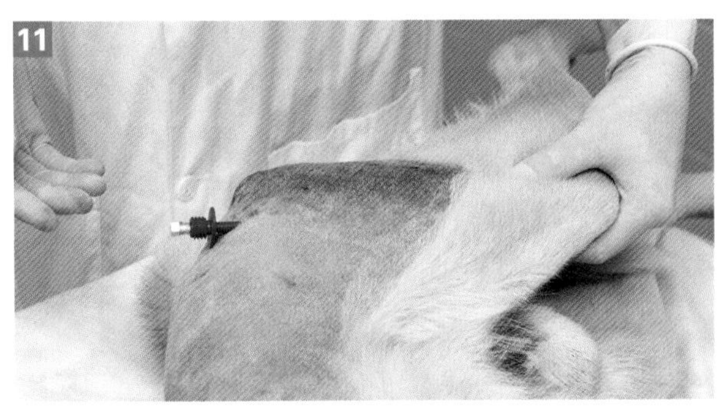

骨髓针牢牢固定在骨骼内。

12. 拔出针芯，连接12mL注射器。
13. 快速有力地回抽注射器活塞（至6～8mL），直至有血液进入针管底座。
14. 一旦有血液出现，停止抽吸，以减少血液对样本的稀释。
15. 迅速将注射器与针头分离，按以下操作准备用于检查的涂片。

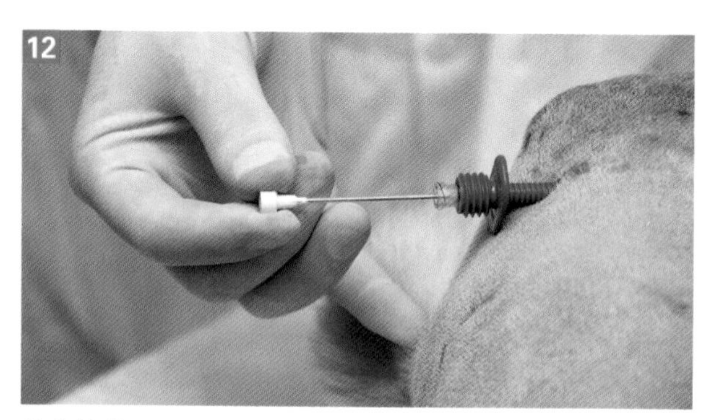

拔出针芯。

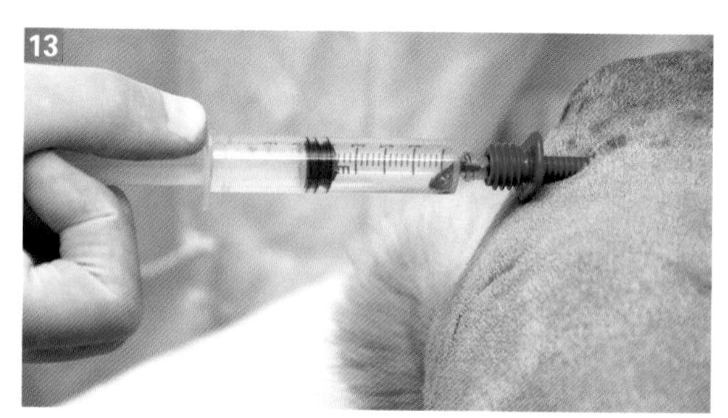

快速抽吸，直至血液进入针座。

[操作方法：股骨近端——外侧通路]

1. 骨髓针直接从外侧进入股骨近端的骨髓腔。这种方法最常用于猫和体型很小的犬。
2. 动物侧卧保定。
3. 剃毛，局部手术准备。
4. 注射利多卡因阻断液，阻断皮肤和皮下组织，直至骨骼。
5. 用手术刀片（11号）刺入皮肤切开。
6. 紧握膝关节以固定股骨。
7. 改良执笔式握针，由皮肤切口入针，垂直股骨近端向前推进直至骨皮质。
8. 将骨髓针旋转加压向前推进，经过骨皮质进入骨髓腔。
9. 拔出针芯，连接12mL注射器。

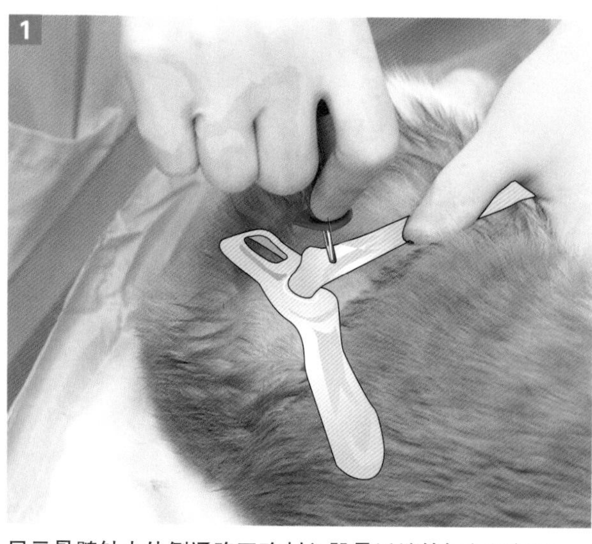

显示骨髓针由外侧通路正确刺入股骨近端的解剖透视图。

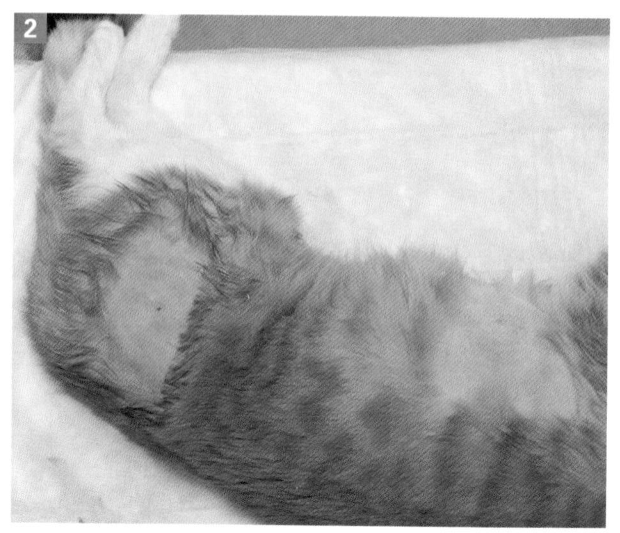

动物侧卧保定。

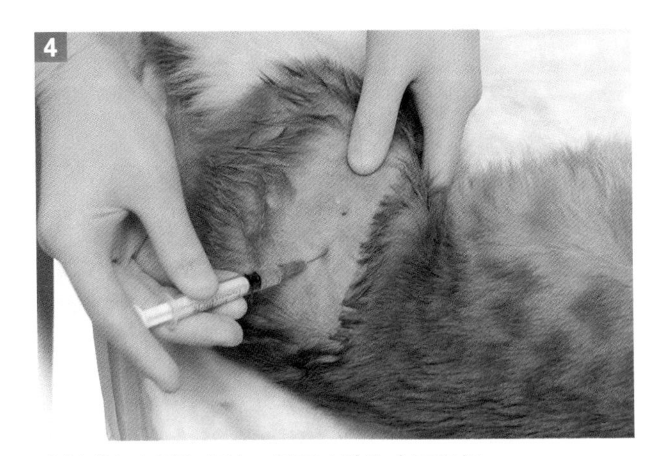

注射利多卡因阻断液，阻断皮肤和皮下组织。

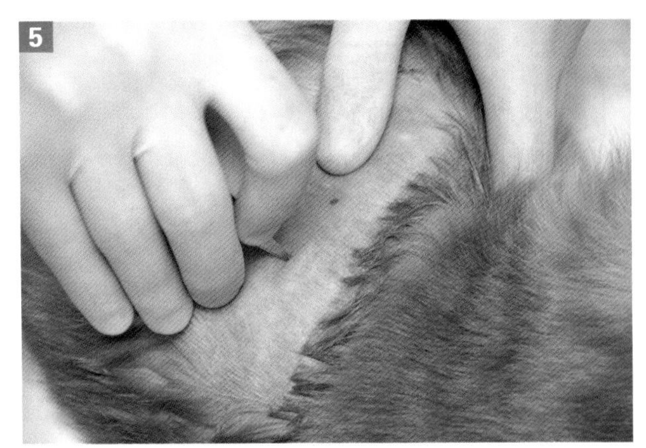

用11号刀片切开皮肤。

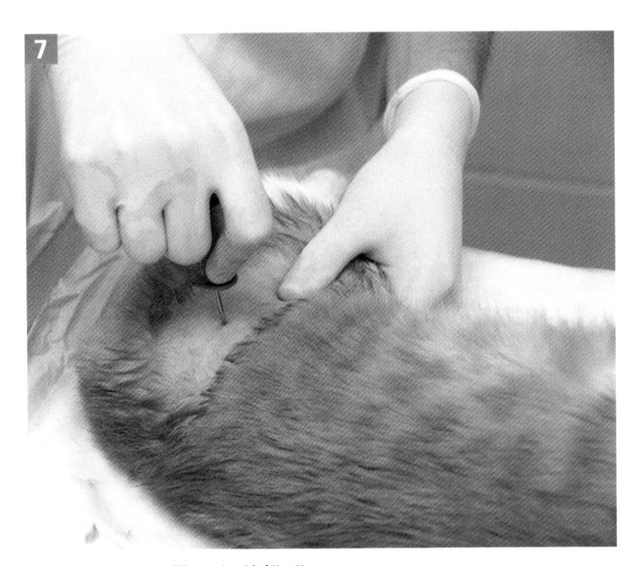

骨髓针垂直股骨，向前推进。

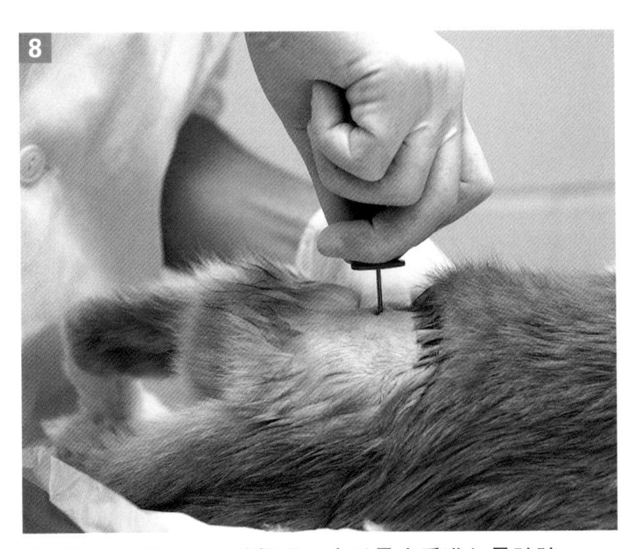

将骨髓针旋转加压向前推进，穿透骨皮质进入骨髓腔。

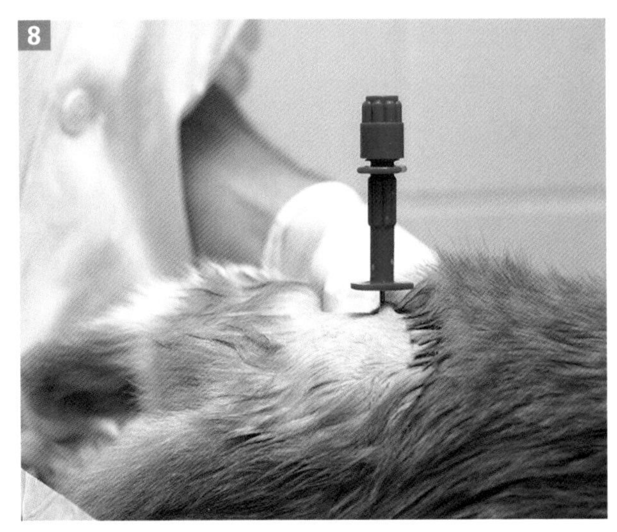

骨髓针固定。

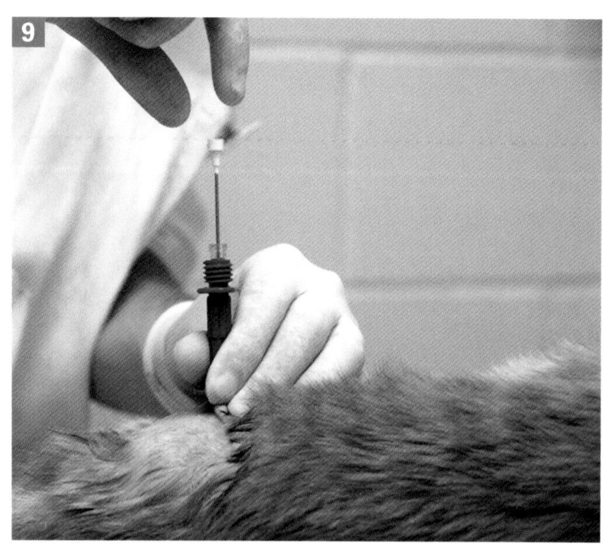

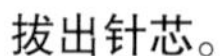
拔出针芯。

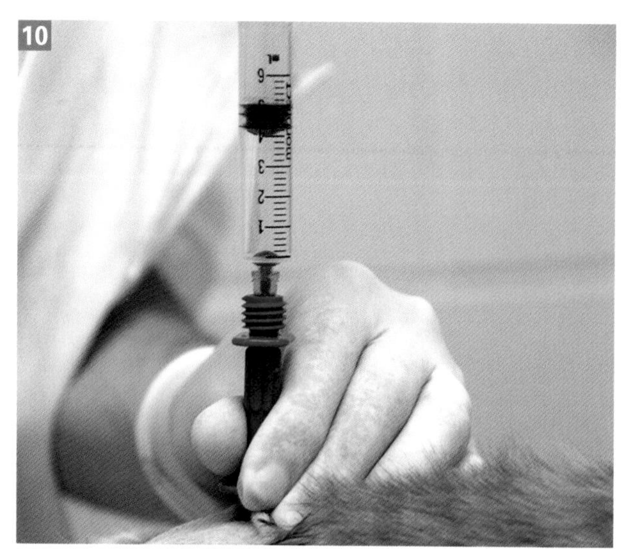

重复负压抽吸，直至针头底座有血液出现。

10. 快速有力地回抽注射器活塞（至6~8mL），直至有血液进入针头底座。

11. 一旦有血液出现，停止抽吸，以减少血液对样本的稀释。

12. 迅速从骨髓针上取下注射器，按以下操作准备用于检查的涂片。

[操作方法：肱骨近端——外侧通路]

1. 骨髓针从前外侧直接进入肱骨近端的骨髓腔。

2. 动物侧卧保定。

3. 动物肩部侧面和肱骨近端剃毛，手术准备。

4. 进针部位为肱骨近端前外侧的平坦部，紧贴大结节远端。可通过沿肩胛骨向下触摸确定位置，第一块骨性突起为肩峰，第二块突起即为肱骨的大结节。

5. 注射利多卡因阻断液，阻断麻醉皮肤和皮下组织，直至骨骼。

6. 用手术刀片（11号）刺入切开皮肤。

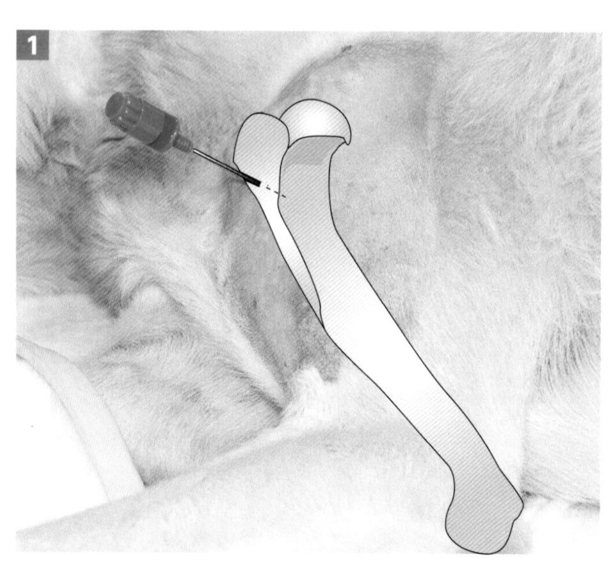

显示骨髓针由外侧通路刺入肱骨近端的解剖透视图。

动物合理摆位，穿刺部位剃毛，手术准备。

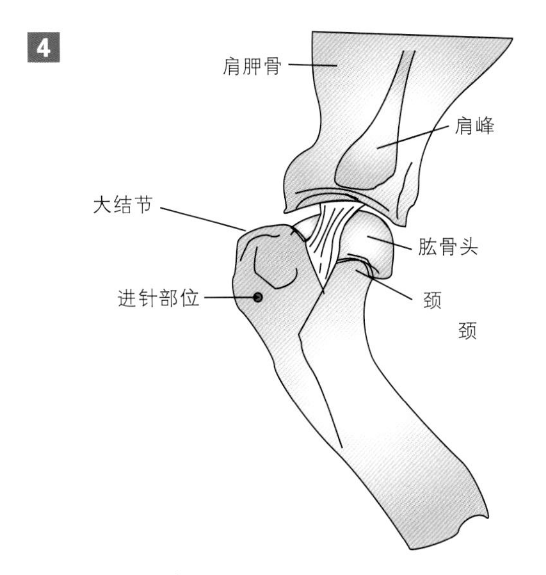

肱骨的解剖界标。

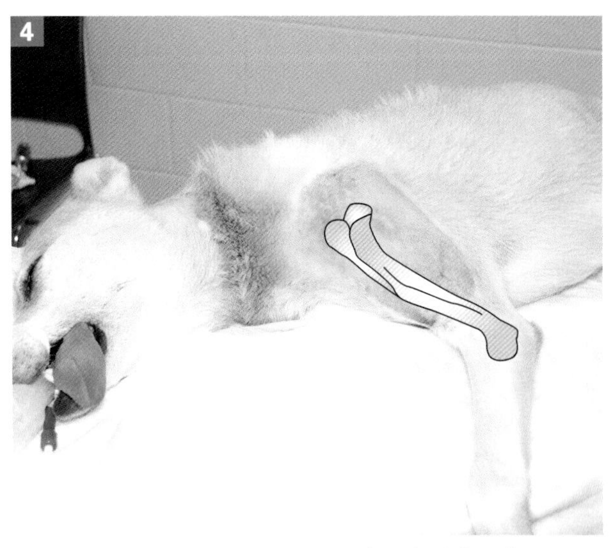

进针部位为肱骨近端前侧面的平坦部，紧贴大结节远端。

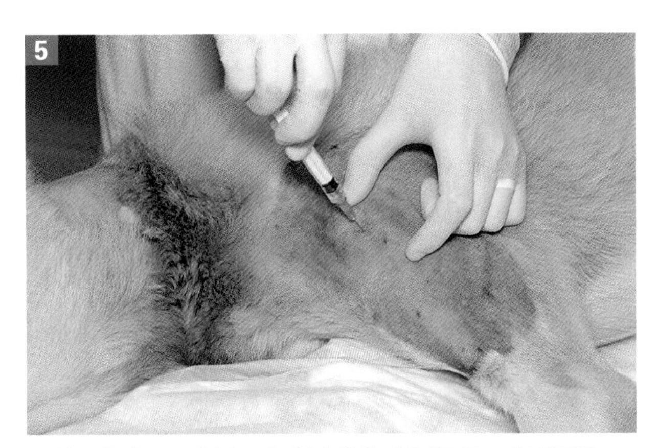

注射利多卡因阻断液，阻断皮肤和皮下组织，直至骨骼。

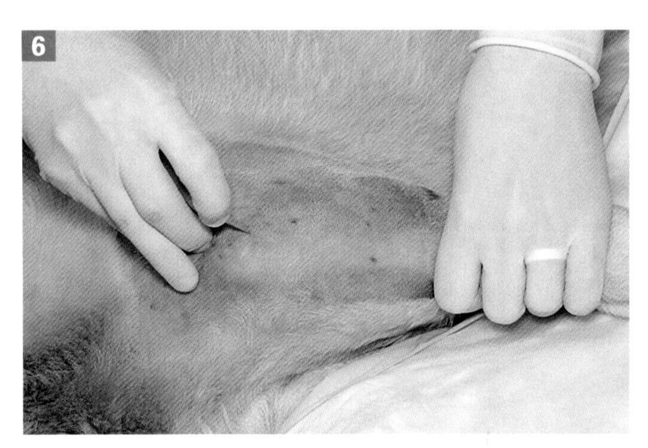

皮肤刺入切开。

7. 紧握肘关节固定，将肱骨保持在站立时的角度，这样可对抗施加在肱骨近端的压力。

8. 在大结节远端入针，垂直肱骨长轴用力旋转进针，直至牢固地插入骨骼。进入骨髓腔时阻力可能消失。避免刺入内侧骨皮质，防止进入前肢内侧连接肩关节的臂二头肌囊。

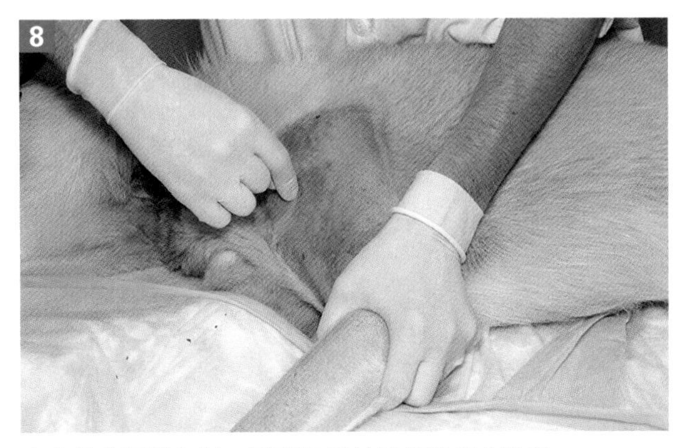

在大结节远端入针，垂直肱骨长轴旋转用力进针。

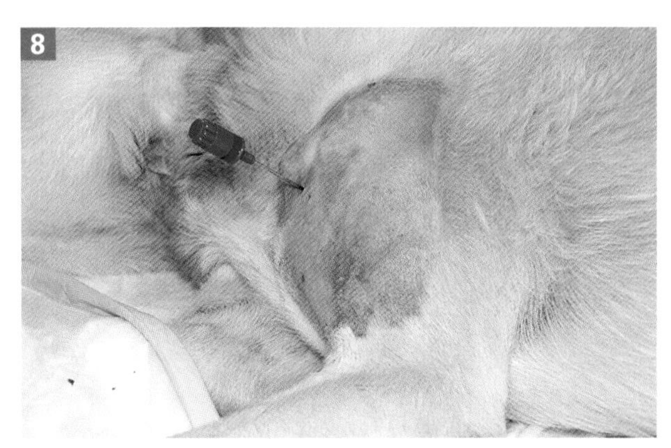

进入骨髓腔后阻力消失，骨髓针牢固地插入骨骼。

9. 拔出针芯，连接12mL注射器。

10. 回抽活塞，快速有力地抽吸（至6～8mL），直到有血液进入针头底座。

11. 一旦有血液出现，停止抽吸，以减少血液对样本的稀释。

12. 迅速从骨髓针上取下注射器，按以下操作准备用于检查的涂片。

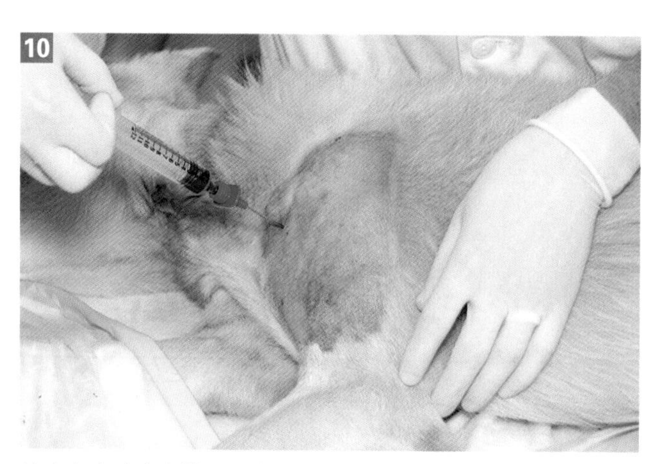

快速有力地全力抽吸，直至有血液进入针头底座。

[操作方法：肱骨近端——呈角度通路]

1. 该操作的进针部位与外侧通路相同，但是朝向肘部进针，因此在肱骨向远端2～4cm的骨髓腔内采样。

2. 动物侧卧保定。握住肘关节固定前肢，将肱骨保持在站立时的角度，这样可对抗施加在肱骨近端的压力。

3. 肩部侧面和肱骨近端皮肤剃毛，手术前准备。

4. 进针部位与侧面通路相同，位于紧靠大结节的远端。

5. 注射利多卡因阻断液，阻断皮肤和皮下组织，直至骨骼。

6. 用手术刀片（11号）刺入切开皮肤。

7. 在大结节远端入针，针尖指向肘部进针，与肱骨长轴成45°角。切记：控制骨髓针刺入骨中，因针头可能会顺着骨表面滑动而未刺入骨皮质，从而造成附近软组织的损伤。

8. 一旦刺入骨皮质，用力旋转进针，直至骨髓针牢固地插入骨髓腔。

9. 拔出针芯，连接12mL注射器。

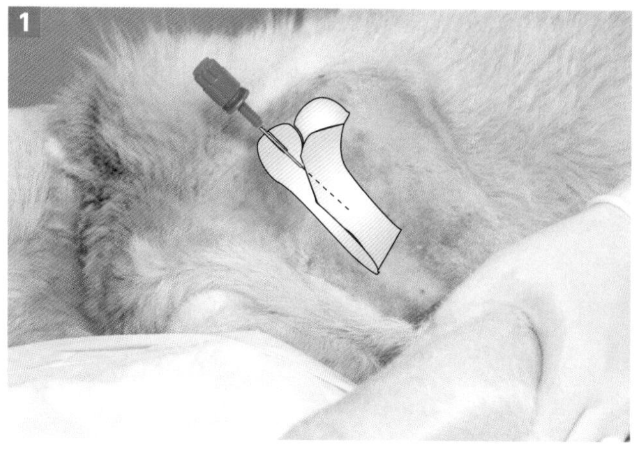

显示骨髓针由呈角度通路刺入肱骨近端的解剖透视图。

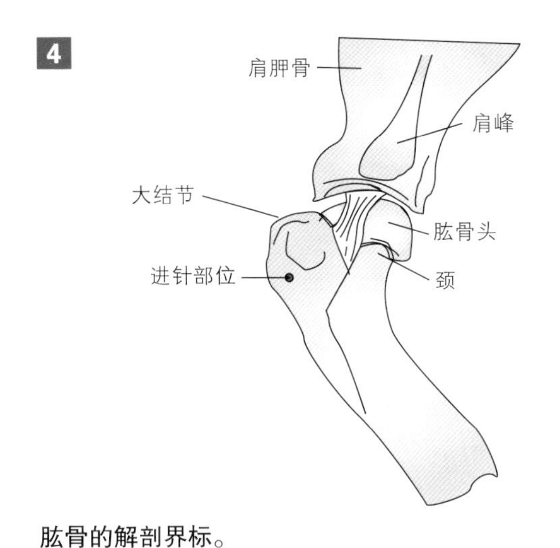

肱骨的解剖界标。

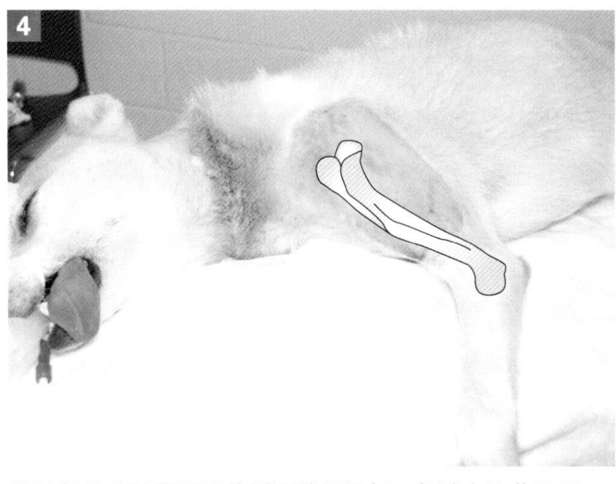

进针部位为肱骨近端前侧面的平坦部，紧贴大结节远端。

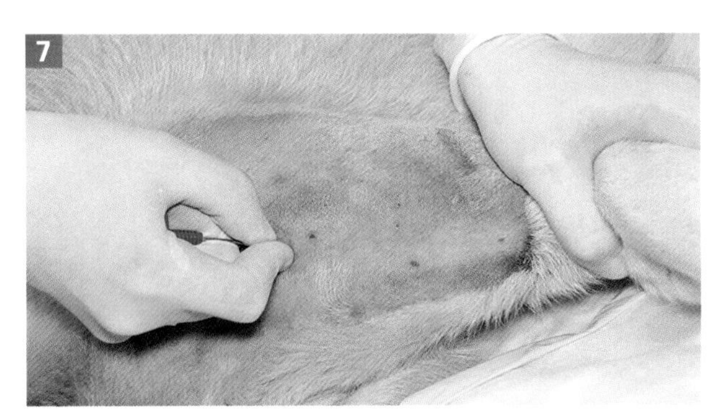

紧贴大结节远端入针，针尖指向肘关节。

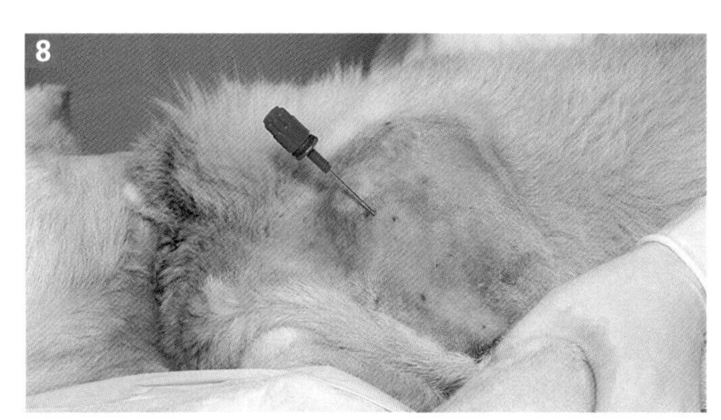

骨髓针牢固地位于骨髓腔内。

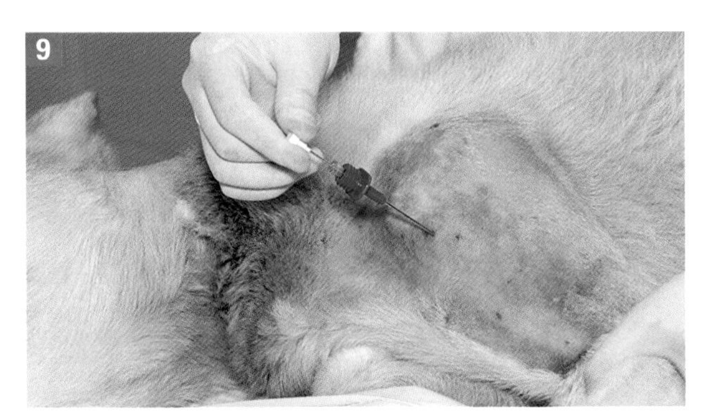

拔出针芯。

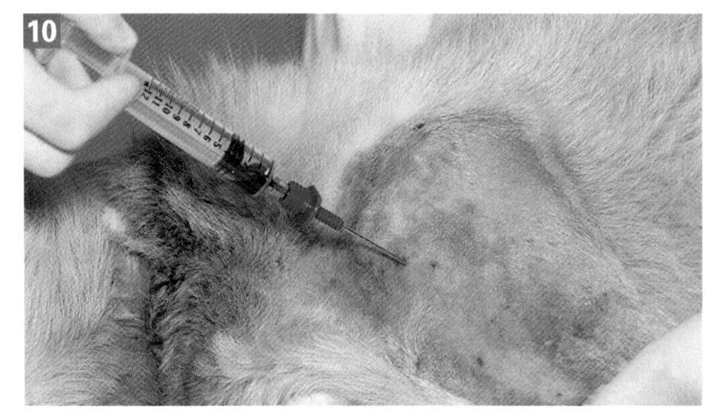

骨髓抽吸。

10. 回抽活塞，快速有力地抽吸（至6～8mL），直到有血液进入针头底座。
11. 一旦有血液出现，停止抽吸，以减少血液对样本的稀释。
12. 迅速从骨髓针上取下注射器，按以下操作准备用于检查的涂片。

[操作方法：髂骨嵴]

1. 由髂骨嵴背侧最宽的部位入针，向后腹侧进入骨髓腔。

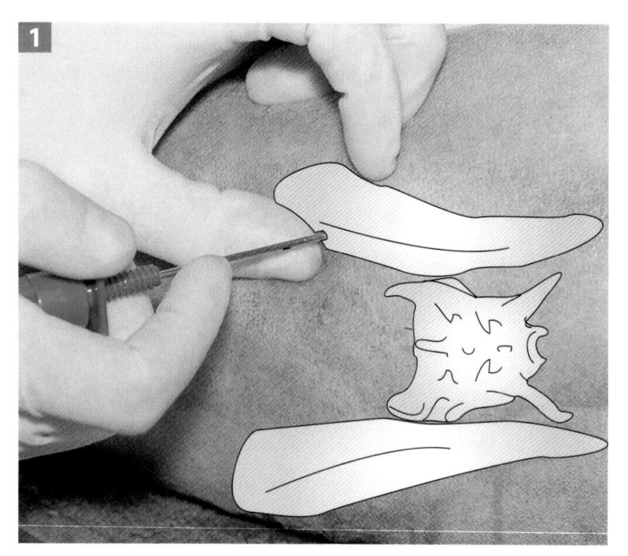

骨髓针入针部位的解剖透视图。

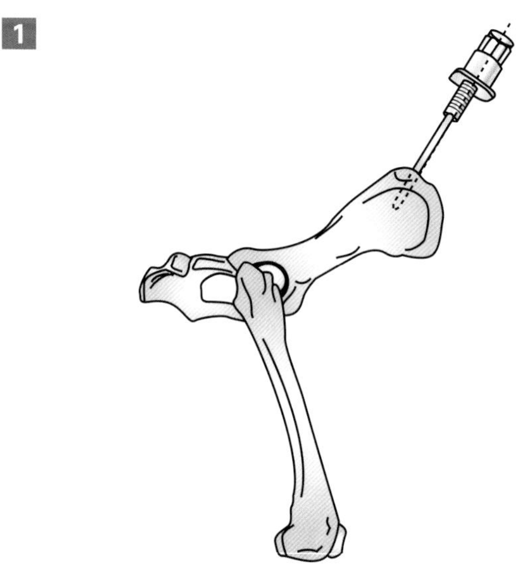

显示入针部位的骨盆界标。

2. 动物侧卧保定。此外，还可以俯卧保定，后肢位于身体下，以最大程度地突出髂骨嵴。

3. 髂骨嵴部位皮肤剃毛，进行外科准备。

4. 从髂骨翼背侧最高点最宽的部位入针。注射利多卡因阻断液，阻断皮肤和皮下组织，直至骨骼。

5. 用手术刀片（11号）刺入切开皮肤。

6. 触摸并定位髂骨嵴的突出部位，在骨的两侧用手指固定。由髂骨翼背侧最高点最宽的部位入针。

7. 由皮肤切口刺入骨髓针，直至髂骨皮质。骨髓针的长轴应与髂骨翼的长轴平行，针尖朝向后腹侧进入髂骨。

8. 保持针芯位于针头内，适度加压并间断性顺时针旋转，直至骨髓针固定在骨中。一旦骨髓针牢牢固定了，通常说明针已位于骨髓腔。

9. 拔去针帽和针芯。

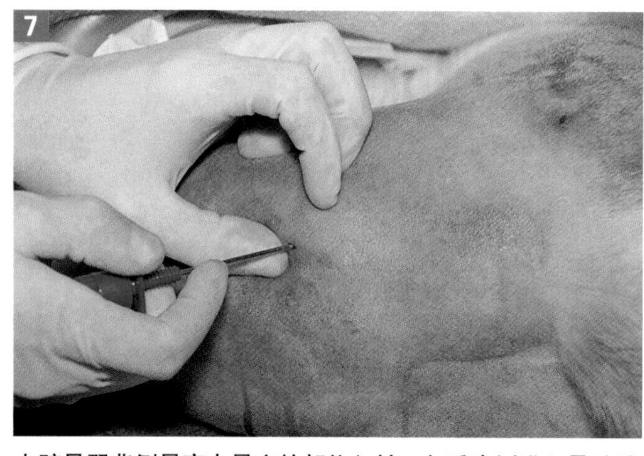

由髂骨翼背侧最高点最宽的部位入针，向后腹侧进入骨髓腔。

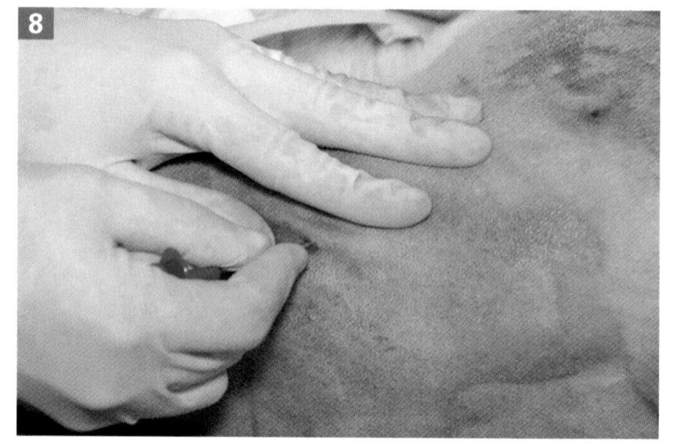

施压旋转进针刺入骨中。

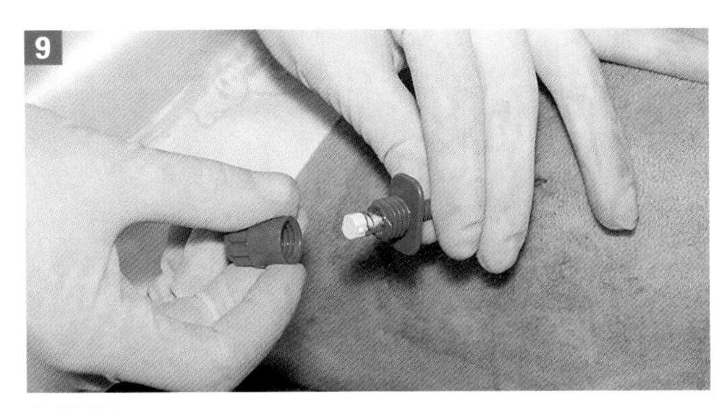
去掉针帽。

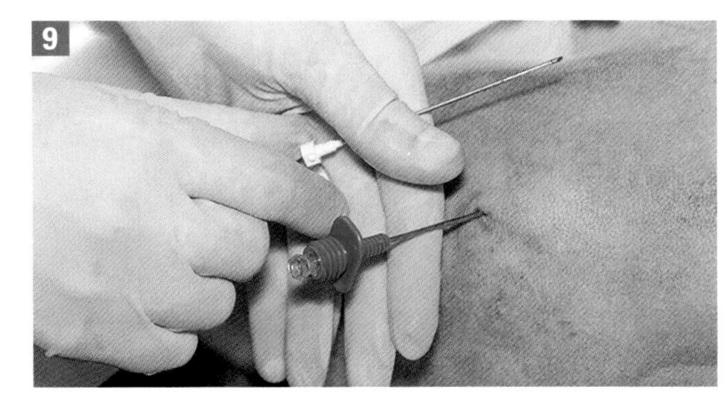
拔出针芯。

10. 连接12mL注射器，快速有力地全力回抽（至6 ~ 8mL），直到有血液进入针头底座。

11. 一旦有血液出现，停止抽吸，以减少血液对样本的稀释。

12. 迅速从骨髓针上取下注射器，按以下操作准备用于检查的涂片。

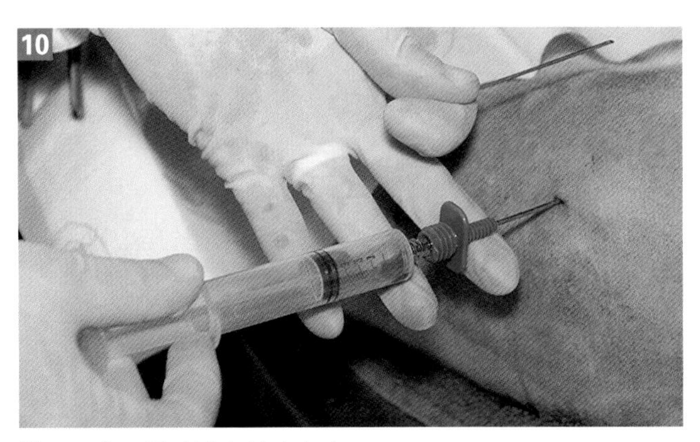
抽吸，直至骨髓进入针头底座。

[样本的处理]

物品：

- 数张干净的载玻片。
- 塑料培养皿。
- 2% ~ 3%EDTA（乙二胺四乙酸）溶液。
- 镊子。

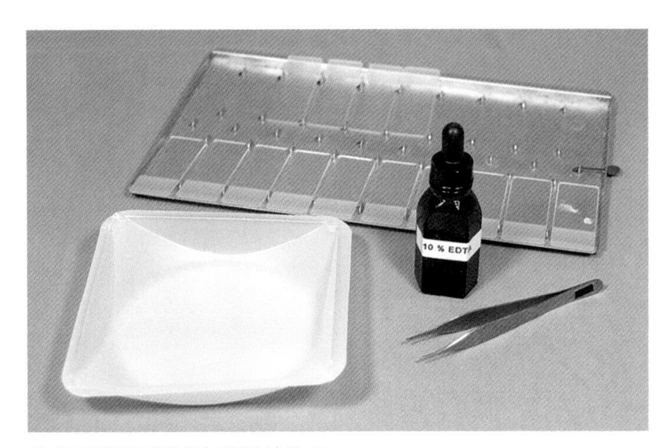

准备骨髓抽吸制片所需的物品。

[操作方法]

1. 若采样时没有使用EDTA抗凝，从骨髓针上取下注射器后立即将采集的样本滴在载玻片上制片，预先准备好10～12张载玻片，每张上加一滴样本。由于骨髓很快凝集，需非常快速地制片。如果组织含血量多，可以倾斜载玻片使多余的外周血液流出，然后轻轻将另一张载玻片覆盖在剩余的骨髓样本上，再拉开两张载玻片。

2. 如果采样时使用了EDTA，制片时需更加注意。注射器从骨髓针上取下后，将注射器内的组织喷在含1～2滴10%EDTA的冷藏塑料培养皿中混匀。加入抗凝样本后，倾斜培养皿，使血液流向一边，露出底部的淡黄色反光的骨髓颗粒。试着区分不透明轻微颗粒化的骨髓颗粒（细胞量大）和脂肪滴（细胞量小）。用镊子或针头捡取可见的骨髓颗粒，放置于载玻片上。轻轻将另一张载玻片垂直覆盖在骨髓颗粒上，然后拉开两张载玻片。

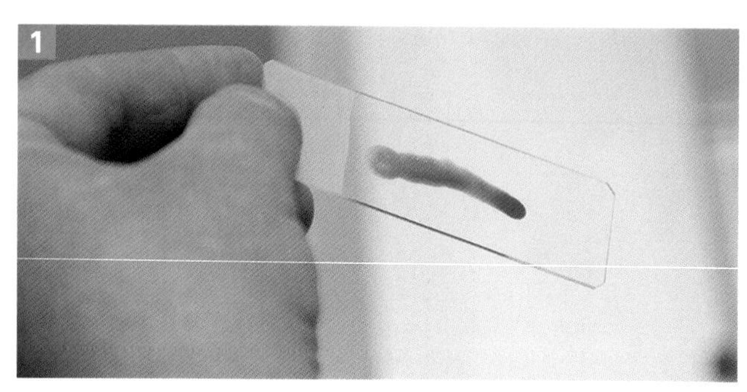

将一滴骨髓置于载玻片上，倾斜载玻片使多余的血液流走。

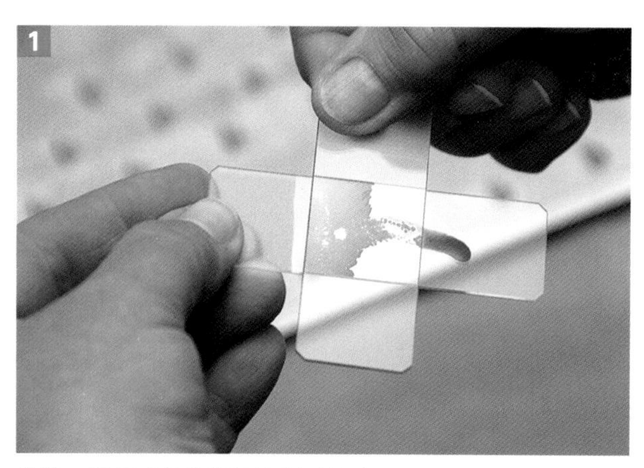

将第二张载玻片轻轻压在骨髓滴上。

将上面的载玻片拉开，在第二张载玻片上制成骨髓涂片。

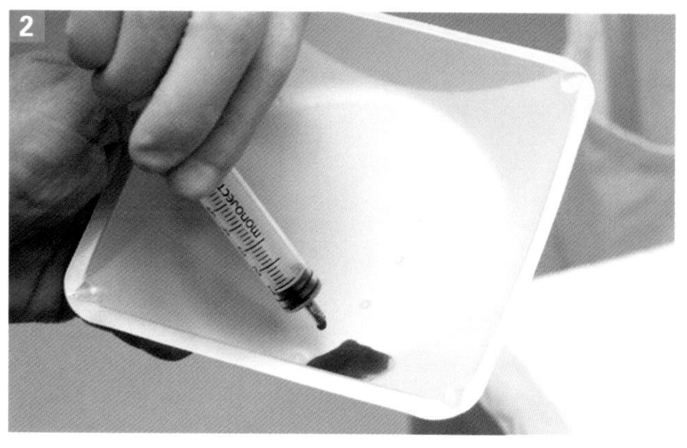

将骨髓置于含1～2滴10%EDTA的冷藏塑料培养皿中，混匀。

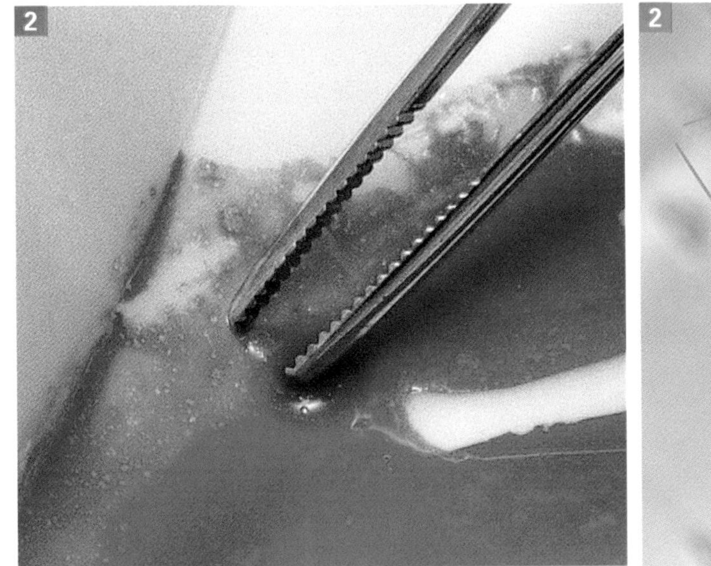

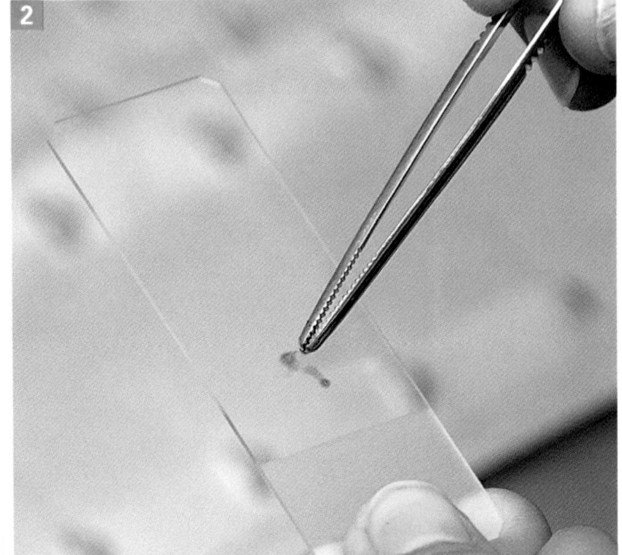

用镊子捡取颗粒化的骨髓片，转移到载玻片上。

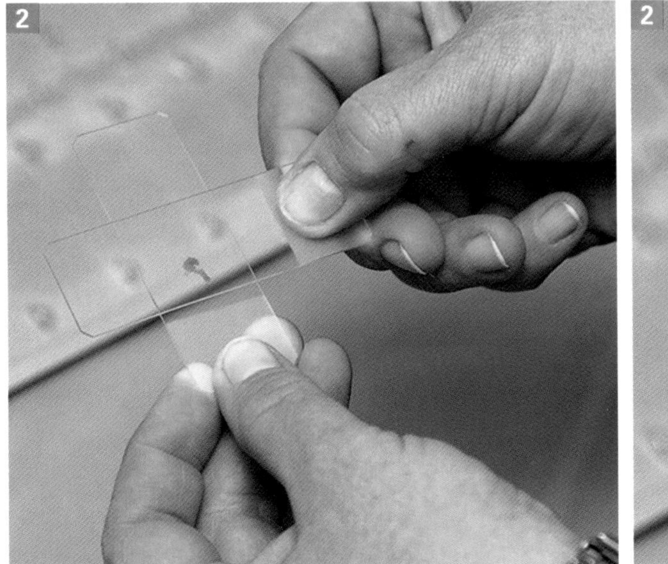

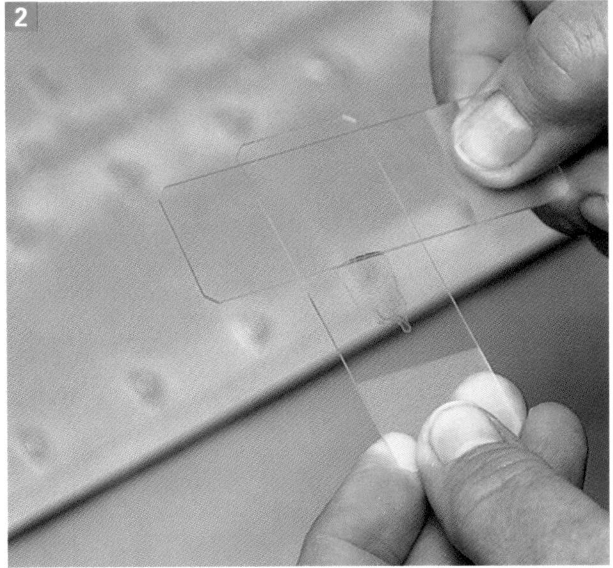

轻轻将另一张载玻片垂直覆盖在骨髓颗粒上，然后拉开两张载玻片。

3. 快速风干载玻片（吹风机或快速风干材料），向实验室至少提交4张未染色的载玻片。

4. 如果想要评价样本量是否足够，可将一张涂片用Diff-Quik快速染色。骨片应被染成深蓝色，在显微镜下被单层的造血细胞包围。

[结果]

进行一套完整的评估应遵循系统性检查方法，需分析以下内容：

1. 骨髓细胞量。

2. 铁储备。

3. 巨核细胞数量及成熟过程。成熟细胞的数量通常超过未成熟细胞。

4. 红细胞系及成熟过程。

5. 粒细胞系及成熟过程。

6. 粒细胞和红细胞比值（M：E），通常是1：1至2：1。

7. 原始细胞分类计数。

操作 12–2 骨髓芯

[目的]

为了采集骨髓组织芯进行评估。

[适应证]

1. 骨髓抽吸的所有适应证。

2. 骨髓芯检查可评价骨髓的结构和样本的细胞量，不受血液稀释的影响。

3. 骨髓芯样本对于诊断骨髓肿瘤、骨髓纤维化和坏死可能优于骨髓抽吸。

4. 通过骨髓抽吸采样不足的病例。

5. 骨的局部溶解或增生性病灶（用于骨组织活检）。

[禁忌证和并发症]

1. 无。即使在患严重血小板减少症或严重凝血疾病的动物，该操作也不太可能造成过度出血。

2. 同时提供CBC结果、血涂片和骨髓抽吸结果，对于解读骨髓芯样本非常重要。最好用骨髓芯样本评价结构，用骨髓抽吸细胞学评价细胞量等细节。

[保定]

1. 在多数病例，镇定和局部麻醉足够。

2. 要获取髂骨骨髓芯，需将动物侧卧保定或俯卧保定，后肢位于身体下以最大程度地突出髂骨嵴。

3. 要获取肱骨近端的骨髓芯，动物需侧卧保定。

4. 利多卡因阻断液（2%利多卡因与8.4%碳酸氢钠以9：1混合）可用于阻断皮肤、皮下组织和骨膜。加入碳酸氢钠降低了注射的刺痛，并加快了利多卡因的局部镇痛作用。

[物品]

- Jamshidi骨髓活检针（9cm），带针芯（小型犬和猫13G，较大的犬11G）。针的外径和针头构造是统一的，逐渐变细的尖端部分有差异。针的尖端有斜面，有尖锐的切割边缘。由远端向切割尖端逐渐变细，有助于将样本保存在针芯中，避免了挤压样本。用弯曲的金属丝逆向插入针芯，从近端较宽处取下活检样本。
- 灭菌手套。
- 利多卡因阻断液（2%利多卡因与8.4%碳酸氢钠以9：1混合）。
- 11号手术刀片。
- 干净的载玻片。
- 福尔马林容器。

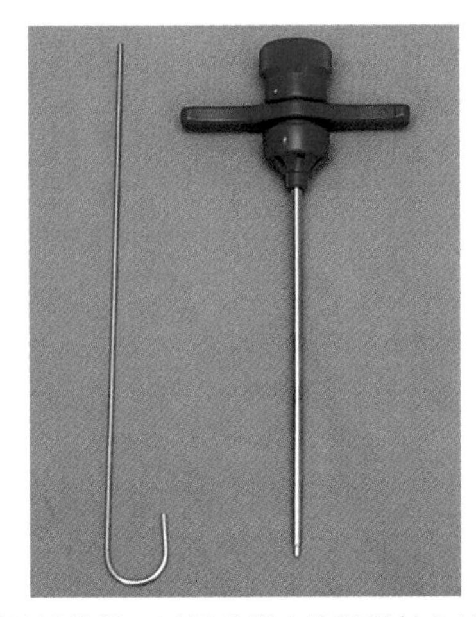

带针芯的Jamshidi骨髓活检针，以及将样本从近端较宽处推出的弯曲金属丝。

[局部解剖]

骨髓芯样本采集的骨骼与骨髓抽吸相同，对统一部位进行剃毛和准备。骨髓芯采集的部位与抽吸的部位要间隔数毫米。最常用的采样部位是髂骨（经髂骨翼）或肱骨近端。

[准备]

1. 局部剃毛，手术前准备。骨髓芯采样需无菌操作。

[操作方法：髂骨]

1. 可从髂骨翼背侧通过穿透法采集骨髓芯样本。

2. 动物侧卧保定。

3. 触摸并固定髂骨嵴近端。

4. 髂骨翼背侧由外向内通过穿透法采样。

5. 注射利多卡因阻断液，阻断皮肤和皮下组织，直至骨膜。

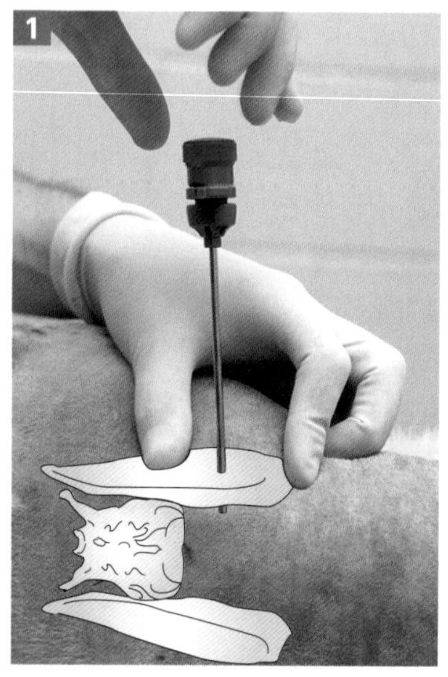

针头位于髂骨翼的骨髓芯采样部位。

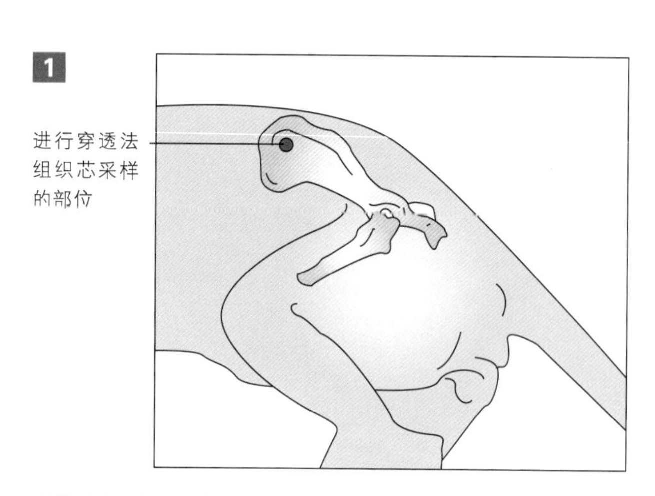

髂骨翼骨髓芯活检采样的解剖界标。

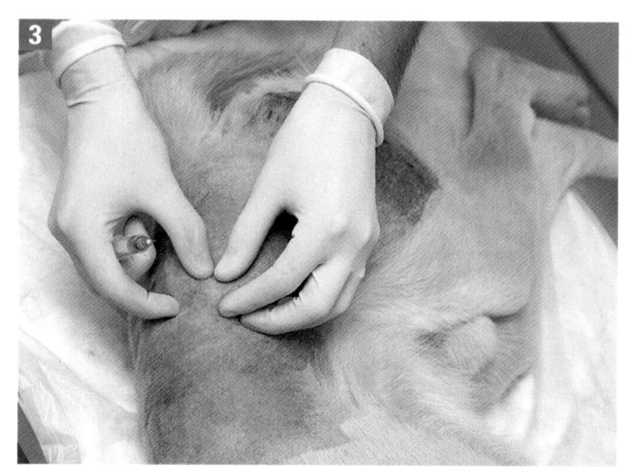

触摸髂骨嵴近端。

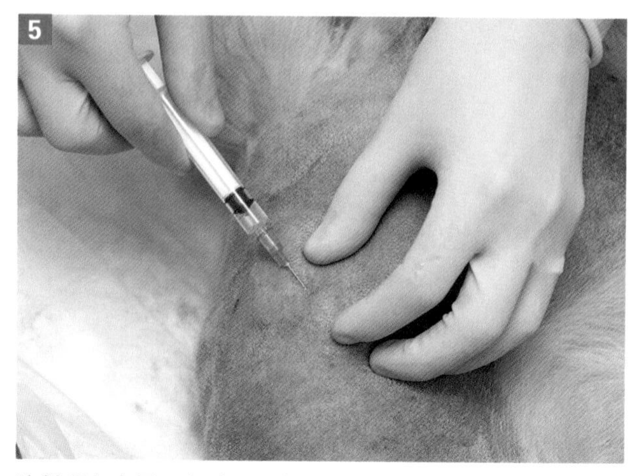

注射利多卡因阻断液，阻断皮肤和皮下组织，直至骨膜。

6. 用手术刀片（11号）刺入切开皮肤。
7. 由皮肤切口入针，垂直于髂骨进针直至骨皮质。
8. 拔出针芯。
9. 旋转施压推进，直到触及对侧骨皮质并穿透。

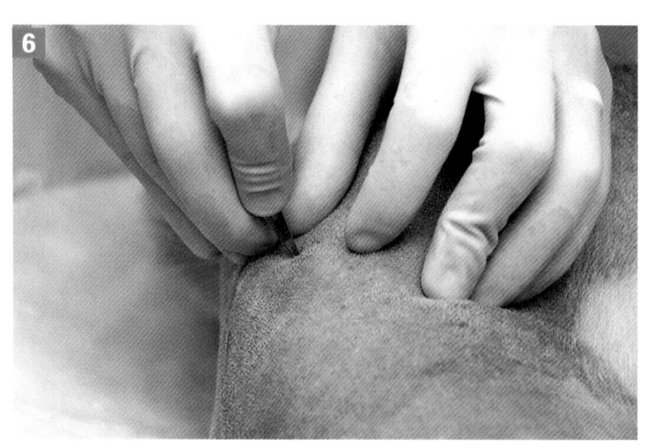

用11号手术刀片刺入切开皮肤。

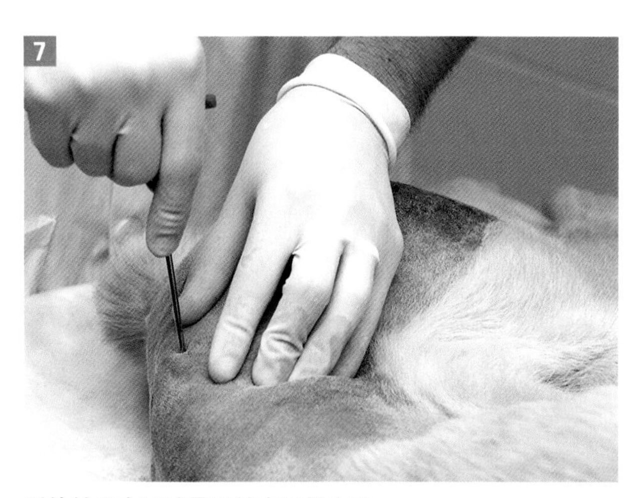

活检针垂直于髂骨进针直至骨皮质。

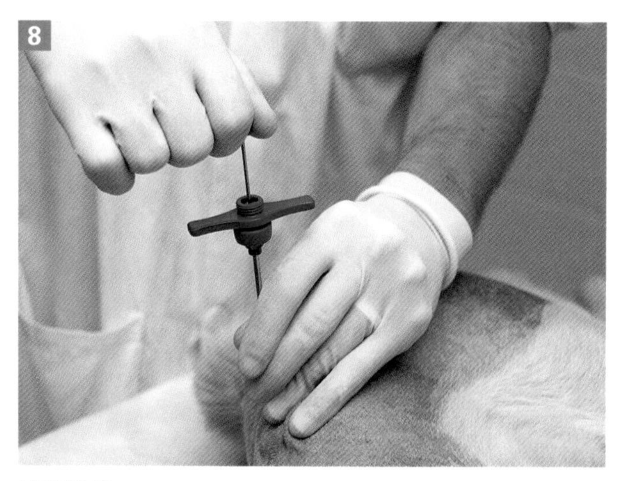

拔出针芯。

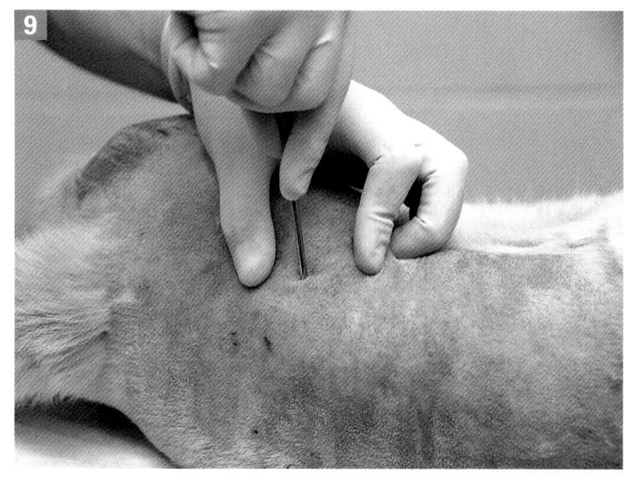

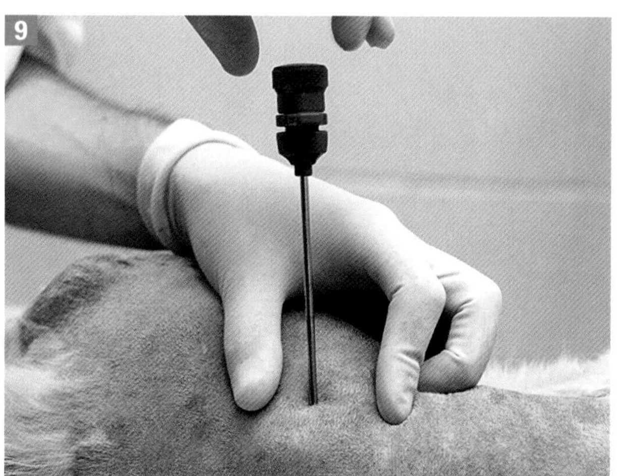

旋转施压推进穿透髂骨翼，直到触及对侧骨皮质并穿透。

10. 前后摇动骨髓针，并顺着针的长轴摇动以松动骨髓芯。
11. 向同一方向旋转（顺时针或逆时针）退出骨髓针。

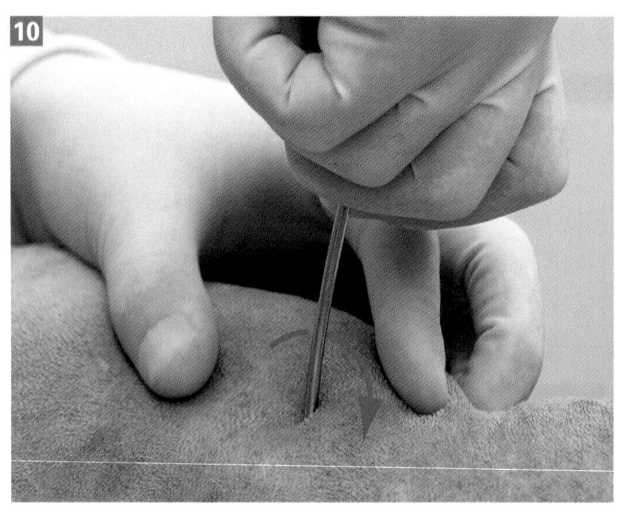
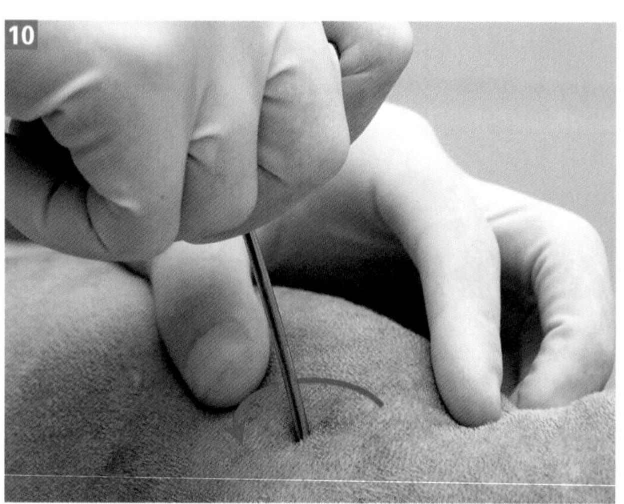

前后摇动骨髓针以松动骨髓芯。

[操作方法：肱骨]

1. 可由肱骨骨髓腔获取骨髓芯样本，与肱骨近端抽吸呈角度通路的界标相同。
2. 动物侧卧保定。
3. 握住肘部固定前肢，屈曲肩关节使肱骨平行于体壁。
4. 触摸肱骨头外侧的平坦部，紧贴大结节远端即是进针部位。

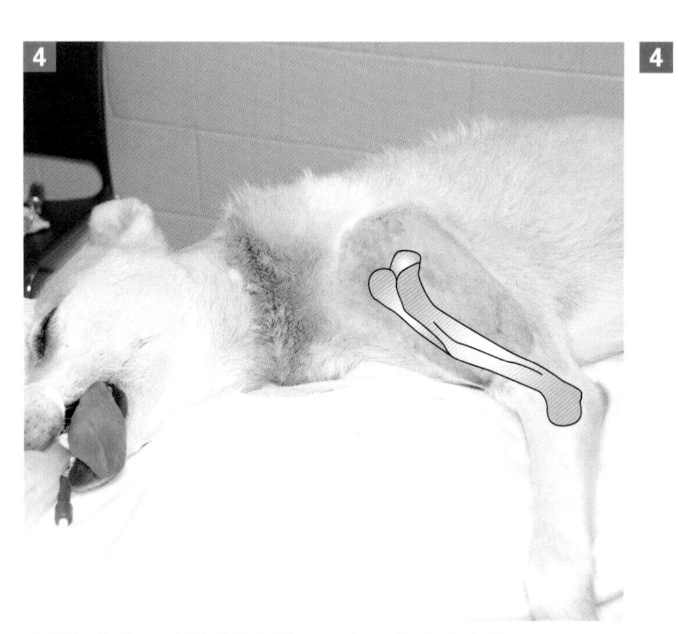
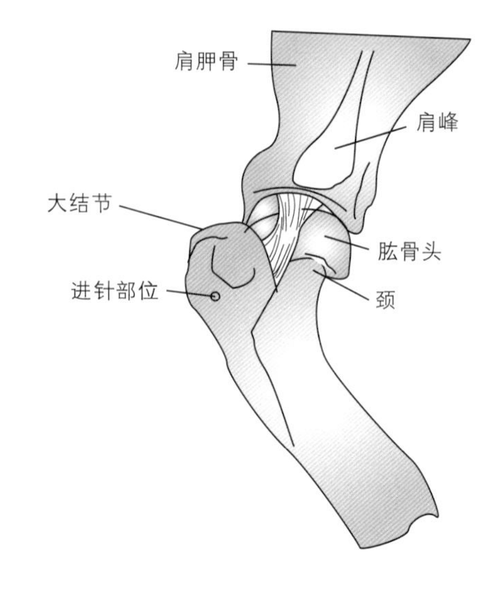

进针部位位于肱骨头外侧的平坦部，紧贴大结节远端。

5. 注射利多卡因阻断液，阻断皮肤和皮下组织，直至骨骼。

6. 用手术刀片刺入切开活检部位皮肤。

7. 紧贴大结节远端切开部位入针，指向肘部进针，与肱骨长轴成45° 角。

8. 穿透皮质即拔出针芯。

9. 旋转施压推进活检针，直至牢牢固定于骨中。

10. 前后摇动骨髓针，并顺着针的长轴摇动以松动骨髓芯。

11. 将针头轻轻退回—推进，以切割组织芯。

12. 向同一方向旋转（顺时针或逆时针）退出骨髓针。

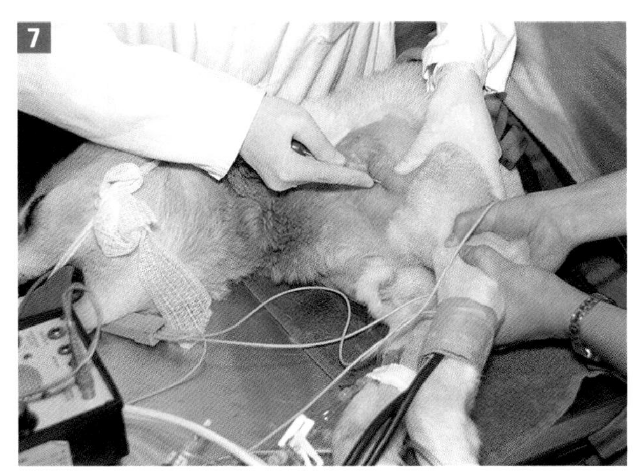

针尖指向肘部向远端刺入。

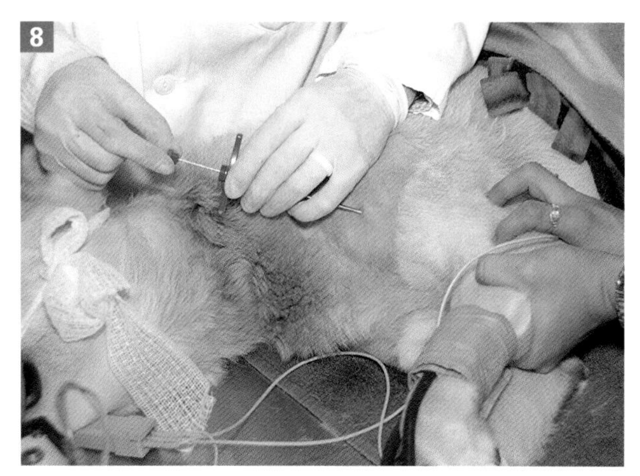

穿透皮质即拔出针芯。

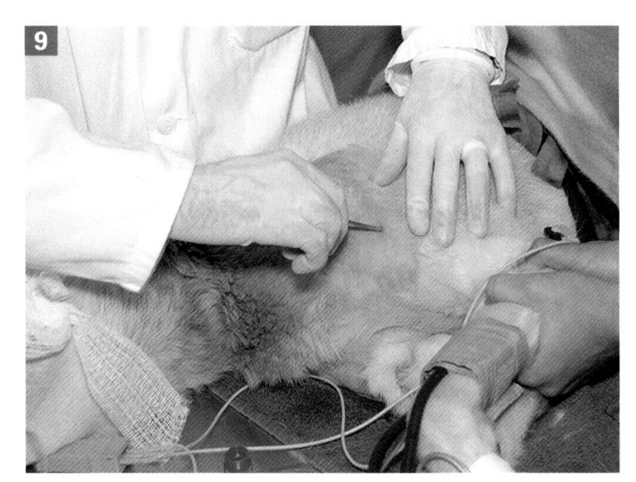

旋转施压推进活检针，直至牢牢固定于骨中。

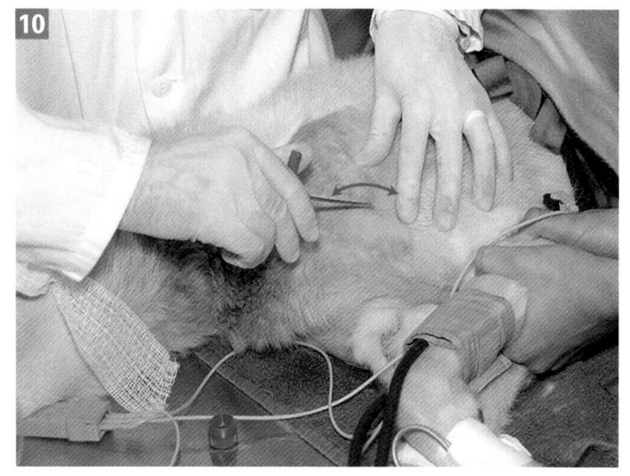

沿肱骨长轴摇动活检针，松动骨髓芯。

[样本的处理]

1. 用针芯或引导丝将样本从针头近端的针座中推出到载玻片上。

2. 骨髓芯样本为粉红色或红色的组织芯，紧贴一段白色的骨皮质。

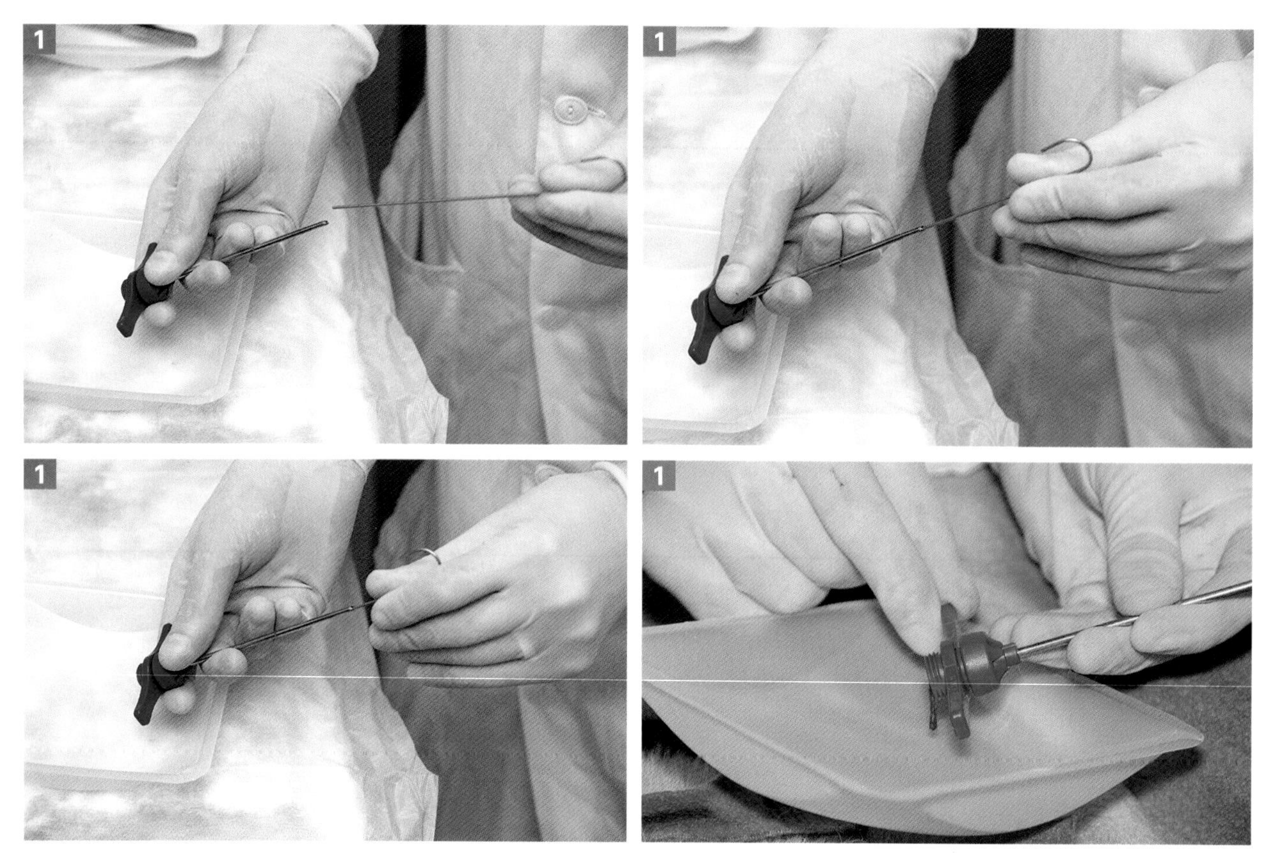

用弯曲的引导丝将样本从针头近端的针座中推出到载玻片上。

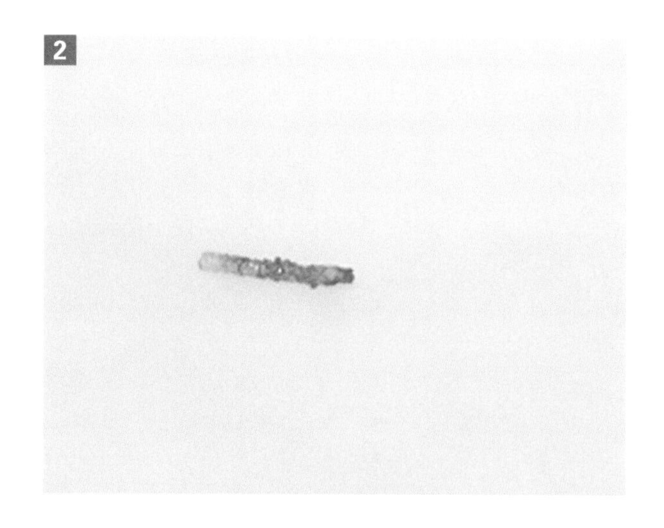

3. 将组织芯在载玻片上轻轻地滚动，用于细胞学评估。

4. 将组织芯放入福尔马林中。

5. 最好重复操作，采集2～3个组织芯样本用于检查。

注意：不能将福尔马林容器或福尔马林样本靠近细胞学涂片放置，福尔马林蒸汽会干扰细胞学涂片染色。

第 13 章

关节穿刺术

（Arthrocentesis）

操作 13-1 关节穿刺术

[目的]

为了采集滑膜液进行分析。

[适应证]

1. 单个或多个关节肿胀或疼痛的犬、猫。

2. 肢轮换跛行或踮脚步态的犬、猫。

3. 不明原因发热（fever of unknown origin，FUO）的犬。多关节炎是犬FUO最常见的病因之一。

4. 血液检查有炎性表现（白细胞增多症、高球蛋白血症），但没有明显的感染灶或炎性病灶的犬。

5. 诊断犬多关节炎时，至少要抽吸5个关节。小关节（腕关节和跗关节）最容易受免疫介导性疾病的侵袭。

[禁忌证和注意事项]

明显的凝血疾病。

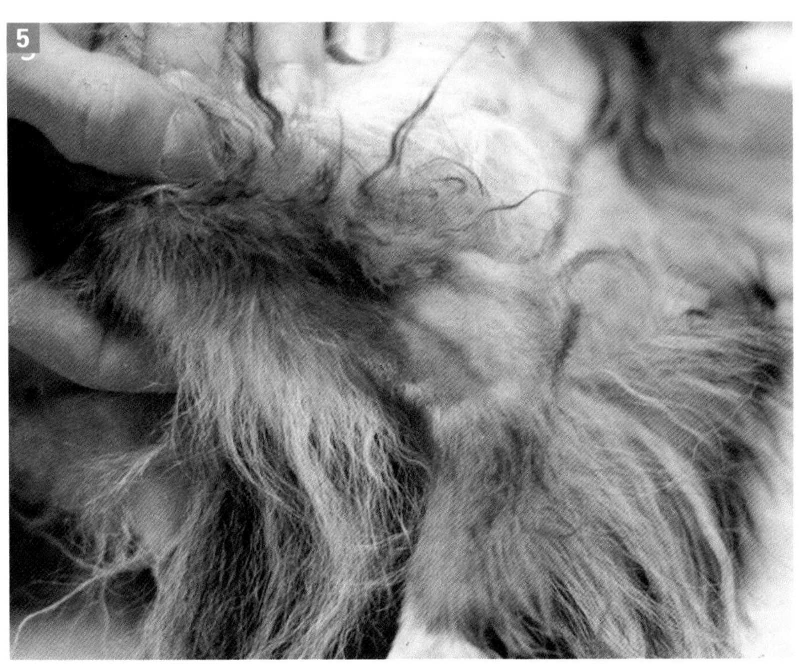

患免疫介导性多关节炎的喜乐蒂牧羊犬跗关节肿胀。该犬因疼痛而不愿行走，怀疑患有瘫痪。

患免疫介导性多关节炎的迷你杜宾犬腕关节肿胀。

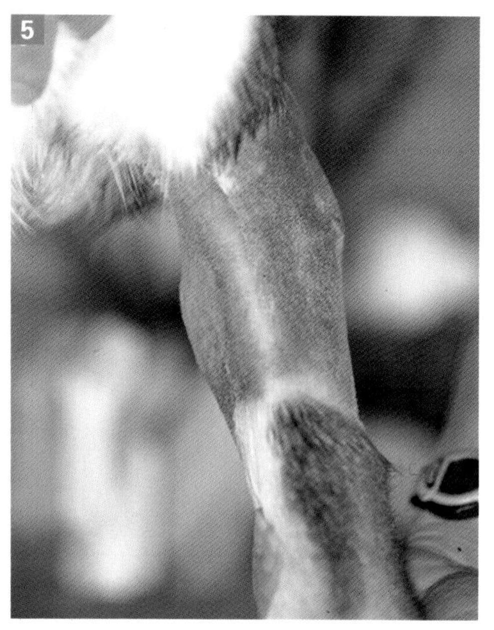

一只哈士奇杂种犬肘关节肿胀、疼痛，因豪猪刺移行入关节引起化脓性关节炎。

[体位和保定]

1. 保定动物，进行镇定，防止其活动。对于放松的动物，从腕关节、跗关节和膝关节采样引起的不适感非常小，而抽吸肘关节、肩关节和髋关节则需要镇痛和镇定。必须避免动物活动，出血会对样本造成污染。

2. 注射乙酰丙嗪和氢吗啡酮可有效镇定和镇痛。髋关节抽吸时建议进行全身麻醉。

[物品]

- 25G针头。
- 22G的3.8cm针头。
- 3mL注射器。
- 玻璃载玻片。
- 血液培养瓶。

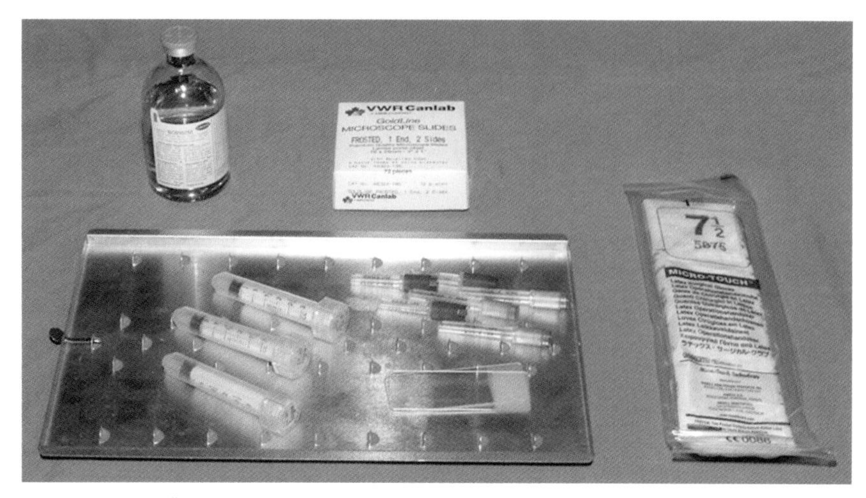

采集犬、猫滑膜液所需的物品。

[一般技术]

1. 局部剃毛，手术前准备，戴灭菌手套。

2. 助手握住肢体，按要求弯曲或伸展关节。

3. 触摸关节，鉴别关节腔和关节界标。如果需要熟悉解剖界标可检查骨骼。

4. 将针头与3mL注射器相连。根据犬的体型和抽吸的关节选择针的型号。所有犬、猫的腕关节和跗关节都可以用25G针头穿刺，小型犬较大的关节也可用25G针头。10kg以上的犬抽吸膝关节、肘关节和肩关节时需要使用更长更坚韧的22G针头。在大型犬可能需要用脊髓针抽吸髋关节。

5. 将针头刺入关节腔，轻轻抽吸。

6. 针座中出现一滴关节液后，立即停止抽吸，从关节和皮肤中退出针头。只需要非常少量的关节液（1～3滴）用于检查——抽取过多的关节液会增加血液污染的风险。退针前没有释放抽吸的压力也是造成皮肤血管的血液污染样本的原因。

7. 将针头从注射器上拔下，注射器抽满空气，再次连接针头。

8. 将一滴滑膜液推至载玻片上。评价液体的颜色、透明度和黏稠性。

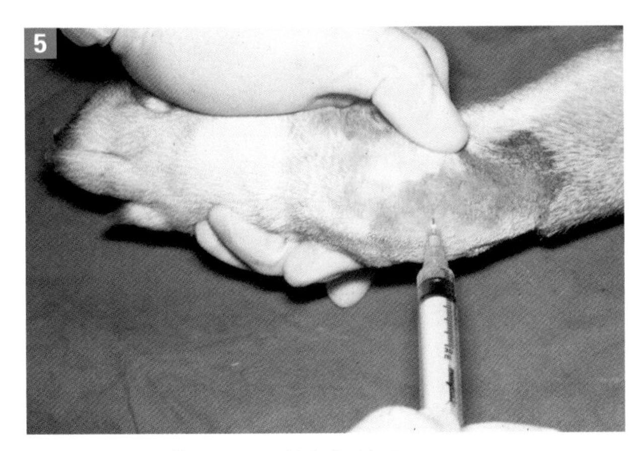

将针头刺入关节腔后即开始轻轻抽吸。

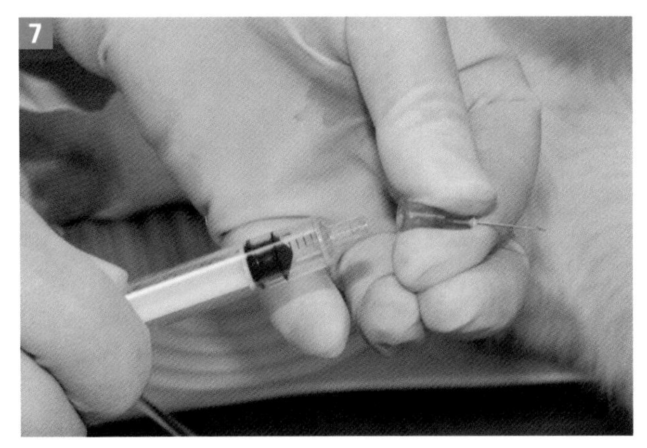

将针头取下，注射器抽满空气，再次连接针头。

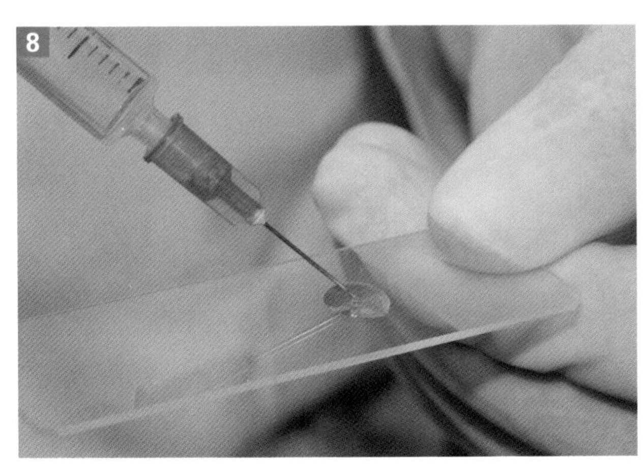

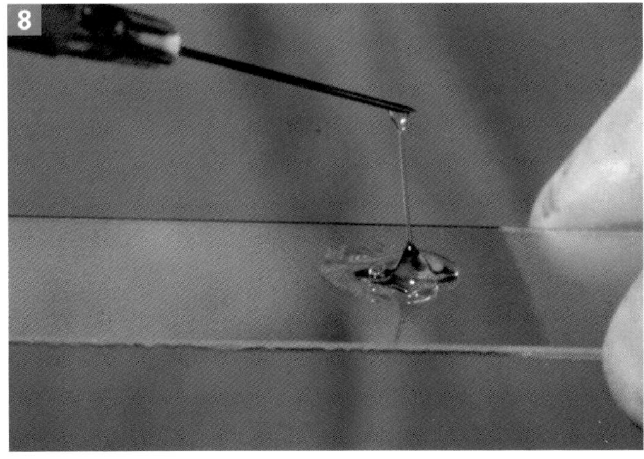

将一滴滑膜液推至载玻片上，评价液体的颜色、透明度和黏稠性。

9. 轻轻将第2张载玻片放在第1张载玻片上，压迫关节液滴，拉开两张载玻片制成涂片。干燥后染色进行细胞学检查。

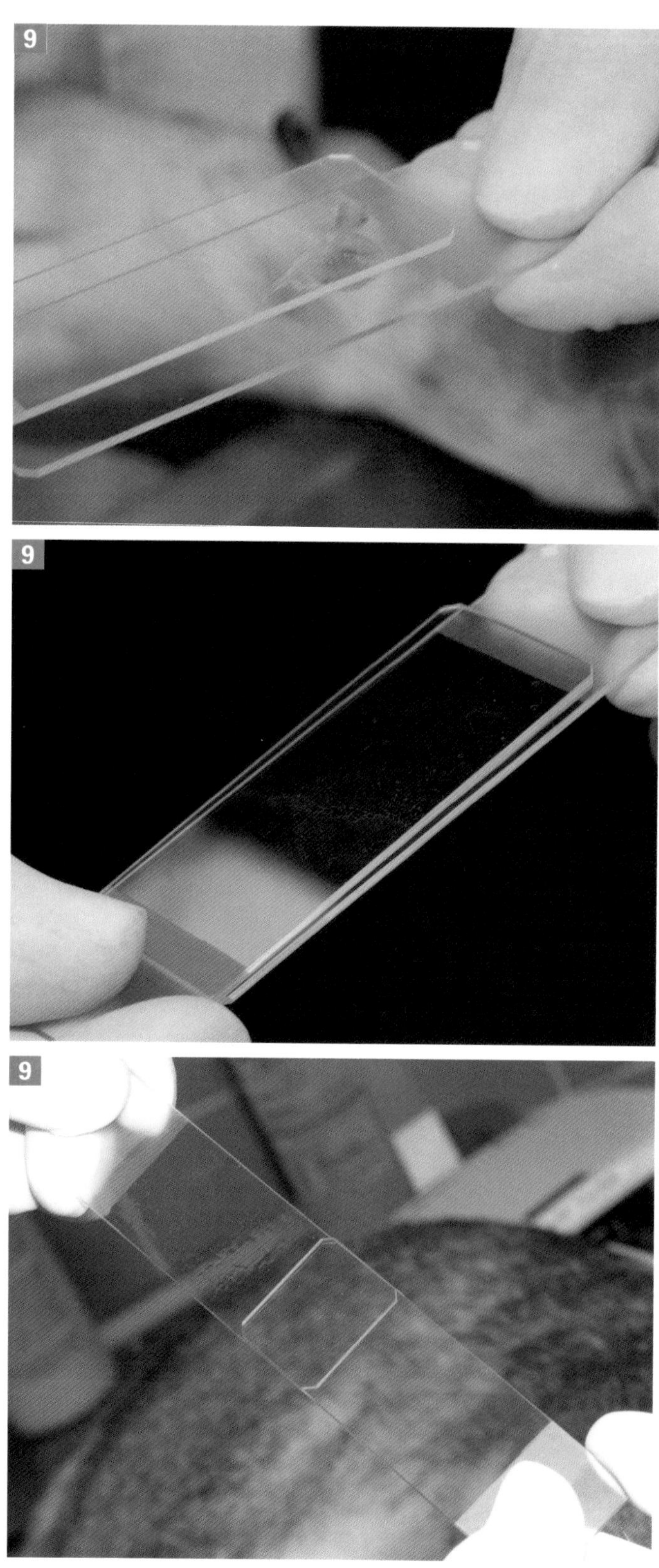

将第2张载玻片放在第1张载玻片上，压迫关节液滴，拉开两张载玻片制成涂片。

10. 所有的关节都抽吸进行细胞学检查后，再次抽吸一个关节获取0.5 ~ 1mL关节液，用作细菌培养。将样本接种到血液培养瓶中，在进行平皿培养前先在体温下培养24h。这样可增加感染关节细菌培养的阳性率。

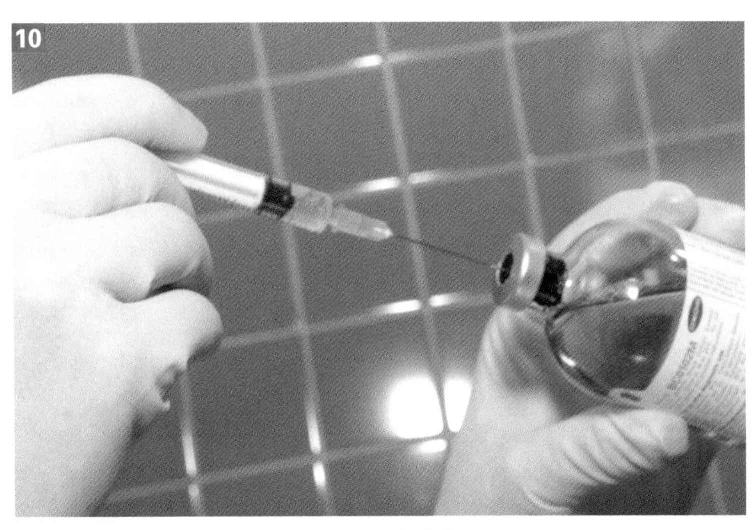

用于细菌培养的滑膜液在血液培养瓶中培养。

[结果]

1. 正常关节液清亮无色。

2. 正常关节液含有大量的透明质酸，非常黏稠。炎症和感染降低了关节液的黏性，呈水样。

3. 正常关节液蛋白质浓度高（背景多斑点），没有中性粒细胞或仅有少量单核细胞（＜3000/μL；1 ~ 5/HPF）。

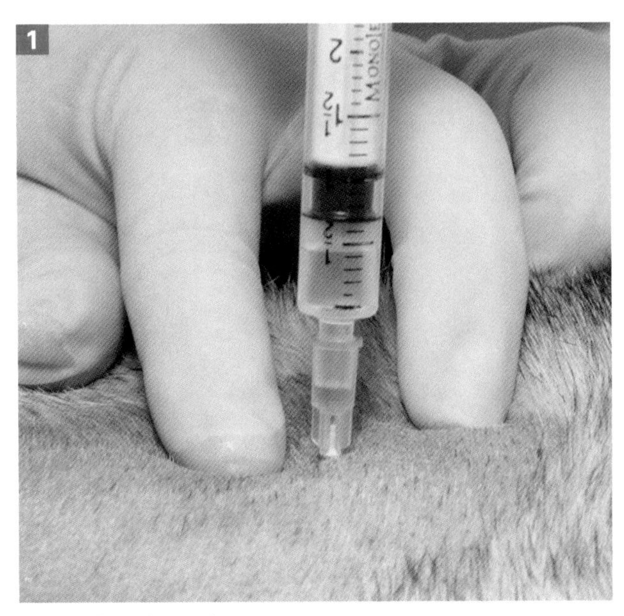

正常关节液清亮无色。

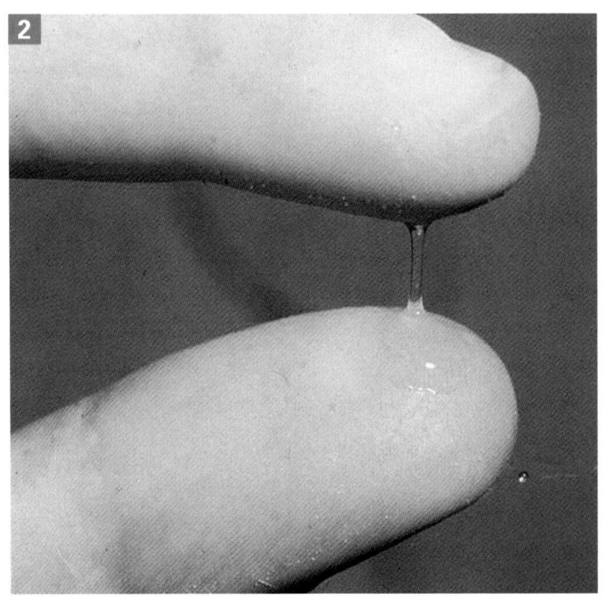

正常关节液有黏性。

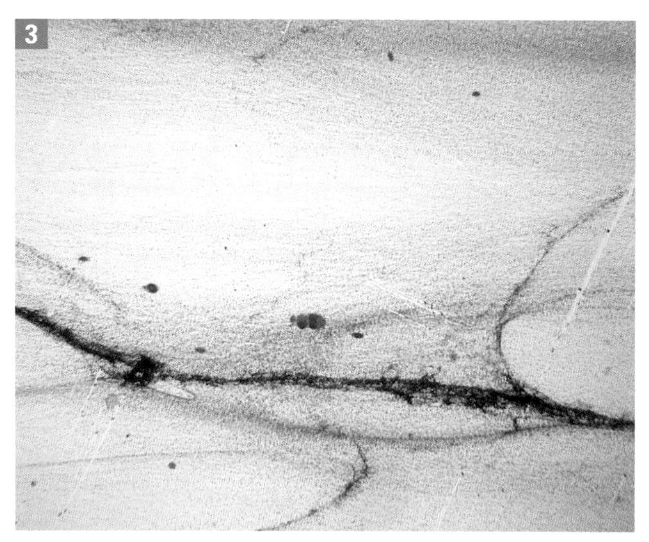

正常关节液涂片背景有斑块，细胞量低。

4. 感染性或免疫介导性疾病影响关节的犬可出现炎性关节液（中性粒细胞增多）。

5. 某些患多关节炎的犬，滑膜液中含有中性粒细胞，这些中性粒细胞吞噬了调理素作用性细胞核物质。这些细胞是红斑狼疮（lupus erythematosus，LE）细胞，它们的出现提示该犬可能患有系统性红斑狼疮（systemic lupus erythematosus，SLE）。

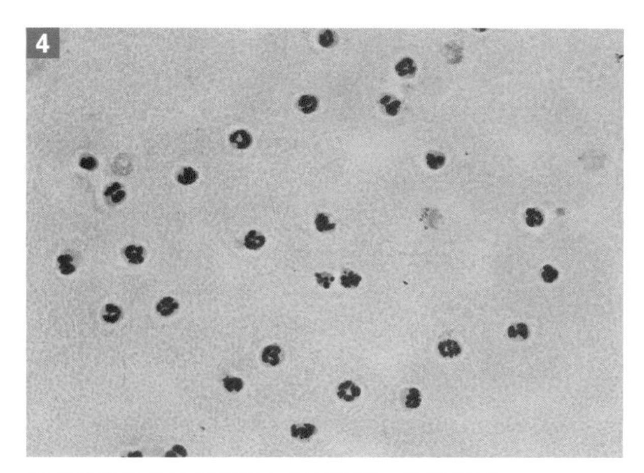

多关节炎患犬的关节液中含有许多中性粒细胞。

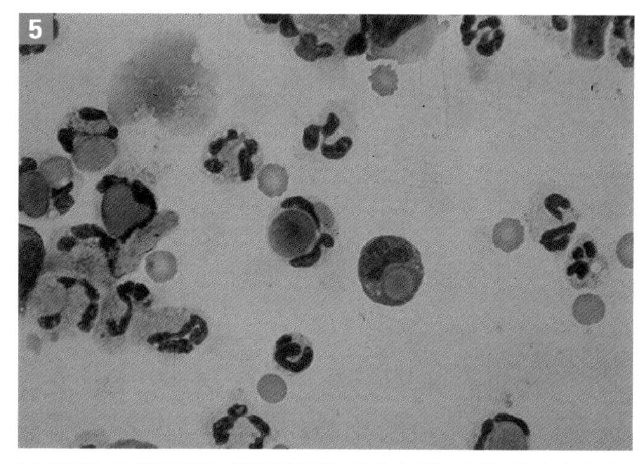

LE细胞是指吞噬了调理素作用性细胞核物质的中性粒细胞。这些细胞在滑膜液中出现提示对系统性红斑狼疮（SLE）的诊断。

[特殊技术：腕关节]

1. 可从桡腕关节或腕骨间关节采集关节液。桡腕关节较容易触摸，是关节穿刺最常用的部位。

2. 部分屈曲关节，触摸桡腕关节腔并入针——通常最好在前内侧穿刺。

3. 桡骨远端轮廓复杂，骨性突起凸向关节腔，即使外部触摸很清晰，有时也无法进针。如果针头触及骨骼，需另选穿刺部位。

4. 针头刺入关节腔即可轻轻抽吸。

5. 桡腕关节与其他腕关节不相通，如果在采样时有血液污染，尝试从腕骨间关节抽吸获取样本。腕骨间关节与腕掌关节是相通的。

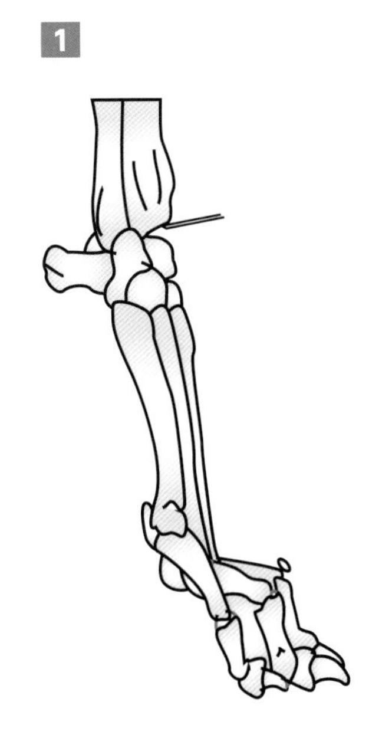

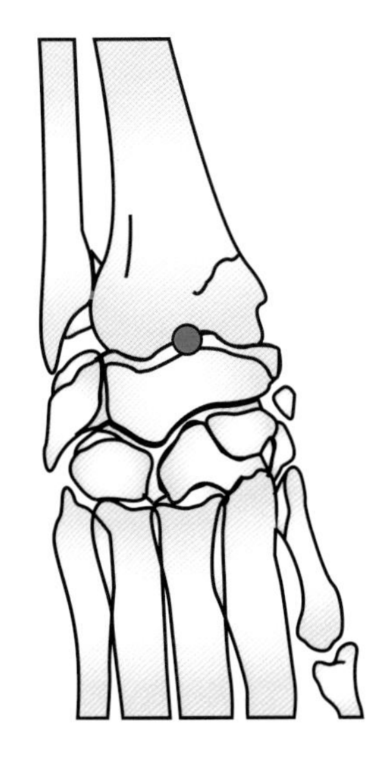

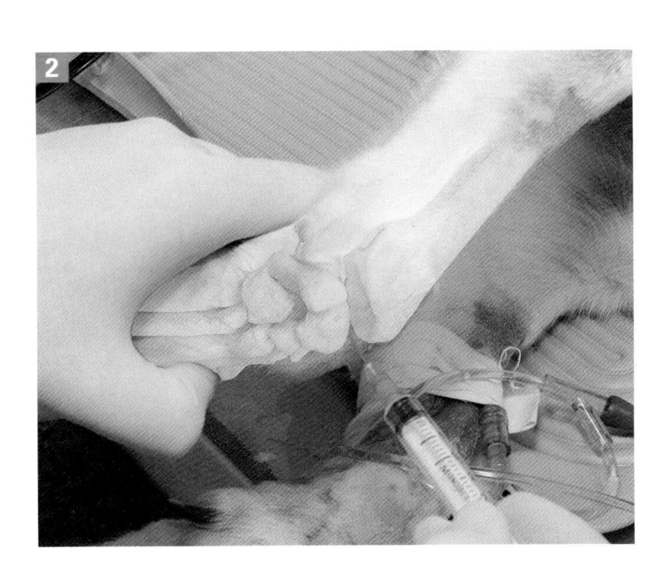

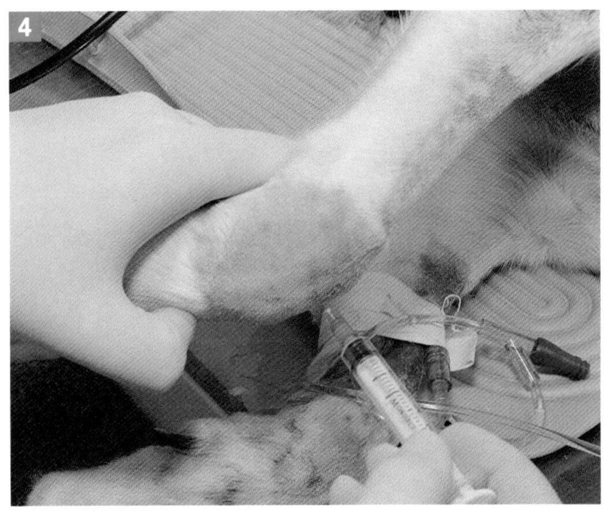

从桡腕关节前内侧采集滑膜液。

[特殊技术：跗关节]

跗关节抽吸有3种通路。

（一）前侧通路

1. 反复屈曲伸展关节，触摸界标。

2. 在关节前外侧触摸胫骨远端和胫跗骨的腔隙。

3. 极度伸展关节并固定，触摸胫骨远端骨脊。

4. 紧贴骨脊远端入针。

5. 针头几乎立即触及骨骼。轻轻抽吸。

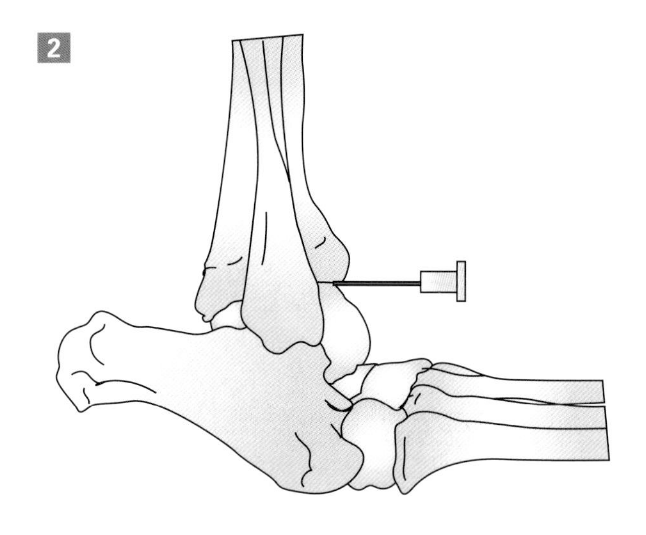

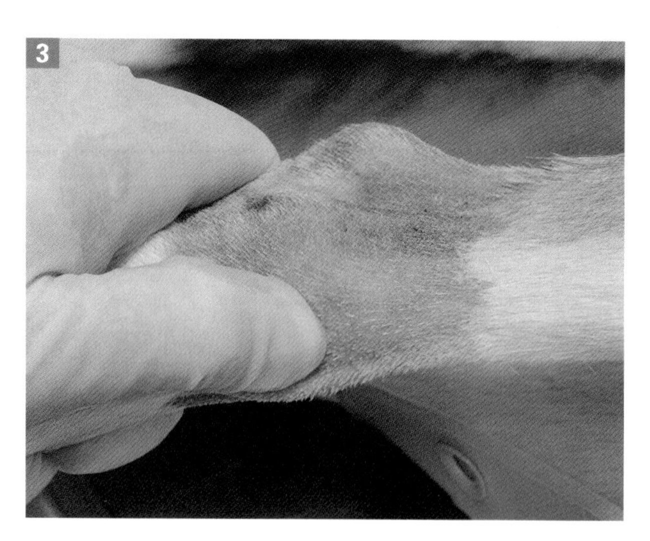

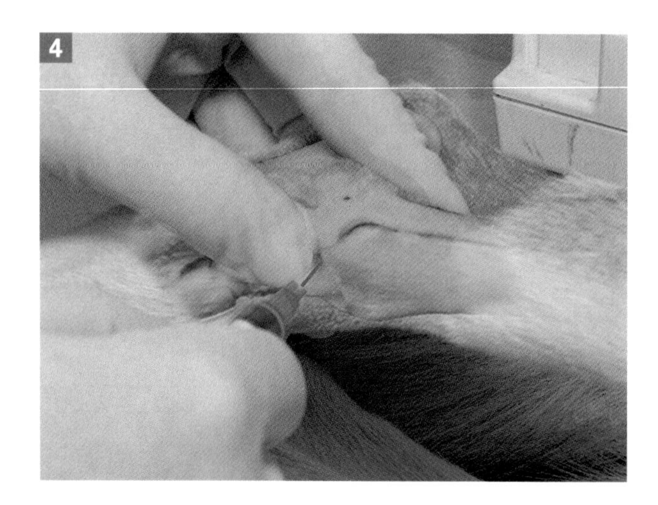

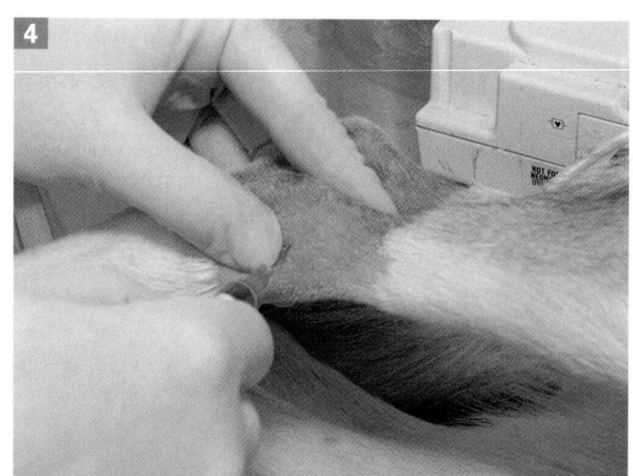

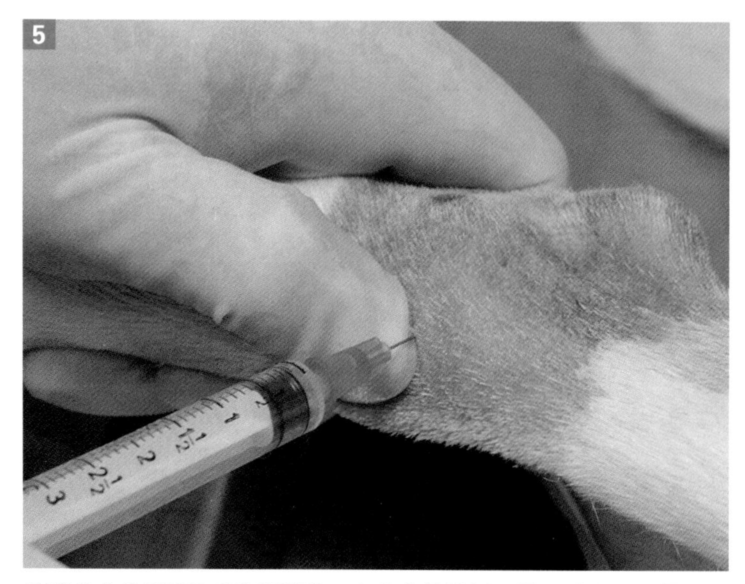

从跗关节前侧通路采集滑膜液，在关节前外侧胫骨远端和胫跗骨间入针。

（二）外侧通路

1. 采集跗关节滑膜液通常采用外侧通路。
2. 部分屈曲关节病固定，触摸腓骨外侧髁。
3. 由腓骨外侧髁远端皮肤入针。
4. 利用刺入皮肤的针头将皮肤向后推动（与隐静脉的后侧分支一起）。
5. 皮肤后移之后，在外侧髁远端后方向内侧进针，适当向前方近端推移，确定针刺入关节腔。
6. 轻轻抽吸。

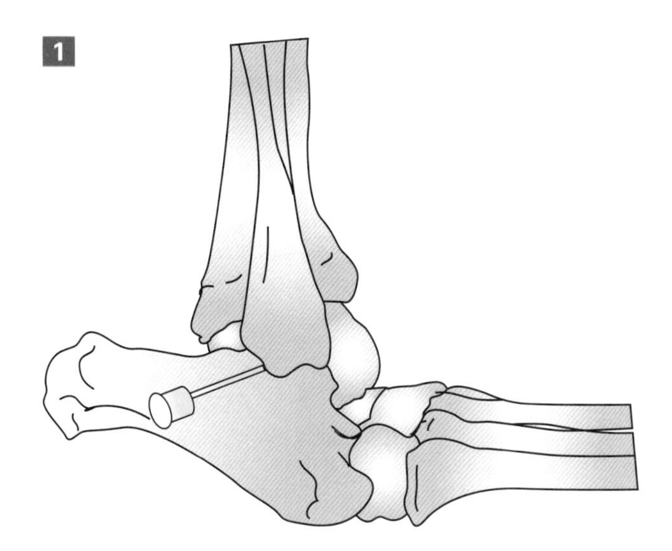

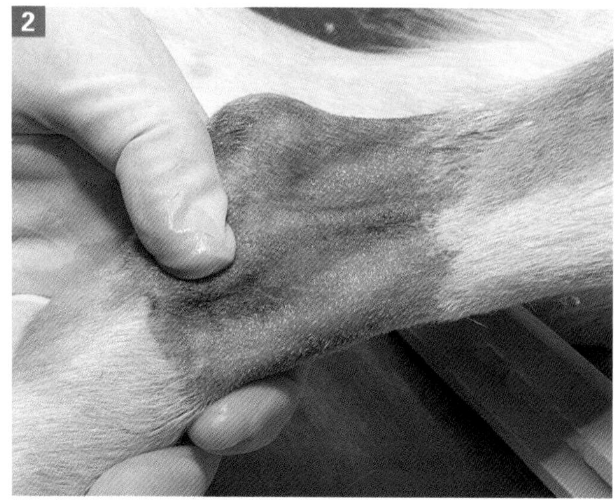

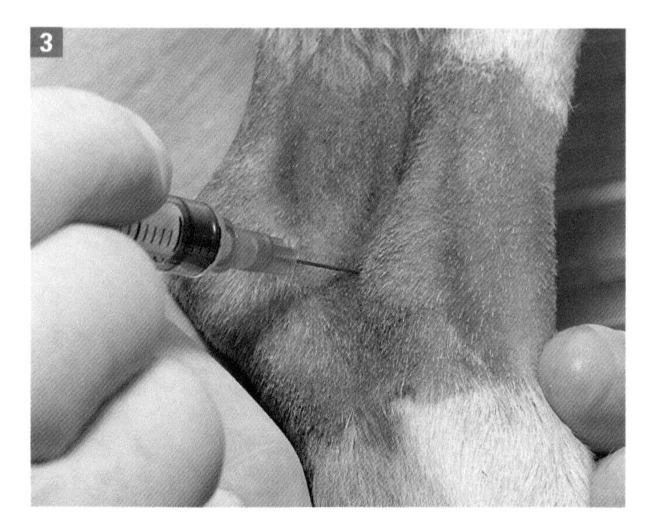

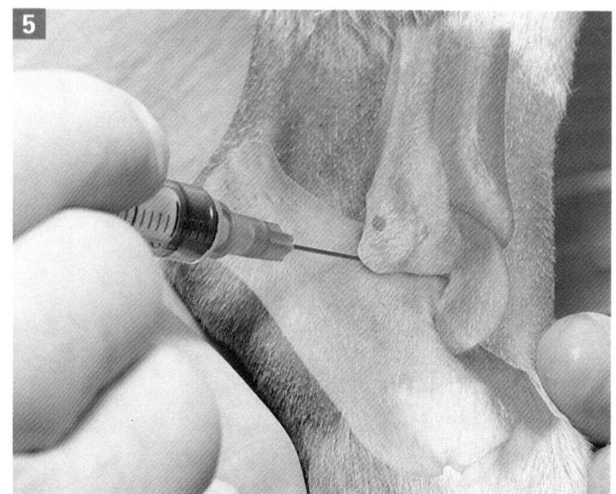

跗关节侧面通路采样过程中，由腓骨外侧髁远端后方刺入，向内并稍向近端进针。

（三）后侧通路

1. 屈曲伸展关节，感觉腓骨和距骨后侧滑车之间的相对运动。连接处即是入针部位。
2. 部分屈曲关节。
3. 由腓骨后侧关节水平线上皮肤刺入。

4. 向前进针，滑向腓骨外侧髁的内侧。

5. 轻轻抽吸。

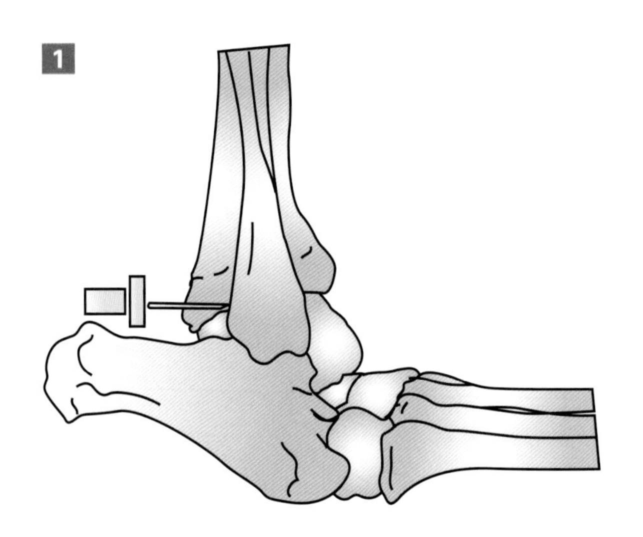

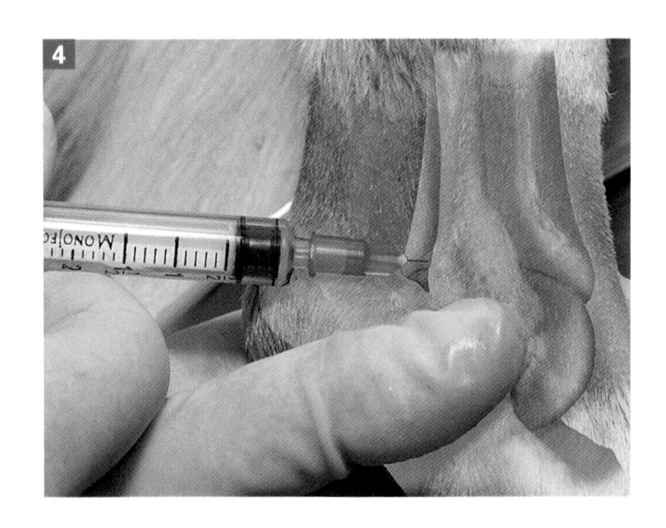

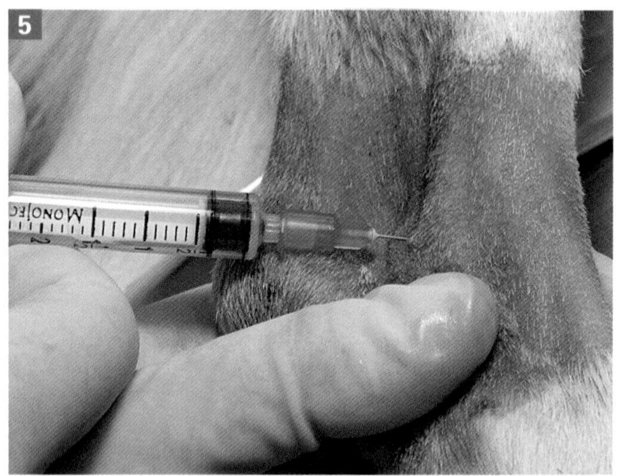

从跗关节后侧通路采集滑膜液，针头刺入腓骨和距骨滑车之间的关节腔，位于腓骨外侧髁后内侧。

[特殊技术：肘关节]

1. 肘关节部分屈曲并固定。

2. 紧贴鹰嘴背侧缘入针，保持针头与鹰嘴背侧缘平行。

3. 针尖紧贴肱骨外上髁后方刺入皮肤。

4. 针尖最终位于肱骨远端外上髁脊的内侧。该骨脊较宽，一旦针头刺入皮肤，在进入关节腔的过程中需要用大拇指对针杆向下（内侧）施压。这样可保证针头由后向前与鹰嘴平行，并直接进入关节。针尖不应朝向内侧。

5. 进针一小段距离后，轻轻抽吸。如果没有滑膜液，伸展肘关节，进一步进针。多数情况下，针头深深刺入关节内才能抽吸出关节液。

6. 轻轻抽吸。

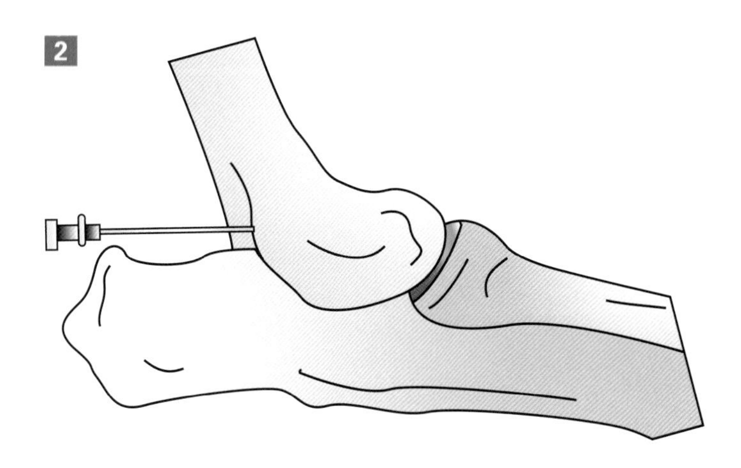

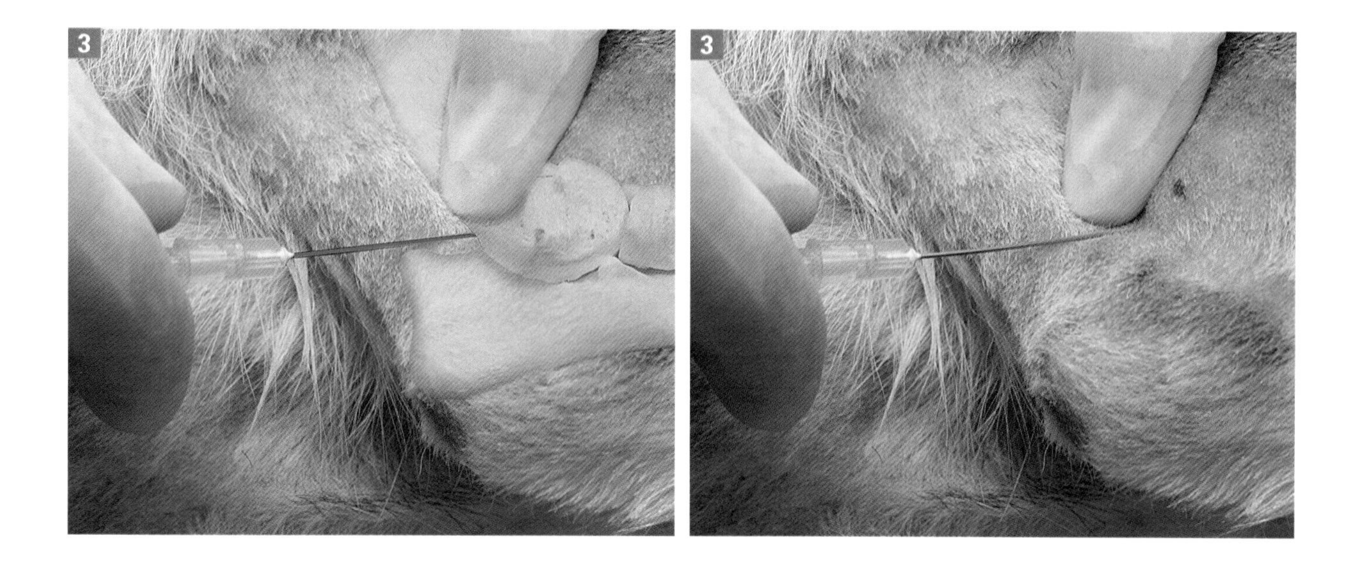

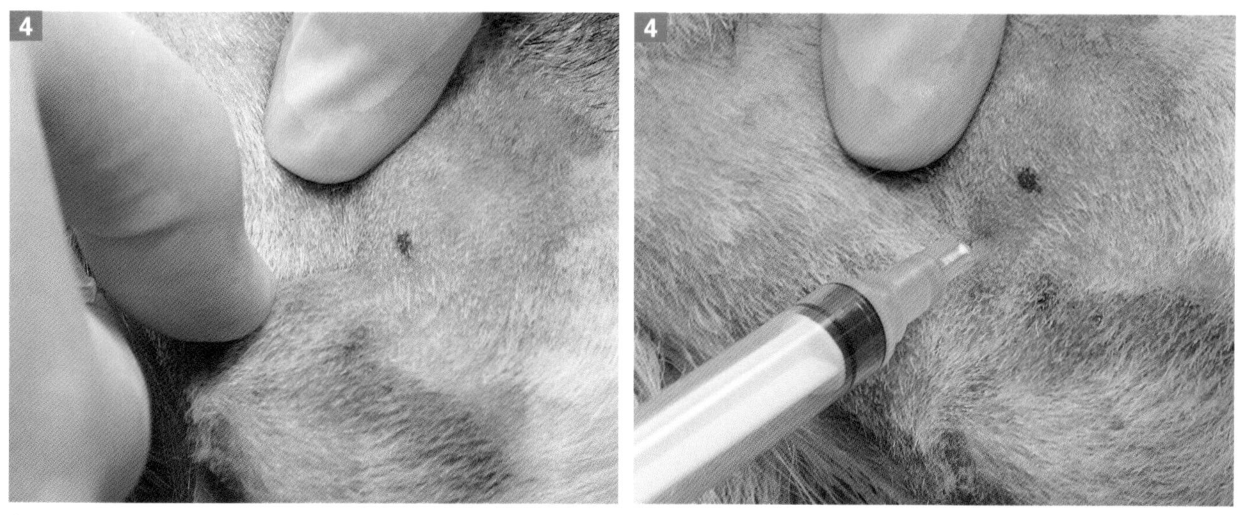

刺入时对针杆施加向下（内侧）的压力，指引针头由肱骨外上髁的内侧进入关节腔。

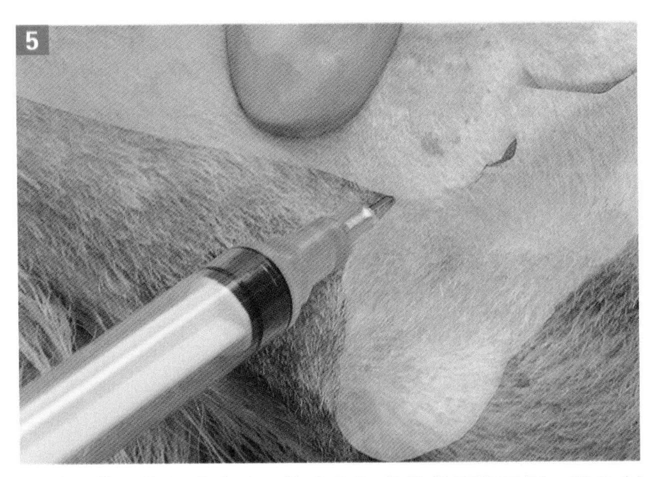

从肘关节采集滑膜液时，针头应与鹰嘴背侧缘平行，针尖刺入肱骨外上髁脊的内侧。

[特殊技术：肩关节]

1. 犬侧卧保定。

2. 部分屈曲肩关节并固定，保持前肢与桌面平行，如同犬站立负重的姿势。

3. 由盂肱韧带前侧刺入关节，紧贴肩胛骨肩峰突起的远端。

4. 向内进针（直接刺入）。

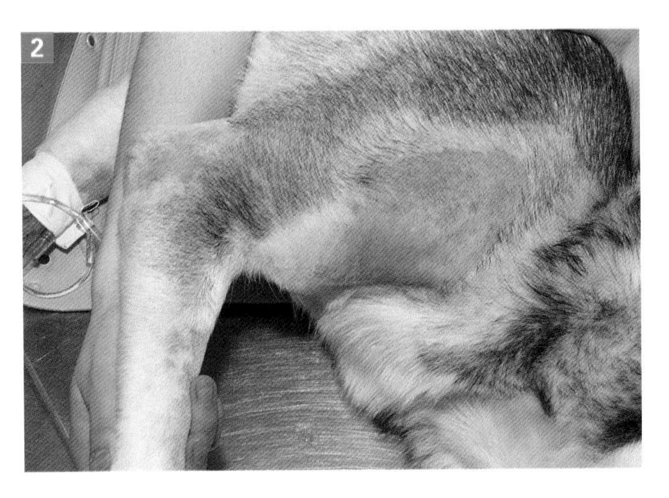

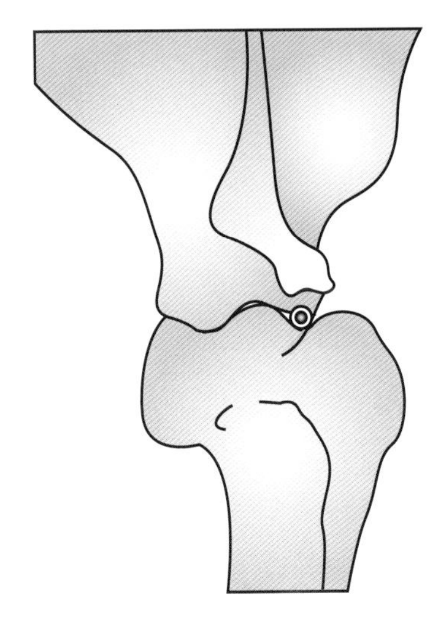

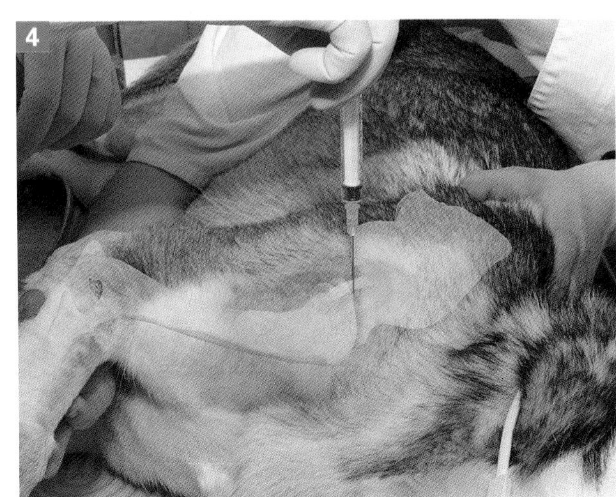

5. 如果触及骨骼，评价针头是刺到肩胛骨远端还是肱骨近端，退针至皮肤，再重新刺入。
6. 针头插入深部后，轻轻抽吸。

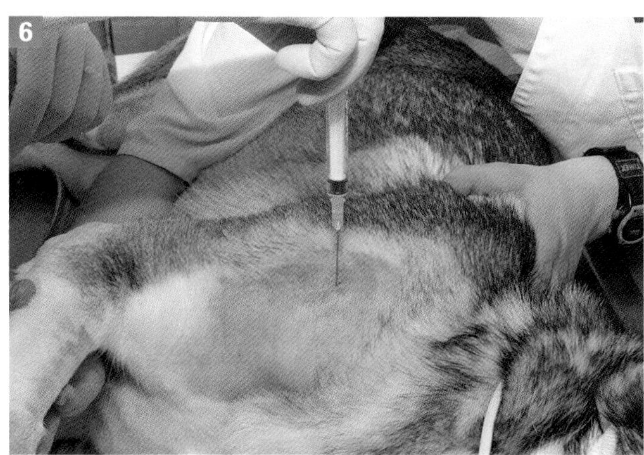

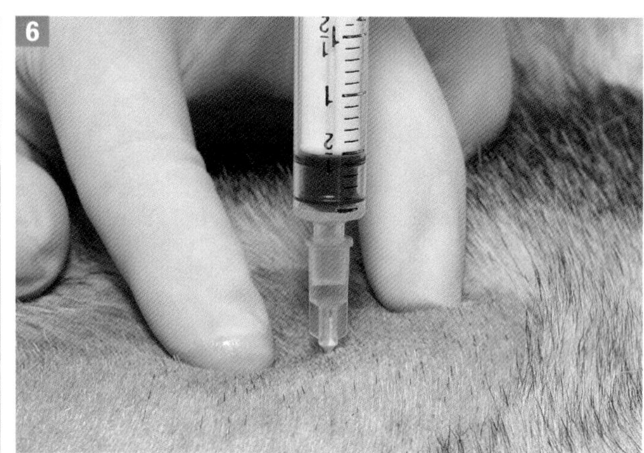

由盂肱韧带前侧，紧贴肩胛骨肩峰突起的远端入针，可从肩关节采集滑膜液。

[特殊技术：膝关节]

1. 屈曲伸展关节，触摸并确定关节的中央——该部位是采样时针尖所处的部位。
2. 稍微屈曲关节。
3. 确定髌骨与胫骨粗隆之间游离膝直韧带的中点。紧贴髌骨和胫骨近端膝直韧带的外侧面入针。
4. 针尖稍微指向内侧，向后刺入关节中心。
5. 进针应该没有难度，直至针尖位于关节中心。
6. 轻轻抽吸。
7. 内侧和外侧关节腔相通。

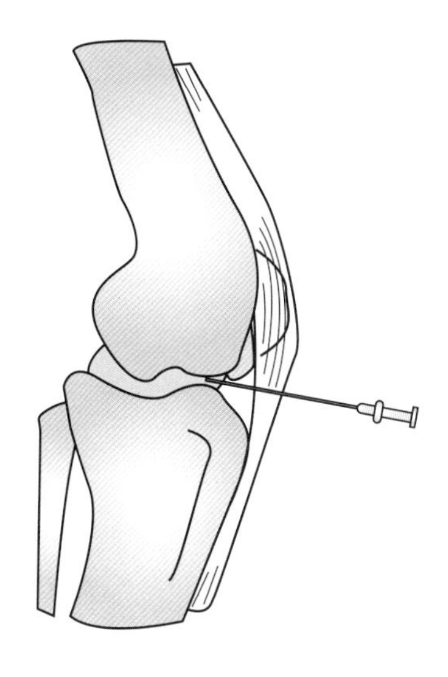

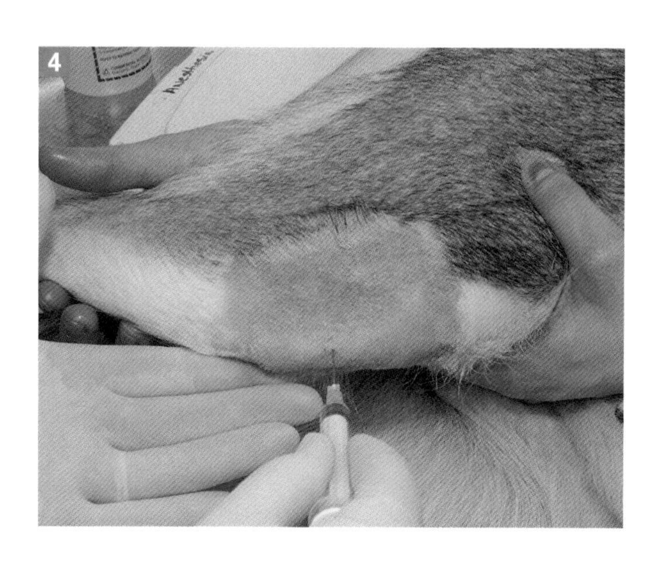

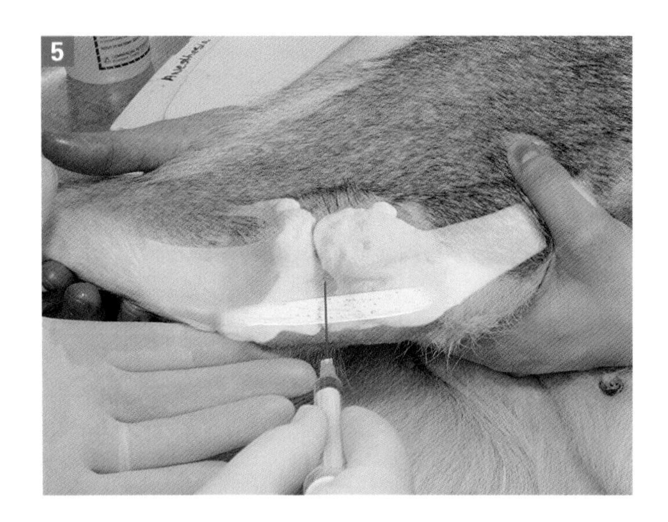

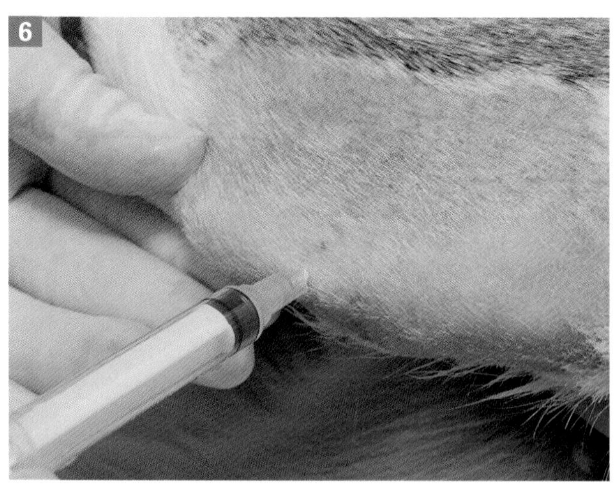

由游离膝直韧带中点外侧进针，刺入关节中心采集膝关节的滑膜液。

[特殊技术：髋关节]

1. 髋关节穿刺通常需要全身麻醉。
2. 动物侧卧保定，后肢与桌面平行，如同动物站立时的姿势，触摸股骨大转子。

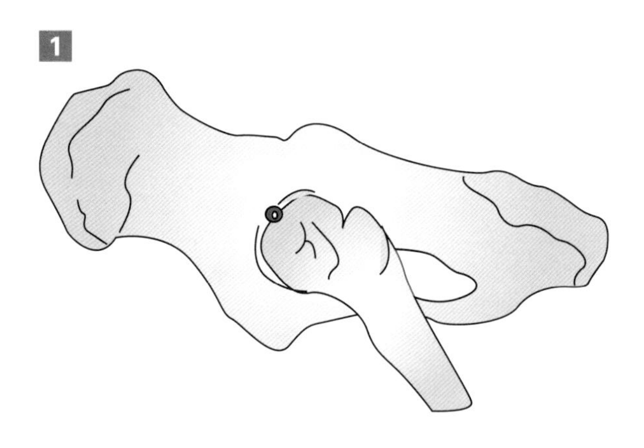

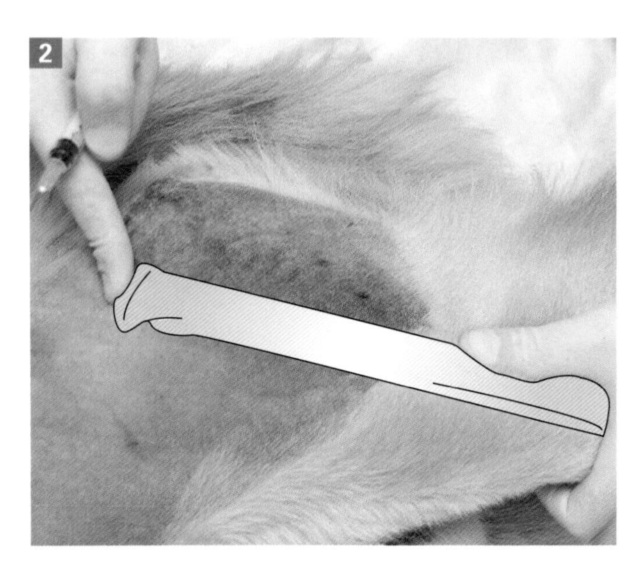

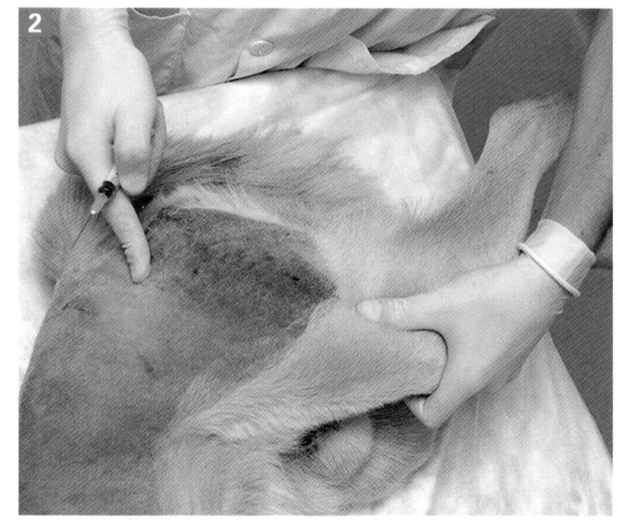

3. 垂直于桌面向内侧直接刺入，紧贴大转子前缘背侧进针，直至触及骨骼。

4. 外展和内旋后肢，针头向前内侧进入关节腔。

5. 注意坐骨神经位于股骨大转子背侧臀肌的深部，在大转子后方通过，在股二头肌和半腱肌之间绕至股骨干后方。

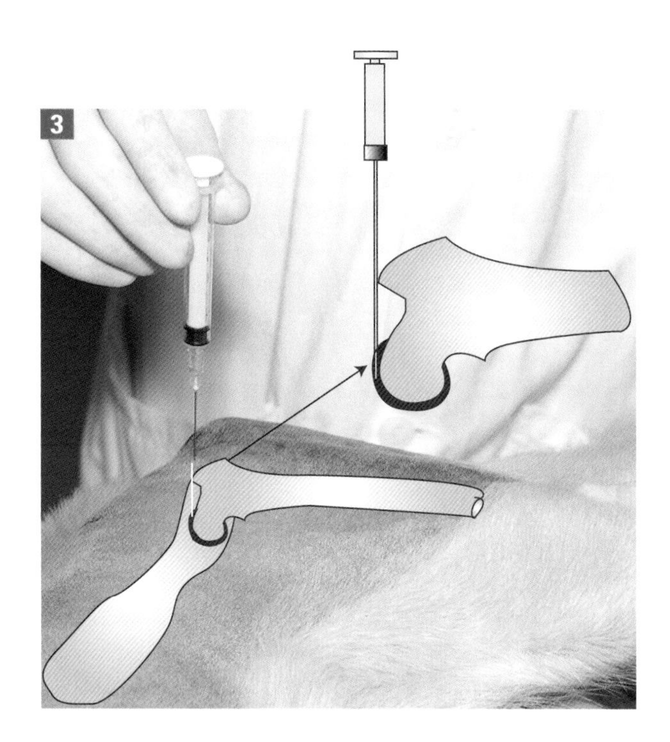

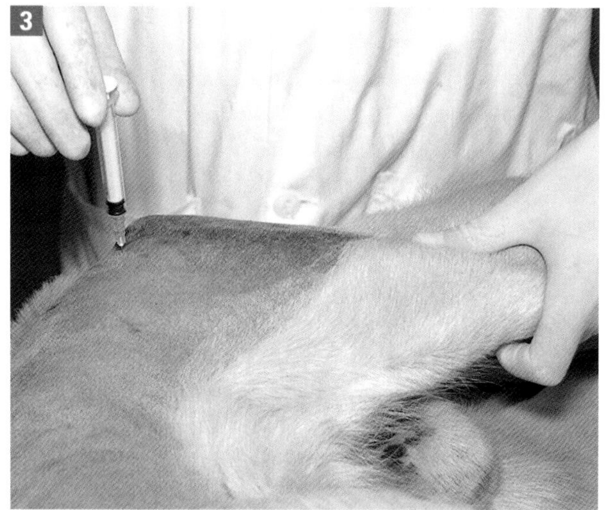

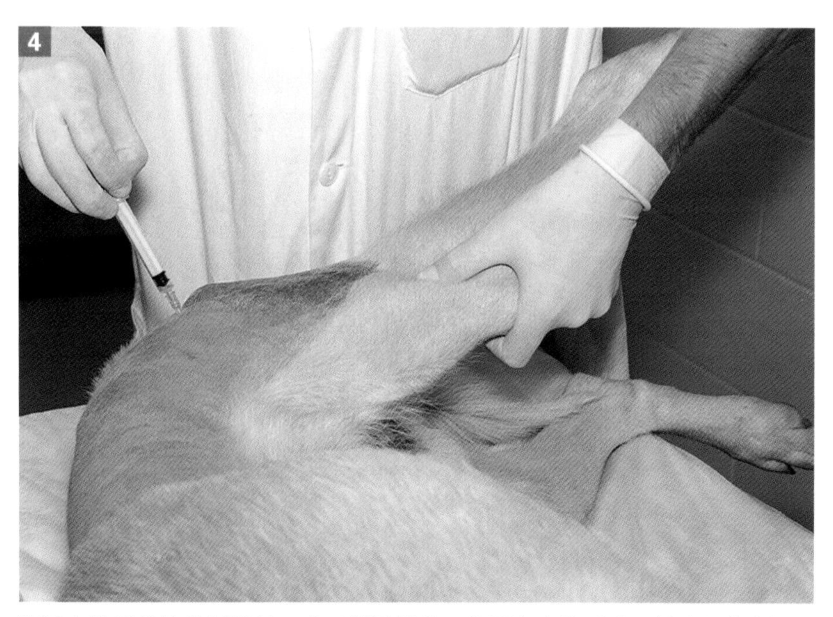

紧贴大转子前缘背侧进针，直至触及骨骼，外展和内旋后肢，针头向前内侧进入关节腔采集髋关节的滑膜液。

第 14 章

脑脊液采集技术

（Cerebrospinal Fluid Collection）

操作 1-1 脑脊液采集

[目的]

为了采集脑脊液（cerebrospinal fluid，CSF）进行分析。

[适应证]

1. 患有进行性脑或脊髓疾病的动物。
2. 发热和颈部疼痛的动物。
3. 脊髓造影的动物，在脊髓蛛网膜下腔注射X线造影剂之前。

[禁忌证和注意事项]

1. 采集脑脊液需要进行全身麻醉，因此对于存在严重麻醉风险的动物是禁忌。
2. 患有严重凝血病的动物不能采集脑脊液。
3. 如果怀疑颅内压升高，在麻醉采集脑脊液前应采取措施降低颅内压，以降低脑疝的风险（图框14-1）。
4. 采集脑脊液时进针应缓慢谨慎，以降低针头刺入实质组织的风险，该部位的神经损伤是致命的。

[局部解剖]

1. 脑脊液是位于脑室和蛛网膜下腔的清亮无色的液体。

2. 脑和脊髓由3层脑脊膜包裹。内层的软膜很薄，紧贴下层的神经组织。软膜和第二层膜——蛛

1

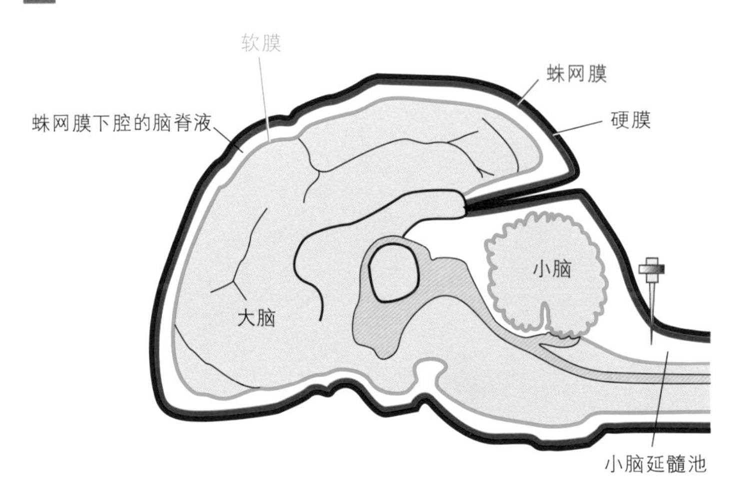

脑脊液（CSF）位于脑室，以及脑和脊髓的蛛网膜下腔。

网膜之间的腔隙，是充满脑脊液的蛛网膜下腔。蛛网膜与外层较厚的硬膜相贴，硬膜与颅骨或椎管相贴。

图框14-1　提示颅内压升高的表现

精神沉郁或行为异常
瞳孔缩小、扩张或无反应
心动过缓
动脉血压升高
呼吸式改变

降低颅内压的治疗步骤

吸氧
20%甘露醇：1g/kg，IV，超过15min
速尿：1mg/kg，IV

怀疑颅内压升高的动物的麻醉

快速诱导：插管和通气，保持二氧化碳分压4 ~ 5.3 kPa

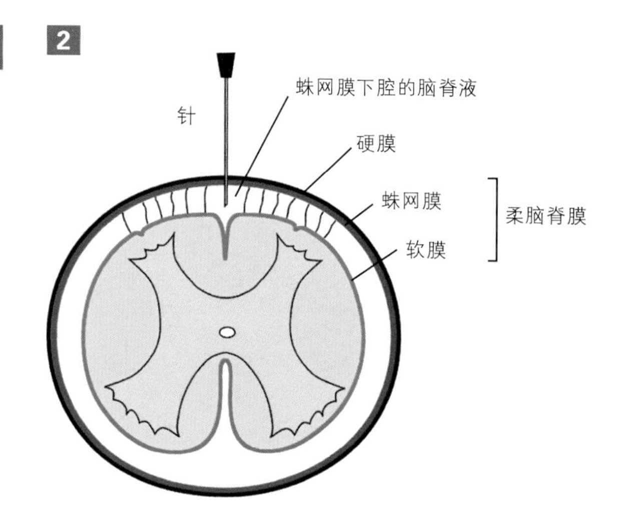

该图显示脊膜之间相互关系以及围绕脊髓的脑脊液。

[部位选择]

在犬、猫身上采集未污染的脑脊液用于分析，最可靠的来源是小脑延髓池。通常认为脑池脑脊液很好地反映了颅内疾病，腰部脑脊液反映了脊髓疾病，从这两个部位采集样本并不十分困难。从腰部采集脑脊液难度稍大一些，更容易有血液污染。

[物品]

- 20或22G，3.75 ~ 7.5cm带针芯的脊髓穿刺针。
- 灭菌手套。
- 用于收集液体的EDTA（乙二胺四乙酸）和红帽管。

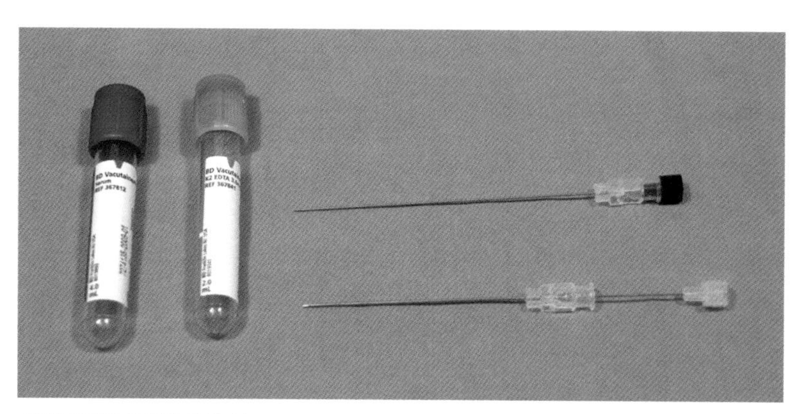
用于采集脑脊液的物品。

[操作方法：小脑延髓池脑脊液采集]

1. 动物全身麻醉，放置不塌陷的气管插管，防止操作摆位时阻塞气道。

2. 颈部背侧剃毛，以进针部位为中心矩形区域剃毛。剃毛区域从枕骨隆突外部向前2cm开始，至寰椎翼前部向后2cm。两侧剃毛范围应包括寰椎翼侧面大部分。全部剃毛区域进行手术前准备。

3. 助手站在采样者对侧，扶住动物的头部。如果操作者右手持针，动物应右侧卧保定，颈椎放在桌子边缘。弯曲颈部，使头的中轴垂直脊柱。动物的鼻部轻微抬起，使鼻的正中线与桌面平行。

4. 操作者应跪在地上或坐着，平视进针点。

5. 操作者戴灭菌手套，触摸进针的部位，并确定摆位正确对称。有时需要在肩胛骨下垫高，以保证左右寰椎翼最前端的连线与桌面及脊柱垂直。花时间进行恰当的摆位是成功采集脑脊液的重要步骤。

6. 用左手拇指和中指触及两侧寰椎翼前缘，在最前端做假想连线。

7. 然后用左手食指触及外侧枕骨隆突，沿背中线向后作第二条假想线。在两条假想线相交处进针。

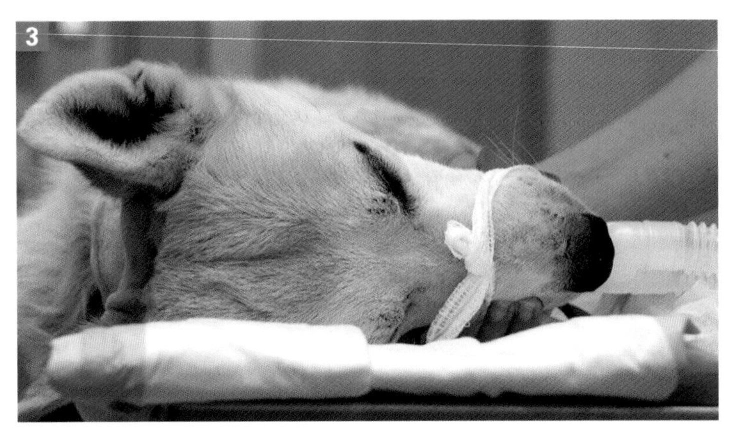

小脑延髓池采集脑脊液。动物弯曲颈部，使头的中轴垂直脊柱；鼻部轻微抬起，使鼻的正中线与桌面平行。

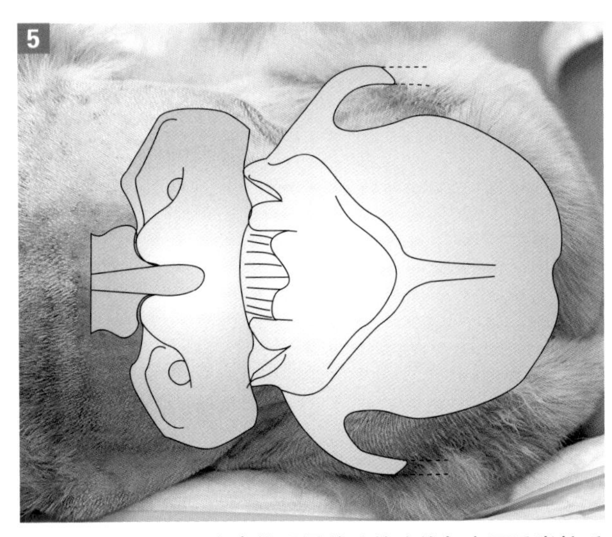

摆位正确对称，左右寰椎翼最前端的连线与桌面及脊柱垂直。

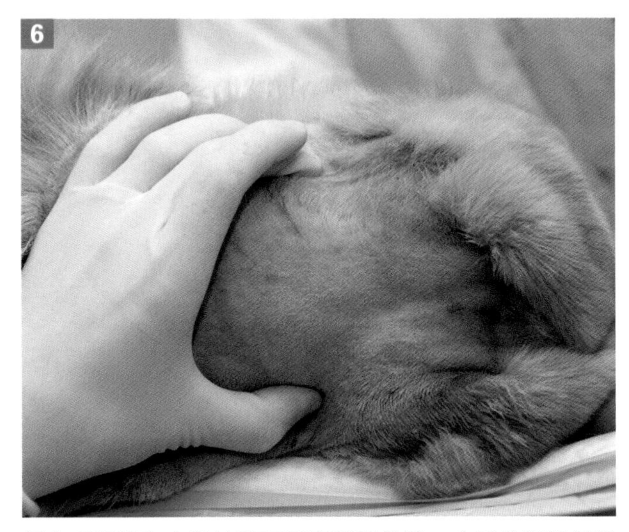

用左手拇指和中指触及两侧寰椎翼前缘，在最前端做假想连线。

确定外侧枕骨隆突。

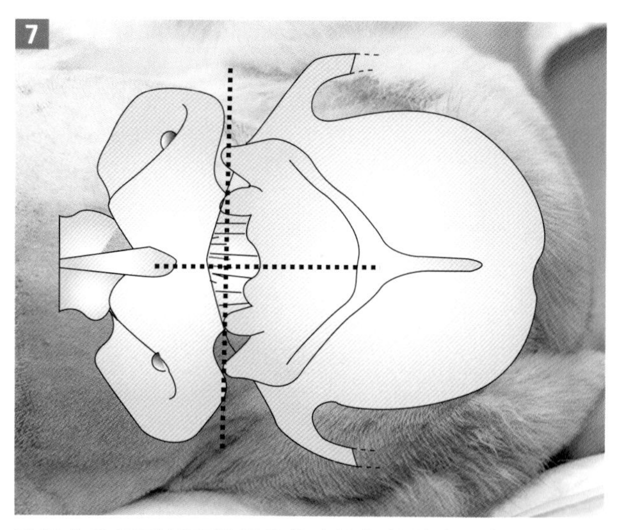

进针点位于两侧寰椎翼前缘连线与枕骨隆突背中线的交点。

8. 左手触摸到界标后，右手持针刺入。在进针过程中，右手倚靠动物头部或桌边以增加稳定性。带针芯的针头垂直于脊柱刺入皮肤和皮下组织。对患有脑部疾病的动物采集脑脊液时，针的斜面冲前；对怀疑有脊髓疾病的动物，斜面向后。

9. 针尖穿透皮肤后，缓慢刺入皮下组织。在穿透不同的筋膜和肌肉层时阻力不同。一次进针数毫米，然后拔出针芯查看是否有脑脊液。右手拔出针芯时，左手的拇指和食指握住并固定脊髓针。

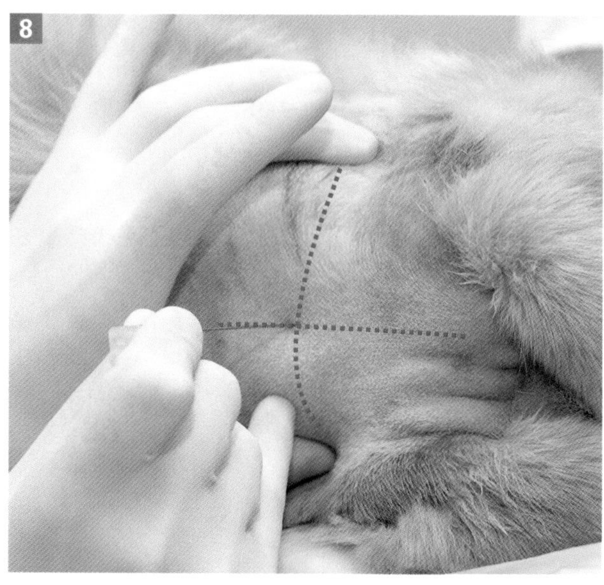

左手触摸到界标后，右手持针在两条假想线的交叉点刺入。

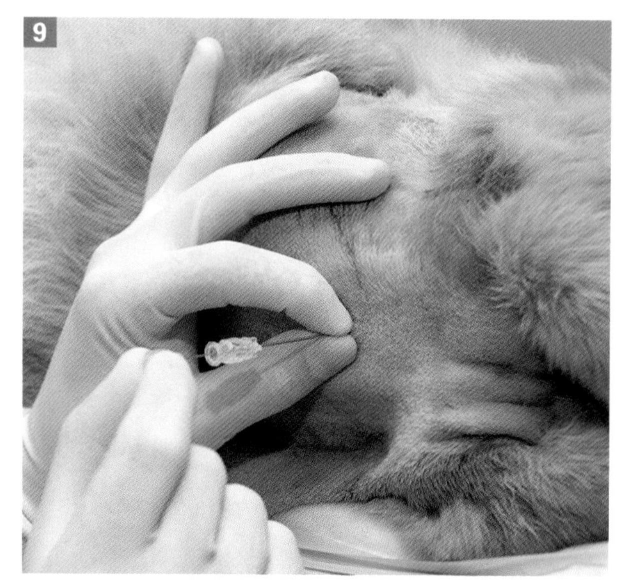

拔出针芯查看脑脊液时，左手的拇指和食指握住并固定脊髓针。

10. 如果没有液体出现，重新插入针芯，再将针头向内插入数毫米。

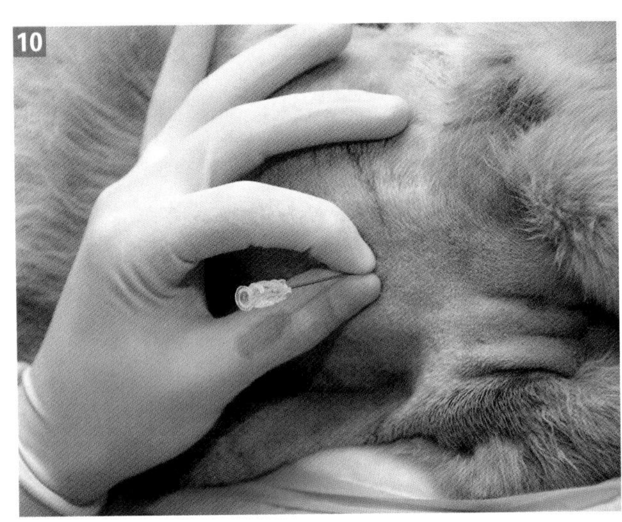

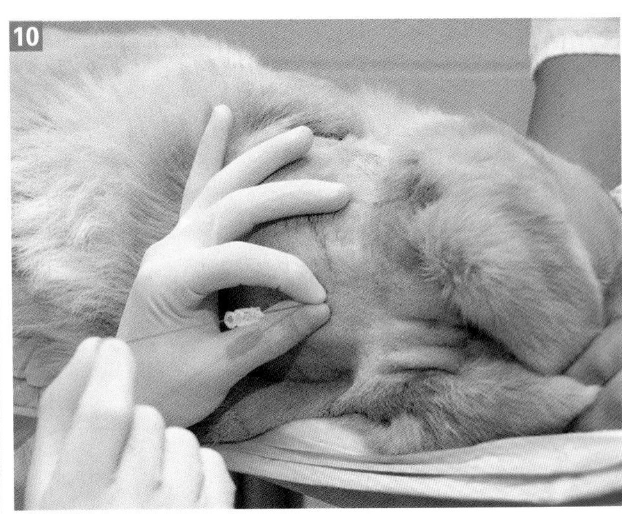

如果没有液体出现，重新插入针芯，再将针头向内插入数毫米，然后查看有无脑脊液。

11. 针头每次前进数毫米后，都要固定针头、拔出针芯并查看脑脊液。如果没有液体出现，重新插入针芯，再将针头向内插入数毫米，然后查看有无脑脊液。

12. 穿透背侧寰枕膜、硬膜和蛛网膜时，会有刺破的感觉。但这并不是可靠的表现，到达蛛网膜下腔的程度因动物种类和个体差异有很大的不同。在玩具犬和一些猫，采样部位非常接近皮肤表面。

13. 如果针头遇到骨骼，应退针，重新评价动物的体位和界标，用一根新的针头重新操作。

14. 如果深色的静脉血进入骨髓针，应退针，另取一根灭菌针头重新操作。最有可能是硬膜中线旁和硬膜外的静脉结构被穿透了。注意脑脊液不能被污染。

15. 观察到脑脊液后，使液体直接从针头滴出，装入管中。

16. 采集脑脊液后，不用放回针芯，直接退出针头。针头内的脑脊液可滴入第二支试管中用于其他检测。

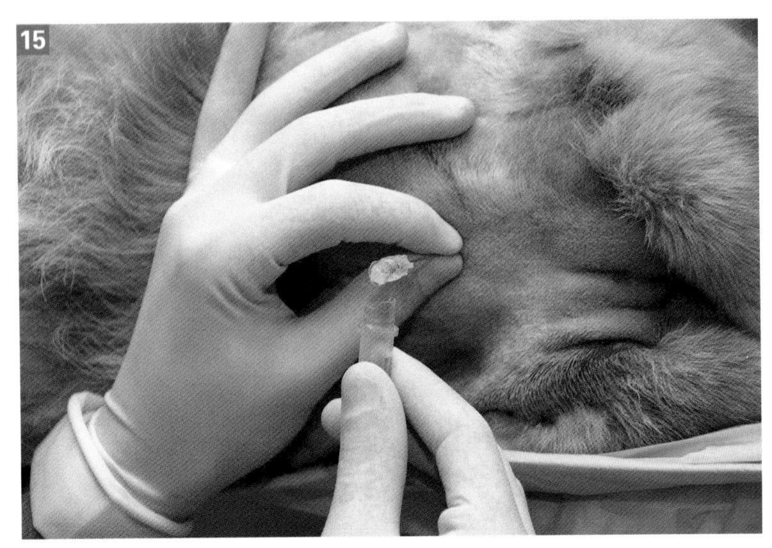

脑脊液直接从针头滴出，装入管中。

[操作方法：腰椎穿刺采集脑脊液]

1. 动物全身麻醉或深度镇定。

2. 动物侧卧保定，躯干屈曲。必要时在两前肢和两后肢之间，以及腰下垫上毛巾，以达到真正的侧卧摆位，脊柱平行于桌面。

3. 后段腰椎和腰荐椎背侧皮肤大范围剃毛，手术前准备。戴手术手套。

4. 助手站在动物腹侧，将动物前后肢合拢以弯曲腰椎。

5. L7背侧棘突较小，位于髂骨翼之间；前方的L6棘突较大，容易触摸。腰部采样部位通常是犬L5～6或L4～5，猫位于L6～7。

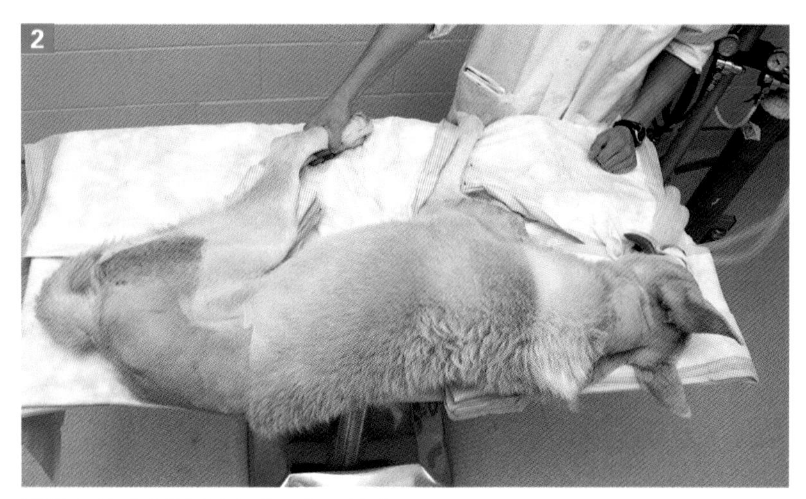

腰椎穿刺时动物侧卧保定，躯干屈曲。

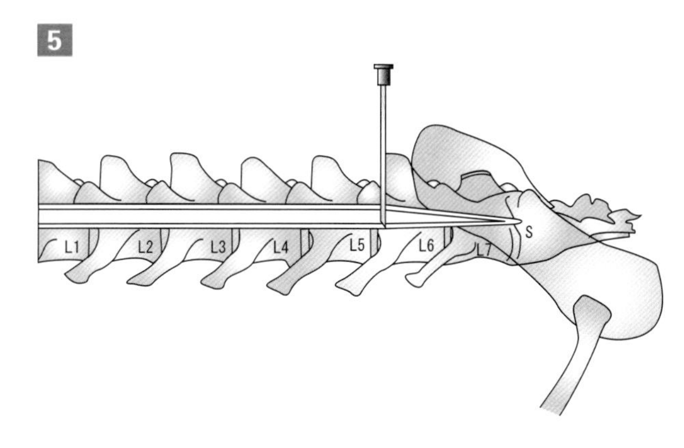

L5～6采集腰椎脑脊液的界标。

6. 在髂骨翼之间触摸并确定L7的棘突。

7. L5～6穿刺时，触摸L6的背侧棘突。紧贴背侧棘突前方中线刺入。

8. 在理想部位背侧棘突前缘的皮肤刺入脊髓针。垂直进针直至触及脊柱背侧，然后将针尖稍向前移至椎间隙的黄韧带。

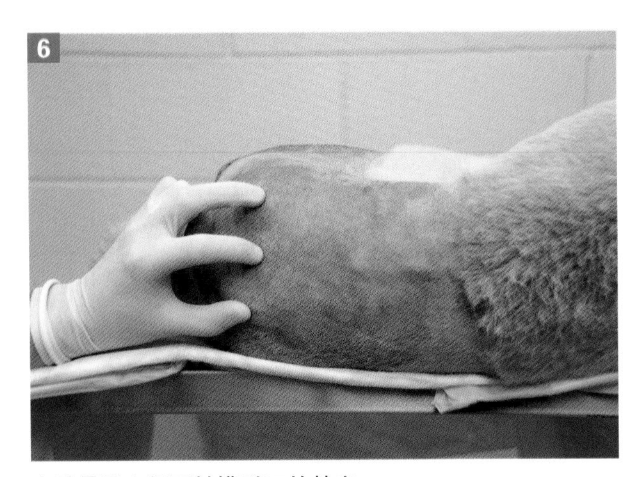

在髂骨翼之间可触摸到L7的棘突。

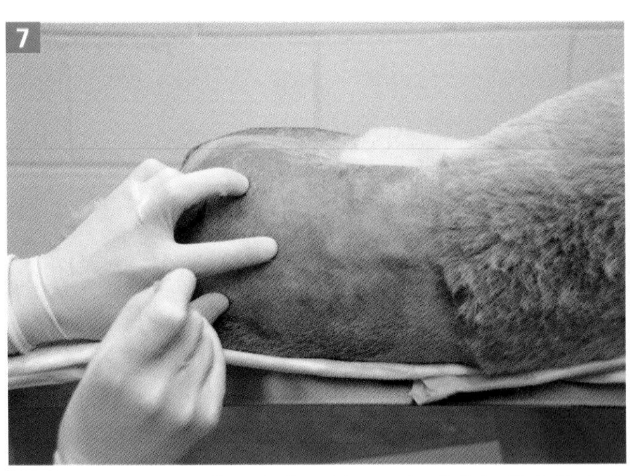

L5～6穿刺时，触摸L6的背侧棘突。紧贴背侧棘突前方中线刺入。

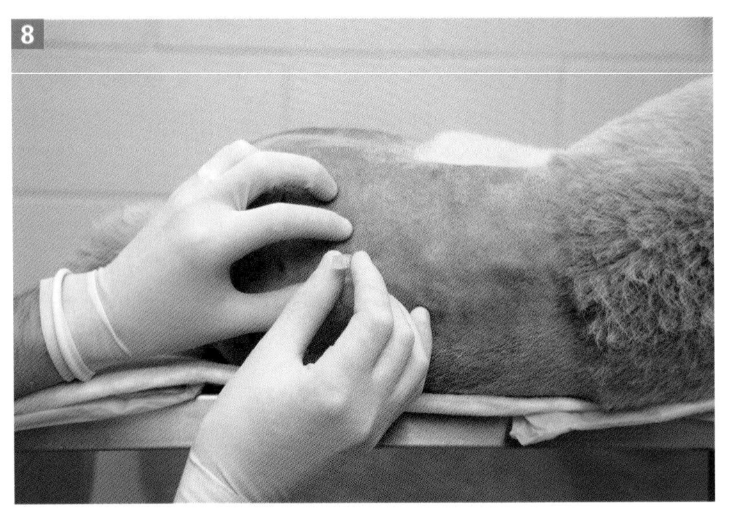

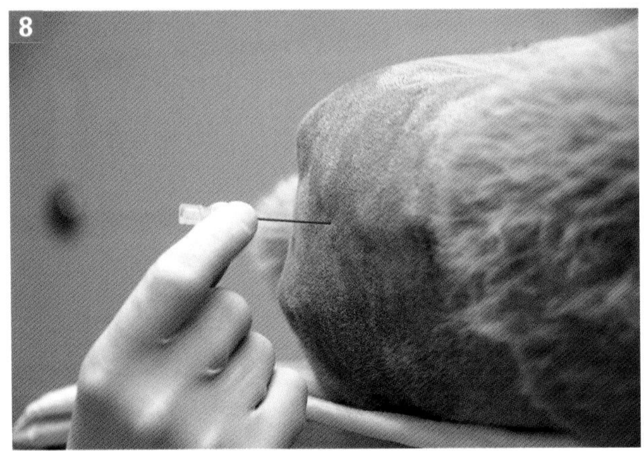

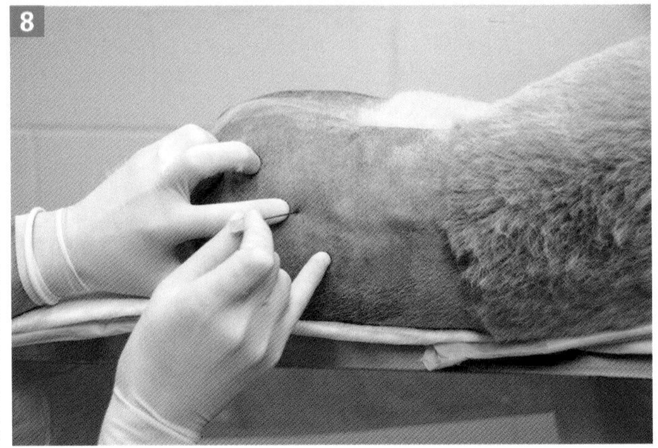

紧贴L6棘突向前进针，触及脊柱背侧后将针尖稍向前移，穿透椎间隙的黄韧带。

9. 椎间隙的黄韧带很强韧，但不如骨骼坚硬。进针时有一定的阻力。平滑入针，穿过神经组织到达椎管底壁。穿透马尾时可见到动物尾巴或腿有轻微摇动。触及椎管底壁后，拔出针芯。如果没有脑脊液流出，小心地将针回退1～2mm后采样。

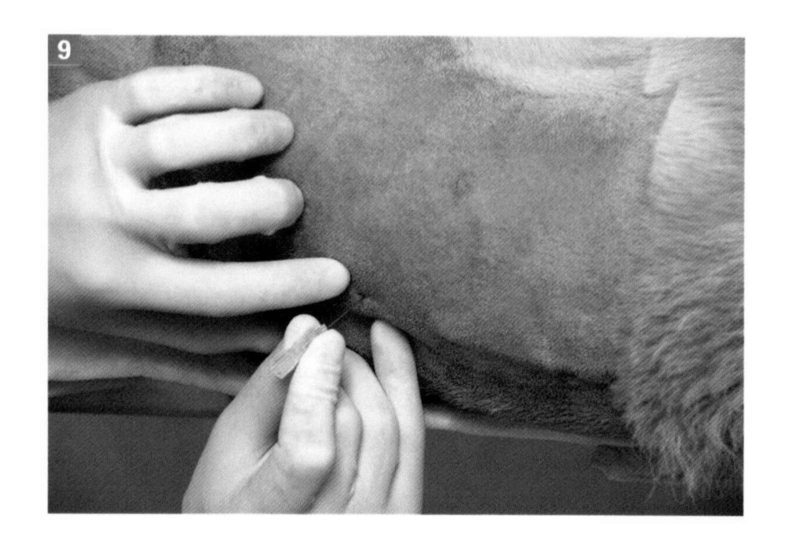

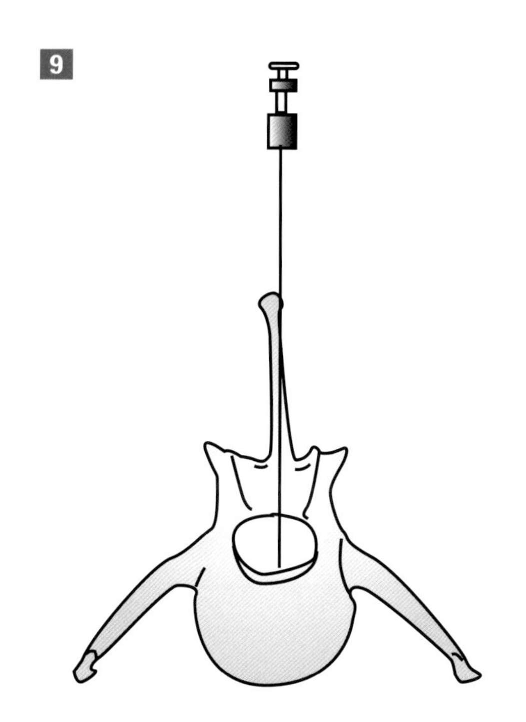

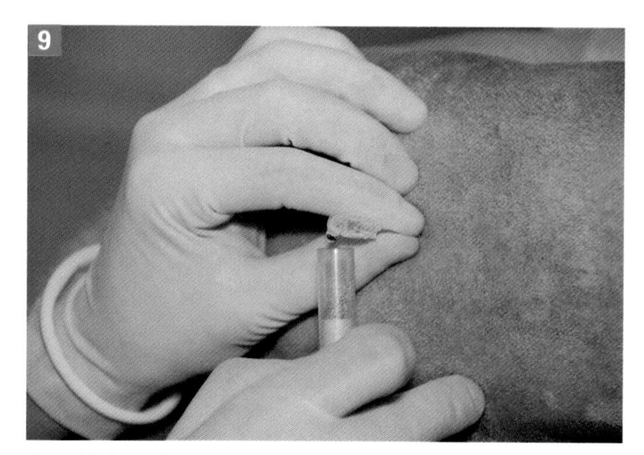

脊髓针穿透神经组织到达椎管底壁，然后回退1～2mm使脑脊液流出。

10. 有脑脊液出现后，使其直接流出滴入试管中。

11. 采集脑脊液后不用放回针芯，直接拔针。针头内的脑脊液可滴入第二支试管中用于其他检测。

[样本的采集和处理]

1. 根据动物体型大小，脑脊液的采集量为0.5～3mL（不超过1mL/5kg）。同时压迫颈静脉可加快脑脊液从小脑延髓池流出，但是暂时升高了颅内压。

2. 常规将脑脊液装入灭菌试管中，可以含有EDTA。操作者应与实验室确认使用试管的类型。

3. 脑脊液内有血可能是疾病的结果或因穿刺引发。轻微的出血污染（<500红细胞/μL）不会改变蛋白质和白细胞测定。外观上有血的脑脊液应装在含EDTA的试管中，以防止凝集。

[结果]

1. 正常的脑脊液清亮无色，细胞量非常少（<5个/μL）。

正常的脑脊液清亮无色。

2. 脑脊液中的细胞变质非常快，应迅速进行细胞计数和细胞学制片。如果样本必须储存超过1h才进行分析，建议放入冰箱。

3. 用于细胞学检查的样本需加入自体血（每0.9mL 脑脊液添加0.1mL血液），放入冰箱可保存24～48h。蛋白质测定的样本需分别保存。

4. 每0.25mL脑脊液中加入一滴10%福尔马林缓冲液，也可用于细胞学检查的保存，但不会明显改变蛋白质的测定值。

5. 正常脑脊液中的大部分细胞都是分化良好的小淋巴细胞和大单核巨噬细胞。进行细胞学评价通常需要采取细胞浓集技术。

6. 很少有特异性的细胞学诊断，可根据出现一定量的肿瘤性、感染性和非感染性炎性细胞来判断犬、猫脑脊液的异常情况。

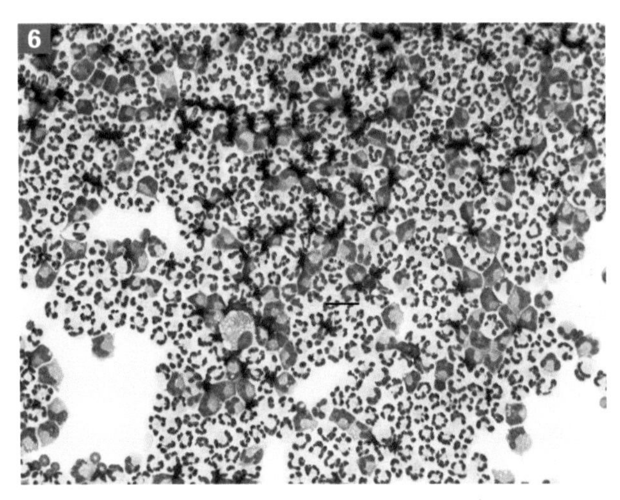

一只14月龄雌性拳师犬的脑脊液，该犬颈部疼痛并发热。有核细胞计数很高（7330个白细胞/μL），伴有明显的中性粒细胞增多。该犬诊断为败血性脑膜炎。

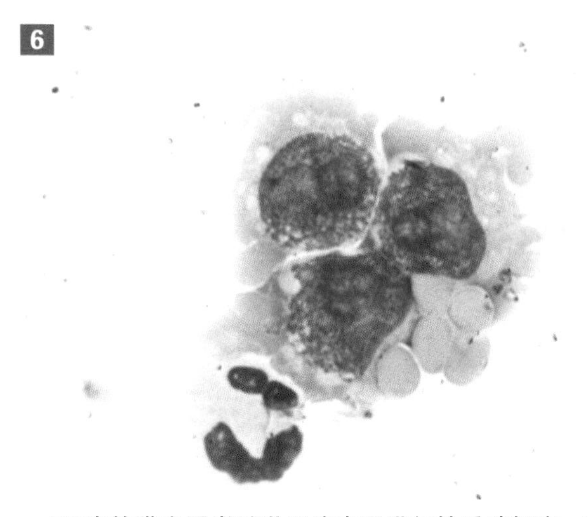

一只2岁的猫患因脊髓淋巴瘤出现进行性后肢轻瘫，脑脊液中出现非典型的淋巴细胞。